高等学校电气类专业系列教材

电 机 学

主　编　林伟杰　王家军
副主编　赵晓丹　全　宇

西安电子科技大学出版社

内 容 简 介

本书共分为 10 章。第 1 章主要阐述电机的发展历程和与电机相关的机械、电、磁的基本概念。其余 9 章为电机的稳态分析，主要内容包括直流电机、变压器、交流电机、同步电机、异步电动机等的工作原理、结构组成、基本方程式、相关特性及运行状态。每章后均附有本章小结和习题。书末附有部分习题的参考答案以及与电机相关的常用符号解释、英文关键词和术语，以方便读者查询。

本书条理清晰，内容深入浅出，可作为高等学校电气工程及其自动化和相关专业的教材，也可作为相关科技人员的参考用书。

本书的授课视频、教学课件等已在浙江省高等学校在线开放课程共享平台（www. zjooc. cn）公开，以帮助读者自主学习、加深理解。

图书在版编目(CIP)数据

电机学/林伟杰，王家军主编. —西安：西安电子科技大学出版社，2022.2(2022.7 重印)
ISBN 978 - 7 - 5606 - 6281 - 7

Ⅰ. ①电…　Ⅱ. ①林…　②王…　Ⅲ. ①电机学—高等学校—教材
Ⅳ. ①TM3

中国版本图书馆 CIP 数据核字(2021)第 269171 号

策　　划　陈　婷
责任编辑　陈　婷
出版发行　西安电子科技大学出版社(西安市太白南路 2 号)
电　　话　(029)88202421　88201467　　邮　　编　710071
网　　址　www. xduph. com　　　　电子邮箱　xdupfxb001@163.com
经　　销　新华书店
印刷单位　陕西博文印务有限责任公司
版　　次　2022 年 2 月第 1 版　2022 年 7 月第 2 次印刷
开　　本　787 毫米×1092 毫米　1/16　印张 19.5
字　　数　461 千字
印　　数　501~2500 册
定　　价　55.00 元
ISBN 978 - 7 - 5606 - 6281 - 7/TM

XDUP 6583001 - 2

＊＊＊ 如有印装问题可调换 ＊＊＊

前　　言

随着我国国民经济和科学技术的持续发展，高等学校的人才培养模式不断创新。当前，随着工程教育专业认证和"新工科"专业建设的推进，电气工程及其自动化专业的教学体系、教学内容、教学模式等都处在改革与探索之中。"电机学"作为电气工程及其自动化专业学生必修的一门重要的专业基础课，在该专业培养计划的课程体系中起承上启下的关键作用。"电机学"又是一门公认的难教难学的课程，内容涉及电、磁、热、机械等多门学科，概念多、抽象，而且包括直流电机、变压器、同步电机、异步电动机等多种电机类型，其运行特性各不相同。同时，在高校教学改革中，既要求压缩课程学时，又要求增加课堂教学的信息量，适当展现课程相关内容的最新发展技术。因此，编者从工程使用的角度编写了本书，介绍直流电机、变压器、同步电机、异步电动机的基本结构、基本原理、运行特性等，设计了精美的电机图片、大量的课后习题、配套的授课视频和教学课件等，以帮助学生掌握基本概念、工程问题的基本分析方法，激发学生学习本课程的热情和兴趣，提高教学质量和效果。

本书共 10 章，具体各章内容安排如下：第 1 章主要阐述电机的发展历程，与电机相关的机械、电、磁的基本概念和基本定律；第 2 章和第 3 章介绍直流电机的基本原理和基本调速方法；第 4 章和第 5 章介绍变压器的基本原理、三相变压器和特殊变压器；第 6 章介绍交流电机的共性问题，即电枢绕组、感应电动势和磁动势；第 7 章介绍同步电机的基本原理；第 8 章和第 9 章介绍三相异步电动机的基本原理和基本调速方法；第 10 章介绍单相异步电动机。

本书的主要特点有：

（1）涉及的电机类型比较全面，既有直流电机、变压器、同步电机、三相异步电动机等典型电机类型，也有永磁同步电动机、无刷直流电动机、单相异步电动机等常用与新型电机类型。

（2）侧重对电机基本原理、稳态运行进行分析与计算，减少了对电机磁路、磁场、瞬态运行的分析与计算。

（3）注重电机的基本概念和基本理论，使读者能够掌握分析电机的基本方法，为学习相关专业课程和解决工程实际问题打下基础。

（4）每章章末都有本章小结，用于对本章的基本概念、基本原理、基本的分析方法等进行归纳总结和提炼，帮助读者从整体上掌握本章的主要内容。

（5）书中的很多注解是对知识点的灵活运用和适当扩展。

本书由杭州电子科技大学林伟杰、王家军、赵晓丹、全宇共同编写。王家军编写了第 1、6、8、9、10 章，赵晓丹编写了第 4、5 章，全宇编写了第 7 章，林伟杰负责第 2、3 章和附录的编写与全书的统稿工作。

本书中很多精美的电机图片由鹏芃科艺网站(http://www.pengky.cn)曹连芃老师提供,这些图片均得到了网站授权。在此向曹连芃老师表示衷心的感谢。

在本书的编写过程中,编者查阅并参考了许多文献资料,其中部分文献资料已列在书后的参考文献中,在此感谢所有文献资料的作者。

本书获杭州电子科技大学教材立项出版资助,在此表示衷心的感谢。

本书的出版得到了西安电子科技大学出版社的协助,在此表示衷心的感谢。

本书的授课视频、教学课件等已在浙江省高等学校在线开放课程共享平台(www.zjooc.cn)公开,希望能够帮助读者进行自主学习,加深对电机知识的理解,掌握电机的基本运用方法。

限于时间与编者水平,书中仍可能存在欠妥之处,希望广大读者多提意见、不吝指正。

编 者

2021 年 11 月

目　　录

第1章　绪论 ………………………… 1
1.1　电机的发展史 ………………… 1
1.1.1　"电"和"磁"的统一 ……… 1
1.1.2　电机理论的奠定时期 ……… 4
1.1.3　电机制造和设计技术的发展 … 6
1.1.4　电机技术发展的整体概括 … 10
1.2　电机的主要分类 ……………… 11
1.3　电机学的基础知识 …………… 12
1.3.1　电机学的一些基本概念 …… 12
1.3.2　电路基本定律 ……………… 15
1.3.3　磁路基本定律 ……………… 15
1.3.4　电磁学基本定律 …………… 17
1.3.5　铁磁材料及其特性 ………… 19
1.3.6　电机的制造材料 …………… 20
1.4　电机学的知识体系 …………… 21
1.5　本课程在电气工程及其相关专业中的
　　　重要作用 …………………… 22
本章小结 …………………………… 22
习题 ………………………………… 22
第2章　直流电机 ………………… 23
2.1　直流电机的工作原理 ………… 23
2.1.1　交流发电机的原理 ………… 23
2.1.2　直流发电机的原理 ………… 25
2.1.3　直流电动机的原理 ………… 25
2.2　直流电机的结构 ……………… 26
2.2.1　直流电机的静止部分 ……… 27
2.2.2　直流电机的旋转部分 ……… 27
2.3　直流电机的额定数据 ………… 29
2.4　直流电机的电枢绕组 ………… 30
2.4.1　单层电枢绕组 ……………… 31
2.4.2　绕组的基本形式 …………… 33
2.5　直流电机的励磁方式和磁场 … 36
2.5.1　直流电机的励磁方式 ……… 36
2.5.2　直流电机的空载磁场 ……… 37

2.5.3　直流电机的电枢反应 ……… 38
2.6　直流电机的感应电动势和电磁转矩 … 39
2.6.1　电枢绕组的感应电动势 …… 39
2.6.2　电磁转矩 …………………… 40
2.7　直流发电机的运行特性 ……… 41
2.7.1　直流发电机稳态运行时的
　　　　基本方程式 ……………… 41
2.7.2　直流发电机的功率关系 …… 42
2.8　直流电动机的运行特性 ……… 43
2.8.1　他励直流电动机稳态运行时的
　　　　基本方程式 ……………… 43
2.8.2　他励直流电动机的功率关系 … 44
2.8.3　他励直流电动机的工作特性 … 46
2.9　他励直流电动机的机械特性 … 47
2.9.1　机械特性的一般表达式 …… 47
2.9.2　固有机械特性 ……………… 47
2.9.3　人为机械特性 ……………… 48
2.9.4　机械特性的绘制 …………… 50
2.10　直流电机的换向 …………… 50
本章小结 …………………………… 52
习题 ………………………………… 53
第3章　他励直流电动机的
　　　　基本调速原理 …………… 55
3.1　电力拖动系统的基本理论 …… 56
3.1.1　电机运动系统方程式 ……… 56
3.1.2　负载的转矩特性 …………… 57
3.1.3　电力拖动系统的稳定运行条件 … 59
3.2　他励直流电动机的起动 ……… 60
3.3　他励直流电动机的调速 ……… 62
3.3.1　调速的性能指标 …………… 63
3.3.2　他励直流电动机的调速方法 … 64
3.3.3　调速时的功率和转矩情况 … 69
3.3.4　调速方式与负载类型的配合 … 71
3.4　他励直流电动机的运行状态 … 71

3.4.1 电动运行状态 ……… 72

3.4.2 能耗制动 ……… 73

3.4.3 反接制动 ……… 74

3.4.4 倒拉反转制动 ……… 76

3.4.5 回馈制动 ……… 77

3.5 他励直流电动机运行过程的综合

分析 ……… 78

本章小结 ……… 81

习题 ……… 82

第4章 变压器原理 ……… 84

4.1 变压器的分类和功能 ……… 84

4.1.1 变压器的分类 ……… 84

4.1.2 变压器的功能 ……… 86

4.2 变压器的结构 ……… 86

4.2.1 变压器的主要部分 ……… 86

4.2.2 变压器的辅助部分 ……… 87

4.3 变压器的额定数据和标幺值 ……… 88

4.3.1 额定数据 ……… 88

4.3.2 标幺值 ……… 90

4.4 变压器的工作原理 ……… 91

4.5 变压器的空载运行 ……… 93

4.5.1 空载时的磁通 ……… 93

4.5.2 空载时的感应电动势 ……… 94

4.5.3 空载电流 ……… 95

4.5.4 空载时的基本方程式 ……… 96

4.5.5 相量图 ……… 97

4.5.6 等效电路和电磁关系 ……… 97

4.6 变压器的负载运行 ……… 98

4.6.1 负载运行时的磁动势 ……… 98

4.6.2 负载运行时的基本方程式 ……… 99

4.6.3 变压器数据的折合 ……… 100

4.6.4 等效电路和相量图 ……… 103

4.7 变压器的运行特性 ……… 105

4.7.1 外特性 ……… 105

4.7.2 效率特性 ……… 107

4.8 变压器的参数测定 ……… 109

4.8.1 变压器的空载实验 ……… 109

4.8.2 变压器的短路实验 ……… 110

本章小结 ……… 112

习题 ……… 113

第5章 三相变压器与特殊变压器 ……… 115

5.1 三相变压器的结构和磁路 ……… 115

5.2 三相变压器的连接组别 ……… 116

5.2.1 单相变压器的连接组别 ……… 117

5.2.2 三相变压器的连接方式 ……… 118

5.2.3 三相变压器的连接组别 ……… 120

5.2.4 标准连接组别 ……… 122

5.3 变压器连接组别对感应电动势的

影响 ……… 123

5.3.1 主磁通与励磁电流的关系 ……… 123

5.3.2 连接组别和磁路结构对感应

电动势的影响 ……… 124

5.4 变压器的并联运行 ……… 127

5.4.1 并联运行的方式及特点 ……… 127

5.4.2 并联运行的条件 ……… 128

5.4.3 变压器的并联运行 ……… 128

5.5 特殊变压器 ……… 130

5.5.1 三绕组变压器 ……… 130

5.5.2 分裂变压器 ……… 131

5.5.3 自耦变压器 ……… 133

5.5.4 电压互感器 ……… 135

5.5.5 电流互感器 ……… 136

本章小结 ……… 137

习题 ……… 137

第6章 三相交流电机的感应电动势和

磁动势 ……… 140

6.1 交流电机电枢绕组中感应电动势的

形成原理 ……… 140

6.1.1 单根导体内产生的感应电动势 ……… 140

6.1.2 整距线匝和整距线圈内产生的

感应电动势 ……… 143

6.1.3 短距线圈内产生的感应电动势 ……… 144

6.1.4 分布式线圈组内产生的

感应电动势 ……… 144

6.2 三相交流电机电枢绕组的设计 ……… 146

6.2.1 三相单层绕组 ……… 146

6.2.2 三相双层绕组 ……… 149

6.3 电枢绕组中的谐波感应电动势 ……… 152

6.3.1 谐波磁密 …………………… 152

6.3.2 谐波感应电动势 …………… 152

6.4 单相绕组的磁动势 ……………… 153

6.4.1 整距线圈的磁动势 ………… 154

6.4.2 双层短距线圈组的磁动势 … 159

6.4.3 整距分布线圈组的磁动势 … 160

6.4.4 单相绕组的磁动势计算 …… 161

6.5 三相绕组的磁动势 ……………… 162

6.5.1 三相绕组产生的基波磁动势 … 162

6.5.2 三相绕组产生的谐波磁动势 … 166

本章小结 ………………………………… 167

习题 ……………………………………… 168

第7章 同步电机 ………………………… 170

7.1 同步电机的基本结构和运行状态 …… 170

7.1.1 隐极式同步电机的结构 …… 171

7.1.2 凸极式同步电机的结构 …… 173

7.1.3 同步电机的运行状态 ……… 174

7.1.4 额定数据 …………………… 175

7.2 同步发电机的空载磁场和电枢反应 … 176

7.2.1 空载磁场 …………………… 176

7.2.2 电枢反应 …………………… 179

7.3 同步发电机的电压方程、相量图和

等效电路 ………………………… 182

7.3.1 隐极式同步发电机的电压方程、

相量图和等效电路 ………… 182

7.3.2 凸极式同步发电机的电压方程和

相量图 ……………………… 184

7.4 同步发电机的功率方程、功角特性和

转矩方程 ………………………… 186

7.4.1 功率方程 …………………… 186

7.4.2 功角特性 …………………… 186

7.4.3 转矩方程 …………………… 187

7.5 同步发电机参数的测定 ………… 187

7.5.1 用空载特性和短路特性确定

电机参数 …………………… 188

7.5.2 短路比 ……………………… 189

7.6 同步发电机的运行特性 ………… 189

7.6.1 外特性 ……………………… 189

7.6.2 调整特性 …………………… 190

7.6.3 效率特性 …………………… 190

7.7 同步发电机的并联运行 ………… 191

7.7.1 并联合闸的条件和方法 …… 191

7.7.2 有功功率的调节 …………… 194

7.7.3 无功功率的调节和V形曲线 … 194

7.8 同步电动机的原理 ……………… 196

7.8.1 同步电机运行的可逆性原理 … 196

7.8.2 同步电动机的电压方程和

相量图 ……………………… 197

7.8.3 同步电动机的功率方程和

转矩方程 …………………… 199

7.8.4 同步电动机的工作特性 …… 200

7.8.5 同步电动机的功率因数调节和

V形曲线 …………………… 201

7.9 同步电动机的起动 ……………… 205

7.10 其他同步电动机 ……………… 206

7.10.1 同步补偿机 ……………… 206

7.10.2 永磁同步电动机 ………… 208

7.10.3 无刷直流电动机 ………… 210

本章小结 ………………………………… 215

习题 ……………………………………… 216

第8章 三相异步电动机 ………………… 218

8.1 三相异步电动机的结构和额定数据 … 218

8.1.1 三相异步电动机的结构 …… 218

8.1.2 额定数据 …………………… 222

8.2 三相异步电动机的工作原理 …… 223

8.2.1 三相异步电动机的旋转原理 … 223

8.2.2 转差率 ……………………… 224

8.3 三相异步电动机的等效电路 …… 225

8.3.1 等效电路正方向的标定 …… 226

8.3.2 转子绕组开路时的等效电路 … 226

8.3.3 空载时的等效电路 ………… 229

8.3.4 转子堵转时的等效电路 …… 230

8.3.5 带载旋转时的等效电路 …… 234

8.3.6 鼠笼式转子的极数和相数的

归算 ………………………… 238

8.4 三相异步电动机的功率关系和

电磁转矩 ………………………… 238

8.4.1 功率关系 …………………… 239

8.4.2　电磁转矩 ··············· 241

8.5　三相异步电动机的参数测定 ········ 243

8.5.1　短路实验 ············· 243

8.5.2　空载实验 ············· 244

8.6　三相异步电动机的工作特性和

机械特性 ··············· 245

8.6.1　三相异步电动机的工作特性 ····· 245

8.6.2　三相异步电动机的机械特性 ···· 257

本章小结 ················· 255

习题 ··················· 256

第9章　三相异步电动机的

基本调速原理 ········· 259

9.1　三相异步电动机的起动 ········· 259

9.1.1　起动条件 ············· 259

9.1.2　直接起动 ············· 260

9.1.3　三相鼠笼式异步电动机的起动 ·· 261

9.1.4　三相绕线式异步电动机的起动 ·· 263

9.1.5　软起动 ··············· 265

9.2　三相异步电动机的运行状态 ······· 266

9.2.1　电动运行 ············· 266

9.2.2　回馈制动 ············· 267

9.2.3　反接制动 ············· 268

9.2.4　能耗制动 ············· 269

9.2.5　倒拉反转 ············· 270

9.3　三相异步电动机的调速 ········· 270

9.3.1　变频调速 ············· 270

9.3.2　变极对数调速 ··········· 275

本章小结 ················· 277

习题 ··················· 279

第10章　单相异步电动机 ·········· 281

10.1　单相异步电动机的分类和用途 ···· 281

10.2　单相异步电动机的工作原理 ······ 282

10.2.1　单相绕组的机械特性 ······· 282

10.2.2　两相绕组的机械特性 ······· 283

10.3　分相单相异步电动机的工作原理 ··· 285

10.3.1　单相电阻分相起动

异步电动机 ··········· 285

10.3.2　单相电容分相起动

异步电动机 ··········· 286

10.3.3　单相电容分相运行

异步电动机 ··········· 286

10.3.4　单相电容分相起动与运行

异步电动机 ··········· 287

10.4　单相罩极式异步电动机的

工作原理 ··············· 287

10.5　单相串励电动机的工作原理 ······ 289

10.5.1　单相串励电动机的结构 ····· 289

10.5.2　单相串励电动机的工作原理 ··· 290

10.5.3　单相串励电动机的工作特性 ··· 291

10.5.4　单相串励电动机的机械特性 ··· 292

本章小结 ················· 293

习题 ··················· 293

附录 ··················· 294

附录A　部分习题的参考答案 ········ 294

附录B　电机学常用符号解释 ········ 296

附录C　与电机学相关的英文关键词和

术语 ················· 299

参考文献 ················· 303

第 1 章　绪　　论

[摘要]　本章主要解决与电机相关的五个方面的问题：① 电机的产生与历史演化过程是怎样的？② 电机主要包括哪些类型？③ 本课程包括哪些基础知识？④ 本课程的知识体系是如何安排的？⑤ 本课程在电气工程及其相关专业的课程体系中处于什么样的地位？

在开篇之前，首先解释什么是电机。由汉语的字面意思可以看出，"电机"由"电"和"机"组成，可以解释为与电有关的机构或者设备，更加准确的解释为将电能转化为机械能或者将机械能转化为电能的一种电气设备。由电机的英文名字 Electric Machine 更加便于理解，即电机为与电相关的机器或者机构。**将机械能转化为电能的设备称为发电机（Electric Generator），而将电能转化为机械能的设备称为电动机**（Electric Motor）。"电机学"（Electric Machinery）是以电机为主要研究对象的一门课程。"电机学"课程在电气工程及其相关专业中的地位，就像电对于日常生活与生产的意义一样重要，电气工程相关的技术绝大部分是在电机的基础上衍生出来的。据不完全统计，当前地球上发出的所有电量中，90%以上由发电机发出，而 60%以上又被电动机消耗。电机与电的发、输、供、配都有直接的关系，而且电气化时代完全是建立在电的应用和发展的基础之上的，如果离开了电机及其相关技术，电气化将无从谈起，当前的现代化生活也将不可想象。

要学习"电机学"，首先要了解电机的发展史，**电机的发展史就是电气工程技术的发展史**。

1.1　电机的发展史

电机是一个电磁设备，既离不开"电"，也离不开"磁"。"电"和"磁"在电机里面相互转化，同时存在，并且不可分割，不能各自独立存在。然而在古代，人们对"电"和"磁"的认识和理解是分别进行的。人们对"电"和"磁"的认识是从什么时候开始的呢？"电"和"磁"又是怎样统一起来的呢？下面分别讲述人们对"电"和"磁"的探索与认识。

1.1.1　"电"和"磁"的统一

1. "电"和"磁"的分别认识时期

1) 对"电"的认识

中国是世界四大文明古国之一，也是世界上首先对"电"现象进行观察、认识和描述的国家之一。在古代，"电"的本意是指雷电所产生的亮光，即闪电，人们描述的"电"都是和"雷"相关的。例如，东汉著名唯物主义哲学家王充（公元 27—约 97 年）所著的《论衡》中有许多关于雷、电的记载，如"盛夏之时，雷电迅疾""当雷之时，电光时现"。在古代，还有许多与雷、电有关的神灵，如雷公和电母。古代也有很多关于"电"的解释，但是大多是从哲学的角度进行阐述的，都没有触及"电"的物理本质，是不尽科学的。鉴于当时的历史条件，我们的祖先能将雷鸣、闪电现象联系起来，这不能不说是对电的认识的一大进步。

和中国一样，世界上其他文明古国都是从观察雷电现象开始认识电的。在古希腊著名诗人荷马(Homer，公元前9—公元前8世纪)所著的《荷马史诗》中已经有多处谈到了雷鸣、闪电。据文献记载，古希腊人在公元前6世纪就已经观察到了摩擦起电的现象。在公元1600年前后，被誉为"电学之父"和"磁学之父"的英国著名物理学家吉尔伯特(W. Gilbert，1544—1603年)进行了摩擦起电实验，他发现了除琥珀外，硫黄、玻璃、云母和水晶等经摩擦后也能吸引很轻的物体，并将某些物质呈现的这种力称为"Electricam"。1646年英国人布朗宁(Thomas Blowning，1605—1682年)在他的著作中将"Electricam"改写为"Electricity"(电)，这一名称沿用至今。

2) 对"磁"的认识

中国是世界上首先发现磁石并对"磁"现象进行观察、描述和探索的国家，也是世界上首先将磁石应用于航海、军事、医药等领域的国家。中国古代文献中关于磁石的最早记载见于春秋时管子(? —公元前645年)所著的《管子·地数篇》中"上有慈石者，其下有铜金"的记录。战国时吕不韦(? —公元前235年)门人所著的《吕氏春秋·精通》中也有"慈石召铁，或引之也"的记述。古人将"磁石"人格化，将"磁石"与"铁"以母子相喻，称之为"慈石"。中国在春秋战国时代已发现磁石具有指南性，并制成了最早利用磁石辨别方向的指南仪器——司南。

相传，公元前6世纪，古希腊人也发现了磁石吸铁的现象。古希腊科学家泰勒斯(Thales，约公元前624—公元前546年)被认为是西方最早对磁石进行观察和研究的人，他认为世界万物都有灵魂，并认为磁石吸铁是因为它有灵魂。在现在看来，这是非常荒谬的。在古罗马时期，著名唯物主义哲学家卢克莱修(Lucretius，公元前99—公元前55年)发现，磁石不仅有互相吸引的现象，而且有互相排斥的情况，他将磁石命名为"Magnet"，这一名称沿用至今。欧洲人将由中国传入的指南针用于航海的最早记录是1190年圣多美里教堂耐卡姆主教的记述。1492年，意大利人哥伦布(Christopher Columbus，1451—1506年)发现了地磁偏角。1544年，德国人哈特曼(G. Hartmann)发现了地磁倾角。

17世纪以前，由于人类社会生产力水平的限制以及长期的奴隶制、封建制社会的阻碍，现代自然科学的基础还不健全，因此人类对"电"和"磁"现象的认识还是比较零散的、直观的和经验性的，对"电"和"磁"的认识还主要停留在观察、记录、猜测和哲学思考的阶段，缺乏对"电"和"磁"本质的和系统科学的认识。尽管古代人们对"电"和"磁"现象的认识还是孤立的、表象的和碎片化的，但是他们对"电"和"磁"现象的探索具有非常重要的科学意义。

2. "电"和"磁"的统一认识时期

英国物理学家吉尔伯特是世界上第一个对"电"和"磁"现象进行科学实验和研究的科学家，是建立近代电学和磁学的先行者。1600年，他发表了近代电、磁学的开山之作《关于磁石、磁性体及磁性地球的新自然科学论》(简称《磁石论》)。这本著作对后世的影响极其深远,许多科学家正是沿着他开辟的道路继续进行电和磁的探索。电力、磁力和万有引力一样都遵守平方反比定律,这是巧合吗?"电"和"磁"在本质上有关系吗?这些问题一直困扰着人们。作为科学泰斗,吉尔伯特一言九鼎,他断言"电和磁是截然不同的两种自然现象,他们之间没有因果关系",这一错误观点束缚了很多科学家的思想,一定程度上影响了人们对"电"和"磁"现象间相互联系、相互作用的探索。

1)"电"生"磁"现象的发现

"电"和"磁"一系列令人不解的现象困扰着具有创新精神的科学家,很多科学家通过不懈的观察和研究,发现"电"和"磁"好像存在一定的关系。1751 年,美国物理学家富兰克林(B. Franklin, 1706—1790 年)发现莱顿瓶放电后缝纫机针被磁化了。电真的能产生磁吗?面对这个困惑,1774 年德国一家研究机构悬赏征求答案,题目是"电力和磁力是否存在物理的相似性?"这促使很多科学家纷纷进行实验研究。丹麦著名物理学家奥斯特(H. C. Orsted, 1777—1851 年,如图 1-1 所示)经历了一次次的失败,他百思不得其解,但他坚信"电"和"磁"之间应该有某种联系。

图 1-1 奥斯特

1820 年 4 月的一个晚上,奥斯特正在给一些学生讲电学课,当课快要结束的时候,他的灵感突然来了——他在一个伏打电堆的两极之间接上一根很细的铂丝,在铂丝正下方放置一个能够自由转动的小磁针,当接通开关时,他惊喜地发现小磁针向垂直于导线的方向大幅度地旋转过去。别人并没有注意到这个小小的插曲,但对于奥斯特来说这实在太重要了,他敏感地意识到电流与小磁针的转动一定存在密不可分的联系。经过一系列的实验,1820 年 7 月,奥斯特发表了题为《关于电流对磁针影响的实验》的论文,宣布了电学上的一个重大发现:"电"可以产生"磁"。这篇论文虽然只有四页,但轰动了欧洲,这篇论文具有划时代的意义。

多少年来,"电"和"磁"一直是作为两个独立的学科进行研究的,而奥斯特的发现为"电"和"磁"之间建立了密切的联系,为电磁学的研究开拓了新的探索道路。法拉第评价:"他(奥斯特)猛然打开了一个科学领域的大门,那里过去是一片漆黑,如今充满了光明。"

2)"磁"生"电"现象的发现

奥斯特发现了"电"可以产生"磁"效应,同时法国物理学家、化学家安培(A. M. Ampere, 1775—1836 年)发现了电流之间的电磁力作用,这极大地启迪了人们的思想,许多科学家开始考虑"磁"是否可以产生"电"的问题。

受奥斯特电流磁效应理论的影响,1821 年,英国著名物理学家、化学家法拉第(M. Faraday, 1791—1867 年,见图 1-2)对电磁现象产生了极大的兴趣。他仔细地分析了电流的磁效应现象,认为既然"电"能够产生"磁",反过来,"磁"也应该能够产生"电"。经过

图 1-2 法拉第

10 年的不断实验，到 1831 年，法拉第终于发现，一个通电线圈的磁场虽然不能在另一个线圈中引起电流，但是当通电线圈的电流刚接通或中断的时候，另一个线圈中的电流计指针有微小偏转。法拉第以敏锐的眼光意识到当磁场发生变化时，另一个靠近的闭合线圈中就会有电流产生，这也意味着法拉第成功实现了由"磁"生"电"。这次发现是历史性的，法拉第电磁感应定律的发现为电能的大规模生产和应用奠定了基础，并成为发明电动机、发电机和变压器的理论基石，它使人类获得了打开电能宝库的钥匙，跨入了辉煌的电气时代。因此，恩格斯在《自然辩证法》一书中称赞**法拉第是"到目前为止最伟大的电学家"**。

至此，奥斯特实现了"电"生"磁"，而法拉第则实现了"磁"生"电"，这也就是说"电"和"磁"实现了相互转化，这也就实现了"电"和"磁"在理论上的统一。从 1600 年到 1831 年，从吉尔伯特到法拉第，科学家经过 200 多年的不断观察、实验、探索和研究，完成了人类从静电到动电的认识过程，经历了从定性研究到定量研究的历程，提出了许多电学和磁学的基本定律，发现了电磁感应现象，这些都为电动机和发电机的诞生奠定了强大的理论基础。

1.1.2　电机理论的奠定时期

1. 电路理论的发展和电机电磁场理论的建立

1) 电路理论的发展

1826 年，德国电学家欧姆(G. S. Ohm，1789—1854 年)发表论文《动电电路的数学研究》，提出了后来由基尔霍夫定型的欧姆定律公式。欧姆定律揭示了导线回路中的电流等于回路中电压与电阻之比，即 $I=U/R$，从而奠定了直流电路理论的基础。

1832 年，美国科学家亨利(J. Henry，1797—1878 年)发表了论文《在长螺旋线中的电自感》，宣布发现了带电线圈的自感现象，提出用 L 表征线圈的自感。

1834 年，俄罗斯科学家楞次(H. F. Lenz，1804—1865 年)在圣彼得堡科学院宣读了题为《关于用电动力学方法决定感应电流方向》的论文，提出了楞次定律。**楞次定律是电磁现象的能量守恒定律**。

1845 年，德国物理学家基尔霍夫(G. R. Kirchhoff，1824—1887 年)提出了著名的基尔霍夫电流和电压定律。基尔霍夫定律是求解一切电路问题的重要法则。

1853 年，英国物理学家汤姆逊(W. Thomson，1824—1907 年)采用电阻、电容和电感模型分析莱顿瓶放电过程，得出了电路中电流振荡的频率，这可以说是交流电路研究的雏形。

1884 年，英国物理学家亥维赛(O. Heaviside，1850—1925 年)将复数引入交流电路的计算，这对于交流电路计算理论的发展具有突破性的意义。

1893 年，美籍印度电工学家肯耐里(A. E. Kenelly，1861—1939 年)发表了著名的论文"Impedance"(《阻抗》)。阻抗概念的提出为利用复数进行交流电的计算提供了条件。同一年，美国电工学家施泰因麦茨(C. P. Steinmetz，1865—1923 年)发表了著名的论文"Complex Quantities and Their Use in Electrical Engineering"。至此，交流电路计算理论的体系基本定型。

2) 电磁场理论的建立

1831 年，法拉第首先提出了"磁力线"这个术语；紧接着，在 1832 年，他又提出了"电力线"的概念；1848 年，他又提出了"场"的概念，并于 1851 年发表著名论文《论磁力线》。法拉第把"场"看作带电体或磁体周围的一种物理存在，这是物理学基本概念的重大发展。因此，法拉第无疑是电磁场理论的奠基者和开拓者。

1873 年，英国杰出科学家麦克斯韦（J. C. Maxwell，1831—1879 年）出版了 *Treatise Electricity and Magnetism*（《论电和磁》）。麦克斯韦创立了完整的经典电磁学理论体系，为电机电磁场的分析奠定了基础。麦克斯韦的电磁场理论是现代电工技术的理论基础，是研究一切电磁现象的出发点。

【注】 麦克斯韦是英国杰出的物理学家、数学家，经典电动力学的创始人，统计物理学的奠基人之一。科学史上，牛顿把天上和地上的运动规律统一起来，麦克斯韦把电和磁的理论统一起来，因此麦克斯韦与牛顿齐名。《论电和磁》被尊为继牛顿《自然哲学的数学原理》之后的一部最重要的物理学经典。没有电磁学就没有现代电工学，也就不可能有现代文明。

2. 电机基础理论体系的进展

奥斯特电流磁效应的发现和法拉第电磁感应现象的发现拉开了人类对于电机理论研究的序幕，推动了人类对于电机基础理论的不断探索和研究。

1) 直流电机理论体系的形成

1821—1825 年，安培做了关于电流相互作用的四个精巧实验，并根据这四个实验导出了两根通电导线之间的相互作用力公式。1827 年，安培将他的电磁现象的研究综合在《电动力学现象的数学理论》一书中，这是电磁学历史上一部重要的经典论著，对之后电磁学的发展起到了深远的影响。**麦克斯韦称赞安培的工作是"科学上最光辉的成就之一"，还把安培誉为"电学中的牛顿"。**

1833 年，楞次在总结了安培的电动力学与法拉第的电磁感应现象后，发现了确定感应电流方向的定律——**楞次定律。楞次定律说明电磁现象也遵循能量守恒定律。**1838 年起，楞次与俄国物理学家雅可比合作，对电磁铁的结构进行了深入研究，奠定了磁化现象研究的基础。他们合作的论文《论电磁定律》是关于电磁力和电磁学计算方法的最早的文献之一。同一年，楞次根据作用力与反作用力的概念，发现了电现象和磁现象的可逆性，提出了发电机既可作发电机运行又可作电动机运行的**可逆性原理**。但是在 1870 年之前，直流发电机和直流电动机一直被看作两种不同的电机而独立发展。**电机的可逆性原理是电机学的基本原理之一，它将发电机和电动机的研究统一了起来。**1847 年，楞次从理论上对发电机进行了研究，他发现了发电机"电枢反应"现象的存在，并研究了电流和磁化强度之间的关系，这些成果奠定了电机电枢反应基本理论的基础。

1855 年，法国物理学家傅科（J. B. L. Foucault，1819—1868 年）发现了涡流现象；1892 年，英国物理学家汤姆逊（J. J. Thomson，1856—1940 年）提出了涡流发热的计算方法；1866—1867 年，瓦里（C. F. Varley，1828—1883 年）、惠斯通（S. C. Wheatstone，1802—1875 年）和西门子（W. Siemens，1816—1892 年）先后发现了直流电机的自励原理，为直流

电机的大型化和实用化奠定了基础。1891 年，阿诺尔德（H. Arnold）建立了直流电机电枢绕组的理论。1904 年和 1905 年索门费尔德（A. Sommerfeld）和费尔德（A. B. Field）先后发表论文，论述了涡流电流及其计算方法，为电机采用多股线、分布式绕线和叠片铁芯结构提供了理论依据。

2）交流电机理论体系的形成

与直流电机理论相比，交流电机理论要复杂得多，但是研究直流电机的很多理论成果可以应用于交流电机。在交流电机理论探索中，早期成果主要有 19 世纪 80 年代旋转磁场的发现和研究，以及 20 世纪 80 年代后期关于三相交流电理论的研究。

在旋转磁场发现方面，具有重要意义的有 1824 年法国科学家阿拉果（D. Arago，1786—1853 年）的圆盘实验，1879 年的贝利磁力实验，1883 年德普拉兹（M. Depraz）的两相空间和时间相差 90°合成旋转磁场的理论，1888 年费拉里斯（G. Ferraris，1847—1897 年）在意大利科学院提出的著名论文《利用交流电产生电动旋转》，以及特斯拉（N. Tesla，1856—1943 年）在 1885 年发明的两相感应电动机及在 1886—1888 年间有关旋转磁场的研究和实验。在建立三相交流电理论方面，贡献最大的是多利沃·多布罗夫斯基（D. Dobrowolsky，1861—1919 年），1888 年他提出三相电流也可以产生旋转磁场的观点，1889 年和 1890 年他分别设计和制成了世界上第一台三相鼠笼式感应电动机和三相变压器。

1895 年英国物理学家弗来明（J. A. Fleming，1849—1945 年）提出了分析电流、磁场、电动势和力的**左手定则和右手定则**。1897 年，施泰因麦茨（C. P. Steinmetz，1865—1923 年）发表著名论文"The Alternating Current Induction Motor"，对交流电动机的理论和计算进行了详细的分析，并给出了电动机的等值电路。1899 年布朗德尔（A. Blondel）提出了同步电机的**双反应原理**，成为现代同步电机的基础理论。1926—1929 年间，多赫提（Doherty）和尼克尔（Nickle）先后发表了五篇经典论文，发展了布朗德尔的双反应理论，求出了稳态和瞬态时同步电机的功角特性和三相、单相短路电流。1929 年，帕克（R. H. Park）利用坐标变换和算子法，导出了瞬态时同步电机的电动势方程和阻抗。同一时期，许多人还研究了同步电机内部的磁场分布，得出了同步电机各种电抗的计算公式和测定方法。到 20 世纪 30 年代，同步电机理论及计算方法已经比较完善。

20 世纪 20—30 年代，许多人对交流电机的坐标变换问题进行了广泛的研究，并提出了多种坐标系理论，其中比较著名的有帕克（R. H. Park）的 $dq0$ 坐标系，克拉克（E. Clarke）的 $\alpha\beta0$ 坐标系。

1.1.3 电机制造和设计技术的发展

电机理论的发展与电机制造和设计技术的发展是相互促进的，在很多情况下，电机理论常常滞后于电机的制造和设计技术，而对电机理论的研究会反过来进一步促进电机制造和设计技术的发展。随着现代电机理论和电机技术的发展，电机理论、电机制造和设计技术相辅相成、互相促进，同时推动了新的电机理论、电机制造和设计技术的出现。

法拉第电磁感应原理的发现为人们研制发电机奠定了基础。早期发电机主要用于电解、电镀和电弧照明，因此当时社会需要的是直流发电机。电磁铁的发明和奥斯特电流效

应的发现，催生了电动机的发明。在 19 世纪 70 年代之前，直流发电机和直流电动机是各
自为政、并行发展的，直到 19 世纪 70 年代人们认识到电机的可逆性原理之后才逐渐将两
者的研究统一起来。

1. 直流电机制造和设计技术的发展

1) 直流发电机的设计和制造

1831 年，法拉第在马蹄形磁铁中间放置一个直径为 30 cm 的铜圆盘，并在圆盘的中心和
边缘放置摩擦接触片(电刷)，当手摇动圆盘时，圆盘切割磁力线便产生电流，这就是现代直
流发电机的始祖，如图 1－3 所示。1833 年，法国仪器制造商 A. H. 皮克西(A. H. Pixii，
1808—1835 年)和 M. H. 皮克西(M. H. Pixii，1804—1851 年)首次宣布成功研制出了手
摇直流发电机，如图 1－4 所示。皮克西直流发电机采用的是线圈固定而磁铁旋转的模
式。同一年，受皮克西发电机的启发，英国仪器制造商萨克斯顿(J. Saxton，1799—1873
年)设计了一款磁铁固定而线圈旋转的直流发电机。1835 年，英国科学仪器制造师克拉
克(E. M. Clarke)制造了世界上第一台具有实用价值的直流发电机，该电机有一个电枢(由
两个分别有 1500 匝线圈的绕组连接而成)，采用磁铁固定而电枢旋转的模式。

图 1-3　法拉第直流发电机　　　　　图 1-4　皮克西直流发电机

1852 年，世界上最早的电灯公司——英法联盟商会成立，并开始制造直流发电机。到
1867 年，该公司研制成功多个系列的联盟牌直流发电机。**联盟牌直流发电机是发电机进入
工业、商业领域的里程碑，也是直流发电机由低电压、小功率进入较大功率、较高电压的
转折点，是直流发电机走出实验室、进入人类社会生活的第一步**。联盟牌直流发电机是人
类历史上真正具有实用价值的直流发电机，也是最早批量生产的直流发电机。

2) 直流电动机的设计和制造

继奥斯特发现了电流的磁效应，安培发现了螺线管通电之后与天然磁铁的作用一样，
1820 年，阿拉果制成了世界上第一块电磁铁。英国电气工程师斯特金(W. Sturgeon，
1783—1850 年)对电磁铁进行了大量的实验研究，并首次提出了"电磁铁"(Electromagnet)
的概念。19 世纪 30 年代，电磁铁制造技术逐渐推广，各种结构的电磁铁的相继出现为直
流电动机的发明奠定了基础。

1821 年，法拉第通过水银杯实验在人类历史上第一次将电能转变为旋转运动的机械
能。人类历史上第一台电动机的雏形如图 1－5 所示。1822 年，英国皇家军事学院数学教授
巴洛(P. Barlow)改进了法拉第电动机的设计，并发明了巴洛星形轮电动机，如图 1－6
所示。

图1-5　法拉第直流电动机　　　　　　　　图1-6　巴洛星形轮电动机

　　1831年，美国科学家亨利(J. Henry，1797—1878年)发表论文，并首次引入了"Mo-tor"这个单词，提出了制造电动机的设想，并预言"**电动机的重要性无论怎么强调都不为过**"。在同一年，亨利制造了一台摆动式直流电动机，如图1-7所示。1834年，英国伦敦大学的里奇(W. Ritchie，1790—1837年)设计了一种具有连续旋转功能的直流电动机，如图1-8所示。里奇设计的电动机是现代电动机的雏形。里奇电动机是现代电动机发展的一个里程碑。

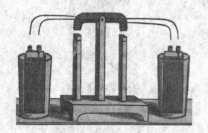 

图1-7　亨利制造的摆动式直流电动机　　　　图1-8　里奇直流电动机

　　1834年，美国电气工程师达文波特(T. Davenport，1802—1851年，见图1-9)设计了一款旋转直流电动机，如图1-10所示，并在人类历史上第一次将直流电动机作为原动机。**达文波特开了电动机应用之先河，这在电机史上的意义是非常重大的**。1837年，美国专利局公布达文波特的直流电动机申请了专利。该专利是人类历史上的第一个电动机专利，其意义也是非同凡响的。

图1-9　达文波特　　　　　　　　图1-10　达文波特直流电动机

2. 交流电机制造和设计技术的发展

1）感应电机技术的发展

在阿拉果圆盘实验的基础上，英国科学家贝利（W. Bailey）对旋转磁场进行了深入的研究。1879 年，贝利在人类历史上第一次用电的方法产生了旋转磁场，并证明了旋转磁场可以产生机械力。贝利的实验装置是现代感应电动机的雏形。

1885 年，意大利物理学家费拉里斯提出了两相感应电动机模型，并发明了人类历史上第一台两相感应电动机。他的研究成果对于交流电动机的发展和应用起了很大的推动作用。在同一年，著名美籍克罗地亚科学家特斯拉（N. Tesla，1856—1943 年，见图 1-11）也制成了两相感应电动机模型，并在美国获得了两项有关两相交流电动机（如图 1-12 所示）和两相交流发电机（如图 1-13 所示）的专利。1888 年 5 月 16 日，特斯拉发表著名论文"A New System of Alternating Motors and Transformer"。该论文介绍了旋转磁场理论和他设计的三种结构的交流电动机。在一篇论文中就提出三种电动机结构，这在电机发明史上是绝无仅有的。

图 1-11　特斯拉　　　　图 1-12　特斯拉交流电动机　　　图 1-13　特斯拉交流发电机

俄国科学家多利沃·多布罗夫斯基（D. Dobrowolsky，1861—1919 年，如图 1-14 所示）受费拉里斯旋转磁场和两相感应电动机理论的启发，发现三相电流也可以产生旋转磁场，并在 1889 年研制成功了世界上第一台三相鼠笼式感应电动机，如图 1-15 所示。1893年，多利沃·多布罗夫斯基又发明了三相绕线式感应电动机。

图 1-14　多利沃·多布罗夫斯基　　　图 1-15　第一台三相鼠笼式感应电动机

2）同步电机技术的发展

1832 年，一位英国电气工程师提出了交流发电机的设计思路。在同一年，法国人皮克西制成了世界上第一台手摇永磁旋转式同步发电机。在 19 世纪 70 年代之前，人们对交流电缺乏理解，误认为交流电没有用途，以至于交流电在 19 世纪 30 年代至 70 年代的 40 多年时间里几乎没有发展。在 19 世纪 80 年代之前，同步电机处于探索和萌芽阶段。

1878 年，比利时籍法国发明家格拉姆(Z. T. Gramme，1826—1901 年)成立的格拉姆公司制造了世界上首台单相同步发电机。不久该公司又制造了一种多相同步发电机。在同一年，黑夫纳·阿尔登尼克设计、西门子-哈尔斯克公司制造出了多台同步发电机。当时的发电机可接成单相或多相，相间内部未接在一起，但它实际上是电路互相独立的单相同步发电机。1883 年，特斯拉制成了一台两相同步发电机模型；1887 年，特斯拉设计出了电枢旋转的两相同步发电机，并获得了美国专利。

世界上首先制造出具有实用价值的三相同步发电机的是德国人哈舍尔汪德(F. A. Harselwander，1859—1932 年)，同时他提出了三相同步发电机和三相同步电动机的概念，并于 1887 年获得德国专利。1888 年，多利沃·多布罗夫斯基制成了一台功率为 2.2 kW 的旋转磁场式三相同步发电机。1889 年，他提出了三相同步发电机绕组的星形和三角形连接法。

从 1890 年起，美国西屋公司采用特斯拉专利开始生产自起动同步电动机。两相同步电动机、三相同步电动机和两相同步发电机、三相同步发电机是并行发展的。

在同步电机的发展历史上，格拉姆、特斯拉、哈舍尔汪德和多利沃·多布罗夫斯基的贡献是举足轻重的，没有他们的贡献，电气化时代的到来可能要晚很多年。

1.1.4　电机技术发展的整体概括

总结电机技术发展的历史，可以概括成五个重要发展阶段。

(1) 第一阶段是 1800—1890 年，这个阶段是电机技术的萌芽时期，是构建电机基础理论和电机基础技术发展的雏形时期，也是电机从无到有的突破时期。

(2) 第二阶段是 1890—1940 年，这个时期是电机理论及其技术的成长时期，电机在众多领域得到了广泛的应用，特别是军事工程技术的需要也大大促进了电机技术的发展。

(3) 第三阶段是 1940—1970 年，在这个时期晶体管和计算机的发明大大提升了电机的控制性能。计算机的应用提高了计算的速度，电机分析技术、仿真技术都有了长足的进步，这使得电机的设计方法和控制方法也更加完善。

(4) 第四个阶段是 1970—1980 年，这个时期由于微控制器的出现，进一步降低了电机的控制成本，并且进一步提高了电机的控制性能。特别是 20 世纪 70 年代矢量控制(或者称为磁场定向控制)技术的发展，使得交流传动技术从理论上解决了困扰其多年的动、静态控制的性能问题。

(5) 第五阶段是 1980 年至今，这个时期随着电力电子器件(如 IGBT)、微控制器(包括单片机、DSP)、新型控制策略、电机仿真和精密加工等技术的进步，电机性能获得了快速的发展，并且电机的应用领域也得到了极大的拓展。

未来电机技术的发展主要表现为以下三个方面。

(1) 电机的应用领域将进一步拓展。

随着科学技术的发展，电机的类型已经突破了传统电机的类型。当前电机的应用领域几乎涉及所有需要动力的领域，如军事和航空航天方面的雷达天线校准、导弹的制导、惯性导航、卫星的姿态控制、飞船太阳板对于太阳的跟踪等，工业方面的各种加工中心、专用加工设备、工业机器人、纺织机械、泵和风机的驱动等，计算机中的磁盘、光驱、扫描仪、打印机、复印机等设备的驱动，家用电器中的空调、冰箱、洗衣机、微波炉、数码相机、摄像机、电扇等的驱动。

（2）电机的性能将进一步提高。

随着各种新技术在电机中的应用，电机的性能在不断地提高，同时电机也在朝着极值化方向发展。在微型化方面，2011 年美国塔夫茨大学的研究人员制造出了单分子结构、直径为 1 纳米的电动机，未来有可能广泛应用在医药、工程等领域。在巨型化方面，现在大型核电厂的发电机转子直径为 10 米多，定子和转子的总重为 800 多吨，功率达到 100 万千瓦。在超高速方面，特种电机的转速能够达到 20 万转/分钟。在高精度控制方面，压电控制电动机的控制精度可以达到纳米级。

（3）电机的相关学科领域也将进一步扩大。

与电机技术相关的学科领域在逐年扩大，如在功率驱动方面，包括 IGBT、GTO、GTR、MOSFET、SiC、GaN 等技术和拓扑电路的研究，在控制器单元方面，包括单片机、DSP、FPGA 等控制器的设计，在控制理论方面，包括各种现代控制理论和信号处理策略等，在电机的仿真软件方面，如 MATLAB、Ansoft 和 Simplorer 等仿真软件，在电机设计制造方面，有计算机辅助设计（CAD）和计算机辅助制造（CAM）等。另外，电磁材料、绝缘材料和超导材料等方面的技术对电机技术的促进作用也是非常显著的。

新中国成立以来，虽然我国在电机技术方面取得了一些重要的成果，但是在一些关键的电机技术领域与国外还存在很大的差距，如我国还不能自主设计制造功率驱动器件，还没有自主研发的控制芯片，也没有自主开发的电机设计和仿真软件。

1.2　电机的主要分类

电机作为机电能量转换的重要环节，其分类方法有很多种，如根据能量转换的关系分类，根据工作原理和结构分类，根据励磁方式分类，根据供电电源分类，根据功能分类，根据用途分类，根据形状分类，根据控制方法分类，根据功率、重量分类等。电机根据能量转换的关系分类如图 1－16 所示，其中**电动机是实现电能到机械能转换的设备，发电机是实现机械能到电能转换的设备，而变压器是实现由一个级别的电压或者电流转换为另一个级别的电压或者电流的电能转换设备**。磁场是实现机电能量转换的关键环节，电机的主要励磁方式如图 1－17 所示，励磁方式的不同对电磁转矩的产生机理和电机的特性影响很大。电动机根据原理和构造分类如图 1－18 所示，总体上可分为电磁型电动机和非电磁型电动机。

图 1－16　电机根据能量转换的关系分类　　　图 1－17　电机的主要励磁方式

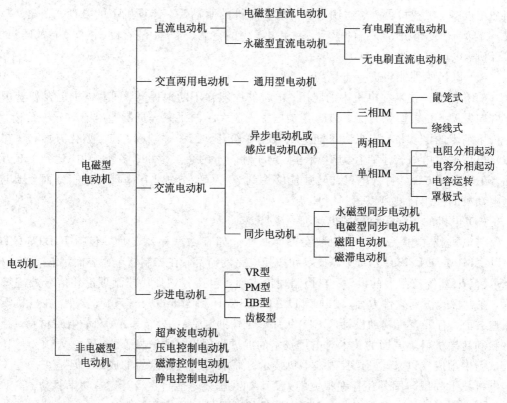

图 1-18 电动机按照原理和构造分类

1.3 电机学的基础知识

1.3.1 电机学的一些基本概念

1-1 课程的基本知识

在日常生活与生产中最常见的电机是旋转电机,旋转电机的转子围绕电机轴做旋转运动。电机的转子围绕电机轴旋转既可以沿顺时针方向,也可以沿逆时针方向。在对旋转电机进行研究时,**通常规定电机的转子沿逆时针方向旋转为正转,而沿顺时针方向旋转为反转**。本书主要以旋转电机为研究对象,其理论也可以直接应用于直线电机。

在电机学中,经常用到机械学、电学和磁学等方面的基本概念。

1. 角位置 θ

在电机学中,角位置 θ 是指电机转子的磁极中心线与定子的磁极中心线之间的夹角,如图 1-19 所示,单位为度(°)或者弧度(rad)。

2. 角速度 ω

在电机学中,角速度 ω 是指电机转子的磁极中心线相对于定子的磁极中心线的转角速度,如图 1-19 所示,单位为度/秒(°/s)或弧度/秒(rad/s)。

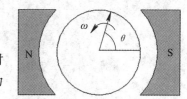

图 1-19 转子角位置和角速度

角速度可以定义为角位置的微分,即

$$\omega = \frac{\mathrm{d}\theta}{\mathrm{d}t} \tag{1-1}$$

采用角速度的单位度/秒和弧度/秒通常很难直观地理解电机的转速情况,因此,在分析电机转速的过程中,人们常常会采用转/分(r/min)作为电机转速的单位,并用 n 表示转速。角速度 ω 与转速 n 之间的关系可以表示为如下两种形式:

(1)当 ω 的单位为度/秒时,它与 n 之间的换算关系为

$$n = \frac{\omega}{360} \times 60 = \frac{1}{6}\omega \tag{1-2}$$

(2)当 ω 的单位为弧度/秒时,它与 n 之间的换算关系为

$$n = \frac{\omega}{2\pi} \times 60 = \frac{60}{2\pi}\omega \tag{1-3}$$

3. 转矩 T

在电机中,电机转子上单根导体所受到的电磁转矩如图 1-20 所示,可以表示为

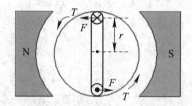

$$T = Fr \tag{1-4}$$

式中,T 为转子上单根导体受到的电磁转矩,F 为单根导体受到的电磁力,r 为导体到转子转轴中心的距离。

在电机中,电机转矩通常以力矩偶的形式出现,即转子 图 1-20 电机单根导体的转矩
上一个线圈的两个边在不同极性的磁极下会同时受到不同方向的电磁转矩。

4. 转动惯量 J

在电机学中,转动惯量 J 是转子绕中心轴线旋转时转子惯性的量度,转动惯量的单位为 kg·m²。转动惯量的计算式为

$$J = m\rho^2 = \frac{G}{g}\frac{D^2}{4} = \frac{GD^2}{4g} \tag{1-5}$$

式中,m 为转子的质量,单位为千克(kg);G 为转子的重量,单位为牛(N);ρ 为转子的转动半径,单位为米(m);g 为重力加速度,一般取 9.8 m/s²;D 为转子的转动直径,单位为米(m);GD^2 为转子的飞轮矩,单位为 N·m²。

电机转子的转动惯量直接关系到电机的动态性能,细而长的转子其转动惯量较小,具有良好的加、减速性能;粗而短的转子其转动惯量较大,具有良好的稳速性能。

5. 功 W

在旋转运动中,转矩对于转子所做的功可以表示为

$$W = \int T\mathrm{d}\theta \tag{1-6}$$

式中,W 为转矩对转子所做的功,单位为焦耳(J)。当转矩恒定时,功的计算式为

$$W = T\theta \tag{1-7}$$

6. 功率 P

在电机学中,功率是电机在单位时间内所做的功,单位为焦耳/秒(J/s),分为电功率和机械功率。以直流电动机为例,从电功率的角度,功率的计算式为

$$P = UI \tag{1-8}$$

式中，U 为直流电动机的供电电源电压，I 为直流电动机的电枢电流。从机械功率的角度，功率的计算式为

$$P = T\omega_{\mathrm{m}} \qquad\qquad (1-9)$$

式中，T 为电机转矩，单位为 N·m；ω_{m} 为电机的机械角速度，单位为 rad/s。

在电机学中，转速一般用 n 表示，单位为 r/min，在这种情况下，机械功率的计算公式为

$$P = T\frac{2\pi n}{60} \approx \frac{Tn}{9.55} \qquad\qquad (1-10)$$

7. 磁感应强度 B

磁感应强度，也称为磁通密度或者磁密，是表示磁场强弱和方向的物理量，单位为特斯拉(T)。在物理学中，磁场的强弱使用磁感应强度来表示，磁感应强度越大，磁场越强；磁感应强度越小，磁场越弱。为了形象地描述磁场，人们通常采用磁力线的多少来表示磁场的强弱，如图 1-21 所示。磁力线是无头无尾的闭合曲线。磁力线上每一个点的磁感应强度 B 的大小和方向都是确定的。

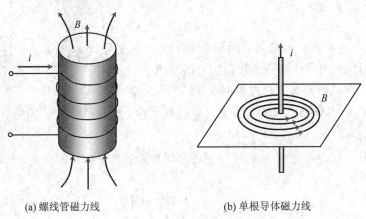

(a) 螺线管磁力线　　　　　　　　(b) 单根导体磁力线

图 1-21　磁力线示意图

8. 磁通 Φ

通过磁场中的某一面积的磁力线的数量称为通过该面积的磁通量，简称**磁通**，单位为韦伯(Wb)。若磁力线在某一面积上均匀分布，并且磁力线与该平面垂直，则有

$$\Phi = BS \qquad\qquad (1-11)$$

9. 磁场强度 H

磁场强度是描述磁场性质的一个基本量，单位为安培/米(A/m)。磁场强度 H 与介质无关，而磁感应强度 B 与物质的相对磁导率有关。磁感应强度 B 与磁场强度 H 的比值反映了磁性材料的导磁能力，B 与 H 的关系可以表示为

$$B = \mu H \qquad\qquad (1-12)$$

式中，μ 为导磁材料的磁导率。

磁导率是表征材料导磁能力的物理量，磁导率因材料不同变化范围很大。电机材料按照导磁性能一般可以分为非铁磁材料和铁磁材料。非铁磁材料主要包括空气、铜、铝和绝缘材料，它们的磁导率一般可以认为等于真空的磁导率 $\mu_0(\mu_0 = 4\pi \times 10^{-7}\,\mathrm{H/m})$。铁磁材料主要包括铁、镍、钴及其合金等，它们的磁导率远远大于真空的磁导率。

【注】　关于磁感应强度 B 和磁场强度 H 的认识，科学家曾走过弯路。开始人们认为磁和电完全对称，有电荷就一定有磁荷，所以采用与定义电场强度类似的方法，定义磁极周围磁场的强度为"磁场强度"。后来科学家发现磁场由电流产生，找不到磁荷，于是又用适合电流的方法定义了电流产生的磁场的强度，因为"磁场强度"已经被定义过了，所以就命名为"磁感应强度"。

10. 磁动势 F

磁动势（Magneto-Motive Force，MMF）是电流流过导体所产生磁通量的势力，是用来度量磁场的一个物理量，类似于电场中的电动势。磁动势也称为磁通势或者磁势，单位为安培（A）。对于磁动势，可以采用以下三种计算方式进行解释：

（1）$F = \Phi R_m$，其中 R_m 为磁阻。这种计算方式可以解释为作用在磁路上的磁动势等于磁路的磁通与磁路磁阻的乘积，该计算方法与电路的欧姆定理类似（$U = IR$，其中 U 代表电压，I 代表电流，R 代表电阻）。

（2）$F = NI$，其中 N 为线圈的匝数，I 为线圈内的电流。这种计算方式可以解释为通过线圈的磁动势等于线圈的匝数 N 与线圈内流过的电流 I 的乘积。

（3）$F = Hl$，其中 l 为磁路的长度。这种计算方式可以解释为磁通势为磁场强度 H 与磁路长度 l 的乘积（该种计算假定 H 沿磁路为常数，如果磁场强度 H 不为常数，则磁动势为磁场强度沿磁路的线积分）。

1.3.2　电路基本定律

1. 基尔霍夫电流定律

基尔霍夫电流定律（KCL）是指电路中流入任意节点的各支路电流的代数和等于零。基尔霍夫电流定律可以表示为

$$\sum_{k=1}^{n} i_k = 0 \tag{1-13}$$

式中，n 代表与该节点相连的支路数量，i_k 代表其中第 k 条支路流入该节点的电流。

2. 基尔霍夫电压定律

基尔霍夫电压定律（KVL）是指电路中任意一条闭合回路电压的代数和等于零。基尔霍夫电压定律可以表示为

$$\sum_{k=1}^{n} U_k = 0 \tag{1-14}$$

式中，n 代表闭合回路中分电压的段数，U_k 代表闭合回路中第 k 段的分电压。

1.3.3　磁路基本定律

1. 磁路欧姆定律

磁动势的第一种计算方式即为磁路欧姆定律的表达形式。磁路中某一段的磁阻可以表示为

$$R_m = \frac{F}{\Phi} \tag{1-15}$$

利用 $F = Hl$，同时借助式(1-11)和式(1-12)，可以得

$$R_{\mathrm{m}} = \frac{l}{\mu S} \tag{1-16}$$

由式(1-16)可以看出，磁阻的计算公式与电阻的计算公式相似，即磁阻的大小与磁路的长度成正比，与材料的磁导率 μ 和磁路的截面积 S 成反比。

2. 磁路基尔霍夫定律

与电路的基尔霍夫定律相似，磁路的基尔霍夫第一定律可以描述为流入磁路任意一节点的磁通的代数和为零；磁路的基尔霍夫第二定律可以描述为沿着磁场中任一闭合磁路，该磁路中每一分段的磁动势的总和等于该磁路的总磁动势，即任一磁路的磁动势的代数和等于零。图1-22为三相变压器一相绕组及其等效磁路，根据磁路的基尔霍夫第一定律，对于点 A 列写磁通方程式如下：

$$\Phi_1 - \Phi_2 - \Phi_3 = 0 \tag{1-17}$$

根据磁路的基尔霍夫第二定律，选择左侧磁路列写回路方程式为

$$F - \Phi_1 R_{\mathrm{m1}} - \Phi_2 R_{\mathrm{m2}} = 0 \tag{1-18}$$

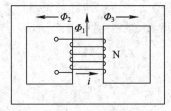
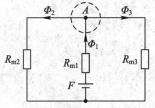

(a) 三相变压器一相绕组图   (b) 磁路图

图 1-22 三相变压器一相绕组及其等效磁路

磁路和电路具有多个相似之处，其对比如表 1-1 所示。

表 1-1 电路和磁路的对比

电 路	磁 路
电动势 $E(\mathrm{V})$	磁动势 $F(\mathrm{A})$
电流 $I(\mathrm{A})$	磁通 $\Phi(\mathrm{Wb})$
电阻 $R = \rho \dfrac{l}{S}(\Omega)$	磁阻 $R_{\mathrm{m}} = \dfrac{l}{\mu S}$
欧姆定律 $U = IR$	欧姆定律 $F = \Phi R_{\mathrm{m}}$
节点 $\sum i_k = 0$	节点 $\sum \Phi_k = 0$
回路 $U = \sum R_k i_k$	回路 $F = \sum \Phi_k R_{\mathrm{m}k}$
电场强度 $\oint E \cdot \mathrm{d}l = U$	磁场强度 $\oint H \cdot \mathrm{d}l = F$

【注】 磁路与电路在形式上具有很多相似之处，但是它们之间却存在着本质的区别。电流的流动是真实的带电粒子的运动，而铁磁材料的磁化是铁磁材料内部磁畴的转动，会形成一个附加的磁场。当电流流过电阻时会引起能量的损耗，而恒定的磁场经过磁阻不会

产生任何形式的能量损耗，仅仅表示有能量储存在该磁阻表示的磁路段中。

1.3.4 电磁学基本定律

1. 安培环路定理

安培环路定理也称为全电流定律，是电生磁的基本定律，可以描述为在恒定磁场中，磁场强度 H 沿任意闭合路径 L 的线积分等于该闭合路径所包围的各个电流的代数和。安培环路定理可以表示为

$$\oint_L H \cdot \mathrm{d}l = \sum i_k \qquad (1-19)$$

假定闭合磁力线是由 N 匝线圈的电流 I 产生的，且沿闭合磁力线 L 上的磁场强度 H 处处相等，则式(1-19)可以表示为

$$HL = NI = F \qquad (1-20)$$

2. 电磁感应定律

电磁感应定律是由法拉第提出的，也称为法拉第电磁感应定律，是描述磁生电的基本定律。交变的磁场会产生电场，并在导体中产生**感应电动势**(Electro-Motive Force, EMF)，这种现象称为**电磁感应现象**。在电机学中，感应电动势可以分为两种，即**变压器电动势和运动电动势(也称为切割电动势或者速度电动势)**。变压器电动势是由交变的磁场在线圈中感应的电动势，而运动电动势是导体切割磁力线产生的电动势。

变压器电动势的计算公式如下：

$$e = -\frac{\mathrm{d}\Psi}{\mathrm{d}t} = -N\frac{\mathrm{d}\Phi}{\mathrm{d}t} \qquad (1-21)$$

式中，e 为变压器电动势，$\Psi = N\Phi$ 为交链线圈的磁链，N 为线圈的匝数，Φ 为经过单匝线圈的磁通，负号代表线圈中的感应电动势将倾向于阻碍线圈中磁链的变化。图 1-23 给出了一个螺线管感应电动势的例子(不考虑磁通饱和)。当外部供电电流 i 增加时，磁通 Φ 增加，为了阻碍磁通 Φ 的增加，线圈将产生一个上正下负的感应电动势，如图 1-23(a)所示；当供电电流 i 减小时，磁通 Φ 也相应减小，为了阻碍磁通 Φ 的减小，线圈将产生一个上负下正的感应电动势，如图 1-23(b)所示。图 1-23 中螺线管的电流正方向与磁通的正方向符合右手螺旋定则，即用右手抓住螺线管，四指指向电流的方向，大拇指指向与螺线管中心线平行，则大拇指所指的方向即为磁通的方向。

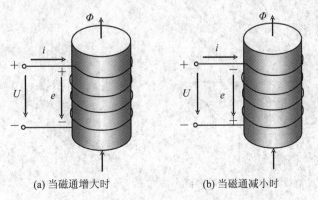

(a) 当磁通增大时　　　　　　　(b) 当磁通减小时

图 1-23 螺线管感应电动势方向的判断

如图 1-24(a)所示,单根导体运动电动势的计算公式如下:

$$e = Blv \qquad\qquad (1-22)$$

式中,e 为运动电动势,单位为 V;l 为导体在磁场中的有效长度,单位为 m;B 为导体所在磁场的磁感应强度,单位为 T;v 为导体运动的速度,单位为 m/s。运动电动势方向的判断遵循右手定则,如图 1-24(b)所示。运动电动势方向的确定原则为:张开右手掌,让四指与大拇指在同一平面,同时大拇指垂直于四指,磁力线垂直穿过掌心,大拇指指向导体的运动方向,则四指所指的方向即为感应电动势的正极,如图 1-24(b)所示。

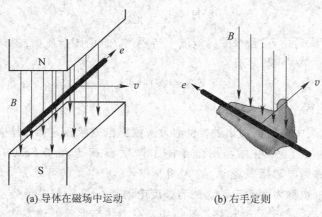

(a) 导体在磁场中运动　　　　　　　　(b) 右手定则

图 1-24　运动电动势方向的判断

3. 电磁力的计算

如图 1-25(a)所示,在磁场中,若导体中通过的电流为 i,导体处的磁感应强度为 B,假设 B 在空间的分布不随时间变化,则导体所受电磁力的大小为

$$f = Bli \qquad\qquad (1-23)$$

式中,l 为导体在磁场中的有效长度,单位为 m;f 为导体所受到的电磁力,单位为 N。电磁力的判断采用左手定则,确定的原则为:张开左手掌,让四指与大拇指在同一平面,同时大拇指垂直于四指,磁力线垂直穿过掌心,四指指向导体中电流的方向,则大拇指所指的方向即为导体所受电磁力的方向,如图 1-25(b)所示。

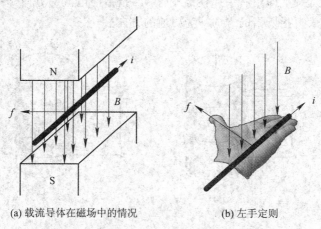

(a) 载流导体在磁场中的情况　　　　　　(b) 左手定则

图 1-25　载流导体在磁场中受力方向的判断

1.3.5 铁磁材料及其特性

在电机和变压器中,磁路主要是由铁磁材料(也称为导磁材料或者磁性材料)构成的。铁磁材料一般采用铁或者铁与钴、钨、镍、铝等组成的合金材料。采用铁磁材料的目的是加强电机的磁场,提高电机的运行效率。

1. 铁磁材料的 $B-H$ 曲线

铁磁材料内部存在很多细微的磁畴,如图 1-26 所示。在没有被磁化之前,铁磁材料内的磁畴随机分布,铁磁材料不显现磁性,如图 1-26(a)所示。铁磁材料被磁化之后,由磁畴所产生的磁场与外部磁场叠加,使得合成磁场得以加强,如图 1-26(b)所示。

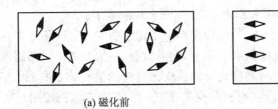

(a) 磁化前 　　　　　　　　　　　　(b) 磁化后

图 1-26 铁磁材料的磁化

铁磁材料内部的磁场强度 H 与磁感应强度 B 具有式(1-12)的关系。铁磁材料的磁导率 μ 并非常数,而是随着磁场强度 H 的变化而变化的,磁导率 μ 和磁场强度 H 之间为非线性关系,因此磁场强度 H 与磁感应强度 B 之间也是非线性关系。图 1-27(a)中,$B=f(H)$ 称为 $B-H$ 磁化特性曲线,而 $\mu=f(H)$ 称为 $\mu-H$ 磁化特性曲线。由 $B-H$ 磁化特性曲线可以看出,当磁场强度 H 较小时,随着磁场强度 H 的增加,磁感应强度 B 线性增加,如图中的 ab 段所示;当磁场强度 H 增加至一定值后,随着磁场强度 H 的增加,磁感应强度 B 增速减慢,并出现**饱和现象**,如图中的 bc 段所示。由 $\mu-H$ 磁化特性曲线可以看出,当磁场强度 H 较小时,随着磁场强度 H 的增加,磁导率 μ 线性增加,当磁场强度增加至一定值之后,随着磁场强度 H 的增加,磁导率 μ 又逐渐减小。

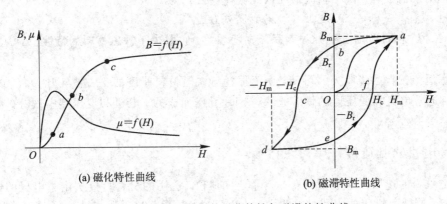

(a) 磁化特性曲线 　　　　　　　　　(b) 磁滞特性曲线

图 1-27 铁磁材料的磁化特性与磁滞特性曲线

铁磁材料除了具有高的磁导率外,还存在**磁滞现象**。所谓**磁滞现象**,就是指铁磁材料在反复磁化的过程中,它的磁感应强度 B 的变化总是滞后于它的磁场强度 H 的变化,这是铁磁材料所特有的现象。假定磁性材料在初始状态时不具有磁性,磁性材料的磁化可以分为 7 个过程，如图 1-27(b)为所示。

(1) Oa 段：随着 H 的增加，B 不断增加，当 H 增加到 H_m 时，B 增大为 B_m。

(2) ab 段：随着 H 的减小，因为铁磁材料的属性，B 不会沿着 aO 返回原点，而是沿着 ab 减小，当 H 减为零时，$B=B_r$，B_r 称为**剩磁**。

(3) bc 段：当 H 减为零后，如果继续使 H 反向增加，则可以使得 B 减为零，零点处的 H 为 $-H_c$，称为**矫顽力**。剩磁和矫顽力是铁磁材料非常重要的两个参数。

(4) cd 段：随着 H 的反向增加，B 也不断反向增加，当 H 增加到 $-H_m$ 时，B 增大为 $-B_m$。

(5) de 段：随着 H 的反向减小，B 也不断反向减小，当 H 减为零时，$B=-B_r$。

(6) ef 段：随着 H 继续正向增加到 H_c，B 不断反向减小，直到 B 为零。

(7) fa 段：随着 H 继续正向增加到 H_m，B 又正向增加到 B_m。

经过反复的磁化过程，最后 B-H 特性稳定在一条闭合曲线上，这条闭合曲线称为**磁滞回线**。磁化特性曲线和磁滞回线是铁磁材料分类和选用的主要依据，按照磁滞回线的形状不同，磁性材料可以分为**软磁材料和硬磁材料**。软磁材料的磁滞回线狭长，矫顽力、剩磁和磁滞损耗均较小，是制造变压器、电机和交流磁铁的主要材料。而硬磁材料的磁滞回线较宽，矫顽力大，剩磁强，可用来制造永久磁体。

2. 铁芯损耗

铁芯损耗是指铁磁材料处在交变或脉动磁场中引起的功率损耗，也称为**铁耗或者磁芯损耗**。铁芯损耗会使铁磁材料发热。**铁芯损耗分为磁滞损耗和涡流损耗两部分**。

当铁磁材料受到交变磁场的作用被反复磁化时，其内部的磁畴将相互间不断地摩擦而引起铁芯发热，这部分损耗被称为**磁滞损耗**。磁滞损耗的经验计算公式为

$$p_h = C_h f B_m^n V \tag{1-24}$$

式中，p_h 为磁滞损耗；C_h 为磁滞损耗系数；f 为交变磁场的频率；B_m 为最大磁通密度；V 为铁芯的体积；n 为常数，对于电工用硅钢片，$n=1.5 \sim 2.5$。

在铁磁材料中，交变的磁场会在铁芯中感应出电动势并产生电涡流。电涡流在铁芯中的损耗称为**涡流损耗**。铁芯涡流损耗的经验计算公式为

$$p_e = C_e f^2 B_m^2 \Delta^2 V \tag{1-25}$$

式中，p_e 为铁芯的涡流损耗；C_e 为涡流损耗系数，它取决于铁磁材料的特性；Δ 为铁磁材料的厚度。

根据涡流损耗的经验公式可知，涡流损耗与铁磁材料厚度的平方成正比。为了减小涡流损耗，通常电机和变压器的铁芯是由硅钢片叠压而成的。电机和变压器中铁芯硅钢片的厚度通常为 $0.3 \sim 0.5$ mm。

1.3.6 电机的制造材料

制造材料的选用在电机中具有非常重要的地位，选用的材料直接决定了电机的性能和经济指标。制造电机所选用的材料非常多，主要包括导电材料、铁芯材料、永磁材料、绝缘材料和机械支撑材料等。

1. 导电材料

要将电功率输入电机或者由电机输出，必须有导电材料。在电机中，导电材料主要包

括铜、铝和碳等。铜主要用于绕组、换向片和集电环。铝线在输电线路中广泛应用,鼠笼式异步电机的转子中常用铸铝。碳不仅具有良好的导电性能,而且易于加工且耐磨,主要用于制造电机电刷。

随着超导技术的进步,超导材料也逐渐应用于电机的制造中。当前已经有实用的超导电机,超导材料在电机中的应用具有广阔的前景。

2. 铁芯材料

电机中的铁芯是磁场的主要通道,是电机电磁功率传递与转换的核心部分。电机的铁芯材料主要包括硅钢片和非晶合金等。硅钢片又称为电工钢片,因其优良的导磁性能以及成本低廉而广泛应用于电机制造中。非晶合金是一种新型的软磁材料,具有高饱和磁感应强度和低损耗,在电机铁芯制造方面具有很大的应用价值。

3. 永磁材料

永磁材料是构成电机磁极的主要材料,如直流电机的定子磁极、永磁同步电动机和无刷直流电动机的转子磁极等。永磁材料的使用对于电动机的小型化和高效化起到了非常重要的作用。永磁材料具有高的剩磁、高的矫顽力、宽的磁滞回线以及稳定的物理特性,主要包括铝镍钴系永磁合金、铁铬钴系永磁合金、永磁铁氧体、稀土永磁材料和复合永磁材料。

4. 绝缘材料

在电机里面,导体与导体之间、导体与机壳或者铁芯之间都必须用绝缘材料隔开。电机的寿命很大程度上取决于绝缘材料和滑动部件(或者滚动部件,如轴承)的寿命,而绝缘材料的寿命与工作温度有直接的关系。为了保证电机的使用年限,必须对电机的运行温度进行限制。国家标准中,根据绝缘材料的耐热能力,将绝缘材料分为七个标准等级,如表 1-2 所示。

表 1-2 绝缘材料的等级

级别	Y	A	E	B	F	H	C
允许温度/℃	90	105	120	130	155	180	180 以上

5. 机械支撑材料

电机上的很多部件是专门用作机械支撑的,如机座、端盖、轴和轴承等。机座固定定子铁芯与前后端盖以支撑转子,并起防护、散热等作用。机座通常为铸铁件,大型异步电动机的机座一般用钢板焊成,微型电动机的机座采用铸铝件。

1.4 电机学的知识体系

电机学的知识体系主要包括如下六个部分:
(1)电机的发展历史;
(2)直流电机;
(3)变压器;
(4)交流电机的感应电动势和磁动势;

(5) 同步电机;

(6) 异步电机。

【注】 如果不特别说明,本书有如下几个默认知识点:

(1) 直流电机特指定子为磁极部分,转子为电枢部分的直流电机;

(2) 直流电机特指他励直流电机;

(3) 交流电机是指三相交流电机,除非特别指出为单相或者两相交流电机。

1.5　本课程在电气工程及其相关专业中的重要作用

电气工程(Electrical Engineering,EE)是现代科技领域中的核心学科之一,更是当今高新技术领域中不可或缺的关键学科。电气工程几乎离不开对电机的研究与应用,当前的很多电气工程专业都是从原来的电机系建制中衍生出来的,目前国内很多高校仍然保留着电机系。

"电机学"作为电气工程及其相关专业承上启下的核心课程,是学生在学习了"高等数学""大学物理"和"电路原理"的基础上,学习电气工程专业课程的关键。"电机学"是"控制电机与应用""运动控制系统""电气工程基础""电力系统自动化""电力系统分析"等专业课程的基础。

本 章 小 结

本章主要讲述了电机由产生到发展的历史状况,主要目的是让读者了解电机发展的历史。同时,本章讲述了电机学的一些基本概念和基本原理,属于学习电机学的基本知识点,需要重点掌握。本章还给出了电机学的知识体系及其在电气工程相关专业中的重要作用,对于整体把握"电机学"这门课具有重要的价值,使得读者可以深入理解电机学在电气工程及其相关专业中的重要地位。

习　　题

1. "电"和"磁"是怎么统一起来的?

2. 直流电机的发明经历了一个什么样的过程?

3. 交流电机的发明经历了一个什么样的过程?

4. 电机是如何进行分类的?

5. 左手定则与右手定则在使用上是如何区分的?

6. 铁磁材料具有什么样的特性?

7. 电机的损耗主要包括哪些方面?

8. 电机的制造材料包括哪些?

9. 绝缘材料的绝缘等级包括哪些?

第 2 章　直　流　电　机

[摘要]　本章主要解决直流电机原理方面的九个问题：① 直流发电机和直流电动机是如何运行的？② 直流电机的结构包括哪些部分？③ 直流电机有哪些额定数据？④ 直流电机的绕组是如何连接的？⑤ 直流电机有哪些励磁方式？⑥ 怎样计算直流电机的感应电动势和电磁转矩？⑦ 直流发电机和直流电动机具有什么样的运行特性？⑧ 如何理解直流电动机的机械特性？⑨ 直流电机的换向需要注意哪些方面？

直流电机是指能将直流电能转换成机械能或将机械能转换成直流电能的电机，它能实现直流电能和机械能的互相转换。**将直流电能转换为机械能的电机称为直流电动机，而将机械能转换为直流电能的电机称为直流发电机**。直流电机是学习交流电机的基础，异步电机、同步电机等交流电机的很多控制方法，都是模仿直流电机的控制方法进行的。

直流电动机的主要优点是具有较大的起动转矩和良好的起动、制动性能，过载能力强，调速方式简单，成本低，易于在较宽的范围内实现平滑调速。由于直流电动机具有良好的起动和调速性能，因此它常应用于对起动和调速有较高要求的场合，如大型可逆式轧钢机、矿井卷扬机、宾馆高速电梯、龙门刨床、电力机车、城市电车、地铁列车、电动自行车、造纸与印刷机械、船舶机械、大型精密机床和大型起重机等生产机械。

直流发电机主要用作电解、电镀、电冶炼、充电及交流发电机的励磁等所需的直流电源，也可用于检测单元，实现转速或者位置的检测。

2.1　直流电机的工作原理

2-1　工作原理

从原理上讲，直流电机分为直流电动机和直流发电机，是根据直流电机的工作状态来划分的。直流电机的电动和发电状态是可逆的，即同一台直流电机既可以工作在电动状态，也可以工作在发电状态。为了理解直流电机的工作原理，下面首先介绍单相交流发电机的原理。

2.1.1　交流发电机的原理

图 2-1 是一台单相交流发电机的模型。图中，N、S 极为固定不动的主磁极，$abcd$ 代表装在电机转子上的一个线圈，把线圈的两端分别接到两个滑环上，每个滑环上都放上固定不动的电刷 A、B。通过电刷 A、B 把旋转的电枢 $abcd$ 线圈与外部静止的电路相连接。当外部机构拖动电枢以恒定的转速 n 逆时针方向旋转时，根据电磁感应定律可知，在导线 ab 和 cd 中分别产生感应电动势，感应电动势的大小为 $e=Blv\sin\theta$。假设初始状态时，电枢处于水平面上，$\theta=0°$，导线 ab 在右边，cd 在左边，电枢平面与磁力线完全垂直，根据

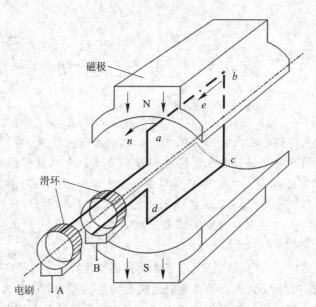

图 2-1　交流发电机的物理模型

右手定则，此时电枢的总的感应电动势为零，即电枢处于图2-2中的 A 点；当电枢逆时针旋转时，电枢的感应电动势开始逐渐增加，当电枢逆时针旋转过 90°时，即在图 2-1 所示的瞬间，导体 ab、cd 的感应电动势分别是由 b 指向 a 和由 d 指向 c，这时电刷 A 呈高电位，电刷 B 呈低电位，此时电刷 A、B 之间的电压达到正向最大值，即为图 2-2 中的 B 点；当电枢继续逆时针方向旋转时，感应电动势又开始减小，当转至 180°时，电枢处于水平面，导体 ab 在左边，cd 在右边，此时导体都不切割磁力线，则感应电动势为零，即为图 2-2 中的 C 点；当电枢继续旋转时，电枢所产生的感应电动势开始反向增加，当旋转到 270°时，导体 ab、cd 的感应电动势分别是由 a 指向 b 和由 c 指向 d，这时电刷 A 呈低电位，电刷 B 呈高电位，电刷 A、B 之间的电压达到反向最大值，即为图 2-2 中的 D 点；电枢继续旋转，电枢产生的感应电动势又开始减小，当电枢处于 360°时，又回到位置 A 点，导线 ab、cd 又都不切割磁力线，则感应电动势为零。根据上面的分析可知，电枢旋转一周，电枢内部的感应电动势也经历了一个周期的变化，即电枢产生了一个周期的交流电，这就是最简单的交流发电机的基本原理。

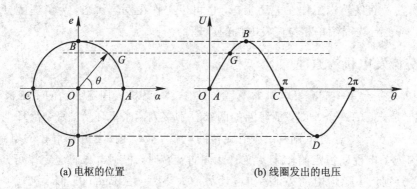

(a) 电枢的位置　　　　　　　　　(b) 线圈发出的电压

图 2-2　交流发电机的原理

2.1.2 直流发电机的原理

由前述的单相交流发电机的原理分析可知,图 2-1 的模型无法输出直流电压。若要让该模型发出直流电,必须进行整流。整流的实现方式很多,可以分为**电子整流和机械式整流**。在直流发电机中,就是采用换向器实现机械式整流的,将电枢内部的交流电整流成直流电。将图 2-1 中的两个滑环用两个相对放置的换向片代替,则交流发电机就可以改装成为直流发电机,如图 2-3(a)所示。换向片之间用绝缘材料隔开,两个换向片分别接到线圈的一端,电刷放在换向片上固定不动,这就组成了最简单的换向器。

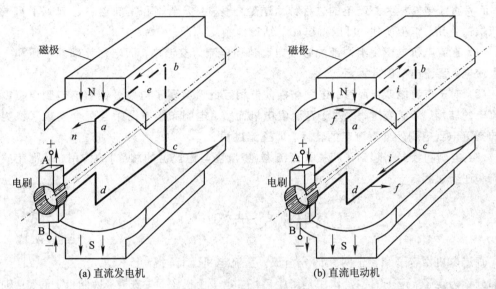

(a) 直流发电机 (b) 直流电动机

图 2-3 直流电机的物理模型

电枢转至图 2-3(a)中的位置时,电刷 A 呈高电位,电刷 B 呈低电位;当电枢逆时针方向旋转 90°时,导体 ab、cd 都不切割磁力线,则感应电动势为零;当电枢继续旋转 90°时,这时电刷 A 与导体 cd 相接触而呈高电位,电刷 B 与导体 ab 相接触而呈低电位;当电枢继续旋转 90°时,在该位置导体 ab、cd 又都不切割磁力线,则感应电动势为零;当电枢继续旋转 90°时,则电枢又回到了图 2-3(a)的位置,这时电刷 A 呈高电位,电刷 B 呈低电位。根据上述分析,直流发电机中,因为换向器的作用,可以保证电刷 A 总为"+",而电刷 B 总为"-",输出脉动直流电压。

2.1.3 直流电动机的原理

交流发电机和直流发电机用于将外部的机械能转换为电能输送出去,如果将直流电输入直流电机中,则直流电机可以用作直流电动机。直流电动机的物理模型如图 2-3(b)所示。

在图 2-3(b)所示的位置,根据左手定则,导体 ab 的受力方向是从右向左,导体 cd 的受力方向是从左向右,则在两个力的作用下,形成的电磁转矩是逆时针方向,电枢将沿逆时针方向旋转;当电枢旋转 90°时,在该位置上,导体 ab、cd 都不切割磁力线,电磁转矩为零,由于电枢具有一定的惯性,电机在该位置进行换向,电刷 A 与导体 cd 接触,电刷 B 与导体 ab 接触,导体内部电流改变方向,而电枢的旋转方向不变;当电枢继续旋转 90°时,在该位置上,电磁转矩的方向也是逆时针方向;当电枢继续旋转 90° 时,在该位置上导体 *ab*、*cd* 都不切割磁力线,电机在该位置进行换向,电刷 A 又与导体 *ab* 接触,电刷 B 又与导体 *cd* 接触,导体内部电流改变方向,而电枢的旋转方向不变。这样就完成了直流电动机一个周期的运行分析。

对于直流电动机,其电枢线圈里面的电流方向是交变的,但是,由于换向器的作用,电机产生的电磁转矩是单方向的。

由上述关于直流发电机和直流电动机的分析可以发现,电刷和换向器能将内部电枢的交流电和外部直流电进行相互转换。**在电力电子中,将交流电转换为直流电的过程称为整流,而将直流电转换为交流电的过程称为逆变。**很显然,电刷和换向器一起起到了机械式整流器的作用。综上所述,可以得出如下结论:

(1)直流电机电枢绕组内部的感应电动势和电流为交流电,而电刷外部的电压和电流为直流电。直流电机因此得名。

(2)对于直流电动机而言,电刷和换向器相互配合实现了电刷外部直流电到电枢内部交流电的转换,即逆变过程。对于直流发电机而言,电刷和换向器相互配合实现了绕组内部的交流电到电刷外部直流电的转换,即整流过程。

(3)电刷和换向器起到了机械式变流器(整流器与逆变器的总称)的作用,从而完成了整流和逆变过程。

2.2　直流电机的结构

2-2　结构

直流电机由定子和转子两大部分组成。**直流电机运行时静止不动的部分称为定子。**定子的主要作用是产生磁场。定子由机座、主磁极、换向极、端盖、轴承和电刷装置等组成。**运行时转动的部分称为转子,其主要作用是产生电磁转矩和感应电动势。转子是直流电机进行能量转换的枢纽,所以通常又称为电枢,**由转轴、电枢铁芯、电枢绕组、换向器和风扇等组成。直流电机的主要结构和组成部分如图 2-4 所示。

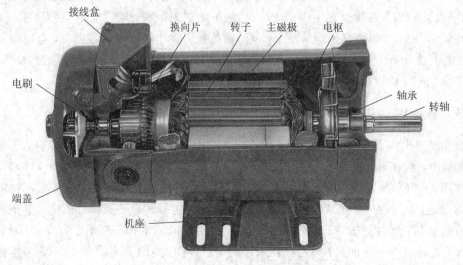

图 2-4　直流电机的主要结构

2.2.1 直流电机的静止部分

1. 主磁极

小型直流电机一般采用永磁磁铁作为主磁极。在一般大、中型直流电机中，主磁极采用电磁铁，即通过电来产生磁极。对于电磁铁，主磁极的铁芯采用 0.5～1.5 mm 厚的钢板冲片叠压紧固而成。绕制好的励磁绕组套在铁芯上，整个磁极固定在机座上。各主磁极上励磁绕组的连接要求其通过励磁电流时能够使相邻磁极的极性呈 N 极和 S 极交替排列。

2. 换向极

换向极又称附加极，装在两个主磁极之间，其作用是改善直流电机的换向，减小电机运行时电刷与换向器之间可能产生的火花。一般电机容量超过 1 kW 时均应安装换向极，换向极绕组与电枢绕组串联。

3. 电刷装置

电刷装置用来连接电枢电路和外部电路，其中的电刷是由石墨制成的导电单元，放在刷握内，并通过弹簧压紧到换向片上，使电刷和换向片之间具有良好的滑动接触导电功能，电刷连接铜丝辫，以便实现电枢和外部电路的有效连通。直流电机的电刷装置如图 2-5 所示。

4. 轴承

轴承是电机中支撑转子旋转的单元，如图 2-6 所示。最常见的电机轴承是滚动轴承和滑动轴承。滚动轴承是具有滚动体的轴承；滑动轴承泛指没有滚动体的轴承，即作滑行运动的轴承。

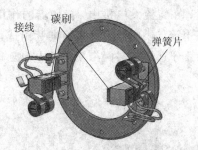

图 2-5 直流电机的电刷装置   图 2-6 电机轴承

5. 机座、端盖和接线盒等

电机定子部分的外壳称为机座，它的作用是：一方面用来固定主磁极、换向极、轴承、端盖和接线盒等，对电机起支撑和固定作用；另一方面，机座也是电机定子磁路的一部分，机座中有磁通通过的部分称为**磁轭**。端盖主要起密闭和支撑作用，轴承嵌在端盖内，电刷杆也固定在端盖上。接线盒的主要作用是将外部的电源部分通过电刷、换向片与电机的电枢部分相连接。

2.2.2 直流电机的旋转部分

直流电机转子的主要结构如图 2-7 所示，主要包括电枢铁芯、电枢绕组、换向器、转轴和风扇等。

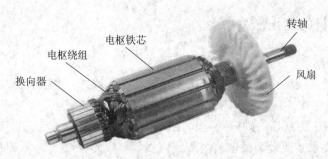

图 2-7　直流电机转子的主要结构

1. 电枢铁芯

电枢铁芯是电机磁路的主要部分，用以固定电枢绕组。为了降低电枢铁芯的损耗，电枢铁芯利用不大于 0.5 mm 厚的硅钢片冲片叠压而成。叠成的铁芯固定在转轴上，铁芯的外圆开有电枢槽，槽内嵌放电枢绕组。

2. 电枢绕组

电枢绕组的作用是产生电磁转矩和感应电动势，是由许多导电线圈按照一定的规律连接而成的。线圈也称为元件，是用包有绝缘材料的铜导线绕制而成的，嵌放在电枢铁芯的槽内，线圈与铁芯之间以及同一槽内的上下层线圈必须绝缘。每个线圈的两个出线端都按照一定的规律与换向器的换向片相连，从而构成电枢绕组。

3. 换向器

换向器是将电刷与电枢相连通的关键单元。在直流电动机中，换向器的作用是将电刷上的直流电流通过换向片转换为电枢内的交流电流；在直流发电机中，换向器的作用是将电枢内的交流电流通过换向片转换为电刷上的直流电流。换向器由许多换向片组成，换向片之间用云母绝缘。电枢绕组的每一个元件的两端都分别焊接在两个换向片上。换向器与电刷装置的装配情况如图 2-8 所示。

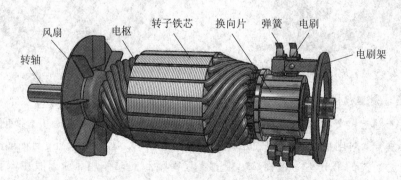

图 2-8　换向器与电刷装置的装配情况

4. 转轴

转轴对旋转的转子起支撑作用，一般用圆钢加工而成。电机转轴必须具有一定的机械强度和刚度，足够的强度可以保证电机转轴在工作状态和加工中不产生残余变形或损坏，足够的刚度可以保证转轴的挠度在允许范围内。

2.3 直流电机的额定数据

2-3 额定数据

额定数据即**铭牌数据**，是选择和设计电机的依据。

1. 额定功率

额定功率为额定状态下直流电机的输出功率，通常用 P_N 表示，其单位为瓦(W)或者千瓦(kW)。对于直流电动机，额定功率是指由转子轴上输出的机械功率；对于直流发电机，额定功率则是指由定子侧输出的电功率。

2. 额定电压

额定电压为额定状态下直流电动机的输入电压或者直流发电机的输出电压，通常用 U_N 表示，其单位为伏(V)或者千伏(kV)。

3. 额定电流

额定电流为额定状态下直流电动机输入的电流或者直流发电机的输出电流，通常用 I_N 表示，其单位为安(A)或者千安(kA)。

4. 额定转速

额定转速为在额定状态下直流电机转子的转速，通常用 n_N 表示，其单位为转/分(r/min)。

5. 额定转矩

额定转矩一般为额定状态下直流电动机的输出转矩，通常用 T_N 表示，其单位为牛·米(N·m)。

6. 额定效率

额定效率为在额定条件下电机的输出功率与输入功率之比，通常用 η_N 表示。

对于直流电动机，额定功率是指电动机的输出机械功率，计算式为

$$P_N = U_N I_N \eta_N \tag{2-1}$$

对于直流发电机，额定功率是指发电机输出的电功率，计算式为

$$P_N = U_N I_N \tag{2-2}$$

直流电机的额定功率与额定转矩和额定转速之间的关系可以表示为

$$P_N = \omega_{mN} T_N = \frac{2\pi n_N}{60} T_N = \frac{n_N T_N}{9.55} \tag{2-3}$$

式中，ω_{mN} 为电机的额定机械角速度，单位为 rad/s。式(2-3)同样也适用于交流电机。若 P_N 的单位为 kW，则系数 9.55 应修改为 9550。

电机在额定状态下运行，能够获得最佳的性能指标，各个相关物理量都为额定值，也称为满载运行。在额定运行状态下，电机能够长期可靠地运行。而在实际运行中，电机不可能总是运行在额定状态。电机电流小于额定电流，称为**欠载运行**；电机电流超过额定电流，称为**过载运行**。电机长期过载或者欠载运行都不好。长期过载运行，电机可能因为过热而损坏；长期欠载，电机运行效率低，容易造成电能的浪费。因此，选择电机时，应根据负载的要求，尽量让电机运行在额定状态。

例 2.1　一台直流电动机的额定数据为：额定功率 $P_N = 12$ kW，额定电压 $U_N = 220$ V，额定转速 $n_N = 1500$ r/min，额定效率 $\eta_N = 89.2\%$。计算该电动机额定运行时的输入功率 P_1 及电流 I_N。

解　额定运行时的输入功率为

$$P_1 = \frac{P_N}{\eta_N} = \frac{12}{0.892} = 13.45 \text{ kW}$$

额定电流为

$$I_N = \frac{P_N}{U_N \eta_N} = \frac{12 \times 10^3}{220 \times 0.892} = 61.15 \text{ A}$$

例 2.2　一台直流发电机的额定数据为：额定功率 $P_N = 95$ kW，额定电压 $U_N = 230$ V，额定转速 $n_N = 1450$ r/min，额定效率 $\eta_N = 91.8\%$。求该发电机的额定电流 I_N。

解　额定电流为

$$I_N = \frac{P_N}{U_N} = \frac{95 \times 10^3}{230} = 413.04 \text{ A}$$

2.4　直流电机的电枢绕组

由直流电机的工作原理可知，直流电机必须具有能在磁场中转动的线圈。在直流电动机中，线圈中通过电流，产生电磁转矩，使线圈在磁场中转动，于是在线圈中感应产生电动势，吸收电功率，实现电能到机械能的机电能量转换。而在直流发电机中，线圈在外部拖动力的拖动下在磁场中旋转，线圈中感应产生电动势，通过换向器及电刷将产生的感应电动势输送出去，实现机械能到电能的机电能量转换。由此可见，在直流电机中，**在磁场中转动的线圈是实现机电能量转换的枢纽，所以直流电机的线圈被称为电枢**。在直流电机中，转子表面上均匀分布的槽内嵌放着许多线圈，这些线圈按照一定的规律连接起来，构成直流电机的电枢绕组，以便通过一定大小的电流和感应产生足够大的感应电动势。绕组中每个线圈的两个端子分别连接在两个换向片上，线圈是绕组的一个基本单元，称为**元件**（一个元件包括两个元件边）。一个绕组元件就是指一个线圈，元件的个数用 S 表示。单匝元件是指每个元件的元件边仅有一根导体。多匝元件是指每个元件的元件边包含多根导体。不管一个元件里面有多少匝，它的引出线只有两根，一个叫首端，另一个叫尾端，如图2-9(a)所示。同一个元件的首端和尾端分别接在不同的换向片上，而各个元件之间又通过换向片彼此连接起来。在同一个换向片上，既连接一个元件的首端，又连接另一个元件的尾端。可见，整个电枢绕组的元件数 S 应等于换向片数，若用 K 表示换向片数，则有 $S =$ K。元件嵌放在槽内的部分能切割磁力线产生感应电动势，此部分称为**有效部分**；而其余部分产生的电动势互相抵消，这些部分称为**端接部分**。

在直流电机中，如果在转子表面的槽中分布一个上层边与一个下层边，则电机的元件数等于槽数。如果在一个槽中，上层有 k 个元件边，同时下层也有 k 个元件边，这时电机的元件数为转子槽数的 k 倍。因此，引入了**实槽和虚槽**的概念。转子表面实际所开的槽为实槽，一个上层元件边与相应的一个下层元件边构成一个虚槽。根据实槽和虚槽的定义可知，在图 2-9(b)中实槽数等于虚槽数，而图 2-9(c)中虚槽数为实槽数的两倍。直流电机的虚槽数用 Z_e 表示，实槽数用 Z 表示，则有 $Z_e=kZ=S=K$。为了充分利用电机转子表面的空间，直流电机电枢绕组在转子表面槽内一般采用双层布置方式。

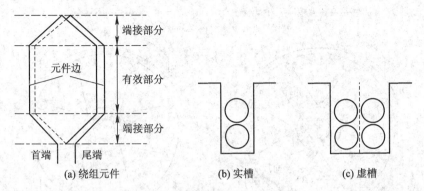

图 2-9　电枢绕组的元件及嵌放方法

2.4.1　单层电枢绕组

为了更加清楚地理解电枢绕组，下面首先介绍简单的单层布置的电枢绕组。在前述的直流电机原理中，一般认为电枢上仅有一个线圈，线圈的端子分别与互相绝缘的换向片相连。如果电枢上有 4 个单层布置线圈，那么换向器需要由 8 个换向片组成，如图 2-10 所示，各个线圈都是独立的、互不相连。采用这种连接方法时，每一时刻电流只能经过一个线圈，而其他线圈都没有利用起来，如果作为直流电动机运行，则无法产生足够大的电磁转矩，并且电磁转矩的脉动也很大；如果作为直流发电机运行，则电枢无法产生足够大的感应电动势。因此，必须采取措施将电机转子表面的线圈按照一定的规律连接起来，以使得所有的线圈在每一时刻都发挥作用。

2-4　单层电枢绕组

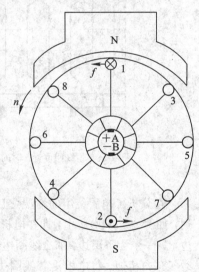

将图 2-10 中的 8 个换向片改为 C_1、C_2、C_3 和 C_4 四个换向片，线圈边 1 和 2、3 和 4、5 和 6、7 和 8 分别构成 4 个线圈，并将相邻线圈的首端和末端一起焊接到一个换向片上，使所有的线圈通过换向片连接成一个整体，构成一个闭合的电枢绕组，如图 2-11(a)所示。以直流电动机为

图 2-10　单层布置的多线圈绕组

例，在图 2-11(a)所示的瞬间，电刷"＋"与换向片 C_1 接触，电刷"－"与换向片 C_3 接触，从电刷"＋"端看去，4 个线圈的 8 个线圈边构成了两条并联支路，一条支路由线圈边 1、2、3 和 4 组成，另一条支路由线圈边 8、7、6 和 5 组成，并由电刷"＋"和电刷"－"将它们并联起来。

要在立体空间中理解绕组元件之间的连接方式是非常困难的。将电枢沿着线圈边 6 和 7 的中间位置切开，并展开成平面连接图，如图 2-11(c)所示。在图 2-11(a)位置的基础上，当电枢逆时针方向转过 45°时，如图 2-11(b)所示，电刷"＋"与换向片 C_1 和 C_2 接触，电刷"－"与换向片 C_3 和 C_4 接触，图 2-11(d)为该位置的平面展开图，构成电枢绕组的 1

和 2、5 和 6 两个线圈分别被电刷短路了，而只有 3 和 4、8 和 7 两条支路发挥作用。当电枢继续逆时针旋转 45°时，构成闭合电枢绕组的支路又会发生变化，此时的情况又与图 2-11(a)的连接方式相似。

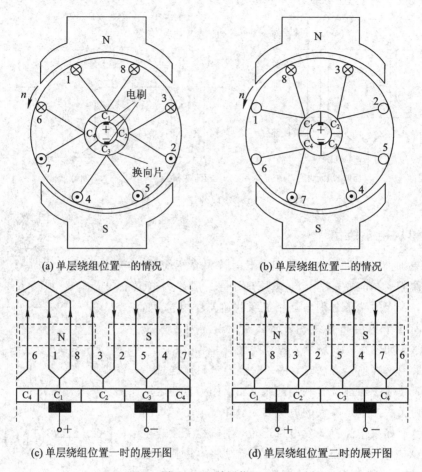

(a) 单层绕组位置一的情况　　　　　　(b) 单层绕组位置二的情况

(c) 单层绕组位置一时的展开图　　　　(d) 单层绕组位置二时的展开图

图 2-11　单层绕组

　　在分析了单层绕组的情况之后，如果将图 2-10 中的线圈按照双层绕组的模式进行排列，如图 2-12(a)所示，即在电机的表面开 4 个槽，每个槽内放置两个线圈边，一个为上层边，另一个为下层边，那么线圈边 1、3、5 和 7 为上层边，线圈边 2、4、6 和 8 为下层边。与图 2-11(c)相似，将电枢沿着线圈边 1、6 和 4、7 槽所在位置的中间切开，则得到图 2-12(c)所示的电枢平面展开图。仔细观察可以发现，4 个线圈的 8 个线圈边构成了两条并联支路，一条支路由线圈边 1、2、3 和 4 组成，另一条支路由线圈边 8、7、6 和 5 组成，并由电刷将其并联起来。图 2-12(b)是在图 2-12(a)的基础上逆时针旋转 45°的情况，图 2-12(d)是该位置的平面展开图。在图 2-12(b)所在的位置，构成电枢绕组的 1 和 2、5 和 6 的两个线圈分别被电刷短路了，只有 3 和 4、8 和 7 两条支路发挥作用。

　　总之，由上述分析可以发现，将线圈嵌放在电枢槽内，并通过一定的规律将线圈连接起来，电机电枢在连续旋转时，每条支路的串联线圈数在发生变化，虽然组成每条支路的线圈边在轮换，但是并联的支路数保持不变，电机的所有线圈边几乎都得到了充分的利用，这样就可以最大限度地发挥直流电机发电或者电动的性能。

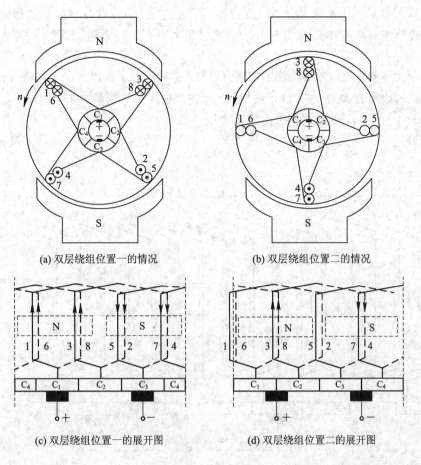

(a) 双层绕组位置一的情况   (b) 双层绕组位置二的情况

(c) 双层绕组位置一的展开图   (d) 双层绕组位置二的展开图

图 2-12 双层绕组

2.4.2 绕组的基本形式

直流电机的电枢绕组有两种基本的连接形式,即**单叠绕组**和**单波绕组**。下面分别介绍这两种绕组的连接方式。

2-5 绕组的基本形式

1. 单叠绕组

单叠绕组的特点是每个元件的两个端子分别连接在相邻的两个换向片上,如图 2-13 所示。图中上层边用实线表示,下层边用虚线表示。同一个元件的两条边之间的跨距称为**第一节距**,用 y_1 表示(一般 y_1 用元件所跨过的槽数计算)。同一个元件的两条边分别连接的两个换向片之间的距离称为**换向器节距**,用 y_c 表示(一般 y_c 用换向片数计算)。单叠绕组的所有相邻元件依次串联,即后一个元件的首端与前一个元件的末端连在一起,并接在同一个换向片上。最后一个元件的末端连到第一个元件的首端,形成一个闭合回路。由于这种绕组

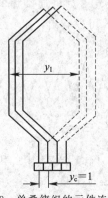

图 2-13 单叠绕组的元件连接情况

的连接方式好像后边一个元件紧"叠"在前边一个元件之上，因此这种绕组的形式称为**单叠绕组**。单叠绕组有左行单叠绕组和右行单叠绕组两种形式，普遍采用的方式是右行单叠绕组。

为了更加清楚地理解单叠绕组的连接方式和支路特点，下面以一个实例进行分析。已知一台直流电动机的极数 $2p=4$，转子的槽数、元件数和换向片数都为 16，即 $Z=S=K=16$，第一节距为 $4(y_1=4)$，换向器节距为 $1(y_c=1)$。

单叠绕组的平面展开图如图 2-14 所示，有以下规律：

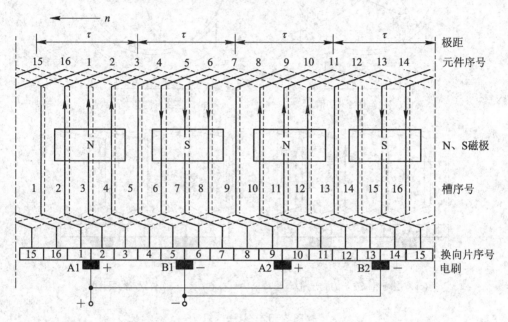

图 2-14　单叠绕组的平面展开图

（1）第 1 元件的上层边在第 1 个槽中，而第 1 元件的下层边在第 5 个槽中，元件跨过 4 个槽，即第一节距 $y_1=4$；第 2 元件的上层边在第 2 个槽中，而第 2 元件的下层边在第 6 个槽中；其他元件的放置依次类推。

（2）第 1 元件的首端连在第 1 换向片上，其末端连在第 2 换向片上，换向器节距 $y_c=1$；第 2 元件的首端连在第 1 元件的末端，并同时连在第 2 换向片上，通过第 2 换向片将第 1 元件与第 2 元件连接起来；其他连接方式如图 2-15 所示，并最终形成一个闭合绕组。由图 2-14 可以看出，各个元件是"叠"在一起并向右展开的。

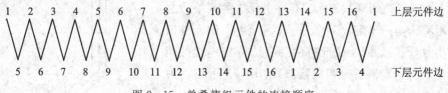

图 2-15　单叠绕组元件的连接顺序

（3）在图 2-14 中，电刷和磁极是固定不动的，根据左手定则可以判断出电枢受到的电磁力是向左的。

（4）为了保证直流电动机在每个极下的元件电流相同，使电动机能产生最大的电磁转矩，电刷必须固定在磁极的轴线上，并且电刷的数目与磁极的数目相等，沿着定子均匀分布。相应地，对于直流发电机，为了产生最大的感应电动势，电刷也必须固定在磁极的轴线上。

在图 2-14 所示的瞬间，根据电刷的位置和元件的连接顺序，可以画出相应的单叠绕组的电路连接图，如图 2-16 所示。按照各元件的先后顺序，把其首末相连。元件 2、3 和 4 中的电流相同，连成一条支路；元件 8、7 和 6 中的电流相同，连接成一条支路。同理，元件 10、11 和 12 连接成一条支路，元件 16、15 和 14 连接成一条支路。而元件 1、5、9 和 13 则是被电刷短路掉的。由图 2-16 可知，电枢绕组共由 4 条支路组成。**电机运行时，电刷是固定不动的，而绕组是在旋转的，因此各支路中的元件编号也在发生变化，但电路的连接模式是固定不变的。**

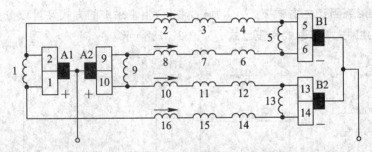

图 2-16 单叠绕组的电路连接图

综合直流电机单叠绕组的展开图，可以总结出单叠绕组具有如下特点：

(1) 位于同一主磁极下的上层边所在的元件串联起来组成一条支路，支路数等于极数；

(2) 当元件的几何形状对称，电刷放在换向器表面上的位置对准主磁极轴线时，电机能够感应最大的感应电动势或者能够承受最大的电流；

(3) 电刷数目等于主磁极的极数。

2. 单波绕组

单波绕组的特点是每个绕组元件的两端所连接的换向片相距较远，互相串联的两个元件也相隔较远，连接成整体后的绕组为波浪形，因而称为波形绕组。单波绕组的元件连接情况如图 2-17 所示。

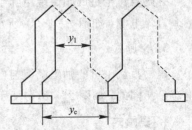

图 2-17 单波绕组的元件连接情况

单波绕组具有如下特点：

(1) 单波绕组把所有 N 极下的全部上层边所在的元件串联起来形成一条支路，把所有 S 极下的全部上层边所在的元件串联起来形成一条支路。由于主磁极只有 N、S 极之分，因此单波绕组的支路数与极数无关，支路数永远是 2。

(2) 当元件的几何形状对称时，电刷在换向器上的位置对准主磁极的轴线，支路的电动势最大，并且电刷的数目和极数相等。

从上述分析单叠绕组和单波绕组的情况来看，**在电机的极对数(极对数大于 1)和元件**

数相同的情况下，单叠绕组并联支路数多，每个支路里的元件数少，适用于电压较低、电流较大的电机。对于单波绕组，支路数永远等于2，在总元件数相同的情况下，每个支路里包含的元件数较多，所以这种绕组适合于电压较高、电流较小的电机。

2.5　直流电机的励磁方式和磁场

2-6　励磁方式和磁场

2.5.1　直流电机的励磁方式

在直流电机中，由主磁极产生的磁场称为**主磁场**，也称为励磁磁场。**根据主磁场构成方式的不同，直流电机可以分为两大类：一类是永磁直流电机，它由永久磁铁形成主磁极；另一类采用励磁绕组产生主磁极。采用励磁绕组产生主磁极的方式又可以分为四种基本方式：他励式、并励式、串励式和复励式，**如图2-18所示。

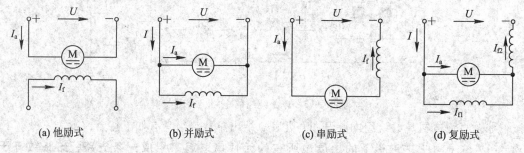

(a) 他励式　　　　(b) 并励式　　　　(c) 串励式　　　　(d) 复励式

图2-18　直流电机的励磁方式

1. 他励式

他励直流电机是一种励磁绕组与电枢绕组无连接关系，而由其他直流电源对励磁绕组单独供电的直流电机，如图2-18(a)所示。采用永磁体构成主磁场的永磁直流电机也属于他励直流电机。

2. 并励式

并励直流电机的励磁绕组与电枢绕组并联，这种直流电机的励磁绕组和电枢绕组连接同一直流电源，如图2-18(b)所示。

3. 串励式

串励直流电机的励磁绕组与电枢绕组串联，这种直流电机的励磁绕组和电枢绕组中的电流是相同的，如图2-18(c)所示。

4. 复励式

复励直流电机包括两个励磁绕组，一个与电枢绕组并联，另一个与电枢绕组串联，如图2-18(d)所示。若串励绕组产生的磁动势与并励绕组产生的磁动势方向一致，则称为积复励；若两个励磁绕组产生的磁动势方向相反，则称为差复励。直流电机通常采用积复励方式。

直流电机的运行特性随着励磁方式的不同而有很大的差别，直流电动机可以采用四种励磁方式，而直流发电机的主要励磁方式是他励式、并励式和复励式。

2.5.2　直流电机的空载磁场

直流电机不带负载时的运行状态称为空载运行。因为空载运行时的电枢电流近似为零，所以空载磁场可以认为是主磁极励磁磁动势单独产生的励磁磁场。

1. 主磁通和漏磁通

如图 2-19 所示，当励磁绕组通入励磁电流时，产生的磁通大部分由 N 极出来，经过气隙进入电枢齿，通过电枢铁芯的磁轭到达 S 极下的电枢齿，又通过气隙回到定子的 S 极，再经过机座（定子磁轭）回到原来的 N 极，形成闭合回路，主磁通所经过的通路称为**主磁路**，同时交链励磁绕组和电枢绕组的磁通称为**主磁通**。还有一小部分磁通不经过气隙，没有同时交链励磁绕组和电枢绕组，这部分磁通经过的磁路称为**漏磁路**，这部分磁通称为**漏磁通**。直流电机中，漏磁通数量小于主磁通的 20%，随着电机制造和设计技术的提升，漏磁通占整体磁通的比例会越来越小。

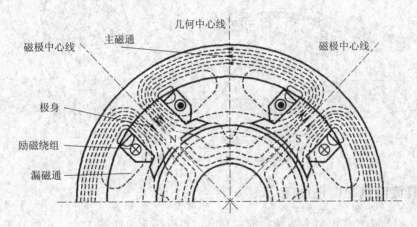

图 2-19　四极直流电机空载时的磁场示意图

2. 直流电机的空载磁化特性

直流电机运行时，为了产生感应电动势或者电磁转矩，气隙里需要有一定数量的每极磁通。这就要求在设计电机时进行磁路的计算，以确定产生一定数量的气隙磁通需要多大的励磁磁动势，或者在励磁绕组匝数一定的情况下需要多大的励磁电流。一般把空载时气隙每极磁通 Φ_0 与空载励磁磁动势 F_{f0} 或者空载励磁电流 I_{f0} 之间的关系，即 $\Phi_0 = f(F_{f0})$ 或 $\Phi_0 = f(I_{f0})$，称为**直流电机的空载磁化特性**，如图 2-20 所示。由于铁磁材料磁化时的 $B-H$ 曲线具有饱和现象，因此磁化特性曲线在励磁电流较大时会出现饱和。为了充分利用铁磁材料，又不至于使磁通过分饱和，电机的额定磁通一般取在磁化特性开始弯曲的地方，即磁路开始饱和的地方，或者说是在接近饱和段。对于直流电机来说，**如果电机运行在欠饱和段，电机的效能就得不到发挥，而如果运行在过饱和段，则电机的效率将大大降低**，也不利于电机的运行。

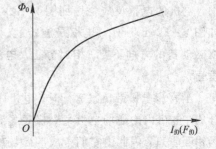

图 2-20　直流电机的空载磁化特性曲线

3. 空载磁场气隙磁感应强度的分布

当忽略主磁极中的铁磁材料的磁阻时，主磁极的励磁磁动势主要消耗在气隙中。气隙的大小如图 2－21(a)所示。在磁极中心线及其附近，气隙较小且均匀，磁感应强度较大且基本为常数；靠近两边极靴处，气隙逐渐变大，磁感应强度减小；在磁极的几何中心线处，气隙磁感应强度为零。直流电机空载气隙磁感应强度的分布为一个平顶波，如图 2－21(a)所示。图中 B_{av} 为平均磁感应强度，$B_{av}=\Phi_0/(\tau l)$，Φ_0 为每极磁通，τ 为极距，l 为电枢铁芯的有效长度。理想情况下，空载气隙磁感应强度的分布如图 2－21(b)所示。由图 2－21(b)可以看出，电机气隙磁感应强度在空载时是对称的，转子磁场对于定子磁场的影响可以忽略不计。

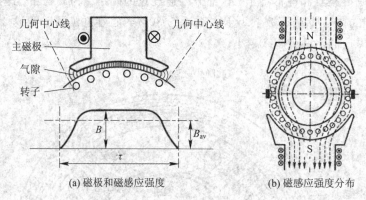

(a) 磁极和磁感应强度　　　　　　　　(b) 磁感应强度分布

图 2－21　空载气隙磁通密度分布

2.5.3　直流电机的电枢反应

前面介绍的是直流电机空载运行时的磁场，当电机带上负载之后，比如直流电动机拖动生产机械运行或直流发电机发出电功率时，电机电枢电流产生的磁场就不能忽略了，这时电机内部的磁场将会发生变化。直流电机带负载运行时，电枢绕组中就会有电枢电流，电枢电流也会产生磁动势，叫**电枢磁动势**。电枢磁动势的出现必然会影响空载时仅有励磁磁动势单独作用的磁场，从而影响气隙磁感应强度的分布，这种现象称为**电枢反应**。电枢磁动势也称为电枢反应磁动势。

直流电机带负载运行时，电刷在磁极的轴线上，在一个磁极下的电枢导体的电流都是同一个方向，在相邻的不同极性的磁极下，电枢导体的电流方向相反。在直流电动机中，电机的电枢反应磁场如图 2－22(a)所示；而对于直流发电机，电机的电枢反应磁场如图 2－22(b)所示。**电枢是旋转的，但是电枢导体中的电流分布情况是不变的，因此电枢磁动势的方向不变，相对静止。电枢反应磁场的轴线与励磁磁动势产生的主磁场相互垂直。**

当直流电机带负载运行时，电机内部的磁动势由励磁磁动势与电枢反应磁动势两部分合成，电机内的磁场也由主磁极磁场和电枢反应磁场合成。由于主磁极磁场和电枢反应磁场相互垂直，因此由它们合成的磁场的轴线必然不在主磁极的轴线上，而是会发生磁场的偏转，气隙磁密过零的地方也会偏离几何中心线。

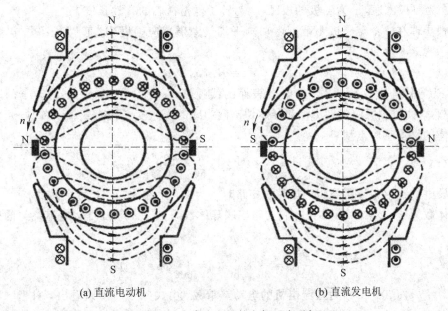

(a) 直流电动机   (b) 直流发电机

图 2-22 直流电机的电枢反应磁场

如果将图 2-21(b)与图 2-22(a)和(b)所示的磁场分别进行合成,那么在每个主磁极下,半个磁极范围内两个磁场的磁力线方向相同,另外半个磁极下两个磁场的磁力线方向相反。假设电机的磁路不饱和,可以直接把磁感应强度相加减,这样半个磁极范围内合成磁场磁感应强度增加的数值与另外半个磁极范围内合成磁感应强度减少的数值相等,合成磁感应强度的平均值不变,每个磁极的磁感应强度大小也不变。如果电机的磁路饱和,那么合成磁场的磁感应强度不能用磁感应强度直接加减。实际上,直流电机空载工作点取在磁化特性的接近饱和处,当定子磁场与转子磁场叠加时,总的磁动势增加的少,而减少的多,使得一个磁极的总的磁感应强度减少。**在直流电机带载情况下,磁路的饱和导致每个磁极比空载时的磁通要少,这种现象称为电枢反应的去磁效应。**

2.6 直流电机的感应电动势和电磁转矩

2.6.1 电枢绕组的感应电动势

2-7 感应电动势和
电磁转矩

直流电机无论作为电动机运行还是作为发电机运行,电枢绕组内部都会产生感应电动势。电枢绕组的感应电动势是指正、负电刷之间的感应电动势,也就是电枢绕组一条并联支路的电动势。

直流电机运行时,电枢绕组元件内的导体切割气隙合成磁场,电枢绕组中会产生感应电动势。由于气隙合成的磁感应强度在一个磁极下分布不均匀,因此电枢绕组中感应电动势的大小是变化的。设一个磁极下气隙磁感应强度的平均值为 B_{av},称其为**平均磁感应强度**,则

$$B_{av} = \frac{\Phi}{\tau l} \tag{2-4}$$

式中，Φ 为每极磁通，τ 为磁极的极距，l 为转子电枢铁芯的有效长度。

单根导体在一个定子极距范围内切割平均气隙磁感应强度 B_{av} 产生的平均电动势 e_{av} 可以表示为

$$e_{av}=B_{av}lv \tag{2-5}$$

式中，l 为导体的有效长度；v 为电枢表面的线速度，$v=2p\tau n/60(2p\tau$ 为转子的表面周长)。将平均气隙磁感应强度 B_{av} 和导体切割磁力线的线速度 v 代入式(2-5)中，可以得到单根导体的平均感应电动势：

$$e_{av}=\frac{\Phi}{\tau l}\times l\times 2p\tau \frac{n}{60}=\frac{2p}{60}\Phi n \tag{2-6}$$

假设电枢绕组为整距绕组，并联的支路对数为 a，元件数为 S，每个元件有 N 匝，则总的导体数为 $z=2SN$，每一条并联支路串联导体数为 $z/(2a)$。于是，电枢绕组的感应电动势为

$$E_a=\frac{z}{2a}e_{av}=\frac{z}{2a}\times\frac{2p}{60}\Phi n=\frac{pz}{60a}\Phi n=C_e\Phi n \tag{2-7}$$

式中，$C_e=pz/(60a)$，称为**直流电机的电动势常数**。由式(2-7)可以看出，对于已经制造出来的电机，C_e 为一固定常数，它的感应电动势正比于每极磁通 Φ 和转速 n。

由式(2-7)还可以知道，**电枢感应电动势的方向由电机的转向和主磁场的方向决定，只要其中有一个方向改变，感应电动势的方向就随之改变，但是当两个方向同时改变时，感应电动势的方向不变。**

2.6.2 电磁转矩

为了计算电枢绕组的电磁转矩，首先要计算单根导体受到的平均电磁力。根据载流导体在磁场中的受力原理，单根导体所受的平均电磁力为

$$f_{av}=B_{av}li_a \tag{2-8}$$

式中，$i_a=I_a/(2a)$ 为单根导体的电流，I_a 为电枢总电流，a 为并联支路对数。单根导体所受平均电磁力 f_{av} 乘以电枢的半径 $D/2$ 为单根导体所产生的电磁转矩，即

$$T_{av}=f_{av}\times\frac{D}{2} \tag{2-9}$$

其中，$D=2p\tau/\pi$。

电枢绕组总的电磁转矩 T 可以表示为

$$T=f_{av}\times\frac{D}{2}\times z=\frac{\Phi}{\tau l}l\times\frac{I_a}{2a}\times\frac{p\tau}{\pi}\times z=\frac{pz}{2a\pi}\Phi I_a=C_t\Phi I_a \tag{2-10}$$

式中，$C_t=pz/(2a\pi)$ 为常数，称为**直流电机的转矩常数**。对于设计完毕的直流电机，C_t 为一固定常数，它的电磁转矩的大小正比于每极磁通 Φ 和电枢电流 I_a。

根据前面的推导可以发现，直流电机的电动势常数 C_e 与转矩常数 C_t 之间具有一定的关系，即

$$C_t=\frac{60}{2\pi}C_e\approx 9.55C_e \tag{2-11}$$

由式(2-10)可以知道，**电磁转矩的方向是由电枢电流和主磁场的方向决定的，只要其中有一个方向改变，则电磁转矩的方向将随之改变，但是当两个方向同时改变时，电磁转**

矩的方向不变。这对于直流电机的起动、停止或者正反转是非常有用的。

2.7　直流发电机的运行特性

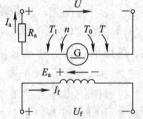

　　电机的性能是通过其运行特性反映出来的，要正确选择和使用电机，必须深入理解电机的运行特性。无论是直流发电机还是电动机，人们最关心的是其输出情况。**直流发电机输出的是电功率，其电气输出量为端部的电压或者电流；直流电动机输出的是机械功率，其机械量包括转速和电磁转矩。**

2-8　直流发电机的
运行特性

　　直流发电机在拖动系统中大都作为电源使用，目前大部分直流发电机被大功率整流电源所代替，但是作为深入理解直流电动机的一个方面，仍有必要对其进行简要介绍。根据直流电机的励磁方式划分，直流电机包括他励直流电机、串励直流电机、并励直流电机和复励直流电机。在不同的励磁方式下，直流电机的运行特性也有所不同，本书主要以他励直流电机为重点进行讲解。

2.7.1　直流发电机稳态运行时的基本方程式

　　在列写直流发电机的基本方程式之前，要先规定好电压、电流、感应电动势、磁通、转速和转矩等有关物理量的正方向。在规定了这些物理量的正方向之后，各个物理量就变成具有正、负符号的代数量。

　　图 2-23 给出了他励直流发电机的原理图及规定的正方向。图中 U 是发电机输出的直流电压，I_a 是电枢电流，U_f 是励磁电压，I_f 是励磁电流，E_a 是电枢感应电动势，T_1 代表外部拖动转矩，T 为电磁转矩，T_0 为空载转矩，n 为电机的转速，G 代表直流发电机。

图 2-23　直流发电机的原理图

　　根据基尔霍夫电压定律，直流发电机电枢回路的电压方程式可以写为

$$E_a = U + I_a R_a \qquad (2-12)$$

式中，R_a 为直流发电机电枢回路的总电阻，包括电枢电阻和电刷接触电阻。该式可以理解为，直流发电机的感应电动势首先要克服电枢回路总电阻的压降，然后剩余的部分才是发电机输出的有效电压。电枢感应电动势的计算公式为

$$E_a = C_e \Phi n \qquad (2-13)$$

电磁转矩为

$$T = C_t \Phi I_a \qquad (2-14)$$

　　直流发电机在稳态运行时，电机的转速为 n，而作用在电机转子上的转矩共有三个：一个是外部输入到发电机转轴上的拖动转矩 T_1，一个是电枢切割磁力线产生的电磁转矩 T，还有一个是电机的机械摩擦以及铁损耗引起的空载转矩 T_0。空载转矩 T_0 是制动性转矩，它的方向始终与转速 n 的方向相反。直流发电机稳态运行时的转矩关系方程式为

$$T_1 = T + T_0 \qquad (2-15)$$

他励直流发电机的励磁电流为

$$I_f = \frac{U_f}{R_f} \qquad (2-16)$$

式中，R_f 为励磁回路的总电阻。气隙每极磁通为

$$\Phi = f(I_f, I_a) \tag{2-17}$$

气隙每极磁通由空载磁化特性和电枢反应确定，每极磁通 Φ 与励磁电流 I_f 和电枢电流 I_a 之间为非线性关系。

式(2-12)至式(2-17)组成了直流发电机的稳态运行方程式。

2.7.2　直流发电机的功率关系

下面分析直流发电机稳态运行时的功率关系。把式(2-12)两端乘以电枢电流 I_a，则可得

$$E_a I_a = U I_a + I_a^2 R_a = P_2 + p_{Cua} \tag{2-18}$$

式中，$P_2 = U I_a$ 为直流发电机输出的电功率；$p_{Cua} = I_a^2 R_a$ 为电枢回路总铜损耗，包括电枢回路所有串联的绕组以及电刷与换向片接触电阻的损耗。

把式(2-15)两端同时乘以电枢的机械角速度 ω_m，则可得

$$T_1 \omega_m = T \omega_m + T_0 \omega_m \tag{2-19}$$

式(2-19)可以写为

$$P_1 = P_M + p_0 \tag{2-20}$$

其中，$P_1 = T_1 \omega_m$ 为外部输入发电机的机械功率；$P_M = T \omega_m$ 称为电磁功率；$p_0 = T_0 \omega_m = p_m + p_{Fe}$ 为发电机空载功率损耗，其中 p_m 为发电机的**机械损耗**，p_{Fe} 为**铁损耗**。所谓**铁损耗，是指电枢铁芯在磁场中旋转时，硅钢片中的磁滞与涡流损耗。这两种损耗与磁感应强度的大小以及交变频率有关**。在电机的励磁电流和转速不变的情况下，铁损耗也基本不变。机械摩擦损耗包括轴承摩擦损耗、电刷与换向器表面的摩擦损耗、电机旋转部分与空气的摩擦损耗以及风扇的损耗。这个损耗与电机的转速有关，当转速固定时，机械损耗几乎为常数。

由式(2-20)可以看出，**外部输入发电机的机械功率 P_1 可以分为两部分：一部分是克服空载损耗 p_0，另一部分是转变为电机的电磁功率 P_M**。或者说，输入发电机的机械功率 P_1 中，扣除掉空载损耗 p_0，其余部分都转换为电磁功率 P_M。值得注意的是，虽然 P_M 称为电磁功率，但是在式(2-20)中，其计算方法仍然是具有机械性质的功率，即电磁功率是转矩和角速度的乘积。这部分机械功率是如何转变为电功率的呢？下面利用电磁转矩和感应电动势的计算公式进行推导：

$$P_M = T \omega_m = \frac{pz}{2a\pi} \Phi I_a \times \frac{2\pi n}{60} = \frac{pz}{60a} \Phi n I_a = E_a I_a \tag{2-21}$$

从式(2-21)中可以看出，感应电动势 E_a 与电枢电流 I_a 的乘积显然是电功率，而其乘积与电磁功率 P_M 相等，这说明具有机械性质的电磁功率 $T \omega_m$ 转换为电功率 $E_a I_a$ 后输出给用电负载。**也就是说，电磁功率 P_M 在直流发电机中是机械功率和电功率之间的媒介，它的存在使得发电机实现了机械功率和电功率之间的直接转换**。

综合直流发电机功率关系的分析，可以得出如下功率关系式：

$$P_1 = P_M + p_0 = P_2 + p_{Cua} + p_m + p_{Fe} \tag{2-22}$$

图 2-24 给出了他励直流发电机稳态运行时的功率流程图。励磁功率 p_{Cuf} 应由其他直流电源提供，也就是励磁损耗，它包括励磁绕组的铜损耗和励磁回路串入电阻的损耗。

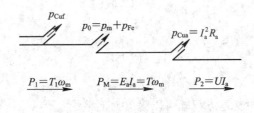

图 2-24　他励直流发电机的功率流程图

直流发电机的总损耗可以表示为

$$\sum p = p_{\mathrm{Cuf}} + p_{\mathrm{m}} + p_{\mathrm{Fe}} + p_{\mathrm{Cua}} + p_{\mathrm{s}} \tag{2-23}$$

式中，p_{s} 代表前面几项没有考虑的杂散损耗，称为**附加损耗**。对于他励直流发电机，该式中不包括 p_{Cuf}。附加损耗是由电机磁场畸变、齿槽效应等引起的损耗，这部分损耗难以精确计算，通常不会超过电机额定容量的 1%。

直流发电机的效率可以表示为

$$\eta = \frac{P_2}{P_1} = 1 - \frac{\sum p}{P_2 + \sum P} \tag{2-24}$$

式（2-24）的物理意义可以从两个方面来解释：一方面，直流发电机效率等于输出电功率与输入机械功率的比；另一方面，直流发电机的效率（等于 1）扣除损耗所占的比例即为发电机的效率。直流发电机的效率与其容量有关，容量越大的直流发电机其效率越高。

2.8　直流电动机的运行特性

从原理上讲，一台电机无论是直流电机还是交流电机，都可以在某一种条件下作为发电机运行，而在另一种条件下作为电动机运行，2-9　直流发电机的并且这两种状态可以相互转换，这就是**电机的可逆性原理**。本书主要 运行特性讲解的直流电机是他励直流电机，下面分析他励直流电动机的基本方程式和运行特性。

2.8.1　他励直流电动机稳态运行时的基本方程式

在分析电机的运行状态时，正方向的规定并不影响对电机运行状态的分析，在图 2-23 所示的直流发电机的原理图中也可以分析直流电动机的运行特性，然而这时得到 $UI_{\mathrm{a}} < 0$，即输入功率为负值，这不利于理解直流电动机的输入功率。因此，要重新规定他励直流电动机中的各个物理量的正方向，如图 2-25 所示。电磁转矩 T 与转速 n 同方向，为拖动性转矩；M 代表直流电动机。

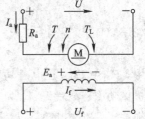

图 2-25　直流电动机的原理图

根据图 2-25 中物理量正方向的规定，他励直流电动机稳态运行时的基本方程式可以表示为

$$U = E_{\mathrm{a}} + I_{\mathrm{a}} R_{\mathrm{a}} \tag{2-25}$$

$$E_{\mathrm{a}} = C_{\mathrm{e}} \Phi n \tag{2-26}$$

$$T = C_t \Phi I_a \qquad (2-27)$$

$$T = T_2 + T_0 \qquad (2-28)$$

$$I_f = \frac{U_f}{R_f} \qquad (2-29)$$

$$\Phi = f(I_f, I_a) \qquad (2-30)$$

由他励直流电动机的基本方程式可以得出如下结论：

（1）与直流发电机相反，只有直流电动机的输入电压大于电枢感应电动势时，电动机才能输入电功率，即 $U > E_a$，如果 $U < E_a$ 则变为发电机运行模式。

（2）直流电动机的感应电动势与电磁转矩的计算和直流发电机是一样的。

（3）直流电动机产生的电磁转矩需要克服空载转矩 T_0，剩余部分才是电机的输出转矩 T_2。

（4）对于直流电动机，在负载转矩一定的情况下，如果外部电源电压和励磁电流不变，则它的电枢电流、感应电动势和转速都是固定不变的。

对比图 2-23 所示的直流发电机的原理图和图 2-25 所示的直流电动机的原理图，可以得出如下的结论：

（1）在直流发电机中，电磁转矩 T 和转速 n 的方向是相反的，即电磁转矩 T 是制动性转矩；而在直流电动机中，电磁转矩 T 和转速 n 的方向是相同的，即电磁转矩 T 是拖动性转矩。电磁转矩 T 和转速 n 方向的异同可以作为判断直流电机是运行在发电状态还是电动状态的一个重要依据。

（2）在直流发电机中，电枢感应电动势 E_a 大于电枢的外部电压 U，而在电动机中外部电压 U 大于电枢感应电动势 E_a，这也可以作为判断直流电机是运行在发电状态还是电动状态的一个重要依据。

2.8.2 他励直流电动机的功率关系

把式（2-25）两边同时乘以 I_a，则可得

$$UI_a = E_a I_a + I_a^2 R_a \qquad (2-31)$$

式（2-31）可以写为

$$P_1 = P_M + p_{Cua} \qquad (2-32)$$

式中，$P_1 = UI_a$ 是外部电源输入电机的电功率，$P_M = E_a I_a$ 是电枢吸收的电磁功率，$p_{Cua} = I_a^2 R_a$ 是电枢回路总的铜损耗。

把式（2-28）两边同时乘以机械角速度 ω_m，则可得

$$T\omega_m = T_2\omega_m + T_0\omega_m \qquad (2-33)$$

式（2-33）可以写为

$$P_M = P_2 + p_0 \qquad (2-34)$$

其中，$P_M = T\omega_m$ 是电磁功率；$P_2 = T_2\omega_m$ 是输出的机械功率；$p_0 = T_0\omega_m$ 为空载功率损耗，包括机械损耗 p_m 和铁损耗 p_{Fe}。

他励直流电动机稳态运行时的功率流程图如图 2-26 所示，图中 p_{Cuf} 为励磁回路的功率损耗。综合直流电动机功率关系的分析，可以得出功率

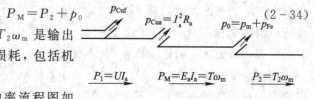

图 2-26 他励直流电动机的功率流程图

关系式如下：

$$P_1 = P_M + p_{Cua} = P_2 + p_{Cua} + p_m + p_{Fe} \qquad (2-35)$$

直流电动机的总损耗可以表示为

$$\sum p = p_{Cuf} + p_m + p_{Fe} + p_{Cua} + p_s \qquad (2-36)$$

式中，p_s 代表附加损耗。

与直流发电机类似，直流电动机的效率可以表示为

$$\eta = \frac{P_2}{P_1} = 1 - \frac{\sum p}{P_2 + \sum P} \qquad (2-37)$$

直流电动机的效率与其容量有关，容量越大的直流电动机其效率越高。

例 2.3　一台额定功率 $P_N = 20$ kW 的他励直流发电机，额定电压 $U_N = 230$ V，额定转速 $n_N = 1500$ r/min，电枢回路总电阻 $R_a = 0.156$ Ω，已知机械损耗和铁损耗 $p_m + p_{Fe} = 1$ kW，附加损耗 $p_s = 0.01$ P_N。求额定负载情况下电枢绕组的额定电流 I_N、铜损耗 p_{Cua}、电磁功率 P_M、总损耗 $\sum p$、输入功率 P_1 及效率 η。

解　额定电流：

$$I_N = \frac{P_N}{U_N} = \frac{20 \times 1000}{230} = 86.96 \text{ A}$$

铜损耗：

$$p_{Cua} = I_N^2 R_a = 86.96^2 \times 0.156 = 1179.68 \text{ W}$$

电磁功率：

$$P_M = P_N + p_{Cua} = 20\,000 + 1179.68 = 21\,179.68 \text{ W}$$

总损耗：

$$\sum p = p_m + p_{Fe} + p_{Cua} + p_s = 1000 + 1179.68 +$$
$$0.01 \times 20\,000 = 2379.68 \text{ W}$$

输入功率：

$$P_1 = P_N + \sum p = 20\,000 + 2379.68 = 22\,379.68 \text{ W}$$

效率：

$$\eta = \frac{P_N}{P_1} = \frac{20\,000}{22\,379.68} \times 100\% = 89.4\%$$

例 2.4　一台额定功率 $P_N = 6$ kW 的他励直流电动机，额定电压 $U_N = 220$ V，额定转速 $n_N = 1000$ r/min，电枢铜耗 $p_{Cua} = 500$ W，空载损耗 $p_0 = 395$ W，忽略附加损耗。求额定运行情况下电动机的额定电流 I_N、输出转矩 T_2、电磁转矩 T、电枢电阻 R_a 及效率 η。

解　额定电流：

$$I_N = \frac{P_1}{U_N} = \frac{P_N + p_{Cua} + p_0}{U_N} = \frac{6000 + 500 + 395}{220} = 31.34 \text{ A}$$

输出转矩：

$$T_2 = 9.55 \frac{P_N}{n} = \frac{9.55 \times 6000}{1000} = 57.3 \text{ N} \cdot \text{m}$$

电磁转矩：

$$T = 9.55 \frac{P_N + p_0}{n} = 9.55 \times \frac{6000 + 395}{1000} = 61.07 \text{ N} \cdot \text{m}$$

电枢电阻：

$$R_a = \frac{p_{Cua}}{I_N^2} = \frac{500}{31.34^2} = 0.51 \ \Omega$$

效率：

$$\eta = \frac{P_N}{P_1} = \frac{6000}{6895} \times 100\% = 87\%$$

2.8.3　他励直流电动机的工作特性

1. 转速特性

当 $U = U_N$，$I_f = I_{fN}$ 时，转速 n 与电枢电流 I_a 之间的关系 $n = f(I_a)$ 称为**转速特性**。将式(2-26)代入式(2-25)，即可获得他励直流电动机的转速特性表达式：

$$n = \frac{E_a}{C_e \Phi} = \frac{U_N - I_a R_a}{C_e \Phi} = \frac{U_N}{C_e \Phi} - \frac{R_a}{C_e \Phi} I_a = n_0 - \beta' I_a \qquad (2-38)$$

式中，$n_0 = U_N / (C_e \Phi)$ 为**理想空载转速**，$\beta' = R_a / (C_e \Phi)$ 为**转速特性的斜率**。根据式(2-38)可知，如果忽略电枢反应的影响，当 I_a 增加时，转速下降，并且转速 n 和电枢电流 I_a 之间是线性关系，如图 2-27 中 n 曲线所示。如果考虑到电枢反应的去磁效应，转速有可能上升，设计电机时必须避免该问题，因为转速 n 随着电流 I_a 的增加而下降才能使电机稳定运行。

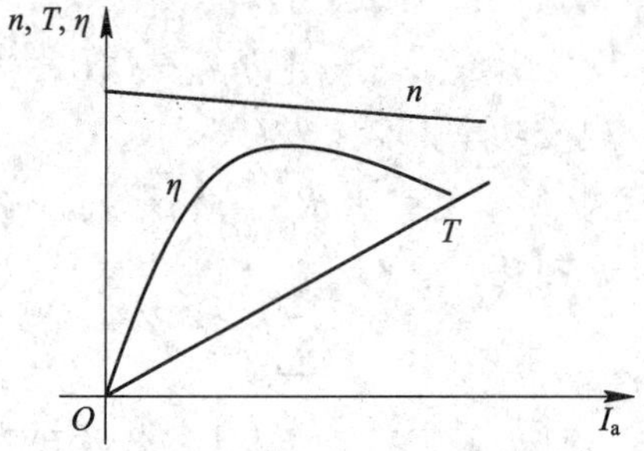

图 2-27　他励直流电动机的工作特性

2. 转矩特性

当 $U = U_N$，$I_f = I_{fN}$ 时，转矩 T 与电枢电流 I_a 之间的关系 $T = f(I_a)$ 就称为**转矩特性**。由式(2-27)可以看出，当气隙每极磁通为额定值时，电磁转矩 T 与电枢电流 I_a 为正比关系，如图 2-27 中 T 曲线所示。如果考虑电枢反应的去磁效应，随着 I_a 的增大，电磁转矩 T 要略微减小。

3. 效率特性

当 $U = U_N$，$I_f = I_{fN}$ 时，效率 η 与电枢电流 I_a 之间的关系 $\eta = f(I_a)$ 就称为**效率特性**。总损耗 $\sum p$ 中，空载损耗 p_0 不随着电枢电流 I_a 的变化而变化，电枢总铜耗 p_{Cua} 随着 I_a^2 呈正比变化。电枢电流 I_a 从零开始增大，效率 η 也逐渐增大，当电枢电流增大到一定程度之后，效率 η 又随之减小，如图 2-27 中 η 曲线所示。直流电动机的效率约为 0.70~0.95，电机容量越大，效率越高。

2.9 他励直流电动机的机械特性

2.9.1 机械特性的一般表达式

他励直流电动机的机械特性是指在电机上加一定的电压 U 和一定的励磁电流 I_f 时电磁转矩 T 与转速 n 的关系，即 $n=f(T)$。为了推导机械特性的一般公式，在电枢中串入一定的电阻 R。把 $I_a=T/(C_t\Phi)$ 代入转速特性表达式(2-38)，可得

$$n=\frac{U-I_a(R_a+R)}{C_e\Phi}=\frac{U}{C_e\Phi}-\frac{R_a+R}{C_eC_t\Phi^2}T=n_0-\beta T \qquad (2-39)$$

式中，$n_0=U/(C_e\Phi)$ 为理想空载转速，$\beta=(R_a+R)/(C_eC_t\Phi^2)$ 为机械特性的斜率。式(2-39) 为他励直流电动机机械特性的一般表达式。

2.9.2 固有机械特性

当电枢两端的电压为额定电压，气隙每极磁通量为额定值，电枢回路中不串入电阻，即 $U=U_N$、$\Phi=\Phi_N$、$R=0$ 时的机械特性，称为固有机械特性或者自然机械特性。他励直流电动机的固有机械特性的表达式可以表示为

$$n=\frac{U_N}{C_e\Phi_N}-\frac{R_a}{C_eC_t\Phi_N^2}T \qquad (2-40)$$

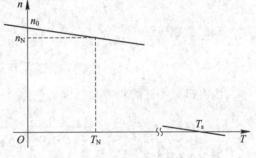

图 2-28 他励直流电动机的固有机械特性

固有机械特性如图 2-28 所示。他励直流电动机的固有机械特性具有如下特点：

(1) 随着电磁转矩 T 的增大，转速 n 逐渐减小，机械特性是一条向下倾斜的直线。当 T 增大时，电枢电流 I_a 增大，感应电动势 $E_a=U_N-I_aR_a$ 降低。又因为转速 n 与感应电动势 E_a 为正比关系，所以转速 n 下降。

(2) 当 $T=0$ 时，$n=n_0=U_N/(C_e\Phi)$ 为理想空载转速。此时，$I_a=0$，$E_a=U_N$。

(3) 斜率 β 很小，机械特性较平，习惯上称为硬特性。这表示转矩变化时转速变化较小。斜率 β 较大时的特性称为软特性。

(4) 当 $T=T_N$ 时，$n=n_N$，转速降 $\Delta n=n_0-n_N=\beta T_N$ 为额定转速降。一般情况下，n_N 大于 $0.95n_0$，而 Δn 小于 $0.05n_0$，这种特性就称为硬特性。

(5) 当 $n=0$ 时，即在电动机起动的时刻，$E_a=0$，此时的电枢电流称为起动电流，用 I_s 表示，$I_s=U_N/R_a$；此时的电磁转矩称为起动转矩，用 T_s 表示，$T_s=C_t\Phi_NI_s$。由于电机的电枢电阻很小，因此起动电流和起动转矩都比额定值大很多。若 $\Delta n=0.05n_0$，则可得 $\Delta n=R_aT_N/(C_eC_t\Phi_N^2)=0.05U_N/(C_e\Phi_N)$，可以得出 $R_aI_N=0.05U_N$，$I_N=0.05U_N/R_a$，而 $I_s=U_N/R_a$，可以得到 $I_s=20I_N$，这样大的起动电流会烧毁电机。

以上分析的机械特性都是在第 I 象限，在第 I 象限中，电磁转矩满足 $0<T<T_s$，转

速满足 $0<n<n_0$，电压和感应电动势满足 $U_N>E_a>0$。

（6）$T>T_s$，$n<0$ 时直流电动机的机械特性在第Ⅳ象限。在该象限，$T>T_s$，则 $I_a>I_s$，即 $I_a=(U_N-E_a)/R_a>I_s=U_N/R_a$，可得 $U_N-E_a>U_N$，则 $E_a<0$，$n<0$。

（7）$T<0$，$n>n_0$ 时直流电动机的机械特性在第Ⅱ象限。在第Ⅱ象限，电磁转矩的方向与转速相反，电磁转矩为制动性转矩，这时 $I_a<0$。因此，$E_a=U_N-I_aR_a>U_N$，$n>n_0$。这时他励直流电动机的电磁功率 $P_M=E_aI_a<0$，输入功率 $U_NI_a<0$，电机处于发电运行状态。

他励直流电动机的固有机械特性是一条斜直线，跨过三个象限。机械特性是表征电动机的电磁转矩与转速之间的函数关系的，是电动机非常重要的特性，后续直流电动机的运行都是基于其机械特性进行分析的。

例 2.5　一台额定功率 $P_N=96$ kW 的他励直流电动机，额定电压 $U_N=440$ V，额定电流 $I_N=250$ A，额定转速 $n_N=500$ r/min，电枢回路总电阻 $R_a=0.078$ Ω。忽略电枢反应的影响，求理想空载转速 n_0、固有机械特性斜率 β，并计算额定电磁转矩 T、额定输出转矩 T_2 和感应电动势 E_a。

解
$$C_e\Phi=\frac{U_N-I_NR_a}{n_N}=\frac{440-250\times0.078}{500}=0.841$$

理想空载转速：
$$n_0=\frac{U_N}{C_e\Phi}=\frac{440}{0.841}=523.19 \text{ r/min}$$

固有机械特性的斜率：
$$\beta=\frac{R_a}{C_eC_t\Phi^2}=\frac{0.078}{9.55\times0.841^2}=0.012$$

额定电磁转矩：
$$T=C_t\Phi I_N=9.55\times0.841\times250=2007.89 \text{ N·m}$$

额定输出转矩：
$$T_2=9.55\frac{P_N}{n_N}=9.55\times\frac{96\,000}{500}=1833.6 \text{ N·m}$$

感应电动势：
$$E_a=C_e\Phi n_N=0.841\times500=420.5 \text{ V}$$

2.9.3　人为机械特性

由他励直流电动机的固有机械特性公式（2-39）可以发现，只要改变串入电枢回路的电阻、电枢电压和气隙磁通等物理量，就能改变直流电动机的机械特性。当改变他励直流电动机的物理量时获得的机械特性称为**人为机械特性**。

1. 改变电枢回路电阻的人为机械特性

电枢电压为额定电压 U_N，每极磁通为额定值 Φ_N，电枢回路串入电阻 R_x 后，机械特性表达式为

$$n = \frac{U_N}{C_e \Phi_N} - \frac{R_a + R_x}{C_e C_t \Phi_N^2} T \qquad (2-41)$$

通过改变电枢所串电阻 R_x 值的大小，可以改变电机的机械特性，如图 2-29 所示。由图 2-29 可知，理想空载转速 n_0 与固有机械特性的理想空载转速相同，即所串电阻不改变理想空载转速 n_0，机械特性的斜率 β 随着所串电阻的增大而增大，串入的电阻越大，机械特性越倾斜。电枢回路串电阻的人为机械特性是一组放射状直线，都经过理想空载转速点。

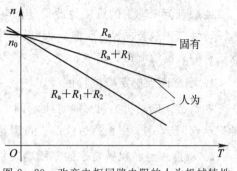

图 2-29　改变电枢回路电阻的人为机械特性

2. 改变电枢电压的人为机械特性

保持电机每极磁通为额定值 Φ_N，电枢回路不串入任何外部电阻，只改变电枢电压时，机械特性的表达式为

$$n = \frac{U_x}{C_e \Phi_N} - \frac{R_a}{C_e C_t \Phi_N^2} T \qquad (2-42)$$

额定电压 U_N 是电机长期安全稳定运行的电压，如果外部电压长时间超过额定电压，则电机的绝缘将会受到损害或者导致电机报废，因此电机的外部所加电压 U_x 不能超过电机的额定电压 U_N。改变电枢电压的机械特性，只能是在小于额定电压的范围内进行调节。图 2-30 为改变电枢电压的人为机械特性。由图 2-30 可知，改变电枢电压 U_x，理想空载转速随着电压的降低而减小，而机械特性的斜率不发生变化，各条人为机械特性为一组平行线。

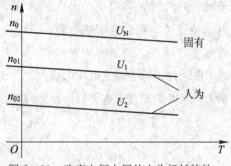

图 2-30　改变电枢电压的人为机械特性

3. 减小气隙磁通的人为机械特性

在前面讲过，直流电机运行时电机的磁路接近饱和，如果进一步增大磁通将使得电机磁路进入饱和状态，这样电机的效率将大大降低。因此，只能减少气隙磁通来调节机械特性。

电枢电压为额定电压 U_N，电枢回路不串入电阻，改变每极磁通的人为机械特性的方程式为

$$n = \frac{U_N}{C_e \Phi_x} - \frac{R_a}{C_e C_t \Phi_x^2} T \qquad (2-43)$$

由式(2-43)可知，电动机的理想空载转速 $n_0 = U_N/(C_e \Phi_x)$，Φ_x 越小，n_0 越大，机械特性的斜率也越大。减小气隙磁通的人为机械特性如图 2-31 所示。

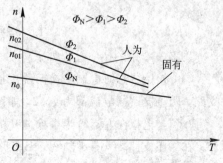

图 2-31　减小气隙磁通的人为机械特性

2.9.4　机械特性的绘制

他励直流电动机的机械特性是分析电动机运行的重要根据，电动机的运行分析也是在机械特性图中进行的。由前面分析可知，他励直流电动机的机械特性是一条斜直线，可由电动机的数据绘制出其机械特性。

1. 根据两点确定机械特性

如果已知电动机的机械特性上的两个点，如理想运行点$(0,n_0)$和某运行点(T,n)或者起动点$(T_s,0)$，那么通过这两点可以绘出电动机的机械特性。

2. 根据一点和机械特性的斜率确定机械特性

根据式(2-39)可知，如果知道理想运行点$(0,n_0)$和机械特性的斜率β，那么也可以绘出直流电动机的机械特性。

2.10　直流电机的换向

2-11　换向问题

直流电机电枢绕组的每个并联支路里所包含的元件的总数都是相等的，但是对于其中某一个元件来说，它所在的支路是随着电枢接触电刷位置的不同而发生变化的，即它一会在一条支路中，一会又在另一条支路中。元件随着电刷在电枢上的接触位置的不同，从一条支路换到另一条支路时，元件里的电流发生换向，这个过程称为直流电机的换向。图2-32为直流电动机的换向过程，为了简化问题的分析，假定电刷的宽度小于换向片的宽度。

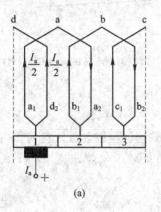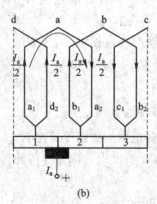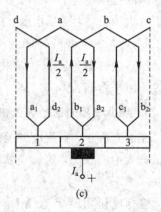

图2-32　直流电动机的换向过程

图2-32中的换向过程如下：

(1) 初始状态时电刷与换向片1接触，则线圈a、b和c在一条支路，线圈d在另一条支路，两条支路的电流都为$I_a/2$，如图2-32(a)所示。

(2) 当电枢向左运行半个换向片的距离时，电刷正好处于换向片1和2之间，则线圈b和c在一条支路，线圈d在另一条支路，而在该瞬间线圈a被电刷短路，这时在线圈a内部则形成了环流，因为接触电阻的存在会在换向片1、2之间形成一定的压降，所以同时元件

边 a_1 和 a_2 中的电流也会由 $I_a/2$ 逐渐减小为零，如图 2-32(b)所示。

　　(3) 当电枢继续向左运行半个换向片的距离时，电刷与换向片 2 接触，则线圈 b 和 c 在一条支路，而线圈 a 进入线圈 d 所在的支路，同时元件边 a_1 和 a_2 中的电流也会由零逐渐增大为 $I_a/2$，元件边 a_1 和 a_2 中的电流与情况(1)中的情况正好相反，即完成了线圈 a 中电流的换向，如图 2-32(c)所示。

　　从电磁换向的角度来看，换向元件在换向的过程中，电流的变化会使换向元件本身产生自感电动势，阻碍换向的进行。如果电刷的宽度大于换向片的宽度，同时换向的元件又不止一个，那么彼此之间就会有互感电动势产生，也会阻碍换向。另外，电枢反应磁动势的存在，使得处在几何中心线上的换向元件的导体中产生切割电动势，切割电动势也会起到阻碍换向的作用。因此，换向元件出现延迟换向的问题，造成换向元件离开一个支路最后的瞬间尚有较大的能量，导致电刷产生火花。除了电磁原因，尚有换向器偏心、换向片绝缘突出、电刷与换向器接触不良等机械因素，这些都会导致电刷和换向片之间产生大量的火花。

　　从产生火花的电磁原因出发，**减小换向元件的自感电动势、互感电动势和切割电动势，就可以有效改善换向**。目前最有效的办法是装换向极。换向极装在主磁极之间，换向极绕组产生的磁动势方向与电枢反应磁动势的方向相反，其大小比电枢反应磁动势大。换向极磁动势可以抵消电枢反应磁动势，剩余的磁动势在换向元件里产生感应电动势，这个电动势可以抵消换向元件的自感电动势和互感电动势，这样就可以消除电刷下的火花，从而改善换向。容量在 1 kW 以上的直流电动机都装有换向极。**换向极极性的确定原则是：换向极绕组产生的磁动势与电枢反应磁动势的方向相反。顺着电枢旋转的方向，直流发电机的换向极极性与之后的主磁极极性相同，而直流电动机的换向极极性与之后的主磁极极性相反**，如图 2-33 所示。换向极绕组与电枢绕组串联，电枢电流与换向极电流相同，因此一台直流电机按照发电机确定换向极绕组的极性之后，如果运行在电动机状态，则换向极绕组不必做任何改动。

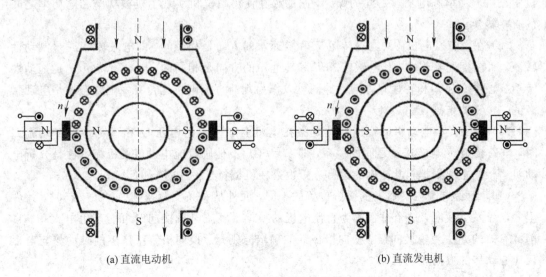

(a) 直流电动机　　　　　　　　　　　　　　(b) 直流发电机

图 2-33　直流电机的换向极的布置

本 章 小 结

（1）将直流电能转换为机械能的电机称为直流电动机，而将机械能转换为直流电能的电机称为直流发电机。直流电机的工作原理是建立在感应电动势和安培力计算的基础上的，判断运动导体在电磁场中的感应电动势要用右手定则，而判断载流导体在电磁场中所受的电磁力要用左手定则。

（2）直流电机由定子和转子两大部分组成。直流电机运行时静止不动的部分称为定子，定子的主要作用是产生磁场，由机座、主磁极、换向极、端盖、轴承和电刷装置等组成。

（3）额定数据即铭牌数据，它是选择和设计电机的依据。对于直流电动机，额定功率是指由转子轴上输出的机械功率；对于直流发电机，额定功率则是指由定子侧输出的电功率。

（4）在直流电机中，在磁场中转动的线圈是实现机电能量转换的枢纽，所以直流电机的线圈被称为电枢。直流电机的电枢绕组最基本的连接形式有两种，即单叠绕组和单波绕组。

（5）根据励磁绕组产生主磁场的方式，直流电机的励磁方式可以分为四种基本方式：他励式、并励式、串励式和复励式。在直流电机带载情况下，因为磁路饱和导致每极相对于空载时的磁通减少，这种现象称为电枢反应的去磁效应。

（6）直流电机的感应电动势 $E_a = C_e \Phi n$，感应电动势与电动势常数 C_e、每极磁通 Φ 和转子转速 n 成正比；直流电机的电磁转矩 $T = C_t \Phi I_a$，电磁转矩与转矩常数 C_t、每极磁通 Φ 和电枢电流 I_a 成正比。

（7）对于直流发电机，输出的是电功率，其电气输出量为端部的电压和电流；对于直流电动机，输出的是机械功率，其机械量包括转速和电磁转矩。电磁功率 P_M 在直流发电机中是机械功率和电功率之间的媒介，它的存在使得发电机实现了机械功率和电功率之间的直接转换。

（8）在直流发电机中，电磁转矩 T 和转速 n 的方向是相反的，即电磁转矩 T 是制动性转矩，而在直流电动机中，电磁转矩 T 和转速 n 的方向是相同的，即电磁转矩 T 是拖动性转矩。电磁转矩 T 和转速 n 方向的异同可以作为判断直流电机运行在发电状态还是电动状态的一个重要依据。

（9）他励直流电动机的机械特性是指在电机上加一定的电压 U 和一定的励磁电流 I_f 时，电磁转矩 T 与转速 n 之间的关系，即 $n = f(T)$。他励直流电动机的机械特性是分析电动机运行的重要根据，电动机的运行分析也是在机械特性图中进行的。

（10）随着电刷在电枢上的接触位置的不同，元件从一条支路换到另一条支路时，元件里的电流发生换向，这个过程称为直流电机的换向。直流电机换向时可能产生电火花。目前最有效的办法是装换向极。换向极极性的确定原则是：换向极绕组产生的磁动势与电枢反应磁动势的方向相反。

习　题

一、选择题

1. 一台他励直流电动机，负载转矩不变，当降低电源电压后稳定运行时，电枢电流将（　　）。

A. 增大　　　　　　　　　　B. 减小　　　　　　　　　　C. 不变

2. 以下可以使直流电动机超过额定转速向上调速的是（　　）。

A. 电枢回路串电阻　　　　　B. 改变电枢电压　　　　　　C. 减弱磁场

3. 直流电机作发电机运行时（　　）。

A. $E_a > U$，T、n 方向相反

B. $E_a < U$，T、n 方向相同

C. $E_a < U$，T、n 方向相反

4. 直流电机电动与发电运行的主要区别在于（　　）。

A. 电动机的电磁转矩的方向与负载转矩的方向是否一致

B. 电动机的电枢电流的方向与转速的方向是否一致

C. 电动机的电磁转矩的方向与转速的方向是否一致

5. 以下不会导致直流电动机的机械特性硬度变化的是（　　）。

A. 电枢回路串电阻　　　　　B. 改变电枢电压　　　　　　C. 减弱磁场

6. 有一台他励直流电动机，当电机运行角速度为 60π rad/s 时，电机的感应电动势为 220 V，如果电枢电流为 100 A，则这台直流电动机的电磁转矩为（　　）

A. 109 N·m　　　　　　　B. 115 N·m　　　　　　　C. 117 N·m

二、填空题

1. 判断运动导体在电磁场中的感应电动势要用＿＿＿＿定则，而判断载流导体在电磁场中所受的电磁力要用＿＿＿＿定则。

2. 对于直流电动机，额定功率是指由转子轴上输出的＿＿＿＿功率；对于直流发电机，额定功率则是指由定子侧输出的＿＿＿＿功率。

3. 直流电机的电枢绕组的最基本的连接形式有两种，即＿＿＿＿绕组和＿＿＿＿绕组。

4. 在直流发电机中，电磁转矩 T 和转速 n 的方向是＿＿＿＿，而在直流电动机中，电磁转矩 T 和转速 n 的方向是＿＿＿＿。

5. 电磁功率 P_M 在直流发电机中是＿＿＿＿功率和＿＿＿＿功率之间的媒介。

6. 电动机电磁转矩的方向与＿＿＿＿和＿＿＿＿有关。

三、判断题

1. 硬的机械特性说明电动机的转速受负载转矩变化的影响很小。　　　　　（　　）

2. 一台他励直流电动机，负载转矩不变，当电枢串入附加电阻后稳定运行时，电枢电流将减小。　　　　　（　　）

3. 直流电动机的额定功率是指直流电动机从电网吸收的电功率。　　　　　（　　）

4. 他励直流电动机的反转通常使用改变电源电压极性的方法。　　　　　（　　）

四、简答题

1. 请描述直流发电机的基本工作原理。
2. 请描述直流电动机的基本工作原理。
3. 请描述直流电机的电枢反应原理。
4. 请描述人为机械特性的调节方法。
5. 请描述直流电机的换向原理。
6. 请描述直流电机的机械特性。
7. 请描述换向器在直流电机中的作用。

五、计算题

1. 某他励直流电动机，其额定数据为：额定功率 $P_N=17$ kW，额定电压 $U_N=220$ V，额定转速 $n_N=1500$ r/min，额定效率 $\eta_N=0.85$。计算电动机的额定电流 I_N 和额定输入功率 P_1。

2. 某他励直流发电机，其额定数据为：额定功率 $P_N=75$ kW，额定电压 $U_N=440$ V，额定转速 $n_N=1500$ r/min，额定效率 $\eta_N=0.87$。计算发电机的额定电流 I_N、额定转矩 T_N 和额定输入功率 P_1。

3. 某他励直流电动机，其额定数据为：额定功率 $P_N=7.5$ kW，额定电压 $U_N=220$ V，额定电流 $I_N=40$ A，额定转速 $n_N=1000$ r/min，电枢电阻 $R_a=0.25$ Ω。请计算固有机械特性的斜率，并画出电动机的机械特性图。

4. 某他励直流电动机，其额定数据为：额定功率 $P_N=22$ kW，额定电压 $U_N=220$ V，额定电流 $I_N=115$ A，额定转速 $n_N=1500$ r/min，电枢电阻 $R_a=0.1$ Ω。忽略空载损耗。当电动机拖动负载 $T_L=0.8T_N$ 运行时，计算电动机的电枢电流 I_a 和转速 n。

5. 某他励直流电动机，其额定数据为：额定功率 $P_N=2.2$ kW，额定电压 $U_N=110$ V，额定电流 $I_N=23$ A，额定转速 $n_N=1500$ r/min，电枢电阻 $R_a=0.35$ Ω。当电动机拖动负载 $T_L=T_N$ 运行时，如果电枢绕组中串入 $R_x=0.1$ Ω 的电阻，计算电动机稳定后的电枢电流 I_a 和转速 n。

6. 一台额定功率 $P_N=22$ kW 的他励直流电动机，额定电压 $U_N=220$ V，额定转速 $n_N=1500$ r/min，已知铜损耗 $p_{Cua}=1.8$ kW，机械损耗和铁损耗 $p_m+p_{Fe}=1$ kW，附加损耗 $p_s=0.01P_N$。计算额定负载情况下电枢绕组的额定电流 I_a、电磁转矩 T、输出转矩 T_2、输入功率 P_1 及效率 η。

第 3 章　他励直流电动机的基本调速原理

[**摘要**]　本章主要解决与他励直流电动机拖动相关的四个基本问题：① 要掌握哪些电力拖动系统的基本理论？② 怎样起动他励直流电动机？③ 怎样对他励直流电动机进行调速？④ 他励直流电动机有哪些运行状态？

　　所谓电力拖动系统，又称为电气传动系统，是指以电动机作为原动机带动生产机械来实现生产设备所需要的工艺要求的电气系统总称。当前社会的电气化就是建立在电力拖动系统的基础之上的，日常生活中存在很多小型的电力拖动系统，如日常生活中的电动剃须刀、吹风机、风扇、冰箱和空调压缩机电机系统等；还有一些常见的大规模电力拖动系统，如高铁电机传动系统、大型发电厂中的风机系统和输煤系统等。以直流电动机作为原动机的电力拖动系统，称为**直流电动机拖动系统**；而以交流电动机作为原动机的电力拖动系统，称为**交流电动机拖动系统**。在现代社会中，大规模电动机传动系统大部分是由直流电动机拖动系统升级换代为交流电动机拖动系统而构成的。人们在设计一个电力拖动系统时，除了作为原动机的各种电动机和被它拖动的机械负载之外，还需要有连接这两个部分的机械传动机构、外部供电电源和控制电动机运行的电气控制设备。

　　电力拖动系统的组成一般如图 3-1 所示，其中各个部分的主要功能如下：

　　（1）**电源**是电动机和控制单元的电能量来源，分为交流电源和直流电源。

　　（2）**电动机**是给生产设备提供机械能的原动机，其作用是将电能转换成机械能，电动机分为交流电动机和直流电动机。

　　（3）**控制单元**用来控制电动机的运行，由各种控制电器（继电器、接触器等）、功率转换单元（IGBT、MOSFET 等）及控制器（单片机、DSP 或者工业计算机等）等组成。

　　（4）**传动机构**是在电动机与生产机械的工作机构之间传递动力的装置，如减速箱、传动带和联轴器等。

　　（5）**机械负载**包括多种性质的负载，如恒功率负载、恒转矩负载和风机、泵类负载等。

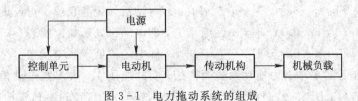

图 3-1　电力拖动系统的组成

　　在很多电机的应用场合，电力拖动系统不一定都包括这五个部分，如有些场合可能没有传动机构或者机械负载。

　　本章除了讲述电力拖动系统的基本概念外，重点讲述他励直流电动机的起动、调速和运行等方面的知识。

3.1　电力拖动系统的基本理论

3.1.1　电机运动系统方程式

电动机在电力拖动系统中作直线运动或者旋转运动，按照力
学定律，对于作直线运动的拖动系统，电动机的运动方程式为

3-1　电机运动系统方程

$$F - F_L = M \frac{dv}{dt} \tag{3-1}$$

式中，F 为电动机拖动力，F_L 为系统阻力，它们的单位都是 N；M 为拖动系统中运动部分
的总质量，单位为 kg；v 为直线运动速度，单位为 m/s；t 为时间，单位为 s。

对于作旋转运动的拖动系统，电动机的运动方程式为

$$T - T_L = J \frac{d\omega_m}{dt} \tag{3-2}$$

式中，T 为电动机的电磁转矩；T_L 为负载转矩，**一般把电机转轴上的实际负载和电机空载
转矩 T_0 合在一起统称为负载转矩**；J 为电动机的总转动惯量，单位为 kg·m²；ω_m 为电动
机的机械角速度，单位为 rad/s。转动惯量 J 可以表示为

$$J = m\rho^2 = \frac{GD^2}{4g} \tag{3-3}$$

式中，m 和 G 为旋转部分的质量与重量，单位分别为 kg 和 N；ρ 和 D 是转子的半径与直
径，单位为 m；g 为重力加速度，取 9.81 m/s²。

电机的转速通常表示为转每分的格式，因此机械角速度 ω_m 可以表示为

$$\omega_m = \frac{2\pi n}{60} \tag{3-4}$$

式中，n 代表电机的转速，单位为 r/min。

将式(3-3)和式(3-4)代入式(3-2)可以得到

$$T - T_L = \frac{GD^2}{375} \frac{dn}{dt} \tag{3-5}$$

式中，GD^2 **代表飞轮惯量或者飞轮矩**，$T - T_L$ 称为**动转矩**。

根据式(3-5)可以分析电动机的工作状态如下：

(1) 当 $T = T_L$，$dn/dt = 0$ 时，n 为常值，即电动机处于静止或者恒速旋转状态；

(2) 当 $T > T_L$，$dn/dt > 0$ 时，n 逐渐增大，即电动机处于加速状态；

(3) 当 $T < T_L$，$dn/dt < 0$ 时，n 逐渐减小，即电动机处于减速状态。

式(3-5)是针对单轴电力拖动系统而言的。实际应用中，大多数电动机通过传动机构
与工作机构相连接。图 3-2(a)所示的电力拖动系统通过两级齿轮减速机构实现减速拖动，
其中减速比分别为 j_1 和 j_2，传动效率分别为 η_1 和 η_2。在这个系统中，三根转轴的速度都
不相等，它们的转速分别为 n、n_1 和 n_2。三根转轴的转矩、飞轮矩也都不相同。在分析该
拖动系统时，如果分别针对每一根轴列写转动方程式进行联合求解，则其分析方法和计算
都非常复杂。为了简化多轴系统的分析，通常把负载转矩与系统的飞轮矩折算到电动机轴

上，把多轴系统等效为单轴系统进行计算，其结果与联立多个单轴系统的结果完全一样。例如，可以把图 3-2(a)所示的多轴系统简化为图 3-2(b)所示的单轴系统，把负载转矩 T_l 折算到电动机轴上等效为 T_L，同时将系统各轴上的飞轮矩折算到电动机轴上变为一个总的飞轮矩。**折算的原则是保持系统的功率传递关系及系统储存的动能不变。**多轴系统的折算问题不属于本书重点讲解的内容，读者可以参考其他电机原理方面的相关教材。

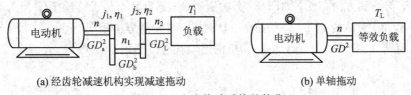

(a) 经齿轮减速机构实现减速拖动　　　　　　　(b) 单轴拖动

图 3-2　电力拖动系统的简化

3.1.2　负载的转矩特性

电力拖动系统的运动状态取决于电动机和负载的特性，在分析电力拖动系统运行状态之前，必须知道电动机的电磁转矩 T、负载转矩 T_L 和转速 n 之间的关系。**电动机的电磁转矩 T 和电机转速 n 之间的关系称为电动机的机械特性。负载转矩 T_L 和负载转速 n 之间的关系称为生产机械的负载转矩特性。大多数生产机械的负载转矩特性可以分为恒转矩负载特性、泵与通风机类负载特性和恒功率负载特性三种类型。**

　3-2　负载特性

1. 恒转矩负载特性

所谓恒转矩负载特性，就是指负载转矩 T_L 与转速 n 的大小无关(与转速的方向相关)的特性，即当转速的数值发生变化时，负载转矩 T_L 保持恒定的值。**恒转矩负载又分为反抗性恒转矩负载和位能性恒转矩负载。**

1) 反抗性恒转矩负载

反抗性恒转矩负载如图 3-3 所示，反抗性恒转矩负载的负载转矩 T_L 与转速 n 的方向总是相反的，即负载转矩 T_L 总是阻碍转速 n 的变化。反抗性恒转矩负载的机械特性在第 Ⅰ 或者第 Ⅲ 象限。当负载特性在第 Ⅰ 象限时，转速 n 为正，负载转矩 T_L 也是正的，但是 T_L 与 n 方向相反，如图 3-3(b)所示；当负载特性在第 Ⅲ 象限时，转速 n 为负，负载转矩 T_L 也是负的，但是 T_L 与 n 的方向仍然相反，如图 3-3(c)所示。皮带运输机和切削机床的平移机构都属于反抗性恒转矩负载。

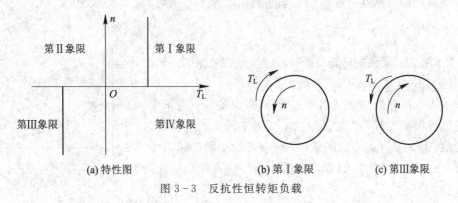

(a) 特性图　　　　　　　　(b) 第Ⅰ象限　　　　　　(c) 第Ⅲ象限

图 3-3　反抗性恒转矩负载

　　2）位能性恒转矩负载

　　位能性恒转矩负载如图 3-4 所示，位能性恒转矩负载的转矩大小和方向都恒定不变，即负载转矩 T_L 的方向和大小都不随着转速 n 的变化而变化。提升机带重物提升的运动就是典型的位能性恒转矩负载的例子。如图 3-4 所示，重物不论是提升还是下放状态，重物重力所产生的负载转矩的方向总是不变的。当向上提升重物时，转速 n 为正，负载转矩 T_L 也是正的，但是 T_L 与 n 的方向相反，如图 3-4(b)所示，该运动状态位于第 I 象限；当向下下放重物时，转速 n 为负，负载转矩 T_L 还是正的，这时 T_L 与 n 的方向相同，但是电动机产生的电磁转矩 T 为正值，如图 3-4(c)所示，电动机的运动状态位于第 IV 象限。

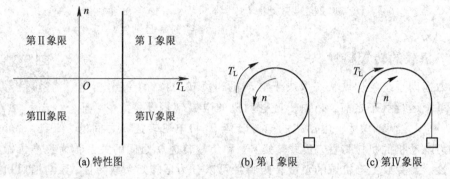

(a) 特性图　　　　　　　　　(b) 第 I 象限　　　　　　　　　(c) 第 IV 象限

图 3-4　位能性恒转矩负载

　　2. 泵与通风机类负载特性

　　泵与通风机类负载是指负载转矩 T_L 的大小与转速 n 的平方成正比，即

$$T_L = kn^2 \qquad (3-6)$$

式中，k 为比例常数。泵与通风机类负载的转矩特性如图 3-5 所示。属于该类负载的生产机械有离心式通风机、水泵、油泵等，其中空气、水、油等介质对机械叶片的阻力基本上和转速的平方呈正比关系。

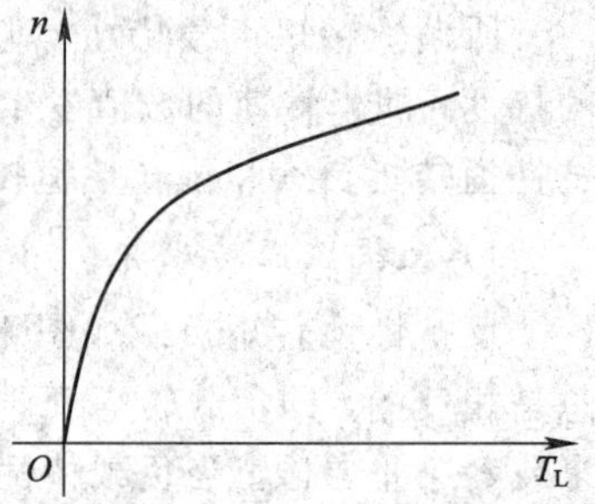

图 3-5　泵与通风机类负载特性

　　3. 恒功率负载特性

　　所谓恒功率负载，就是当转速 n 变化时，电动机轴上的输出机械功率基本不变。负载从电动机吸收的功率就是电动机轴上的输出功率 P_2，即

$$P_2 = T_L \omega_m = \frac{2\pi n}{60} T_L \qquad (3-7)$$

当 P_2 为常数时，负载的转矩 T_L 与转速 n 呈反比关系，转矩特性曲线如图 3-6 所示。

　　某些机床的切削加工具有恒功率负载的特点。当车床、刨床在进行粗加工时，切削量较大，阻力矩较大，所以要求低速切削；而精加工时，切削量相对小了很多，阻转矩也小，这时可以进行高速切削，这样高、低速运行时负载功率保持不变。

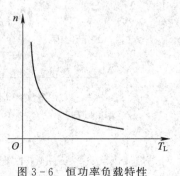

图 3-6　恒功率负载特性

3.1.3　电力拖动系统的稳定运行条件

3-3　稳定运行条件

　　在分析电力拖动系统的运行性能时，系统稳定是分析与研究其运行状况的前提条件。电力拖动系统的稳定性分析是在机械特性图中进行的，将电动机的机械特性与负载的转矩特性画在同一个坐标图中，则可以分析电力拖动系统的稳定情况。在图 3-7 中，直线 A 代表他励直流电动机的机械特性，直线 B 代表恒转矩负载，直线 A 和直线 B 的交点 G 代表直流电动机带着恒转矩负载的运行点。在 G 点上，直流电动机的电磁转矩等于负载转矩，即 $T=T_L$。下面分析在工作点 G 上电机是否能稳定运行。

　　在图 3-7 中，假设负载受到干扰，负载转矩由 T_L 减小到 T_{L1}，则系统的动转矩大于零，电机要加速，转速由 n 上升为 n_1；当干扰消除后，负载转矩由 T_{L1} 恢复到 T_L，则系统的动转矩小于零，电机要减速，转速由 n_1 下降为 n。同样可分析得出，当负载转矩由 T_L 增大到 T_{L2} 然后恢复到 T_L 时，电机转速由 n 下降为 n_2 后恢复到 n。因此，工作点 G 是稳定的。

　　在图 3-8 中，开始时直流电动机运行在 G 点。假设电源电压发生波动且下降，机械特性由直线 A 变为直线 A_1，由于电动机的转速属于机械量，而电动机的电流属于电气量，电动机的机电时间常数要远远大于其电气时间常数，因此在电压下降的瞬间转速来不及变化，但电动机的电枢电流突然减小，电动机的电磁转矩也减小，即电动机由 G 点过渡到 G_1 点。在 G_1 点时，电动机的电磁转矩小于负载转矩，电动机的转速逐渐下降。当电动机的转速下降到 n_1 时，电磁转矩增大为 T_L，此时电磁转矩等于负载转矩，因此电机开始在 G_2 点运行。当电源电压恢复到原来的电压时，此瞬间电动机的转速来不及变化，而电动机的电流突然增大，电磁转矩也增大，即电动机由 G_2 点过渡到 G_3 点运行。在 G_3 点电动机的电磁转矩大于负载转矩，电动机的转速逐渐上升。当电机转速上升到转速 n 时，电磁转矩等于负载转矩，因此电动机又回到了原来的 G 点继续运行。由前面的过程分析可知，当电动机的电压发生波动时，电动机的运行点离开 G 点，而当电压恢复时，电动机能回到 G 点运行，因此电动机的运行点 G 是稳定的。

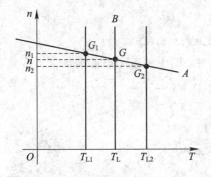

图 3-7　他励直流电动机负载波动时的
　　　　　机械特性分析

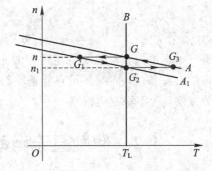

图 3-8　他励直流电动机电压波动时的
　　　　　机械特性分析

　　电力拖动系统在运行时总会受到外界的干扰，如果在外界干扰的作用下，系统能够达到新的平衡状态，而且当外界干扰消失以后，系统又能够回到原来的平衡状态，这样的系统是能够稳定运行的，其对应的运行点称为稳定运行点，如前面分析的 G 点，否则系统就是不稳定的。

　　假设电动机的机械特性是上翘的，如图 3-9 所示，当电机运行在 G 点时，如果在某时刻负载减小为 T_{L1}，则这时因为电动机的转速还来不及变化，电机的电磁转矩大于负载转矩，电动机开始加速。随着速度的增大，电磁转矩更加大于负载转矩，这样电动机将一直加速，最终导致系统的不稳定。可见，当电动机的机械特性上翘时，电动机在上翘段是无法稳定运行的。因此 G 点是不稳定运行点。

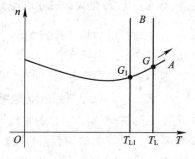

图 3-9　不稳定情况的分析

　　从上面的分析可知，负载转矩等于电动机的电磁转矩（$T=T_L$）只是电动机稳定运行的必要条件，而不是充分条件。电力拖动系统稳定运行的充分必要条件是：电动机的机械特性与负载转矩特性有交点，在交点处负载转矩等于电动机的电磁转矩（$T=T_L$），且转速升高时，电机的电磁转矩小于负载转矩（$T<T_L$），转速降低时，电机的电磁转矩大于负载转矩（$T>T_L$）。也就是说，在交点处，有

$$\frac{\mathrm{d}T}{\mathrm{d}n}<\frac{\mathrm{d}T_L}{\mathrm{d}n} \tag{3-8}$$

式（3-8）即为电力拖动系统稳定运行的充分必要条件。

　　例 3.1　判断图 3-10 中各点是否为稳定运行点，图中曲线 A 为电动机的机械特性，曲线 B 为生产机械的负载转矩特性。

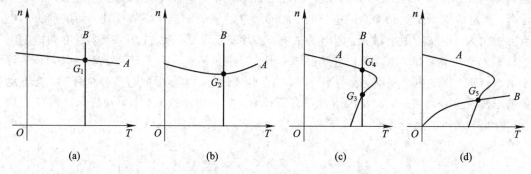

| (a) | (b) | (c) | (d) |

图 3-10　电力拖动系统稳定运行点的判断

　　解　根据电力拖动系统稳定运行的充分必要条件，图中的五个点都满足 $T=T_L$，即满足稳定的必要条件，同时满足充分条件的有 G_1、G_4 和 G_5 三个点，而 G_2 和 G_3 两个点不满足充分条件，为不稳定运行点。

3.2　他励直流电动机的起动

3-4　起动方法

　　他励直流电动机起动时，为了产生足够大的起动转矩，同时又不至于使得电动机起动后的转速过高，应该保证每个磁极的磁通为额定磁通，即励磁电流应该为额定励磁电流。由空载转速 $n_0=U/(C_e\Phi)$ 可知，如果励磁电流太小，则会导致电动机转速过高，因此在起动时励磁回路不能串有电阻，而且绝对不允许励磁回路在起动过程中出现断路现象。在他励直流电动机直接起动时，电枢回路不串入电

阻，外部电源电压为额定电压，在起动的瞬间 $n=0$，感应电动势 $E_a=0$，起动电流 $I_s=U_N/R_a \gg I_N$，起动转矩 $T_s=C_t\varPhi I_s \gg T_N$。起动电流太大会导致电机换向不良，产生较大的火花，甚至导致正、负极间产生电弧，烧毁电刷。另外，起动转矩过大还会造成机械冲击，使得电机的轴承或者转子损坏。因此，除小容量的微型直流电动机的电枢电阻比较大，可以直接起动外，一般 1 kW 以上的直流电动机都不允许直接起动。

直流电动机一般可以采用的起动方法有降压起动和串电阻起动。

1. 直流电动机的降压起动

为了限制直流电动机的起动电流，可以降低电源的电压。如果负载转矩 T_L 已知，则可以计算出起动电流，使起动转矩大于负载转矩且起动电流不大于额定电流的 2.5 倍，保证足够的起动转矩。根据计算出的起动电流就可以计算出需要的电源电压，起动时电动机的转速 $n=0$，感应电动势 $E_a=0$，起动电压为

$$U=I_s R_a \qquad (3-9)$$

随着转速的升高，电动机的感应电动势逐渐增大。当转速升高到一定程度时，为了保证足够大的起动转矩，电压 U 也需要增加。在调节电压 U 时，电压不能上升太快，否则会产生较大的冲击电流。因此，在逐级提高电压 U 时，每级之间不能太大。采用降压起动的过程如图 3-11 所示。

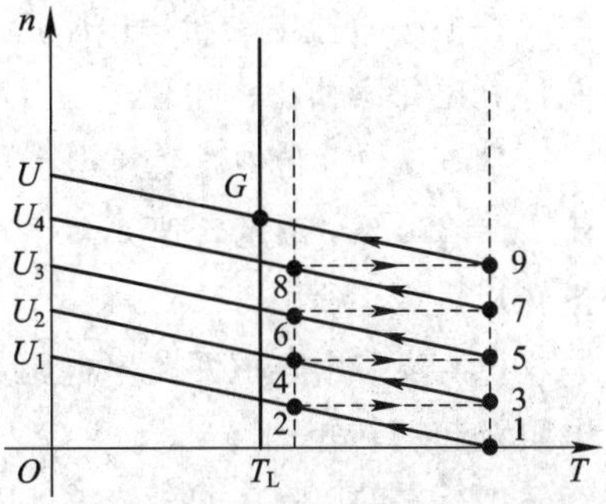

在图 3-11 中，电动机起动时电压为 U_1，电动机的状态处于机械特性中的 1 点，由于电动机的起动转矩大于负载转矩，因此电动机的转速逐渐升高，而动转矩逐渐减小。为了保证一定的加速度，当电动机运行到 2 点时，将电压提升到 U_2，这时转速来不及变化，电动机的运行点由 2 点过渡到 3 点，然后电动机继续加速，直到 4 点。这样一级一级地升高电压，直到电压为 U，最后电动机运行在 G 点，实现直流电动机的降压起动。

他励直流电动机的降压起动适合于电源电压可以调节的场合。当电源电压无法调节时，可以采用在电枢回路中串联电阻的方式进行起动。

图 3-11　他励直流电动机降压起动

2. 直流电动机的串电阻起动

图 3-12 是采用串四级电阻起动的示意图。电动机外部电源电压保持不变，起动时电动机串四级电阻，电动机由 1 点开始起动，这时电动机的起动电流限制在额定电流的 2.5 倍

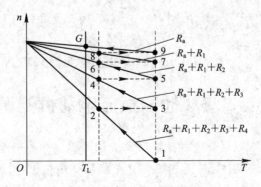

图 3-12　他励直流电动机串电阻起动

之内，则可以计算出应串入的总电阻值。在 1 点，由于电动机的起动转矩大于负载转矩，因此电动机逐渐加速，而动转矩逐渐减小。为了获得一定的加速度，当电动机运行到 2 点时，切除 R_4，此时转速来不及变化，电动机的运行点由 2 点过渡到 3 点，这时电动机继续加速，直至 4 点，再切除 R_3。这样一级一级地切除电阻，经过四次电阻的切除，直至电动机运行到 G 点，就实现了直流电动机的串电阻起动。

起动电流 I_s 的选择原则是不超过电动机容许的最大电流 I_{max}。最大电流 I_{max} 一般为额定电流的 $2\sim2.5$ 倍，因此必须保证起动电流 $I_s < I_{max} = (2\sim2.5)I_N$。当要求快速起动时，起动电流 I_s 可以选择大一点；而要求平稳起动时，I_s 可以选择小一点。切换点电流选择的原则是既要保证起动的快速性，又要考虑起动设备的合理性，一般切换点的电流为额定电流的 $1.1\sim1.2$ 倍。

在他励直流电动机串电阻起动中，保持起动电流和每次切除电阻时的电流值不变，就能计算出每级所串的电阻值。

例 3.2 一台他励直流电动机的额定功率 $P_N = 96$ kW，额定电压 $U_N = 440$ V，额定电流 $I_N = 250$ A，额定转速 $n_N = 500$ r/min，电枢回路总电阻 $R_a = 0.078$ Ω，拖动额定大小的恒转矩负载运行。

（1）若采用电枢回路串电阻起动，则当起动电流 $I_s = 2I_N$ 时，计算应串入电枢回路的电阻及起动转矩；

（2）若采用降压起动，条件同上，求电压应降至多大，并计算起动转矩。

解 由已知条件可得

$$C_e\Phi = \frac{U_N - I_N R_a}{n_N} = \frac{440 - 250 \times 0.078}{500} = 0.841$$

则

$$C_t\Phi = 9.55 C_e\Phi = 9.55 \times 0.841 = 8.032$$

（1）电动机起动时应串入的电阻：

$$R_x = \frac{U_N}{2I_N} - R_a = \frac{440}{2 \times 250} - 0.078 = 0.802 \ \Omega$$

起动转矩：

$$T_s = C_t\Phi I_s = 8.032 \times 2 \times 250 = 4016 \ \text{N} \cdot \text{m}$$

（2）应降至的电压：

$$U_x = 2I_N R_a = 2 \times 250 \times 0.078 = 39 \ \text{V}$$

起动转矩：

$$T_s = C_t\Phi I_s = 8.032 \times 2 \times 250 = 4016 \ \text{N} \cdot \text{m}$$

3.3　他励直流电动机的调速

为了使生产机械以最合理的速度工作，从而提高生产效率和保证产品具有较高的质量，大量的生产机械（如机床、轧钢机、造纸机和纺织机械等）要在不同的生产过程中以不同的速度工作。这就要求我们采用一定的方法改变生产机械的工作速度，以满足生产的需要，这种人为地改变生产机械速度的过程就称为**调速**。调速方法可以分为机械调速方法、电气调速方法和机械电气配合的方法。当生产机械的速度通过调节传动机构的传动比来实现时，这种调速方法称为**机械调速**；当生产机械的速度通过直接调节电动机的速度来实现时，这种调速方法称为**电气调速**；当生产机械的速度通过机械手段和电气手段相配合的方法实现时，这种调速称为**机械电气配合调速**。在实际应用中，采用何种调速方案，应对几种方案的技术经济性、可行性等多方面进行比较后才可以确定。本书主要介绍他励直流电动机的电气调速方法，其他方法可以参考相关文献。

他励直流电动机的调速特性是在其机械特性图中进行分析的，电动机的转速是由其工作点决定的，当电动机的工作点改变时，电动机的转速也会随之发生改变。对于具体的生产机械负载而言，负载的转矩特性是一定的，不会改变，但是他励直流电动机的机械特性却可以人为地调节。通过改变电动机的机械特性使电动机的工作点发生变化，便可以实现电机的调速。

3.3.1　调速的性能指标

为了分析他励直流电动机的调速性能，下面首先讲述调速系统的性能指标。一般地，调速系统的性能指标分为**动态性能指标**和**静态性能指标**。动态性能指标是指系统在过渡过程中的性能指标，主要包括跟随性能指标和抗干扰性能指标；而静态性能指标是指系统在稳定运行时的性能指标。本书重点研究他励直流电动机的静态性能指标。调速的静态性能指标可以分为三个主要方面：① 静差率与调速范围；② 调速的平滑性；③ 调速的经济性。

3-5　调速的性能指标

1. 静差率与调速范围

1) 静差率

静差率又称为**转速变化率**，是指电动机由理想空载转速 n_0 到额定负载时转速 n 的变化率，用 δ 表示，即

$$\delta = \frac{n_0 - n}{n_0} = \frac{\Delta n}{n_0} \qquad (3-10)$$

式中，$\Delta n = n_0 - n$ 称为转速降。静差率 δ 越小，转速的相对稳定性越高。静差率的分析如图 3-13 所示。

（1）在理想空载转速 n_0 相同的情况下，电动机的机械特性越硬，转速降 Δn 越小，则静差率 δ 也越小。图 3-13 中分别给出了他励直流电动机的固有机械特性与人为机械特性。当 $T = T_N$ 时，固有机械特性上的转速降 $\Delta n = n_0 - n$ 比较小，固有机械特性上的静差率 δ 较小，而电枢串电阻的机械特性上的静差率 δ 较大。在电枢串电阻调速时，如果所串电阻最大时的人为机械特性对应的静差率 δ 能满足要求，那么其他各条人为机械特性对应的静差率也都能满足要求。当 $T = T_N$ 时，所串电阻最大时的电机转速为最低转速 n_{min}，而额定转速 $n_N = n_{max}$ 为最高转速。

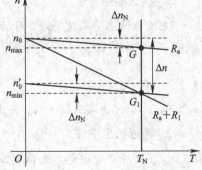

图 3-13　静差率和调速范围分析

（2）对于硬度相同的机械特性，电机的转速降 Δn 相同，理想空载转速 n_0 越大，静差率 δ 越小。图 3-13 中也给出了一条降低电源电压时的机械特性。当 $T=T_N$ 时，两条机械特性的转速降都是 Δn，但是固有机械特性的理想空载转速 n_0 大于降压之后的理想空载转速 n_0'，因此降压之后的静差率大于降压之前的静差率。当电压最低时的机械特性的静差率能满足要求时，其他各条降压的机械特性都能满足静差率的要求。

生产机械按照生产工艺要求进行调速时，需要保持一定的转速稳定性，要求静差率 δ 小于允许值。不同的生产机械对静差率 δ 的要求各有不同，如精加工的金属切削机床要求 $\delta\leqslant0.1$，普通机床要求 $\delta\leqslant0.3$，而精度要求很高的造纸机则要求 $\delta\leqslant0.001$。

2）调速范围

调速范围是指电动机在拖动额定负载进行调速时，电动机的最高转速 $n_{\max}$ 与最低转速 $n_{\min}$ 之比，用 D 表示，即

$$D=\frac{n_{\max}}{n_{\min}} \tag{3-11}$$

转速范围 D 必须在具体的静差率约束下才有意义，否则电动机的最低转速可以为零，这在实际应用中是毫无意义的。

在电力拖动系统中，电动机的调速范围越大越好，调速范围受到静差率的约束，静差率越小越好，但是实行起来存在一定的困难，因为这两个指标是相互制约的。当静差率 δ 要求不高，即 δ 较大时，最低转速 $n_{\min}$ 可以小一点，调速范围 D 才能大一点；反之，当静差率 δ 要求高，即 δ 较小时，最低转速 $n_{\min}$ 就会变大，调速范围 D 相应地会减小。静差率 δ 与调速范围 D 之间的关系可以表示为

$$D=\frac{n_{\max}}{n_{\min}}=\frac{n_0-\Delta n_N}{n_0-\Delta n}=\frac{1-\dfrac{\Delta n_N}{n_0}}{1-\dfrac{\Delta n}{n_0}}=\frac{1-\delta_{\min}}{1-\delta_{\max}} \tag{3-12}$$

2. 调速的平滑性

无级调速的平滑性最好，有级调速的平滑性用平滑系数 φ 表示，其定义为相邻两级转速中，高一级转速 n_i 与低一级转速 n_{i-1} 的比，即

$$\varphi=\frac{n_i}{n_{i-1}} \tag{3-13}$$

φ 越接近 1，说明调速越平滑。在无级调速中，$\varphi=1$。

3. 调速的经济性

调速的经济性主要考虑调速设备的初次投资、调速时的电能损耗、运行时的维护费用等。调速系统必须考虑技术要求和经济性之间的关系，当技术要求相对较高、前期的费用要求也太高时，应在投资和技术要求之间进行折中。

3.3.2　他励直流电动机的调速方法

根据机械特性，他励直流电动机的调速方法可分为三种：**电枢串电阻调速、调压调速和弱磁调速。**

3-6　调速方法

1. 电枢串电阻调速

他励直流电动机在拖动负载运行时，保持电源电压和励磁电流为额定值，且在电枢回路中串入电阻，这种调速方法称为他励直流电动机的电枢串电阻调速。电枢串电阻调速有两种方法：一种是增加串入电枢回路的电阻，这种方法将使得直流电动机的转速下降；另一种方法是减小串入电枢回路的电阻，这种方法将使得直流电动机的转速上升。下面分别进行分析。

1）增大电枢电阻调速

图 3-14 是电枢增大串入电阻调速的示意图。假设直流电动机运行在机械特性的 G 点，在某时刻，在电枢回路中串入电阻 R_1，电枢回路的电阻变为 R_a+R_1，由于电机转速 n_1 还来不及变化，因此感应电动势 E_a 不变，导致电枢电流减小，电动机的运行点过渡到机械特性的 G_1 点，电磁转矩 T 减小。当电动机的电磁转矩 T 小于负载转矩 T_L 时，电动机开始减速。随着转速的降低，电动机的电磁转矩逐渐增大，直到机械特性的 G_2 点，电磁转矩 T 等于负载转矩 T_L，G_2 点是稳定运行点。如果电

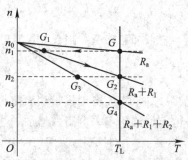

图 3-14　电枢增大串入电阻调速

枢回路继续串入电阻 R_2，则电枢回路的电阻变为 $R_a+R_1+R_2$，直流电动机又会由 G_2 点经 G_3 过渡到 G_4 点，分析过程同上。

2）减小电枢电阻调速

图 3-15 是电枢减小串入电阻调速的示意图。假设直流电动机运行在机械特性的 G 点，电枢回路的电阻为 $R_a+R_1+R_2$，在某时刻，切除串入的电阻 R_2，电枢回路的总电阻为 R_a+R_1，由于电机转速 n_3 还来不及变化，因此感应电动势 E_a 不变，导致电枢电流增大，电动机的运行点过渡到机械特性的 G_1 点，电磁转矩 T 增大。当电动机的电磁转矩 T 大于负载转矩 T_L 时，电动机转速开始上升。随着转速的升高，电动机的电磁转矩逐渐减小，直到机械特性的 G_2 点，电磁转矩

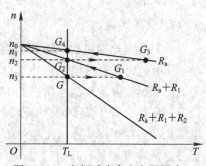

图 3-15　电枢减小串入电阻调速

T 等于负载转矩 T_L，G_2 点是稳定运行点。如果继续切除串入的电阻 R_1，则电枢回路的电阻为 R_a，直流电动机又会由 G_2 点经 G_3 过渡到 G_4 点，分析过程同上。

由图 3-14 和图 3-15 所示的电枢串电阻的调速方法可以得出如下结论：

（1）在改变串入电枢回路的电阻时，直流电动机的理想空载转速 $n_0=U_N/(C_e\Phi)$ 不变，而机械特性的斜率 $\beta=(R_a+R_x)/(C_eC_t\Phi^2)$ 随着所串电阻的增加而增大。

（2）在第一象限中，增加电枢回路的电阻，直流电动机的转速 n 下降，机械特性的过渡过程在负载特性曲线的左边；而减小电枢回路的电阻，直流电动机的转速 n 上升，机械特性的过渡过程在负载特性曲线的右边。第二象限中的情况则正好相反。

（3）通过将增加电枢回路的电阻和减小电枢回路的电阻这两种方式配合起来，可以实现电动机的升、降速调速。要注意的是，只有电枢回路串入电阻后才可以再减小电阻；如果电枢回路没有串入电阻，那么无法降低电枢回路的电阻。

（4）**电枢回路串电阻调速的调速性能指标不高，调速范围不大，调速的机械特性硬度较小，调速的平滑性不高，只能实现有级调速。**

下面分析电枢串电阻调速的经济性问题。

直流电动机由电网吸收的电功率 P_1 为

$$P_1 = UI_a = E_a I_a + I_a^2 R_T \tag{3-14}$$

式中，R_T 为电枢回路的总电阻，包括电枢电阻和串入的电阻。

直流电动机的功率损耗 ΔP 为

$$\Delta P = I_a^2 R_T = UI_a - E_a I_a = UI_a\left(1 - \frac{E_a}{U}\right) = P_1\left(1 - \frac{C_e\Phi n}{C_e\Phi n_0}\right) = P_1\left(1 - \frac{n}{n_0}\right) \tag{3-15}$$

假如忽略空载损耗，直流电动机的效率 η 为

$$\eta = \frac{P_1 - \Delta P}{P_1} = 1 - \left(1 - \frac{n}{n_0}\right) = \frac{n}{n_0} \tag{3-16}$$

如果直流电动机带动额定恒转矩负载运行，则 $I_a = I_N$，$P_1 = P_{1N} = U_N I_N$ 为定值。随着电枢回路中串入电阻的增加，电动机的转速 n 逐渐减小，ΔP 逐渐增大，效率也逐渐减小。当 $n = n_0/2$ 时，由式（3-15）和式（3-16）可知，$\Delta P = P_1/2$，$\eta = 0.5$，即当转速下降为原来的一半时，电动机的效率只有 50%。

由上述效率分析可知，电枢串电阻调速是非常不经济的。该调速方法在自动化程度不高的企业仍有应用，其优点主要是调速简单，控制设备不复杂。尽管电枢串电阻调速设备简单，但是其功率损耗大，低速时转速不稳定，不能连续调速，只能应用于中小型电机。随着自动化和电力电子技术的发展，该调速方法逐渐被淘汰。

2. 调压调速

他励直流电动机在拖动负载运行时，保持励磁电流为额定值，电枢回路中不串入任何电阻，通过调节直流电动机外部电源的电压进行调速，这种调速方法称为他励直流电动机的调压调速。因为直流电动机的电压不能超过额定电压，因此调压调速是在额定电压之下进行升压或者降压调节的。调压调速有两种方法：一种是降压调速，这种方法将使得直流电动机的转速下降；另一种是升压调速，这种方法将使得直流电动机的转速上升。下面分别对这两种方法进行介绍。

1）降压调速

图 3-16 是他励直流电动机降压调速时的示意图。假定 $U_N \geqslant U_1 \geqslant U_2 \geqslant U_3$，开始时电动机运行在机械特性的 G 点。在某一瞬间，将电动机的电源电压由 U_1 降低为 U_2，由于转速 n_1 来不及变化，因此电动机由运行点 G 过渡到运行点 G_1，这时电动机的电磁转矩小于负载转矩 T_L，电动机开始减速。随着转速的降低，电磁转矩逐渐增大，直到运行到 G_2 点，电磁转矩 T 等于负载转矩 T_L，G_2 点是稳定运行点。当电源电压再由 U_2 降低为 U_3 时，电动机的工作点将经过 G_3 点，最后到达 G_4 点，并在 G_4 点稳定运行，分析过程同上。

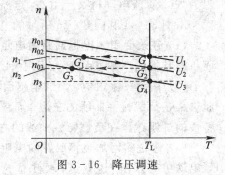

图 3-16　降压调速

2) 升压调速

图 3-17 是他励直流电动机升压调速时的示意图。假定 $U_N \geqslant U_3 \geqslant U_2 \geqslant U_1$，开始时电动机运行在机械特性的 G 点。在某一瞬间，将电动机的电源电压由 U_1 升高为 U_2，由于转速 n_1 来不及变化，因此电动机由运行点 G 过渡到运行点 G_1，这时电动机的电磁转矩大于负载转矩 T_L，电动机开始升速。随着转速的上升，电磁转矩逐渐减小，直到运行到 G_2 点，电磁转矩 T 等于负载转矩 T_L，G_2 点是稳定运行点。当电源电压再由 U_2 升高为 U_3 时，电动机的工作点将经过 G_3 点，最后到达 G_4 点，并在 G_4 点稳定运行，分析过程同上。

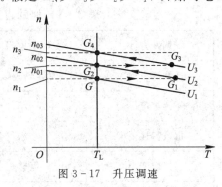

图 3-17　升压调速

由图 3-16 和图 3-17 所示的调压调速的分析，可以得出如下结论：

（1）在改变电枢电压时，直流电动机的理想空载转速 $n_0 = U_x/(C_e \Phi)$ 随着电压的变化而变化，而机械特性的斜率 $\beta = R_a/(C_e C_t \Phi^2)$ 不随电压的变化而变化。

（2）在第一象限内，电枢降压调速时，随着直流电动机转速 n 的下降，机械特性的过渡过程在负载特性曲线的左边；而升压调速时，随着直流电动机转速 n 的上升，机械特性的过渡过程在负载特性曲线的右边。在第二象限内的情况则正好相反。

（3）将升压调速和降压调速配合起来，可以实现电动机的升速和降速。注意：只有升、降压的范围在额定电压范围之内才是有效的。

（4）调压调速的性能要比电枢串电阻调速的性能好，调速的范围大，调速的机械特性硬度大，还可以实现无级调速。

3. 弱磁调速

保持他励直流电动机的电源电压不变，电枢回路不串入任何电阻，通过减小他励直流电动机的磁通实现他励直流电动机调速的方法称为他励直流电动机的弱磁调速。因为他励直流电动机的每极磁通在励磁曲线的接近饱和段，如果他励直流电动机的励磁电流超过额定励磁电流，会大大增加电机的发热，降低电机的效率，所以，他励直流电动机在调节励磁电流调速时只能采用弱磁调速。

在电动机拖动的负载转矩不太大时，可以通过弱磁调速的方法提高他励直流电动机的转速。弱磁调速是从额定转速向上调速。他励直流电动机励磁回路所串电阻的消耗功率较小，控制方便。通过连续调节其电阻值，可以实现无级调速。弱磁升速中，电机最高转速受其换向能力与机械强度的限制，一般以不超过 $1.2n_N$ 为宜。

他励直流电动机弱磁调速的过程如图 3-18 所示。开始时电动机运行在机械特性的 G 点。在某一时刻，将电动机的磁通由 Φ_1 减小为 Φ_2，电动机的转速来不及变化，电动机由 G 点过渡到 G_1 点，电磁转矩大于负载转矩，电动机开始升速。随着电动机转速的升高，工作点由 G_1 点过渡到 G_2 点，并可以稳定运行于 G_2 点。该过程即为他励直流电

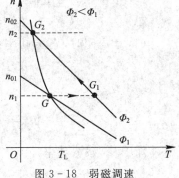

图 3-18　弱磁调速

动机的弱磁升速过程。

表 3-1 给出了他励直流电动机三种调速方法的性能比较。

表 3-1　他励直流电动机三种调速方法的性能比较

调速方法	电枢串电阻调速	调压调速	弱磁调速
调速方向	额定转速以下	额定转速以下	额定转速以上
调速范围	小	大	较大
机械特性硬度	小	大	较大
带载能力	恒转矩	恒转矩	恒功率
调速平滑性	有级调速	无级调速	无级调速
转速稳定性	差	好	较好
电能损耗	大	较少	少

例 3.3　一台额定功率 $P_N = 22$ kW 的他励直流电动机，额定电压 $U_N = 220$ V，额定电流 $I_N = 115$ A，额定转速 $n_N = 1500$ r/min，电枢回路总电阻 $R_a = 0.1$ Ω，电动机拖动额定恒转矩负载运行。要求把转速降到 $n = 1000$ r/min。

(1) 若采用电枢串电阻调速，应串入的电阻为多大？

(2) 若采用降压调速，电压应降至多大？

(3) 在上述两种情况下，电动机的输入和输出功率(不计励磁回路的功率)分别是多少？

解　由已知条件可知

$$C_e\Phi = \frac{U_N - I_N R_a}{n_N} = \frac{220 - 115 \times 0.1}{1500} = 0.139$$

(1) 因为直流电动机拖动额定恒转矩负载，所以降速之后电流额定电流不变，由 $U_N = C_e\Phi n + I_N(R_a + R_x)$ 可得

$$R_x = \frac{U_N - C_e\Phi n}{I_N} - R_a = \frac{220 - 0.139 \times 1000}{115} - 0.1 = 0.604 \ \Omega$$

(2) 应降至的电压：

$$U_x = C_e\Phi n + I_N R_a = 0.139 \times 1000 + 115 \times 0.1 = 150.5 \ V$$

(3) 串电阻时，输入功率：

$$P_1 = U_N I_N = 220 \times 115 = 25 \ 300 \ W$$

输出功率：

$$P_2 = \frac{n}{n_N} \times P_N = \frac{1000}{1500} \times 22 \ 000 = 14 \ 666.7 \ W$$

降压时，输入功率：

$$P_1 = U_x I_N = 150.5 \times 115 = 17 \ 307.5 \ W$$

输出功率:

$$P_2 = \frac{n}{n_N} \times P_N = \frac{1000}{1500} \times 22\,000 = 14\,666.7 \text{ W}$$

例 3.4　一台额定功率 $P_N = 22$ kW 的他励直流电动机,额定电压 $U_N = 220$ V,额定电流 $I_N = 115$ A,额定转速 $n_N = 1500$ r/min,电枢回路总电阻 $R_a = 0.1$ Ω,电动机拖动额定恒转矩负载运行。把电源电压降至 200 V。

(1)在转速来不及变化的瞬间,电枢电流和电磁转矩为多少?动转矩为多少?

(2)稳定转速为多少?

解　由已知条件可知

$$C_e \Phi = \frac{U_N - I_N R_a}{n_N} = \frac{220 - 115 \times 0.1}{1500} = 0.139$$

(1)根据 $U = C_e \Phi n_N + I_x R_a$ 可知电枢电流为

$$I_x = \frac{U - C_e \Phi n_N}{R_a} = \frac{200 - 208.5}{0.1} = -85 \text{ A}$$

电磁转矩:

$$T = C_t \Phi I_x = 9.55 \times 0.139 \times (-85) = -112.83 \text{ N} \cdot \text{m}$$

额定负载转矩:

$$T_L = 9.55 \times \frac{P_N}{n_N} = 9.55 \times \frac{22\,000}{1500} = 140.07 \text{ N} \cdot \text{m}$$

动转矩:

$$T - T_L = -112.83 - 140.07 = -252.9 \text{ N} \cdot \text{m}$$

(2)根据 $U = C_e \Phi n_x + I_N R_a$ 可知电机转速为

$$n_x = \frac{U - I_N R_a}{C_e \Phi} = \frac{200 - 115 \times 0.1}{0.139} = 1356.1 \text{ r/min}$$

3.3.3　调速时的功率和转矩情况

电机的体积大小、转动部分的机械强度、换向能力、绝缘材料的耐热能力以及运行效率等都是根据其额定值设计的。通常电机的设计寿命是 10~20 年。除了电机轴承等薄弱环节,电机运行的温度是影响电机绝缘的最重要的因素,而电机的绝缘老化直接决定了电机的寿命,因此保持电机运行在额定运行状态是保证其寿命的关键。电动机在额定转速下容许的输出功率是由电动机的发热情况决定的,而发热主要取决于电枢电流。在电动机的调速过程中,只要电动机的电流不超过其额定值,电动机长期运行,其发热就不会超过容许温度的限制。下面分析他励直流电动机调速时的功率和转矩情况。

在研究他励直流电动机的功率和转矩情况之前,首先给出两个定义:**恒转矩调速和恒功率调速**。在电动机调速的过程中,如果电动机的转矩不随着转速的变化而变化,这种调速方法称为恒转矩调速;如果电动机的功率不随着转速的变化而变化,这种调速方法称为**恒功率调速**。

保持他励直流电动机的每极磁通 $\Phi = \Phi_N$ 不变,在他励直流电动机带恒转矩负载时,进行调压调速或者电枢串电阻调速,当转速稳定后,电枢电流 I_a 不变,根据电磁转矩和功率的计算公式可知：

$$T=C_t\Phi_N I_a=常数 \tag{3-17}$$

$$P=\frac{Tn}{9.55}=C_1 n \tag{3-18}$$

式中，C_1 为比例常数，$C_1=T/9.55$，P、T 和 n 的单位分别是 W、N·m 和 r/min。

由式(3-17)和式(3-18)可知，当他励直流电动机带恒转矩负载时，进行调压调速或者电枢串电阻调速时，电动机的电磁转矩保持为常数，这两种调速方法同属于恒转矩调速，而电动机的输出功率正比于转速。

在进行弱磁调速时，保持电源电压为额定电压 U_N，电枢回路不串入任何电阻，电动机拖动恒功率负载，同时假定空载转矩可以忽略不计，即

$$P_M=T\omega_m=T_L\omega_m=常数 \tag{3-19}$$

另外根据电源输入电机的功率进行计算，电磁功率为

$$P_M=U_N I_a-R_a I_a^2 \tag{3-20}$$

因此可以得出，在弱磁调速过程中，如果电动机拖动恒功率负载，则负载电流为恒定值。

由他励直流电动机的电压方程式 $U_N=C_e\Phi n+I_a R_a$ 可以得到

$$\Phi=\frac{U_N-I_a R_a}{C_e n}=\frac{C_2}{n} \tag{3-21}$$

式中，C_2 为比例常数，$C_2=\dfrac{U_N-I_a R_a}{C_e}$。电动机的电磁转矩为

$$T=C_t\Phi I_a=\frac{C_t C_2}{n}I_a=\frac{C_3}{n} \tag{3-22}$$

式中，C_3 为比例常数，$C_3=C_t C_2 I_a$。

根据上面的推导可以看出，弱磁调速适合带恒功率负载。在他励直流电动机弱磁调速的过程中，电动机的每极磁通 Φ 和电磁转矩 T 都与电动机的转速呈反比关系。

图 3-19 为他励直流电动机调速时的功率和转矩特性。

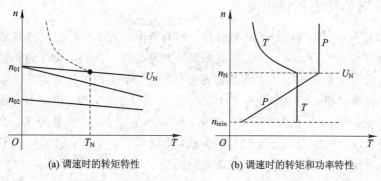

(a) 调速时的转矩特性　　　　　(b) 调速时的转矩和功率特性

图 3-19　他励直流电动机调速时的功率和转矩特性

根据图 3-19 可以得出如下结论：

(1) 电枢串电阻调速和调压调速适合于带恒转矩负载，这两种调速方法都是在额定转速以下进行调速；而弱磁调速适合于带恒功率负载，这种调速方法是在额定转速以上调速。

(2) 在额定转速以下的调速属于恒转矩调速区域，而在额定转速以上的调速属于恒功率调速。

3.3.4　调速方式与负载类型的配合

电力拖动系统在调速过程中要满足两个原则：

（1）在整个调速过程中，电动机的温升不能超过允许的额定温升，否则，电动机会因为温度过高而对电动机的绝缘和绕组都造成伤害，特别是电动机的寿命很大程度上取决于电动机的运行温度。电动机额定温升的限制要求电动机的电枢电流不能超过额定电流 I_N。

（2）在整个调速范围内，电动机的带载能力或者额定功率要尽可能得到充分利用。电动机的带载能力是在确保电枢电流为 I_N 的情况下，电动机长期运行所能够输出的最大转矩或者最大功率。带载能力不代表电动机的实际输出转矩或者功率，而反映了其输出的容许值或者最大值。

为了满足上述两个原则，保证电动机的带载能力能够得以发挥，在调速过程中，电动机的实际电流 I_a 应尽量等于或者接近其额定电流 I_N。考虑到生产机械可大致分为恒转矩负载和恒功率负载两种类型，为了保证电动机在温升不超过额定温升的前提下带载能力得到充分发挥，具有恒转矩负载特性的生产机械应尽可能选择具有恒转矩性质的电动机进行拖动，且所选择的电动机的额定转矩应大于或者等于负载转矩，具有恒功率负载特性的生产机械应尽可能选择恒功率性质的调速方式，且所选择电动机的额定功率应略大于或者等于负载功率，否则会造成不必要的转矩和功率浪费。

3.4　他励直流电动机的运行状态

他励直流电动机根据其运行象限的不同可以分为电动和制动两种运行状态。

1. 电动运行状态

电动运行状态是指电动机的电磁转矩 T 与转速 n 的方向相同，电磁转矩 T 是拖动性的转矩，电动机将电能转换为机械能。电动运行状态包括正向和反向两种电动运行状态。正向电动运行状态在第一象限，而反向电动运行状态处于第三象限。通常情况下，电动机工作在电动运行状态。

2. 制动运行状态

制动运行状态是指电动机的电磁转矩 T 与转速 n 的方向相反，电磁转矩 T 是阻碍性的转矩，电动机存储的机械能转化为电能回馈直流电源或者被消耗掉。制动运行状态位于第二和第四象限，主要包括能耗制动、反接制动、倒拉反转和回馈制动运行。制动运行状态的实质是电动机运行在发电状态，该状态消耗机械能。

电力拖动系统之所以需要工作在制动运行状态，是因为生产机械满足生产工艺的需要，主要有以下三种情况：

（1）生产机械为加快起动和制动过程，提高生产效率；

（2）当生产机械在工作过程中时，需要迅速降为低速或者迅速由正转变为反转；

（3）有些位能负载为获得稳定的下放速度。

电动机的起动、调速和制动三种运行方式相互配合可以完成各种形式负载所需要的生产工艺要求，实现电力拖动系统的有效运行。

电动机的运行状态是由电动机机械特性与负载转矩特性的关系决定的。机械特性图是分析电动机运行的重要根据，电动机的稳定运行点是机械特性图中电动机的机械特性与负载转矩特性的交点。由于他励直流电动机的固有机械特性和人为机械特性分布在机械特性图的四个象限，同时负载转矩特性也分布在四个象限之中，因此通过起动、调速和制动三种运行方式的相互配合可以使得电动机带动负载在四个象限之内运行。下面详细分析他励直流电动机在四个象限的运行状态。

3.4.1　电动运行状态

1. 正向电动运行

如图 3-20(a)所示，正向电动工作点 G_1 和 G_2 都在第一象限。在第一象限，电动机的电磁转矩 $T>0$，转子转速 $n>0$，这种运行状态称为**正向电动运行**，如图 3-20(b)所示。由于电磁转矩 T 和转速 n 同向，因此电磁转矩为拖动性的转矩。

2. 反向电动运行

如图 3-20(a)所示，反向电动工作点 G_3 在第三象限。在第三象限，电动机的电磁转矩 $T<0$，转子转速 $n<0$，这种运行状态称为**反向电动运行**，如图 3-20(c)所示。由于电磁转矩 T 和转速 n 同向，因此电磁转矩仍为拖动性的转矩。

3-7　电动运行

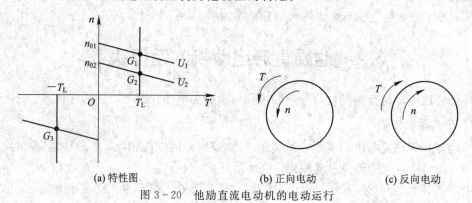

(a) 特性图　　　　　(b) 正向电动　　　　　(c) 反向电动

图 3-20　他励直流电动机的电动运行

在他励直流电动机运行于电动状态时，电动机从电源吸收电功率，通过电磁作用，电功率转换为机械功率，再从电动机轴上输出到机械负载。他励直流电动机运行在电动状态时的功率关系如表 3-2 所示，功率关系的流程图如图 3-21 所示。

表 3-2　他励直流电动机运行在电动状态时的功率关系

输入电功率		电枢回路总损耗		电磁功率（电→机）		电动机空载损耗		输出机械功率
P_1		p_{Cua}		P_M		p_0		P_2
UI_a	$=$	$I_a^2(R_a+R)$	$+$	E_aI_a				
				$T\omega_m$	$=$	$T_0\omega_m$	$+$	$T_2\omega_m$
$+$		$+$		$+$		$+$		$+$

在电力拖动过程中，除了电动机的起动、电动运行外，还要有制动过程才可以组成一个完整的电力拖动过程。在电力拖动系统中，使拖动电动机停止的最简单的方法是直接断开电枢电源，电动机就会慢慢减速，直至最后停下来，这种停车方法称为**自由停车法**。自

由停车法一般比较慢,特别是空载自由停车时,需要更长的时间。如果要实现快速停车,那么自由停车是无法满足控制要求的。为了实现快速停车,可以采用电磁制动器,即直接强制抱闸制动,这种方法的灵活性比较差,一般在紧急情况下才采用。在电力拖动系统中,一般采用电气方法进行制动控制,**常用的电气制动方法有能耗制动、反接制动、倒拉反转制动和回馈制动。**

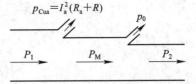

图 3-21　电动运行状态下的功率流程图

3.4.2　能耗制动

图 3-22(a)为他励直流电动机进行能耗制动的电路图。图中,电动机通过触点 P 接在直流供电电源上,电源向直流电动机供电,电动机带恒转矩负载运行在图 3-22(c)中固有机械特性 A 上的 G 点,电动

3-8　能耗制动

机处于正向电动状态。在某一时刻,电动机进行能耗制动,电动机的开关打到触点 Q,并接入电阻 R 进行限流。忽略电动机的电磁过渡过程,电动机的电路图和各个物理量的方向如图 3-22(b)所示,电动机的电流方向反向,电动机产生制动性电磁转矩,过渡过程如图 3-22(c)所示。在电动机与电源断开之后,电动机的转速 n 来不及变化,因为感应电动势 E_a 的存在,$E_a > 0$,又因为电源电压 $U = 0$,电枢电流 $I_a = -E_a/(R_a + R) < 0$,即电动机的电流 I_a 反向,电磁转矩 $T = C_t \Phi I_a < 0$,由拖动性转矩转变为制动性转矩,电动机沿着机械特性 B 逐渐减速,并最后停在原点。

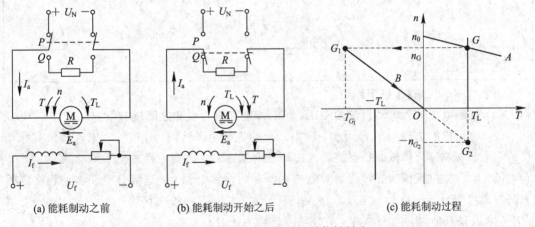

(a) 能耗制动之前　　　　　　　　(b) 能耗制动开始之后　　　　　　　　(c) 能耗制动过程

图 3-22　他励直流电动机的能耗制动

根据上面的分析可知,电动机与外部电源断开之后,电动机将系统所存储的动能转化为电能并消耗在电枢电阻和外串电阻上,此时电动机产生的电磁转矩为制动性转矩。在能耗制动的过程中,为了限制电动机的反向电流,必须在电动机与电源断开的瞬间,在电路中接入足够大的电阻。如果在电动机与电源断开之后,不串入任何电阻,只是将电枢的电路短接,这时会产生很大的反向电流,这个电流会远远超过电动机的额定电流 I_N。在能耗制动电路中,串入的电阻 R 越大,开始制动时的反向电流 I_a 越小,停车时间越长;串入的电阻 R 越小,开始制动时的反向电流越大,停车时间越短。由于直流电动机存在换向的问题,I_a 越大,换向越困难,因此在能耗制动时必须限制反向电流的大

小。假定电动机的最大允许电流为 I_{amax}，在电动机与电源断开的瞬间，感应电动势 $E_a = C_e \Phi n$，则

$$I_a = \frac{E_a}{R_a + R} \leqslant I_{amax} = (2 \sim 2.5) I_N \tag{3-23}$$

则应串入的最小电阻为

$$R \geqslant R_{min} = \frac{E_a}{I_{amax}} - R_a \tag{3-24}$$

在图 3-22(c) 中，如果电动机所拖动的负载为位能性负载，则在电动机运行到转速为零时，如果不采用电磁抱闸装置，电动机的电磁转矩 T 小于负载转矩 T_L，则位能性负载会拖着电动机反转，直至达到新的工作点 G_2，此时电动机的负载转矩等于电磁转矩。在工作点 G_2 处，电动机的电磁转矩 $T > 0$，转速 $n < 0$，转矩与转速方向相反，这种运行状态称为能耗制动运行。在该状态下，位能性负载 T_L 变为拖动性的转矩，转速 n 与负载转矩 T_L 的方向相同。

他励直流电动机能耗制动时的功率关系如表 3-3 所示。

表 3-3　他励直流电动机能耗制动时的功率关系

输入 电功率		电枢回路 总损耗		电磁功率 （机→电）		电动机 空载损耗		输出 机械功率
P_1		p_{Cua}		P_M		p_0		P_2
UI_a	$=$	$I_a^2(R_a + R)$	$+$	$E_a I_a$				
				$T\omega_m$	$=$	$T_0\omega_m$	$+$	$T_2\omega_m$
0		$+$		$-$		$+$		$-$

由表 3-3 可以得出以下结论：

(1) 外部电源输入电动机的功率 $P_1 = 0$，即电动机与电源之间没有电的联系。

(2) 电动机的电磁功率 $P_M < 0$，即电动机的机械功率转换为电功率。电动机没有原动机的输入机械功率，机械能是系统转速由高速向低速制动过程中释放出来的动能。

(3) 电动机由机械功率转变来的电功率没有回馈到电源上，这部分电能被消耗在电枢回路的总电阻 $(R_a + R)$ 上。

(4) 在能耗制动运行过程中，机械功率的输入来自位能性负载减少的位能。

他励直流电动机能耗制动的功率流程图如图 3-23所示。

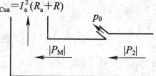

图 3-23　他励直流电动机能耗制动的
功率流程图

3.4.3　反接制动

反接制动的原理图如图 3-24 所示。图 3-24(a) 为反接制动前直流电动机带反抗性恒转矩负载运行在正向电动状态的原理图，如图 3-24(c) 中的工作点 G，这时直流电动机经过触点 P 接在外部的直流电

3-9　反接制动

源上。在某一时刻，突然将开关打到触点 Q，将接在电动机上的电源反向，同时在电枢回路中串入电阻 R 以限制电枢的电流，如图 3-24(b)所示。在反接制动开始的瞬间，电动机的转速 n 来不及变化，且电动机的外部电源电压反向，$I_a=(-U-E_a)/(R_a+R)<0$，电动机的电磁转矩 $T<0$，电动机的工作点由 G 点过渡到 G_1 点。在 G_1 点由于电动机的电磁转矩 $T<T_L$，即动转矩小于零，因此电动机沿着机械特性 B 由 G_1 点向 G_2 点过渡，电动机的转速逐渐下降，直至电动机转速等于零到达 G_2 点。在上述过程中，电动机的外接电源反向之后，电动机的转速 $n>0$，电磁转矩 $T<0$，为制动性转矩，该过程称为反接制动过程。

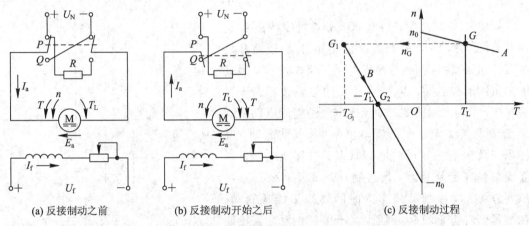

(a) 反接制动之前　　　　　(b) 反接制动开始之后　　　　　(c) 反接制动过程

图 3-24　他励直流电动机的反接制动原理图

反接制动过程中的功率关系如表 3-4 所示。

表 3-4　他励直流电动机反接制动时的功率关系

输入 电功率		电枢回路 总损耗		电磁功率 （机→电）		电动机 空载损耗		输出 机械功率
P_1		p_{Cua}		P_M		p_0		P_2
UI_a	$=$	$I_a^2(R_a+R)$	$+$	E_aI_a				
				$T\omega_m$	$=$	$T_0\omega_m$	$+$	$T_2\omega_m$
$+$		$+$		$-$		$+$		$-$

由表 3-4 可以得出如下结论：

(1) 在反接制动情况下，直流电动机的输入功率 $P_1>0$，输出功率 $P_2<0$，即电动机由电源输入电功率，同时机械功率扣除空载损耗之后也转变成电阻回路的损耗。在反接制动时，电源电功率仍输入给电动机，而机械功率不仅没有输出，还反向发电，变为电能。

(2) 电动机轴上没有输入外部机械功率，消耗的机械功率 P_2 是电机转子和负载由高速减速到低速的过程中所释放的动能。

(3) 反接制动中输入的电功率和轴上的动能除去空载损耗之外，都消耗在了电枢回路的电阻 (R_a+R) 上。

他励直流电动机反接制动的功率流程图如图 3-25 所示。

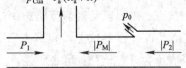

图 3-25　他励直流电动机倒拉反转和反接制动的功率流程图

在反接制动开始的瞬间，因为电压 U 反向，而感应电动势 E_a 来不及变化，因此此刻加在电动机上的电压为 $-(U+E_a)$，如果不加以限流，将产生很大的反向电流。为了保证电动机的反向电流 $|I_a| < I_{amax}$，即

$$|I_a| = \frac{U+E_a}{R_a+R} < I_{amax} = (2 \sim 2.5)I_N \qquad (3-25)$$

则串入的电阻应满足：

$$R \geqslant \frac{U+E_a}{I_{amax}} - R_a \qquad (3-26)$$

在图 3-24(c)中，当电动机沿着机械特性 B 运动到 G_2 点时，由于电动机电磁转矩 T 小于负载转矩 T_L，电磁转矩不足以使得电动机反向起动，因此电动机能够停在 G_2 点。当 G_2 点的电磁转矩大于负载转矩 T_L 时，如图 3-26 所示，他励直流电动机在 G_2 点如果不采取抱闸措施，电动机将反向起动，并在第三象限运行在反向电动状态。在直流电动机需要频繁快速正反转时，反接制动是非常有效的一种控制方法。反接制动停车的时间要快于能耗制动，在能量消耗方面反接制动也大于能耗制动，反接制动相当于借助于外部电源的功率实现电力拖动系统

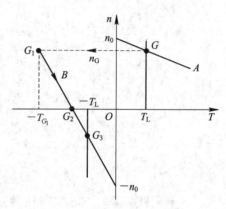

图 3-26　反接制动到反向起动过程

的快速停车，而能耗制动只是借助于系统自身的机械能进行停车。从电动机控制的角度来说，反接制动是可控的，而能耗制动是不可控的，因此在大型电力拖动系统中，反接制动更具有优势。

3.4.4　倒拉反转制动

在现实中，电动机经常会拖动位能性负载上升或者下降。位能性负载的转矩特性如图 3-27 所示，当电动机的机械特性为直线 A 时，电动机的机械特性与位能性负载转矩特性相交于第一象限的 G_1，电动

3-10　倒拉反转

机处于正向电动运行状态，电动机拖动位能性负载上升，这时电动机的电磁转矩 $T = T_L + \Delta T_L$，即电动机不但要承担负载转矩，同时还要负担机械传动机构的附加转矩 ΔT_L；当电动机的机械特性为直线 B 时，电动机的机械特性与位能性负载转矩特性相交于第四象限的 G_2，电动机的电磁转矩 $T > 0$，转速 $n < 0$，电动机处于下放重物的运行状态，电动机拖着位能性负载下降，防止重物下降太快，这时电动机的电磁转矩 $T = T_L - \Delta T_L$，即电动机不再承担负载转矩，机械传动机构的附加转矩 ΔT_L 由重物承担，这时的运行状态为倒拉反转运行状态。在倒拉反转运行状态中，电动机的转矩为制动性转矩。根据前面的分析可以得出，电动机在拖着位能性负载上升和下降时所承担的负载转矩相差 $2\Delta T_L$，在图 3-27 中可以表示为 $T_{L1} - T_{L2} = 2\Delta T_L$。

下面分析他励直流电动机由正向电动状态过渡到倒拉反转制动状态的一个典型过程，如图 3-28 所示。开始时电动机运行于第一象限的 G_1 点，某一时刻在电枢回路中串入电

阻 R_1，使得电动机的机械特性为直线 B，则随着转速的下降，电动机拖着重物可以静止在

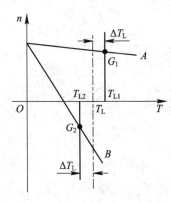
图 3-27　位能性负载的转矩特性

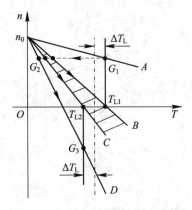
图 3-28　倒拉反转制动过程分析

某一个位置上。如果继续增大串入的电阻，使其增大到 R_2，电动机的机械特性为直线 C，电动机仍然保持静止，即串入的电阻 R_x 满足 $R_1 \leqslant R_x \leqslant R_2$ 时，电动机的机械特性在直线 B、C 之间，如图 3-28 中的阴影部分所示，电动机会拖着重物静止在某一位置上。如果继续增大电阻到 R_3，使得电动机的机械特性为直线 D，则在串入电阻的瞬间，电动机会由 G_1 点过渡到 G_2 点，并沿着机械特性 D 过渡到 G_3 点，电动机运行在倒拉反转制动状态。

倒拉反转制动状态的功率关系与反接制动过程中的功率关系是一样的，如图 3-25 所示。在倒拉反转制动状态下，电动机没有外部输入机械能，倒送回电动机的机械能是重物在下放时所释放的位能，而在反接制动时倒送回电动机的机械能是电动机由高速向低速减速时所释放的动能。

3.4.5　回馈制动

回馈制动包括正向回馈制动和反向回馈制动。回馈制动时电动机的感应电动势 $E_a = C_e \Phi n$ 大于外部电源电压 U_1，电动机的感应电动势向外部电源送出电功率，电动机处于发电制动状态。下面分两种情况进行分析。

如图 3-29(a)所示，假设他励直流电动机开始时运行于机械特性 A 的 G_1 点，电动机处于正向电动运行状态。在某一时刻突然将电源电压降低为电压 $U_2(U_2 < U_1)$，由于转速 n 来不及变化，电动机由第一象限的工作点 G_1 点过渡到第二象限的 G_2 点，$E_a = C_e \Phi n$ 保持不变，则将使得 $E_a > U_2$，电枢电流 $I_a = (U_2 - E_a)/R_a < 0$，电动机的电磁转矩 $T = C_t \Phi I_a < 0$，此时转速 $n > 0$，即电磁转矩为制动性转矩。电动机过渡到 G_2 点之后沿着机械特性 B 减速到 G_3 点，正向回馈制动过程结束，此时电枢电流 $I_a = 0$，即电动机的转速 $n = n_{01}$，电动机到达 G_3 后由于负载转矩仍然大于电动机的电磁转矩，因此电动机将继续降速直到 G_4，最后电动机运行在正向电动状态。在上面的分析过程中，G_2 到 G_3 的过程即为电动机的正向回馈制动过程。

与图 3-29(a)正向回馈制动类似，图 3-29(b)为反向回馈制动过程。G_1 点为电动机在第三象限的反向电动运行状态。如果在某瞬间电动机的电压由 U_1 减小为 U_2，电动机将由工作点 G_1 过渡到第四象限的 G_2 点，则 G_2 到 G_3 的过程为电动机的反向回馈制动过程，

最后电动机经过反向回馈制动过程实现电动机的降压调速。

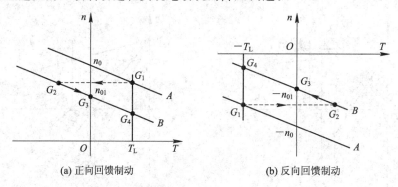

(a) 正向回馈制动　　　　　　　　　　(b) 反向回馈制动

图 3-29　回馈制动过程分析

回馈制动过程 G_2 到 G_3 的功率关系如表 3-5 所示。

表 3-5　他励直流电动机 G_2 到 G_3 段回馈制动时的功率关系

输入 电功率	电枢回路 总损耗	电磁功率 （机→电）	电动机 空载损耗	输出 机械功率
P_1	p_{Cua}	P_M	p_0	P_2
UI_a =	$I_a^2(R_a+R)$ +	$E_a I_a$		
		$T\omega_m$ =	$T_0\omega_m$ +	$T_2\omega_m$
−	+	−	+	−

由表 3-5 可以得出如下三个结论：

（1）回馈制动中回馈电源的能量，是因电动机的转速高于电动机的理想空载转速，电动机由高速到低速降速释放的能量，回馈制动中没有外部输入的机械能。

（2）回馈制动过程只是电动机降速过程的一部分，即只有 G_2 到 G_3 段为回馈制动过程，其余的降速不存在能量的回馈。

（3）在调速过程中，在第二或者第四象限，只要电动机的转速高于相应机械特性的理想空载转速，回馈制动就会发生。

$$p_{Cua}=I_a^2 R_a \qquad p_0$$
$$\overleftarrow{|P_1|} \quad \overleftarrow{|P_M|} \quad \overleftarrow{|P_2|}$$

他励直流电动机回馈制动的功率流程图如图 3-30 所示。

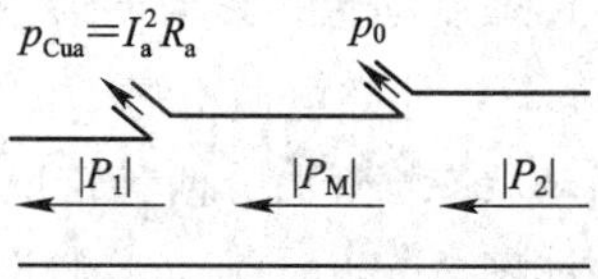

图 3-30　他励直流电动机回馈制动的功率流程图

3.5　他励直流电动机运行过程的综合分析

由他励直流电动机运行过程的分析可知，他励直流电动机在机械特性图的四个象限的运行状态如表 3-6 所示。

表 3-6　他励直流电动机在机械特性图的四个象限的运行状态

运行状态	第一象限	第二象限	第三象限	第四象限
电动	√		√	
能耗制动		√		√

运行状态	第一象限	第二象限	第三象限	第四象限
反接制动		√		√
倒拉反转制动		√		√
回馈制动		√		√

注：第二象限倒拉反转制动的特例是氢气球向上拉着直流电动机转动，此时是浮力在做功。

图 3-31 给出了一个他励直流电动机的综合调速过程。

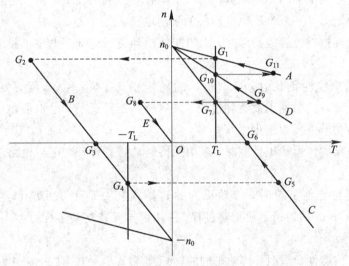

图 3-31　直流电动机综合调速过程分析

在图 3-31 中，开始时电动机运行于机械特性 A 的 G_1 点，G_1 点在第一象限为正向电动运行状态。电动机由静止状态到达 G_1 点可以采用串电阻分级起动或者降压起动方法。在某一时刻反接电动机电源，同时在电枢回路中串入电阻，则电动机的机械特性由 A 变为 B，在电源反接的瞬间，电机的转速来不及变化，电动机的工作点由 G_1 过渡到 G_2 点。G_2 点在第二象限，电动机开始反接制动，直到 G_3 点，反接制动结束。由 G_3 点开始，由于电动机的电磁转矩为负转矩，电动机转速由正变为负，同时负载转矩也由 T_L 变为 $-T_L$，电动机电磁转矩的绝对值大于负载转矩的绝对值，电动机开始反向起动，直到工作点 G_4。工作点 G_4 在第三象限，为反向电动运行状态。在接下来的某一时刻，如果再次使电动机的电源反接，则电动机的机械特性由 B 变为 C，在电源反接的瞬间，电机转速来不及变化，电动机由 G_4 点过渡到 G_5 点，电动机开始在第四象限反接制动直到 G_6 点，反接制动结束。从 G_6 点开始，电动机的转速由负变为正，同时负载转矩也由 $-T_L$ 变为 T_L，电动机由 G_6 点开始正向加速，直到 G_7 点，电动机运行在第一象限的正向电动运行状态。在 G_7 点，如果切除外部供电电源，则电动机由 G_7 点过渡到 G_8 点，开始第二象限的能耗制动，直到电动机停止。上述过程为一个典型的直流电动机由正向电动到反接制动，快速反向电动，接着又进行反接制动，又快速回到正向电动，最后能耗制动停车的过程。如果在 G_7 点，减小电阻，使得电机的机械特性由机械特性 C 变为机械特性 D，则电动机的运行状态由 G_7 点

过渡到 G_9 点，因为电动机的电磁转矩大于负载转矩，电动机由 G_9 点加速运行到 G_{10} 点；在 G_{10} 点稳定之后，如果把所有串入的电阻切除，则电机的机械特性 D 又恢复到机械特性 A，电动机运动状态由 G_{10} 点过渡到 G_{11}，并最终回归到 G_1 点。

由于负载的转矩特性可以分布在四个象限，同时电动机可以实现四个象限的调速，因此直流电动机可以采用不同的调速方法，并考虑不同的负载转矩特性来实现不同象限调速的组合，满足不同负载的调速要求。具体他励直流电动机调速方法的实现可以参考与运动控制相关的参考文献。

例 3.5　一台他励直流电动机，额定电压 $U_N = 220$ V，额定电流 $I_N = 115$ A，额定转速 $n_N = 1500$ r/min，电枢回路总电阻 $R_a = 0.1$ Ω，忽略空载转矩。电动机拖动恒转矩负载运行于正向电动状态，$T_L = 0.9 T_N$，电动机的限制电流 $I_{amax} = 2I_N$。

(1) 负载为反抗性恒转矩负载时，采用能耗制动进行停车，电枢电路应串入的制动电阻最小为多少？

(2) 负载为位能性负载时，传动机构的转矩损耗 $\Delta T_L = 0.1 T_N$，要求电动机运行在 $n = -200$ r/min 的匀速下放重物过程，采用能耗制动运行，电枢回路应串入的电阻为多少？该电阻的功率损耗为多少？

(3) 负载为反抗性恒转矩负载时，采用反接制动进行停车，电枢电路应串入的制动电阻最小为多少？

(4) 负载为位能性负载时，传动机构的转矩损耗 $\Delta T_L = 0.1 T_N$，要求电动机运行在 $n = -1000$ r/min 的匀速下放重物过程，采用倒拉反转制动运行，电枢回路应串入的电阻为多少？

(5) 负载为位能性负载时，传动机构的转矩损耗 $\Delta T_L = 0.1 T_N$，采用反向回馈制动运行，电枢回路不串电阻时，电动机的转速为多少？

解　由已知条件可知

$$C_e\Phi = \frac{U_N - I_N R_a}{n_N} = \frac{220 - 115 \times 0.1}{1500} = 0.139$$

(1) 能耗制动前电动机的感应电动势为

$$E_a = U_N - 0.9 I_N R_a = 220 - 0.9 \times 115 \times 0.1 = 209.65 \text{ V}$$

电动机应串入的电阻：

$$R_x = \frac{E_a}{I_{amax}} - R_a = \frac{209.65}{2 \times 115} - 0.1 = 0.81 \text{ Ω}$$

(2) 当电动机下放重物时，传动机构的损耗由重物承担，负载转矩为

$$T'_L = T_L - 2 \times \Delta T_L = 0.7 T_N$$

电动机的负载电流为

$$I_a = 0.7 I_N$$

电动机应串入的电阻为

$$R_x = \frac{C_e\Phi n}{I_a} - R_a = \frac{0.139 \times 200}{0.7 \times 115} - 0.1 = 0.25 \text{ Ω}$$

电阻的功率损耗

$$p = I_a^2 R_x = 1620.1 \text{ W}$$

（3）电动机反接制动应接入的电阻：

$$R_x = \frac{U_N + E_a}{I_{a\max}} - R_a = \frac{220 + 209.65}{2 \times 115} - 0.1 = 1.77 \ \Omega$$

（4）下放重物时的感应电动势：

$$E_a = C_e \Phi n = 0.139 \times (-1000) = -139 \text{ V}$$

下放重物时的电流：

$$I_a = 0.7 I_N$$

电枢电路应串入的电阻：

$$R_x = \frac{U_N - E_a}{I_a} - R_a = \frac{220 + 139}{0.7 \times 115} - 0.1 = 4.36 \ \Omega$$

（5）电动机的转速为

$$n = \frac{-E_a}{C_e \Phi} = \frac{-U_N - 0.7 I_N R_a}{C_e \Phi} = \frac{-220 - 0.7 \times 115 \times 0.1}{0.139} = -1640.6 \text{ r/min}$$

本 章 小 结

（1）电力拖动又称为电气传动，是以电动机作为原动机带动生产机械按照人们所指定的规律运动的传动方式。以直流电动机作为原动机的电力拖动系统，称为直流电动机拖动系统。电力拖动系统主要包括电源、控制单元、电动机、传动机构和机械负载等五个部分。

（2）根据负载的转矩特性分析，大多数生产机械的负载转矩特性可以分为恒转矩负载特性、泵与通风机类负载特性、恒功率负载特性三种类型。

（3）为了限制直流电动机的起动电流，直流电动机的起动方法包括降压起动和串电阻起动两种方法。

（4）电动机的调速指标包括动态性能指标和静态性能指标。动态性能指标是指系统在过渡过程中的性能指标，主要包括跟随性能指标和抗干扰性能指标；而静态性能指标是指系统在稳定运行时的性能指标。电动机调速的静态性能指标主要包括静差率和调速范围、调速的平滑性以及调速的经济性等几个方面。

（5）他励直流电动机的调速方法主要有三种：电枢串电阻调速、调压调速和弱磁调速。三种调速方法中，电枢串电阻调速效率最低，弱磁调速适合于轻载调速，调压调速在机械特性硬度、调速的效率和调速总体性能等方面都优于其他两种调速方法。

（6）在电动机调速的过程中，如果电动机的转矩不随着转速的变化而变化，这种调速方法称为恒转矩调速；如果电动机的功率不随着转速的变化而变化，这种调速方法称为恒功率调速。在额定转速以下的调速属于恒转矩调速，而在额定转速以上的调速属于恒功率调速。

（7）根据他励直流电动机的机械特性与负载转矩特性的关系，电动机可以在四个象限运行。第一、三象限的运行状态为正向和反向电动；第二、四象限的运行状态为能耗制动、反接制动、倒拉反转制动和回馈制动。

习　　题

一、选择题

1. 在下列他励直流电动机的调速方法中,(　　)调速方法效率最低。

A. 降压　　　　　　　　　　B. 电枢串电阻　　　　　　　　C. 弱磁

2. 他励直流电动机电枢回路串入附加电阻时,如果负载转矩不变,则此电动机的(　　)。

A. 输出功率 P_2 不变　　　B. 输入功率 P_1 不变　　　C. 电磁功率 P_M 不变

3. 他励直流电动机降压调速时,静差率越大,则调速范围(　　)。

A. 越大　　　　　　　　　　B. 不变　　　　　　　　　　C. 越小

4. 他励直流电动机的正向回馈制动状态在(　　)。

A. 第二象限　　　　　　　　B. 第三象限　　　　　　　　C. 第四象限

5. 对于他励直流电动机,要求大范围内无级调速,采用(　　)的方式较好。

A. 改变电枢电压　　　　　　B. 改变励磁磁通　　　　　　C. 改变电枢回路电阻

二、判断题

1. 直流电动机的串电阻调速为无级调速。　　　　　　　　　　　　　　　(　　)

2. 转速高于理想空载转速是回馈制动发生的充分必要条件。　　　　　　　(　　)

3. 弱磁调速是在基速以上的调速,适合带恒功率负载。　　　　　　　　　(　　)

4. 他励直流电动机正向回馈制动的机械特性在第一和第二象限。　　　　　(　　)

5. 他励直流电动机反接制动时,电网送入的电能和电动机的机械能几乎全部消耗在电枢回路中的电阻上。　　　　　　　　　　　　　　　　　　　　　　　　　(　　)

三、简答题

1. 为什么 1 kW 以上的直流电动机不能直接起动?

2. 直流电动机有哪几种调速方法?

3. 比较直流电动机三种调速方法的优劣。

4. 简述直流电动机能耗制动的原理。

5. 简述直流电动机在四个象限的运行状态。

四、计算题

1. 某他励直流电动机,其额定数据为:额定功率 $P_N=17$ kW,额定电压 $U_N=220$ V,额定电流 $I_N=90$ A,额定转速 $n_N=1500$ r/min,电枢电阻 $R_a=0.147$ Ω。

(1) 电动机直接起动时的起动电流是多大?

(2) 电动机拖动额定负载起动,若采用电枢回路串电阻起动,要求起动电流限制为 $I_{amax}=2I_N$,应串入多大电阻?

(3) 若采用降压起动,电压应降至多少?

2. 某他励直流电动机,额定电压 $U_N=440$ V,额定电流 $I_N=76$ A,额定转速 $n_N=1000$ r/min,电枢回路总电阻 $R_a=0.375$ Ω。电机带额定恒转矩负载,采用电枢回路串电阻调速,已知最大静差率 $\delta_{max}=30\%$。

(1) 计算电动机的调速范围；

(2) 计算电枢回路串入的最大电阻；

(3) 电机拖动额定负载运转在最低转速时，电动机的输出功率为多少？

3. 某他励直流电动机，其额定数据为：额定功率 $P_N = 7.5$ kW，额定电压 $U_N = 220$ V，额定电流 $I_N = 41$ A，额定转速 $n_N = 1500$ r/min，电枢电阻 $R_a = 0.376$ Ω。电动机拖动额定恒转矩负载运行，把电源电压降到 $U = 150$ V。

(1) 电源电压降低了，但是转速来不及变化的瞬间，电动机的电枢电流 I_a 和电磁转矩 T 为多大？电动机的动转矩是多少？

(2) 电压降低之后，电机的稳定转速为多少？

4. 某他励直流电动机，额定电压 $U_N = 220$ V，电枢回路总电阻为 0.1 Ω。当该电机拖动重物上升时，$U = U_N$，$I_a = 350$ A，$n = 750$ r/min。若电机拖动同一重物下放，保持电枢电压和励磁电流不变，下放重物的转速 $n = 300$ r/min，忽略电机空载转矩和传动机构的转矩损耗，请计算此时电枢回路需要串入多大的电阻。

5. 某他励直流电动机，其额定数据为：额定功率 $P_N = 29$ kW，额定电压 $U_N = 440$ V，额定电流 $I_N = 76.2$ A，额定转速 $n_N = 1050$ r/min，电枢电阻 $R_a = 0.393$ Ω。

(1) 假设电枢电流 $I_a = 60$ A，电枢回路不串电阻，电动机在反向回馈制动状态下下放重物，电动机的转速和负载转矩分别为多少？回馈电源的功率为多大？

(2) 若在能耗制动运行状态下下放同一重物，要求电动机转速 $n = -300$ r/min，电枢电路应串入多大电阻？串入电阻上消耗的电功率为多大？

(3) 若在倒拉反转制动状态下下放同一重物，电动机转速 $n = -850$ r/min，电动机电枢回路应串入多大电阻？电源消耗的功率为多大？串入电阻上消耗的功率为多大？

第4章　变压器原理

[摘要]　本章主要解决变压器原理方面的一些问题：① 变压器的基本结构包括哪些部分？各部分具有什么作用？变压器是如何进行分类的？② 变压器的哪些主要额定数据需要掌握？③ 标幺值的定义及其优缺点有哪些？④ 变压器的工作原理是怎样的？⑤ 变压器在空载和负载情况下，各电磁量的关系、磁动势平衡方程式、相量图、等效电路是怎样的？⑥ 变压器的参数是如何测定的？

顾名思义，变压器(Transformer)就是电力系统中实现交流电压变换的电气设备，即实现一个交流电压等级向另一个或几个交流电压等级的变换。实际上，**变压器不仅仅具有变压的功能，还具有变电流、变相位、变阻抗、电气隔离和稳压等功能**。变压器是利用电磁感应原理，通过主磁场在不同线圈中的相互作用而实现交流电压或者电流变换的。直观地说，变压器与常见的旋转电机具有很大的不同，为什么要在《电机学》中介绍变压器呢？实际上变压器与交流电机在原理上是一致的，它们具有统一性，主要表现为以下两个方面：

（1）变压器和交流电机都是通过电磁感应原理实现能量变换的电气设备。变压器用于实现不同交流电压或者电流等级电能的相互转换，而交流电机是实现电能和机械能相互转换的电气设备。

（2）变压器的一次、二次绕组(也称为初级、次级绕组，原边、副边绕组，或者输入、输出绕组)都是静止不动的，变压器相当于一台转子静止不动的交流电机，即变压器是交流电机的一个特例。因此，可以说变压器就是一台静止不动的交流电机。

【注】　变压器是实现不同级别的交流电压或者电流变化的电气设备，两边的能量形式都是电能；电机是实现机械能和电能相互转换的电气设备，两边的能量形式分别为电能和机械能；而齿轮减速机是实现不同级别的转速或者转矩变化的机械设备，两边的能量形式都是机械能。

变压器是在所有电力系统中不可或缺的重要组成部分，变压器通常在各种形式的电动机和发电机之间起连接作用，使得以最经济的发电机端电压生产电能与传输电压，以最匹配的电压传输电能、供给特定设备使用。因此，学习变压器的基本原理和分析方法有助于学习和理解交流电机。

4.1　变压器的分类和功能

4.1.1　变压器的分类

4-1　分类和功能

变压器的种类很多，可以按用途、绕组、相数、冷却介质、冷却方式、铁芯结构及调压方式、容量大小等分类。变压器按用途可分为三大类：电力变压器、仪用变压器和特种变压器。

1. 电力变压器

（1）按用途分类，电力变压器可分为升压变压器（用于得到高于电源电压等级的变压器）、降压变压器（用于得到低于电源电压等级的变压器）、配电变压器、联络变压器（用于连接几个不同电压等级的电网）和厂用变压器（供发电厂自用）。

（2）按相数分类，电力变压器可以分为单相变压器、三相变压器和多相变压器。

（3）按铁芯结构形式分类，电力变压器可以分为心式变压器和壳式变压器。

（4）按铁芯材质分类，电力变压器可以分为电工钢片变压器和非晶合金变压器。

（5）按绕组使用的金属材料分类，电力变压器可以分为铜线变压器和铝线变压器。

（6）按绕组的数目分类，电力变压器可以分为双绕组变压器（每相有两个绕组，分别是与电源侧连接的、电能输入侧的一次绕组，与负载连接的、电能输出侧的二次绕组）、三绕组变压器（每相有三个不同电压等级的绕组）、多绕组变压器、自耦变压器（把一次绕组和二次绕组合并成一个绕组，既可输入电能，也可输出电能）。

（7）按绕组外绝缘介质分类，电力变压器可以分为干式变压器、气体绝缘变压器和油浸式变压器。

（8）按冷却装置种类分类，电力变压器可以分为自冷式变压器、风冷式变压器、强迫油循环变压器。

（9）按调压方式分类，电力变压器可以分为无励磁调压变压器（在切换分接开关之前，必须将变压器停电，用于发电厂）和有载调压变压器（可在不停电的情况下切换分接开关，用作电力网的主变压器）。

（10）按容量大小分类，电力变压器可以分为小型变压器（容量为 $10 \sim 630 \text{ kV} \cdot \text{A}$）、中型变压器（容量为 $800 \sim 6300 \text{ kV} \cdot \text{A}$）、大型变压器（容量为 $8000 \sim 63\,000 \text{ kV} \cdot \text{A}$）、特大型变压器（容量在 $90\,000 \text{ kV} \cdot \text{A}$ 及以上）。

（11）按特殊用途或特殊结构分类，电力变压器可以分为密封式变压器、全绝缘变压器和串联用变压器等。

2. 仪用变压器

仪用变压器是一种特殊用途的变压器。准确地说，仪用变压器是一种用于测量电气量的互感器。仪用变压器的两个主要用途：一是用来扩大交流电工仪表的量程；二是用来隔离高电压、大电流，并使其变成低电压、小电流后作为信号供继电保护、自动装置和控制回路使用。**仪用变压器分为电压互感器和电流互感器。**

3. 特种变压器

特种变压器是为了适应冶金、矿山、化工、交通等应用环境的要求而设计的专用变压器。特种变压器可以提供各种特种电源或用作其他用途。特种变压器的种类主要有整流用的整流变压器、炼钢时把电能转换成热能的电炉变压器、高压试验用的试验变压器、小容量控制变压器、供矿井下配电用的矿用变压器、供船舶上用的船用变压器、试验用的工频试验变压器、调压变压器、焊接用的电焊变压器、音频变压器、供频率在 $1000 \sim 8000 \text{ Hz}$ 的交流系统使用的中频电源变压器、供频率超过 10 kHz 的交流系统使用的高频电源变压器、仪用变压器、电子变压器、电抗器等。

4.1.2 变压器的功能

变压器为电力系统重要的电气设备，整个电力系统中电力的供、配、输送都离不开变压器。变压器与日常生活息息相关，日常生活中绝大部分电气设备都需要变压器，如手机、电脑、冰箱、空调等各种用电设备中都有变压器。如果没有变压器，生活的电气化将无从谈起。变压器的主要功能可以归结为以下六个方面。

1. 变电压

变电压是变压器最基本的功能，通过改变一、二次侧绕组的匝数可以调节二次侧的输出电压。

2. 变电流

变电流与变电压是对应的，也是变压器的基本功能。如果忽略变压器的功率损耗，则理想变压器为恒功率传输设备，变压器在变电压的同时也就实现了电流的改变。

3. 变相位

变压器通过不同的绕组连接方式可以改变一次侧电压与二次侧电压的相位关系。变压器不同的相位关系适用于不同的应用场合。

4. 变阻抗

当负载阻抗等于电源内阻时，负载能够从电源获得最大的功率，这称为阻抗匹配。在电气系统中，通过改变变压器的变比，可以将负载阻抗变换为与电源相适合的阻抗，从而实现阻抗匹配。

5. 电气隔离

电气隔离功能是隔离变压器的重要功能。隔离变压器是指一次绕组与二次绕组在电气上彼此隔离的变压器，它的原理与普通干式变压器的相同，主要隔离一次电源回路，二次回路对地浮空，以保证用电安全。

6. 稳压

稳压功能是磁饱和变压器所特有的。磁饱和稳压器是利用铁芯的磁化曲线的非线性特性制成的。当一次绕组内磁通达到饱和点时，一次侧电压继续增加，增加的磁通只能漏到空气中，而二次绕组内磁通基本上不再增加，所以二次绕组线圈所产生的输出电压也就基本不变了，从而起到了稳压作用。

4.2 变压器的结构

一般变压器主要包括铁芯和绕组，铁芯和绕组是变压器最重要的部分。对于电力变压器，有些还包括辅助部分，如油箱、储油柜、绝缘套管、分接开关以及继电保护装置等。

4-2 结构

4.2.1 变压器的主要部分

1. 铁芯

铁芯是变压器的磁路部分，它由铁芯柱（柱上安装绕组）和铁轭（连接铁芯柱形成闭合磁路)组成。为了减小磁滞和涡流损耗，同时提高磁路的导磁性，变压器的铁芯通常采用 0.35～0.5 mm 厚的涂有绝缘漆的硅钢片交错叠成，如图 4-1 所示。

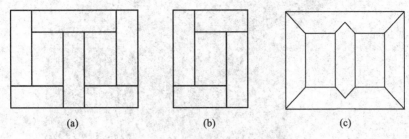

图 4-1　变压器铁芯的叠片方式

2. 绕组

绕组是变压器的电路部分，一般用铜线或铝线绕制而成。接于高压电网的绕组称为高压绕组，接于低压电网的绕组称为低压绕组。从高、低压绕组之间的相对位置来看，变压器绕组可分成同芯式和交叠式两类。

1）同芯式

同芯式绕组的每个绕组由两段组成，每段放在两个铁芯柱中的一个上，高、低压绕组同芯地套在铁芯柱上。为了便于绝缘，一般是低压绕组套在里面，高压绕组套在外面，如图 4-2(a)所示。在实际变压器中，把绕组细分成段，各段尽可能地贴近放置，以减小漏磁通。但对于大容量低压大电流变压器，由于低压绕组引出线在工艺上制备困难，因此往往把低压绕组套在高压绕组的外面。

同芯式绕组结构简单，制造方便，国产电力变压器均采用这种结构。

2）交叠式

交叠式绕组都做成薄饼式，高、低压绕组互相交错叠放，如图 4-2(b)所示。为了便于绝缘，一般最上层和最下层的两个绕组都是低压绕组。交叠式绕组的主要优点是：漏电抗小，机械强度高，引线方便。交叠式绕组主要用于特种变压器，如较大型的电炉变压器常采用这种结构。

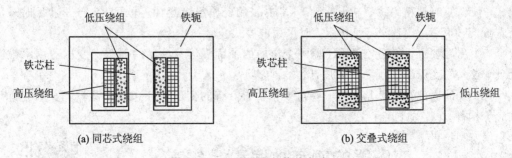

图 4-2　变压器的绕线方式

4.2.2　变压器的辅助部分

除铁芯与绕组之外，典型电力变压器还包括一些辅助部分，如图 4-3 所示。

图 4 - 3　油浸式电力变压器

（1）油箱。油箱就是油浸式变压器的外壳。变压器在运行中绕组和铁芯会产生热量，为了迅速将热量散发到周围空气中，可采用增加散热面积的方法。变压器油箱的结构形式主要有平板式、管式等。

（2）变压器油。变压器油是一种矿物油，具有很好的绝缘性能。变压器油起两个作用：一是绝缘作用，可提高绕组的绝缘强度；二是散热作用。

（3）储油柜。变压器油受热后要膨胀，因此油箱不能密封。为了减小油与空气的接触面积，变压器安装有储油柜。

（4）气体继电器（瓦斯继电器）。气体继电器装在变压器的油箱和储油柜间的管道中，是主要保护装置。

（5）分接开关。在电力系统中，为了使变压器的输出电压控制在允许变化的范围内，变压器的原边绕组匝数要能在一定范围内调节。分接开关分为有载调压分接开关和无载调压分接开关。

（6）绝缘套管。绝缘套管装在变压器的油箱盖上，作用是把线圈引线端头从油箱中引出，并使引线与油箱绝缘。电压低于 1 kV 时采用瓷质绝缘套管，电压在 10～35 kV 时采用充气或充油套管，电压高于 110 kV 时采用电容式套管。

（7）测温装置。测温装置用于监测变压器的油面温度。小型的油浸式变压器用水银温度计，较大的变压器用压力式温度计。

（8）其他构件。除了上述的一些重要部件外，有的变压器还包括吸湿器、安全气道和油表等构件。

4.3　变压器的额定数据和标幺值

4.3.1　额定数据

变压器的额定值通常标在变压器的铭牌上，亦称铭牌数值。

4 - 3　额定数据和
标幺值

1. 额定容量 S_N

额定容量是指变压器的视在功率，其单位为 V·A 或 kV·A，通常用 S_N 表示。对于单相变压器，额定容量为

$$S_N = U_{1N}I_{1N} = U_{2N}I_{2N} \tag{4-1}$$

对于三相双绕组电力变压器，额定容量为

$$S_N = \sqrt{3}U_{1N}I_{1N} = \sqrt{3}U_{2N}I_{2N} \tag{4-2}$$

2. 额定电压 U_{1N}/U_{2N}

额定状态下的电压称为额定电压，通常用 U_{1N}/U_{2N} 表示，其单位为伏(V)或者千伏(kV)。对于三相变压器，额定电压指线电压的有效值。U_{1N} 指变压器正常运行时一次绕组接到电源的额定值；U_{2N} 指一次绕组接电源后二次绕组开路时的电压。

3. 额定电流 I_{1N}/I_{2N}

额定状态下的电流称为额定电流，通常用 I_{1N}/I_{2N} 表示，其单位为安(A)或千安(kA)。对于单相变压器，额定电流是指变压器额定容量除以各绕组的额定电压所计算出来的电流。对于三相变压器，额定电流是指线电流的有效值。通常计算时额定容量的单位为伏安(V·A)，额定电压的单位为伏(V)，额定电流的单位为安培(A)。

【注】 三相变压器的有关计算中往往要用电压和电流的相值，此时要特别注意三相变压器一、二次绕组的接法。

对于 Y 接法：$I_1 = I_\phi$，$U_1 = \sqrt{3}U_\phi$；对于△接法：$I_1 = \sqrt{3}I_\phi$，$U_1 = U_\phi$，其中 I_1、I_ϕ、U_1、U_ϕ 分别表示线电流、相电流、线电压和相电压。

4. 额定频率 f_N

变压器额定状态下的频率称为额定频率，其单位为赫兹(Hz)。我国规定标准交流电的频率为 50 Hz。

5. 额定功率因数 $\cos\varphi_N$

额定状态下的功率因数称为额定功率因数，它是指变压器一次侧额定电压与额定电流的夹角的余弦函数，用 $\cos\varphi_N$ 表示。

6. 额定效率 η_N

变压器的额定效率 η_N 是指额定运行时变压器输出功率与输入功率的比。变压器的效率通常要高于交流电机。一般变压器的额定效率为 95%～99%。

【注】 在使用变压器时，除了电源电压要符合变压器的额定电压外，还应使其供电电源的频率符合设计值，否则有可能损坏变压器。例如，某台铭牌数据为 220 V、50 Hz 的变压器，若接在 220 V、25 Hz 电源上，则主磁通 Φ 将要增加一倍(由 $U_1 = 4.44\,fN_1\Phi$ 可得)，因为变压器磁路过度饱和，励磁电流必然急剧增加，变压器将很快烧坏。

此外，变压器铭牌上还会标出在额定运行情况下，变压器的型号、相数、阻抗电压，甚至还有接线图和连接组别、效率、温升、短路电压标幺值、使用条件、冷却方式、总重量、变压器油重量及器身重量等重要信息。

例 4.1 某单相变压器一、二次侧的额定电压 $U_{1N}/U_{2N}=3000/400$ V，额定容量 $S_N=50$ kV·A。请计算该变压器的一、二次侧绕组的额定电流。

解 一、二次侧绕组的额定电流：

$$I_{1N}=\frac{S_N}{U_{1N}}=\frac{50\ 000}{3000}=16.66\ \text{A}$$

$$I_{2N}=\frac{S_N}{U_{2N}}=\frac{50\ 000}{400}=125\ \text{A}$$

例 4.2 某三相变压器一、二次侧的额定电压 $U_{1N}/U_{2N}=10\ 000/400$ V，额定容量 $S_N=100$ kV·A。变压器接线方式为 Y-△接法，请计算变压器一、二次绕组的额定相电压和额定相电流。

解 由于采用 Y-△接线，因此一、二次绕组的额定相电压为

$$U_{1N\phi}=\frac{U_{1N}}{\sqrt{3}}=\frac{10\ 000}{\sqrt{3}}=5773.67\ \text{V}$$

$$U_{2N\phi}=U_{2N}=400\ \text{V}$$

一、二次绕组的额定相电流：

$$I_{1N\phi}=I_{1N}=\frac{S_N}{\sqrt{3}U_{1N}}=\frac{100\ 000}{\sqrt{3}\times10\ 000}=5.77\ \text{A}$$

$$I_{2N\phi}=\frac{I_{2N}}{\sqrt{3}}=\frac{S_N}{3U_{2N}}=\frac{100\ 000}{3\times400}=83.33\ \text{A}$$

4.3.2 标幺值

在变压器的工程计算中，为了更加清楚地分析和计算，有时采用标幺值表示某一物理量。标幺值为某一物理量的实际值与所选基值（或参考值）之间的比值，即

$$\text{标幺值}=\frac{\text{实际值}}{\text{基值}}$$

为了与实际值区别，标幺值在其符号右上角标记" * "。例如，I_1^* 表示一次侧电流的标幺值，U_2^* 表示二次侧电压的标幺值。

例如，电流基值取 10 A，而实际电流值为 8 A，则电流标幺值为 8/10=0.8。

基值是人为选定的、与实际值同单位的固定值，基值一般选额定电压或额定电流值。变压器的标幺值及选择规律如下：

（1）一、二次侧的电压标幺值：

$$U_1^*=\frac{U_1}{U_{1N}} \tag{4-3}$$

$$U_2^*=\frac{U_2}{U_{2N}} \tag{4-4}$$

（2）一、二次侧的电流标幺值：

$$I_1^*=\frac{I_1}{I_{1N}} \tag{4-5}$$

$$I_2^*=\frac{I_2}{I_{2N}} \tag{4-6}$$

（3）一、二次侧的阻抗标幺值：

$$Z_1^* = \frac{Z_1}{Z_{1N}}$$　　　　　　　　　　　　　　　　　　　　　　　（4-7）

$$Z_2^* = \frac{Z_2}{Z_{2N}}$$　　　　　　　　　　　　　　　　　　　　　　　（4-8）

变压器采用标幺值的优点主要表现为如下四个方面：

（1）不论变压器容量大小，参数和性能指标总在一定的范围内，便于分析和比较。

（2）能直观地表示变压器的运行情况。

（3）用标幺值表示一、二次侧各物理量时不需要进行折算，因为折算值与未折算值相等，这对于变压器的计算是非常有利的。

（4）在三相变压器中，线值和相值的标幺值是相等的。

标幺值的缺点是没有单位，因而物理概念不明确，而且失去了利用量纲关系来检查计算结果是否正确的可能性。

4.4　变压器的工作原理

4-4　工作原理

1. 变压器原理图

为了让读者清晰地理解变压器的工作原理，下面首先以最简单的单相变压器为例来进行分析。在三相变压器中，同一侧每相电压、电流的有效值相同，只是相位上互差 120° 电角度，通过一相的分析很容易得到三相的情况。单相变压器在闭合铁芯上绕着互相绝缘的一次和二次两个绕组，如图 4-4 所示。

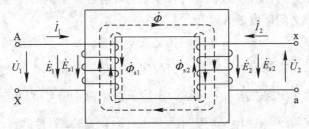

图 4-4　变压器原理图

在图 4-4 中，与交流电源侧连接、输入电能的一次绕组以 A、X 标注其接线端，并把与之相关的物理量都标有下标 "1"；与输出侧连接、向外电路输出电能的二次绕组以 a、x 标注其接线端，并把与之相关的物理量都标有下标 "2"。一、二次绕组的匝数分别是 N_1 和 N_2。变压器的一、二次绕组之间只有磁路的耦合，没有电路的直接联系。$\dot{U}_1$ 是在一次绕组上外加的交流电源电压（也称一次电压），$\dot{I}_1$ 是一次侧绕组回路中流过的一次电流。$\dot{U}_2$ 是二次绕组输出端的电压，$\dot{I}_2$ 是二次侧绕组内流过的二次电流。若二次绕组外接负载形成的闭合回路中有电流流过，则此二次电流也称为二次负载电流。$\dot{\Phi}$ 是一次电流在铁芯中产生的与电源电压同频率的交变磁通，$\dot{\Phi}_{s1}$ 和 $\dot{\Phi}_{s2}$ 分别是一、二次绕组的漏磁通。$\dot{E}_1$、$\dot{E}_2$ 和 $\dot{E}_{s1}$、$\dot{E}_{s2}$ 分别是一、二次绕组中主磁通 $\dot{\Phi}$ 和漏磁通 $\dot{\Phi}_{s1}$、$\dot{\Phi}_{s2}$ 在一、二绕组中产生的感应电动势和漏磁感应电动势。对于一台升压变压器而言，一次绕组即为低压绕组，二次绕组是高压绕组；与此相反，降压变压器的低压绕组是二次绕组。

2. 正方向的标定

变压器的电压、电流、电动势、磁动势和磁通等物理量都是交变物理量，因此为了对变压器进行定量的计算和定性的分析，必须规定其各个物理量的正方向。从电路原理上说，正方向可以任意选择，因各物理量的变化规律是一定的，并不以正方向的选择不同而改变。但是规定的正方向不同，将导致所列出的电路方程式不同。根据电磁定律，图 4 - 4 中单相变压器各交流量的正方向可以按照下面三条原则进行标定：

（1）变压器一次侧按照电动机的惯例进行标定（即从电网吸收电能），电流的正方向与电动势的正方向相同；变压器二次侧按照发电机的惯例进行标定（即向外输出电能），电流的正方向与电压降的正方向相同。

（2）磁通的正方向与产生它的电流的正方向符合右手螺旋定则。

（3）感应电动势的正方向与产生它的磁通的正方向符合右手螺旋定则。

3. 变压器的磁动势

假设二次绕组开路时，一次绕组接通交流电源后，在一次绕组内产生交变的一次电流，从而产生空载交变磁动势 $\dot{F}_0 = N_1 \dot{I}_1$，建立空载磁场。在铁芯内产生交变磁通 $\dot{\Phi}$，这个交变磁通由主磁通和漏磁通两部分构成。其中，少量磁通通过油或者空气等绝缘介质只与自身绕组相交链。只与一次绕组交链的磁通，称为一次侧漏磁通；只与二次绕组交链的磁通，称为二次侧漏磁通。在空载情况下，不存在二次侧漏磁通。绝大部分磁通（主要存在于铁芯中，因为铁芯的磁导率比空气的磁导率大很多）通过铁芯同时交链一、二次绕组的磁通，在一、二次绕组之间形成磁的耦合。

变压器带负载稳定运行时，一次绕组接通交流电源，二次绕组接负载，二次绕组形成闭合回路，则在一、二次绕组内分别产生交变电流，从而分别产生交变磁动势 $\dot{F}_1 = N_1 \dot{I}_1$ 和 $\dot{F}_2 = N_2 \dot{I}_2$，此时变压器的同一个磁路上作用了两个磁动势，可以把两个磁动势进行相加，从而得到合成磁动势 $\dot{F}_0 = \dot{F}_1 + \dot{F}_2$。在负载运行时，气隙磁通是由一、二次绕组的磁动势共同产生的。这与空载运行情况下的主磁通是完全不一样的。一次绕组侧的磁动势为 $\dot{F}_1 = \dot{F}_0 + (-\dot{F}_2)$，可以理解为一部分形成变压器的空载磁动势，建立空载磁场 $\dot{F}_0$（在铁芯内产生交变磁通 $\dot{\Phi}$），另一部分用于抵消二次绕组形成的磁动势 $\dot{F}_2$，从而保持磁场的恒定。

4. 理想变压器

为了帮助读者理解变压器的基本工作原理，在此作以下假定：

（1）一、二次绕组为完全耦合，即交链一、二次绕组的磁通为同一磁通；

（2）铁芯磁路的磁阻为零，铁芯损耗等于零；

（3）一次和二次绕组的电阻都等于零。

满足上述假定条件（1）～（3）的变压器，称为**理想变压器**。理想变压器可以实现一次侧电能到二次侧电能的无损耗传递，即变压器的效率为 100%。对于理想变压器，可以得到如下关系：

$$U_1 I_1 = U_2 I_2 \tag{4-9}$$

式中，U_1、U_2、I_1 和 I_2 分别是一次、二次侧电压和电流的有效值。

对于理想变压器，由于变压器不存在损耗，因此，一、二次侧电压等于绕组的感应电动势。根据电磁感应原理，同时在一、二次侧绕组内产生交流的感应电动势有以下关系式成立：

$$e_1 = -N_1 \frac{\mathrm{d}\Phi}{\mathrm{d}t} \tag{4-10}$$

$$e_2 = -N_2 \frac{\mathrm{d}\Phi}{\mathrm{d}t} \tag{4-11}$$

若交变磁通按正弦规律变化，则一、二次绕组内的感应电动势随着交变磁通按正弦规律变化，相位滞后交变磁通 $\pi/2$。一、二次侧感应电动势的大小正比于对应绕组的匝数和磁通对时间的变化率。

由式(4-10)和式(4-11)可知，理想变压器一、二次侧电压或感应电动势的有效值之比等于两个绕组的匝数比，即

$$\frac{U_1}{U_2} = \frac{E_1}{E_2} = \frac{N_1}{N_2} = k \tag{4-12}$$

其中，系数 k 为**变压器的变比**，也称为**匝(数)比**；E_1 和 E_2 分别是一、二次侧感应电动势的有效值。当 $k > 1$ 时，该变压器是降压变压器；反之，该变压器是升压变压器。

4.5　变压器的空载运行

4.5.1　空载时的磁通

4-5　空载运行

变压器的空载运行是指一次绕组接在交流电源上，二次绕组开路的运行状态。在空载情况下，一次绕组的电流(也称为励磁电流)用 $\dot{I}_0$ 表示。由于二次侧开路，因此二次侧电流 $\dot{I}_2$ 为零。$\dot{U}_{20}$ 表示空载运行时二次绕组的端电压。变压器空载运行时的示意图如图 4-4 所示。当一次绕组上施加电源电压 $\dot{U}_1$ 后，一次绕组中便会有空载电流 $\dot{I}_0$ 流过，产生空载交变磁动势 $\dot{F}_0 = N_1 \dot{I}_0$，进而建立起空载磁场。变压器的空载磁场由两部分组成。

1. 主磁通

变压器的主磁通用 $\dot{\Phi}$ 表示，主磁通与一次、二次绕组相交链。主磁通的磁路为变压器的铁芯。变压器依靠主磁通作为媒介来实现从一次侧到二次侧的能量传递。在不考虑磁路饱和的情况下，主磁通的瞬时值可以表示为

$$\Phi = \Phi_\mathrm{m} \sin\omega t \tag{4-13}$$

式中，Φ_m 为主磁通的幅值，$\omega = 2\pi f$ 为供电电源的角频率，f 为供电电源的频率。

2. 漏磁通

变压器中仅交链一次绕组或者二次绕组的磁通称为漏磁通。 变压器一次侧漏磁通用 $\dot{\Phi}_{s1}$ 表示，该漏磁通仅与一次绕组本身相交链。漏磁通的磁路除了铁芯外，还有磁导率比较

小的油或空气等部分，所以漏磁通磁路的磁阻和磁导率将基本保持常数，一次侧漏磁通与空载电流之间呈线性关系，不向二次侧传递能量。漏磁通很小，在数量上仅占主磁通的 $0.1\% \sim 0.2\%$。漏磁通的瞬时值可以表示为

$$\Phi_{s1} = \Phi_{ms1} \sin\omega t \tag{4-14}$$

式中，Φ_{ms1} 为漏磁通的幅值。

【注】 在电气系统中，主磁通是实现能量传递的媒介，而漏磁通是指磁路损失掉的磁通，漏磁通不能实现能量的传递。在直流电机或者交流电机中的漏磁通所占的比例要远远大于变压器中漏磁通的比例。

4.5.2　空载时的感应电动势

1. 主磁通产生的感应电动势

根据电磁感应定律，主磁通在一次、二次绕组内所产生感应电动势的瞬时值可以分别表示为

$$e_1 = -N_1 \frac{d\Phi}{dt} = -N_1 \omega \Phi_m \cos\omega t = \sqrt{2} E_1 \sin\left(\omega t - \frac{\pi}{2}\right) \tag{4-15}$$

$$e_2 = -N_2 \frac{d\Phi}{dt} = -N_2 \omega \Phi_m \cos\omega t = \sqrt{2} E_2 \sin\left(\omega t - \frac{\pi}{2}\right) \tag{4-16}$$

式中，E_1 和 E_2 分别是一、二次侧感应电动势的有效值。把式（4-15）和式（4-16）分别用相量的形式表示为

$$\dot{E}_1 = -j \frac{N_1 \omega}{\sqrt{2}} \dot{\Phi} = -j4.44 N_1 f \dot{\Phi} \tag{4-17}$$

$$\dot{E}_2 = -j \frac{N_2 \omega}{\sqrt{2}} \dot{\Phi} = -j4.44 N_2 f \dot{\Phi} \tag{4-18}$$

可见，变压器感应电动势的大小与匝数和主磁通的幅值呈正比关系，波形与磁通形状相同，相位滞后于主磁通 $\dot{\Phi}$ 90°电角度。变压器一次和二次绕组感应电动势的有效值分别可以表示为

$$E_1 = \frac{N_1 \Phi_m \omega}{\sqrt{2}} = \frac{N_1 \Phi_m \times 2\pi f}{\sqrt{2}} = 4.44 N_1 f \Phi_m \tag{4-19}$$

$$E_2 = \frac{N_2 \Phi_m \omega}{\sqrt{2}} = \frac{N_2 \Phi_m \times 2\pi f}{\sqrt{2}} = 4.44 N_2 f \Phi_m \tag{4-20}$$

由式（4-19）和式（4-20）可知，变压器一次和二次绕组的感应电动势与绕组的匝数、供电电源的频率和主磁通的幅值呈正比关系。

2. 漏磁通产生的感应电动势

变压器空载运行时，因为二次绕组开路，二次绕组无法形成闭合回路，因此二次绕组内无法形成磁动势，相应的二次绕组内不存在漏磁感应电动势，即变压器在空载运行时仅有一次绕组存在漏磁感应电动势。假设忽略铁芯饱和，一次侧漏磁通在一次绕组中形成的漏磁感应电动势可以表示为

$$e_{s1} = -N_1 \frac{d\Phi_{s1}}{dt} = -N_1 \omega \Phi_{ms1} \cos\omega t = \sqrt{2} E_{s1} \sin\left(\omega t - \frac{\pi}{2}\right) \tag{4-21}$$

式中，E_{s1} 为漏磁感应电动势的有效值。漏磁感应电动势用相量形式可以表示为

$$\dot{E}_{s1} = -j\frac{N_1\omega}{\sqrt{2}}\dot{\Phi}_{s1} = -j4.44N_1f\dot{\Phi}_{s1} \tag{4-22}$$

漏磁感应电动势 $\dot{E}_{s1}$ 可以写为

$$\dot{E}_{s1} = -j\frac{N_1\omega}{\sqrt{2}}\dot{\Phi}_{s1} \times \frac{\dot{I}_0}{\dot{I}_0} = -j\omega L_{s1}\dot{I}_0 = -jX_1\dot{I}_0 \tag{4-23}$$

式中，$L_{s1} = N_1\Phi_{s1}/(\sqrt{2}I_0)$ 为一次绕组的漏电感，$X_1 = \omega L_{s1}$ 为一次绕组的漏电抗。由式
(4-23)可以看出，漏磁感应电动势可以表示为空载电流 $\dot{I}_0$ 在一次绕组漏电抗上的负压
降，漏磁感应电动势的相位滞后于空载电流 $\dot{I}_0$ 90°电角度。

为了更加深刻地理解变压器的一次绕组漏电抗 X_1，漏电抗 X_1 可以进一步表示为

$$X_1 = \frac{N_1\omega\Phi_{s1}}{\sqrt{2}I_0} = \frac{N_1\omega\frac{F_{s1}}{R_{s1}}}{\sqrt{2}I_0} = \frac{N_1\omega(\sqrt{2}I_0N_1\Lambda_{s1})}{\sqrt{2}I_0} = N_1^2\omega\Lambda_{s1} \tag{4-24}$$

式中，$F_{s1} = \sqrt{2}I_0N_1$ 为漏磁动势，$R_{s1} = 1/\Lambda_{s1}$ 为漏磁路的磁阻，Λ_{s1} 为漏磁路的磁导。在变
压器的运行过程中，总是希望变压器的漏电抗越小越好。由漏电抗的计算公式(4-24)可以
得出如下两个结论：

（1）漏电抗与绕组匝数的平方、供电电源的角频率和漏磁路的磁导呈正比关系。

（2）变压器的供电电源角频率和绕组匝数确定之后，只有有效降低漏磁路的磁导才可
以有效降低漏电抗。

变压器漏磁路的磁导与磁路的材料、一次和二次绕组的位置以及磁路的几何尺寸有
关。由于变压器漏磁路的材料为非磁性材料，其磁导率非常小，通常为常数，因此通过合
理地布置一次和二次绕组的相对位置可以有效降低变压器的漏磁导，从而可以有效降低变
压器的漏电抗。

4.5.3 空载电流

一台设计完毕的变压器，当电源电压和频率确定之后，变压器在空载情况下，空载电
流与变压器的铁芯材料具有密切的关系。变压器的铁芯材料都采用铁磁材料，铁磁材料具
有磁化特性的非线性、磁滞和涡流等特点。

空载运行时，一次绕组连接电源电压，一次绕组内产生空载电流。由于变压器在空载
时，变压器内部的能量既有有功部分，也有无功部分，其中有功部分变为热量损失掉，而
无功部分变为磁场的能量储存于磁场之中，因此根据变压器内空载电流分量的作用不同，
空载电流可以分解为磁化电流和铁损电流，即

$$\dot{I}_0 = \dot{I}_m + \dot{I}_{Fe} \tag{4-25}$$

$$\dot{I}_m = \dot{I}_0\cos\alpha_m \tag{4-26}$$

$$\dot{I}_{Fe} = \dot{I}_0\sin\alpha_m \tag{4-27}$$

式中，空载电流分量中，在铁芯中形成励磁磁动势的电流分量 $\dot{I}_m$ 称为磁化电流。$\dot{I}_m$ 是 $\dot{I}_0$

中的无功分量，与空载电流的夹角 α_m 称为铁耗角。空载电流分量中代表变压器中铁芯的磁滞和涡流损耗的电流分量 $\dot{I}_{Fe}$ 称为铁损电流，是 $\dot{I}_0$ 中的有功分量。

在变压器中，空载损耗是铁损耗和铜损耗的总和。在变压器磁路中，由于磁滞和涡流的存在而产生的磁滞损耗和涡流损耗统称为变压器的铁损耗。空载时，变压器的铜损耗是在一次绕组电阻上的损耗。由于变压器的空载损耗占变压器运行时总损耗的比例非常小，因此可以按如下两种情况考虑变压器的空载情况下的磁化电流情况。

1. 不考虑空载损耗时的磁化电流

若不考虑空载损耗，一次绕组空载电流全部用于建立空载磁场，那么空载电流就是磁化电流，即 $\dot{I}_0 = \dot{I}_m$，变压器没有有功功率损耗。

当磁路不饱和时，磁化曲线是一条直线，磁通与磁化电流之间按线性关系变化并且磁化电流和磁通同相位，与感应电动势相位相差 $90°$，因此空载电流全部为纯无功电流。磁通随时间按正弦规律变化，则励磁电流也是按正弦规律变化。

当磁路饱和时，铁磁材料的磁化曲线便是一条饱和特性的曲线，磁化电流和磁通之间呈非线性关系。当磁通按正弦规律变化时，磁化电流不再以正弦规律变化，波形发生畸变，是尖顶波，并与磁通同相位。磁路越饱和，磁化电流的波形越尖，畸变越严重。无论波形如何畸变，只要是按周期规律变化的波形都可以用傅里叶级数分解，磁化电流基波分量始终与磁通同相位，为无功电流。

2. 考虑空载损耗时的磁化电流

一般电力变压器的空载电流在数量上只占额定电流的 $0.5\% \sim 5\%$，随着容量的增大，空载电流相对减小。空载电流中的磁化电流是主要的，它一般比铁损电流大 10 倍，所以铁耗角很小，即 $I_{Fe} \ll I_m$。而铜损耗为空载损耗的 2% 以下。因此，空载损耗主要是铁损。此时电源输入的有功功率不再为零，其中的极小部分消耗在一次绕组的电阻上，大部分变成磁滞和涡流损耗。

考虑磁滞损耗，铁磁材料的磁滞曲线便是一条饱和特性曲线，磁化电流和磁通之间呈非线性关系。当磁通以正弦规律变化时，磁化电流发生畸变，并超前磁通 α_m。

4.5.4 空载时的基本方程式

根据基尔霍夫定律，利用图 4-4，变压器空载运行时一次绕组的电压方程式为

$$\dot{U}_1 = -\dot{E}_1 - \dot{E}_{s1} + \dot{I}_0 R_1 = -\dot{E}_1 + jX_1 \dot{I}_0 + \dot{I}_0 R_1 = -\dot{E}_1 + \dot{I}_0 Z_1 \qquad (4-28)$$

式中，R_1 为一次绕组的电阻，$Z_1 = R_1 + jX_1$ 为一次绕组的漏阻抗。变压器一次绕组的感应电动势可以用空载电流 $\dot{I}_0$ 在励磁阻抗 $Z_m = R_m + jX_m$ 上的压降的形式来表示，其中 R_m 为励磁电阻，它可以反映变压器铁损耗的大小，X_m 为励磁电抗。借助于励磁阻抗，式(4-28)可以进一步改写为

$$\dot{U}_1 = -\dot{E}_1 + \dot{I}_0 Z_1 = \dot{I}_0 (Z_m + Z_1) \qquad (4-29)$$

在电力变压器中，励磁阻抗远远大于一次绕组的漏阻抗，即 $Z_m \gg Z_1$。在变压器运行过程中，也要求空载电流越小越好，因此为了提高变压器的运行效率，励磁阻抗一般设计得很大。

在空载情况下，由于空载电流不超过额定电流的 10%，特别是变压器的漏阻抗值又很

小，因此变压器漏阻抗的压降也非常小。因此，式(4-28)可以简化为

$$\dot{U}_1 \approx -\dot{E}_1 \tag{4-30}$$

在空载情况下，二次绕组的输出电压为

$$\dot{U}_{20} = \dot{E}_2 \tag{4-31}$$

4.5.5　相量图

为了绘制变压器空载运行时的相量图，选择变压器的主磁通 $\dot{\Phi}$ 作为参考相量，$\dot{E}_1$、$\dot{E}_2$ 在相位上滞后主磁通 $\dot{\Phi}$ 90°电角度，$\dot{I}_0$ 超前 $\dot{\Phi}$ 一个铁耗角 α_{m}。根据式(4-29)和式(4-30)可以得到变压器在空载情况下的相量图，如图 4-5(a)所示。

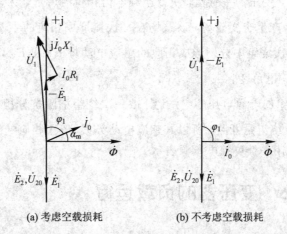

(a) 考虑空载损耗　　　　　　(b) 不考虑空载损耗

图 4-5　变压器空载时的相量图

一般电力变压器中，存在 $I_0 Z_1 \ll E_1$（图中为了作图的方便，放大了漏电抗所占电压的比例），为了便于分析问题，忽略变压器的漏阻抗，可以得到理想变压器空载运行时的相量图，如图 4-5(b)所示。

4.5.6　等效电路和电磁关系

变压器中既有电路问题，又有磁路问题，这给变压器的分析带来了很多困难。为了分析问题方便，在不改变变压器电磁关系的条件下，工程上常用一个线性电路来代替变压器这种负载的电磁关系，该线性电路称为等效电路。

根据式(4-29)和式(4-31)可得，变压器空载时的等效电路图如图 4-6 所示。变压器空载时的电磁关系如图 4-7 所示。

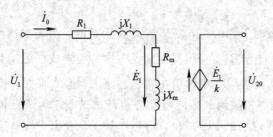

图 4-6　变压器空载时的等效电路图

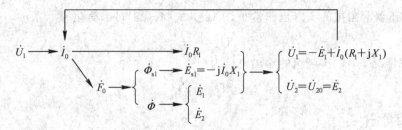

图 4-7　变压器空载运行时的电磁关系图

综合变压器在空载运行时的电磁关系，可以得出如下三个结论：

(1) 当变压器一次绕组接入电源电压 $\dot{U}_1$ 时，一次绕组内会产生交流电流 $\dot{I}_0$。因为在二次绕组开路状态下，变压器呈感性，所以空载电流相量滞后于输入电压相量。

(2) 空载电流 $\dot{I}_0$ 产生交变磁场。该磁场在一次侧形成相应的主磁通 $\dot{\Phi}$ 和漏磁通 $\dot{\Phi}_{s1}$。主磁通和漏磁通在一次绕组中分别形成相应的感应电动势 $\dot{E}_1$ 和 $\dot{E}_{s1}$，其中感应电动势 $\dot{E}_1$ 滞后于磁通相量 $\dot{\Phi}$ 90°电角度。

(3) 接入一次绕组的电源电压 $\dot{U}_1$ 一部分被一次绕组漏阻抗分担，剩余的部分为感应电动势 $\dot{E}_1$。因为二次绕组是开路，所以其感应电动势 $\dot{E}_2$ 等于相应的二次侧输出电压 $\dot{U}_{20}$，二次侧等效电路可以用一个可控电压源表示。

4.6　变压器的负载运行

4.6.1　负载运行时的磁动势

当变压器的一次绕组接到交流电源、二次绕组接到负载阻抗 Z_L 时，二次绕组中便有电流流过，这种情况称为变压器的负载运行。变压器负载运行时，各物理量的正方向与空载运行时相同，如图 4-8 所示。

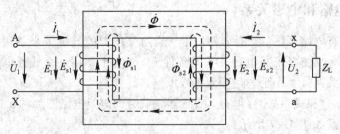

图 4-8　变压器原理图

与变压器空载运行时不同的是，变压器负载运行时，由于二次绕组形成了闭合回路，因此二次绕组内形成了电流 $\dot{I}_2$。变压器中除了一次绕组形成的磁动势 $\dot{F}_1=N_1\dot{I}_1$ 外，二次绕组内产生的磁动势 $\dot{F}_2=N_2\dot{I}_2$ 也作用在铁芯磁路上，迫使原有空载电流建立起来的主磁通发生变化，导致一次、二次侧的感应电动势也随之改变。为了保持主磁通的恒定，一次电流中除了产生主磁通的励磁电流以外，还将增加一个负载分量，这个负载分量产生的磁动势应恰好与二次电流产生的磁动势大小相等，方向相反，要能够抵消二次电流产生的磁动势对主磁通的影响，才能保持主磁通基本不变，从而达到新的磁动势平衡。正是由于存在二次电流，因此变压器负载运行时的电磁关系与空载运行时是有所区别的。

为了保持变压器主磁通与空载时一致，变压器一次侧的磁动势应为

$$\dot{F}_1 = \dot{F}_0 + (-\dot{F}_2) \tag{4-32}$$

其中，F_1、F_2 和 F_0 分别为一次绕组、二次绕组和空载时的磁动势。进一步，式(4-32)可以改写为

$$N_1\dot{I}_1 = N_1\dot{I}_0 - N_2\dot{I}_2 \tag{4-33}$$

把式(4-33)两边同时除以 N_1，可得

$$\dot{I}_1 = \dot{I}_0 - \frac{N_2}{N_1}\dot{I}_2 = \dot{I}_0 + \dot{I}_{1L} \tag{4-34}$$

式中，$\dot{I}_{1L} = -\dot{I}_2/k$ 为二次侧的负载电流，$k = N_1/N_2$ 为变比。

由式(4-34)可知，变压器从空载到负载运行时，二次绕组中便有电流流过，同时，一次绕组中流过的一次负载电流由两个分量组成：一个电流分量用来平衡二次绕组的电流对主磁通的影响，称为负载分量 $\dot{I}_{1L}$，它随负载的变化而变化；另一个分量是用来产生主磁通的励磁分量 $\dot{I}_0$，基本不随负载变化，用来维持磁通近似不变。这样才能把电能从一次绕组传递到二次绕组。从功率平衡的角度来看，当二次绕组的电流增大时，一次绕组的电流也相应地增加，这样才可以维持功率的平衡。

变压器负载运行时，主磁通在一次绕组内产生感应电动势，同时在二次绕组内也产生感应电动势。负载的大小决定了二次电流的大小，也决定了二次绕组磁动势的大小。在一次绕组中，变压器的漏阻抗很小，漏阻抗压降也很小，从空载到满负载运行时都满足一次电压约等于额定值，主磁通则近似不变。因此，从空载到满负载运行时的励磁磁动势是近似相同的。一般来说，当二次绕组接负载后二次电流很大时，励磁电流与一次电流相比要小很多，励磁电流只占一次电流的百分之几，即 $I_0 \ll I_1$，可以忽略，因此一、二次电流的关系为

$$\dot{I}_1 \approx -\frac{N_2}{N_1}\dot{I}_2 = -\frac{1}{k}\dot{I}_2 \tag{4-35}$$

用有效值表示为

$$\frac{I_1}{I_2} \approx \frac{N_2}{N_1} = \frac{1}{k} \tag{4-36}$$

由式(4-36)可知，一、二次电流与匝数呈反比关系，说明变压器在变电压的同时也能变电流。当变比 $k > 1$ 时，变压器为降压变压器，二次电流大于一次电流；当变比满足 $0 < k < 1$ 时，变压器为升压变压器，相应的二次电流小于一次电流。

4.6.2 负载运行时的基本方程式

与一次侧漏磁感应电动势的计算方法相似，二次侧漏磁感应电动势可以表示为

$$\dot{E}_{s2} = -j\frac{N_2\omega}{\sqrt{2}}\dot{\Phi}_{s2} = -j\omega L_{s2}\dot{I}_2 = -jX_2\dot{I}_2 \tag{4-37}$$

式中，$L_{s2} = N_2\Phi_{s2}/(\sqrt{2}I_2)$ 为二次绕组的漏电感，$X_2 = \omega L_{s2}$ 为二次绕组的漏电抗。二次绕

组的电阻用 R_2 表示，则二次侧的漏阻抗可以表示为 $Z_2 = R_2 + jX_2$。二次侧电压方程可以表示为

$$\dot{U}_2 = \dot{E}_2 - \dot{I}_2(R_2 + jX_2) = \dot{E}_2 - \dot{I}_2 Z_2 \qquad (4-38)$$

根据上面的分析可得变压器在负载运行时的六个基本方程如下：

一次绕组电压方程式：

$$\dot{U}_1 = -\dot{E}_1 + \dot{I}_1 Z_1 \qquad (4-39)$$

二次绕组电压方程式：

$$\dot{U}_2 = \dot{E}_2 - \dot{I}_2 Z_2 \qquad (4-40)$$

感应电动势变比方程式：

$$\frac{\dot{E}_1}{\dot{E}_2} = k \qquad (4-41)$$

绕组电流方程式：

$$\dot{I}_0 = \dot{I}_1 + \frac{\dot{I}_2}{k} \qquad (4-42)$$

励磁电流方程式：

$$\dot{I}_0 = \frac{-\dot{E}_1}{Z_m} \qquad (4-43)$$

负载电压方程式：

$$\dot{U}_2 = \dot{I}_2 Z_L \qquad (4-44)$$

根据变压器负载运行时的基本方程式可以得出，负载运行时变压器内部各个量的电磁关系如图 4-9 所示。

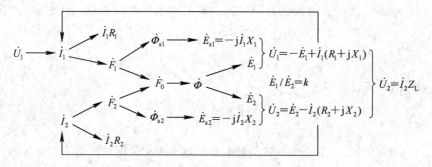

图 4-9 负载运行时的电磁关系图

根据变压器的六个基本方程式和电磁关系的分析可以发现，变压器一次侧和二次侧是通过磁场联系起来的，因此我们如果要画变压器的等效电路，就必须考虑主磁通的存在。为了简化分析，下面讲述变压器数据的折合。

4.6.3 变压器数据的折合

变压器一次和二次绕组之间只有磁场的联系，没有电路的联系，如果采用磁路的计算方法进行计算，计算过程将非常烦琐，并且不便于理解。为了进行变压器的简化分析，通

常可以将二次侧的量折合到一次侧，或者将一次侧的量折合到二次侧，也可以将一次侧和二次侧的量同时折合到某一确定匝数的绕组侧。下面以二次绕组向一次绕组折合为例来进行分析。

为了进行变压器数据的折合，先对折合目的、原则、方法和表示进行介绍。

（1）**折合的目的**：简化分析，取消一、二次绕组之间磁路的联系，获得变压器的等效电路。

（2）**折合的原则**：折合前后变压器保持相同的电磁过程和能量传递关系，主磁通和一次、二次漏磁通在数量和空间分布上不发生变化。电功率从一次绕组侧输入并有同样的功率传递到二次绕组，最后输送给负载。

（3）**折合的方法**：将一、二次绕组匝数变换成相同匝数。

（4）**折合的表示**：折合之后的量在原来符号的右上角加上"′"表示。

1. 电流的折合

将二次侧绕组折合到一次侧时，二次侧的匝数将由 N_2 变为 N_1。为了不因电流的折合而改变二次侧的磁动势，折合之后的电流应满足：

$$N_1 \dot{I}'_2 = N_2 \dot{I}_2 = \dot{F}_2 \tag{4-45}$$

利用 $\dot{F}_0 = \dot{F}_1 + \dot{F}_2$ 可以得到

$$N_1 \dot{I}_0 = N_1 \dot{I}_1 + N_1 \dot{I}'_2 \tag{4-46}$$

式（4-46）两边同时除以一次绕组的匝数 N_1，可以得到

$$\dot{I}_0 = \dot{I}_1 + \dot{I}'_2 \tag{4-47}$$

式（4-47）表示一次、二次绕组的磁路联系直接变为了简单的电路联系。由式（4-45）可以得到

$$\dot{I}'_2 = \frac{N_2}{N_1} \dot{I}_2 = \frac{1}{k} \dot{I}_2 \tag{4-48}$$

式（4-48）表明，将二次绕组电流除以变比就可以得到二次绕组电流折合到一次侧的电流值。

2. 感应电动势的折合

将二次绕组感应电动势表达式中的匝数替换为 N_1，就可以得到二次绕组折合到一次侧的感应电动势。二次绕组折合到一次侧的感应电动势可以表示为

$$\dot{E}'_2 = -j4.44 N_1 f \dot{\Phi} \tag{4-49}$$

折合前二次绕组的感应电动势为

$$\dot{E}_2 = -j4.44 N_2 f \dot{\Phi} \tag{4-50}$$

由式（4-49）和式（4-50）可以得到二次绕组感应电动势折合前后的关系为

$$\frac{\dot{E}'_2}{\dot{E}_2} = \frac{N_1}{N_2} = k \tag{4-51}$$

即

$$\dot{E}'_2 = k \dot{E}_2 \tag{4-52}$$

由式(4-12)和式(4-51)可以发现，二次绕组折合到一次侧的感应电动势等于一次绕组的感应电动势，即

$$\dot{E}'_2 = \dot{E}_1 \tag{4-53}$$

3. 阻抗的折合

根据折合前后功率不变的原则，即折合前后二次绕组的铜耗和无功功率保持不变的原则，有 $I'^2_2 R'_2 = I^2_2 R_2$，$I'^2_2 X'_2 = I^2_2 X_2$，则可以得到

$$R'_2 = \frac{I^2_2 R_2}{I'^2_2} = k^2 R_2 \tag{4-54}$$

$$X'_2 = \frac{I^2_2}{I'^2_2} X_2 = k^2 X_2 \tag{4-55}$$

同理有

$$Z'_2 = k^2 Z_2 \tag{4-56}$$
$$Z'_L = k^2 Z_L \tag{4-57}$$

根据式(4-54)和式(4-55)可知，二次绕组的阻抗折合到一次侧时，只需乘以变比的平方。因为二次绕组的电阻和电抗折合到一次侧的值都乘以变比的平方，所以折合前后负载的阻抗角不发生变化，折合前后的功率因数也不发生变化。

由式(4-54)至式(4-57)可以发现，接在变压器二次侧的阻抗折合到一次侧之后，阻抗的值需要乘以变比的平方，这就是变压器变阻抗的作用。

4. 端电压的折合

根据二次绕组的电压计算式(4-40)可得，二次绕组电压折合到一次侧的计算式如下：

$$\dot{U}'_2 = \dot{E}'_2 - \dot{I}'_2 Z'_2 = k\dot{E}_2 - \left(\frac{1}{k}\dot{I}_2\right) \times (k^2 Z_2)$$

$$= k(\dot{E}_2 - \dot{I}_2 Z_2) = k\dot{U}_2 \tag{4-58}$$

根据上面的折算，二次侧的有功功率为

$$P_2 = mU'_2 I'_2 \cos\varphi_2 = m(kU_2) \times \left(\frac{1}{k} I_2\right)\cos\varphi_2 = mU_2 I_2 \cos\varphi_2 \tag{4-59}$$

式中，m 代表变压器的相数，$m=1$ 代表单相变压器，$m=3$ 代表三相变压器。

二次侧的无功功率为

$$Q_2 = mU'_2 I'_2 \sin\varphi_2 = m(kU_2) \times \left(\frac{1}{k} I_2\right)\sin\varphi_2 = mU_2 I_2 \sin\varphi_2 \tag{4-60}$$

由式(4-59)和式(4-60)可以发现，经过折合，变压器的有功功率和无功功率都没有发生变化。**变压器的折合不改变变压器运行的物理本质，只是在变压器的等效电路里取消了磁路的联系，这也是变压器折合的最大作用。**

前面分析的是将二次绕组的量折合到一次侧，作为二次绕组向一次侧折合的逆过程，如果一次绕组向二次侧折合，其计算式为

$$R'_1 = \frac{1}{k^2} R_1$$

$$X'_1 = \frac{1}{k^2} X_1$$

$$\dot{U}'_1 = \frac{1}{k}\dot{U}_1$$

$$\dot{I}'_1 = k\dot{I}_1$$

4.6.4 等效电路和相量图

根据上面的折合可知,变压器经过折合之后的基本方程如下:

一次绕组电压方程式:

$$\dot{U}_1 = -\dot{E}_1 + \dot{I}_1 Z_1 \qquad\qquad (4-61)$$

二次绕组电压方程式:

$$\dot{U}'_2 = \dot{E}'_2 - \dot{I}'_2 Z'_2 \qquad\qquad (4-62)$$

感应电动势方程式:

$$\dot{E}_1 = \dot{E}'_2 \qquad\qquad (4-63)$$

绕组电流方程式:

$$\dot{I}_0 = \dot{I}_1 + \dot{I}'_2 \qquad\qquad (4-64)$$

励磁电流方程式:

$$\dot{I}_0 = \frac{-\dot{E}_1}{Z_m} \qquad\qquad (4-65)$$

负载电压方程式:

$$\dot{U}'_2 = \dot{I}'_2 Z'_L \qquad\qquad (4-66)$$

根据以上变压器的六个基本方程式,可以得到变压器带载运行时的等效电路图,如图 4-10 所示。变压器的等效电路图如果不考虑负载部分,其形状很像大写字母"T",因此变压器的等效电路又称为 T 形等效电路,如图 4-10(a)所示。为了简化变压器的计算,由于 $Z_1 \ll Z_m$,因此可将励磁支路左移到电源端,则等效电路就变为"Γ"形,称为变压器的 Γ 形等效电路,如图 4-10(b)所示。当 $I_0 \ll I_1$ 时,可以忽略变压器的励磁电流支路,则变压器的等效电路可以变成"一"字形,也称为一字形等效电路,如图 4-10(c)所示。对于一字形等效电路,如果将电路的电阻和电抗分别进行合并,则可以得到变压器的简化等效电路,如图 4-11 所示。在图 4-11 中,$R_k = R_1 + R'_2$ 称为变压器的短路电阻,$X_k = X_1 + X'_2$ 称为短路电抗。简化电路可以使得电路的计算简化,在工程应用中具有重要的作用,并且得到了广泛的应用。由图 4-11 可以发现,变压器实际上就是一个交流电源,变压器从电网吸收电能,并将电能直接送给负载。

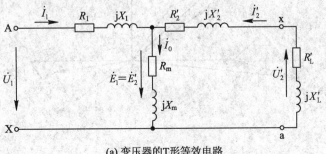

(a) 变压器的T形等效电路

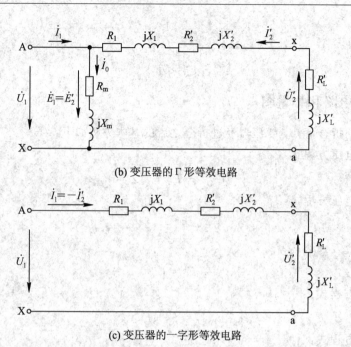

(b) 变压器的 Γ 形等效电路

(c) 变压器的一字形等效电路

图 4-10　变压器负载运行的等效电路图

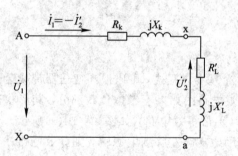

图 4-11　变压器简化等效电路

【注】　由变压器的 T 形等效电路可以发现，变压器的等效电路与三相异步电动机的等效电路是完全一致的。因此变压器和三相异步电动机在物理本质上是统一的。

图 4-10 中的 T 形和一字形等效电路的相量图如图 4-12 所示。

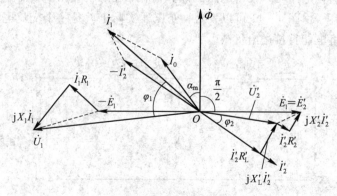

(a) T形等效电路相量图

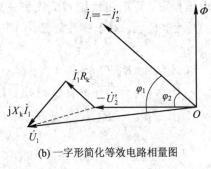

(b) 一字形简化等效电路相量图

图 4 - 12　变压器相量图

4.7　变压器的运行特性

变压器对于负载来说就是一个交流电源。变压器的运行特性主要
从变压器的外特性和效率特性两个方面来进行分析。

4 - 7　运行特性

4.7.1　外特性

变压器的外特性指一次绕组施加额定电压，当负载的功率因数保持不变时，二次绕组
端电压 U_2 随负载电流 I_2 变化的规律，即 $U_2 = f(I_2)$。常用**电压调整率(或变化率)**$\Delta U\%$来
衡量变压器端电压随负载电流变化的情况。电压调整率的计算式为

$$\Delta U\% = \frac{U_{2N} - U_2}{U_{2N}} \times 100\% = \frac{U'_{2N} - U'_2}{U'_{2N}} \times 100\% = \frac{U_{1N} - U'_2}{U_{1N}} \times 100\% \qquad (4-67)$$

变压器的电压调整率是变压器运行的重要指标，它反映了变压器供电电压的稳定性。

为了简化电压调整率的计算，常采用标幺值的方法来进行计算和分析。基于标幺值的
变压器的一字形等效电路如图 4 - 13 所示。当变压器一次侧供电电压为额定值时，$U_1^* = 1$。
由图 4 - 13 可以看出，当变压器的负载发生变化时，变压器的一次侧电流会发生变化，相
应地变压器短路阻抗上的压降也会发生变化。

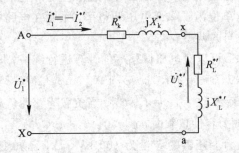

图 4 - 13　基于标幺值的变压器的一字形等效电路

利用标幺值表示的电压调整率为

$$\Delta U^* \% = 1 - U_2^{*'} \qquad (4-68)$$

对于高压或者大容量的电力变压器，通过测量获得其电压调整率是比较困难的，因此
通常采用相量图来近似计算。图 4 - 14 是分别针对变压器带感性负载和容性负载时的相量

图。将一次侧电压向二次侧电压投影，可以用线段 $\overline{OA}$ 代表一次侧的电压。如图 4-14 所示，电压调整率可以用线段 $\overline{AB}$ 近似代表。对于感性负载，如图 4-14(a)所示，$\overline{AB}$ 的计算为

$$\overline{AB} = \overline{BC} + \overline{CA} = R_k^* I_1^* \cos\varphi_2 + X_k^* I_1^* \sin\varphi_2 \tag{4-69}$$

对于容性负载，如图 4-14(b)所示，$-\overline{AB}$ 的计算为

$$-\overline{AB} = -(\overline{AC} - \overline{BC}) = R_k^* I_1^* \cos\varphi_2 - X_k^* I_1^* \sin\varphi_2 \tag{4-70}$$

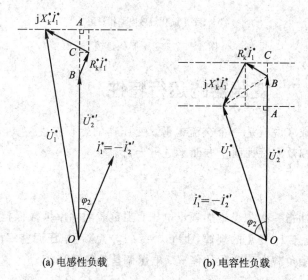

(a) 电感性负载　　　　(b) 电容性负载

图 4-14　变压器带不同负载时的相量图

由上面电压调整率的计算可以得出如下四点结论：

(1) 对于感性或者阻性负载，电压调整率为正值，即电压是下降的；

(2) 对于容性负载，电压调整率有可能是负值；

(3) 当负载电流增加时，对于所有性质的负载，电压调整率都会增大；

(4) 变压器的漏阻抗越小，电压调整率越小。

由上面的结论可知，在设计电力变压器时，通常会使得变压器的一次侧和二次侧的漏阻抗尽可能小。一些企业单位为了降低电压调整率，采用在电路中适当增加容性负载的方法，对电压调整率进行适当的调整。

采用下面的计算方法，可以对电压调整率的计算进行统一，即

$$\Delta U^* \% = \beta(R_k^* \cos\varphi_2 + X_k^* \sin\varphi_2) \times 100\% \tag{4-71}$$

式中，β 为变压器的负载系数，$\beta = I_1^* = I_1/I_{1N}$。当负载为感性负载时，$\varphi_2 > 0$；当负载为阻性负载时，$\varphi_2 = 0$；当负载为容性负载时，$\varphi_2 < 0$。

例 4.3　一台三相电力变压器的容量为 100 kV·A，已知变压器的短路阻抗标幺值 $R_k^* = 0.024$，短路电抗标幺值 $X_k^* = 0.0504$。当变压器带额定负载时，二次侧功率因数 $\cos\varphi_2 = 0.8$，请分别计算当变压器为滞后和超前性功率因数时的电压调整率。

解　(1) 当变压器为滞后性功率因数时，$\sin\varphi_2 = 0.6$，变压器的电压调整率为

$$\Delta U\% = \beta(R_k^* \cos\varphi_2 + X_k^* \sin\varphi_2) \times 100\%$$

$$= 1 \times (0.024 \times 0.8 + 0.0504 \times 0.6) = 4.94\%$$

（2）当变压器为超前性功率因数时，$\sin\varphi_2 = -0.6$，变压器的电压调整率为

$$\Delta U\% = \beta(R_k^* \cos\varphi_2 + X_k^* \sin\varphi_2) \times 100\%$$
$$= 1 \times (0.024 \times 0.8 - 0.0504 \times 0.6) = -1.10\%$$

4.7.2　效率特性

为了分析变压器的效率特性，首先给出变压器的功率流程关系。借助于变压器的 T 形等效电路，变压器的功率流程图如图 4 - 15 所示。

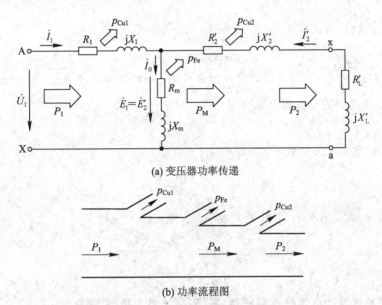

(a) 变压器功率传递

(b) 功率流程图

图 4 - 15　变压器功率传递过程和功率流程图

输入功率 P_1 为

$$P_1 = mU_1 I_1 \cos\varphi_1 \tag{4-72}$$

式中，m 代表变压器的相数，$m = 1$ 代表单相变压器，$m = 3$ 代表三相变压器。

一次侧铜耗 p_{Cu1} 为

$$p_{Cu1} = mI_1^2 R_1 \tag{4-73}$$

铁耗 p_{Fe} 为

$$p_{Fe} = mI_0^2 R_m \tag{4-74}$$

二次侧铜耗 p_{Cu2} 为

$$p_{Cu2} = mI_2'^2 R_2' \tag{4-75}$$

输出功率 P_2 为

$$P_2 = mU_2' I_2' \cos\varphi_2 = \beta S_N \cos\varphi_2 \tag{4-76}$$

变压器的总损耗为

$$\sum p = p_{Cu} + p_{Fe} = (mI_1^2 R_1 + mI_2'^2 R_2') + mI_0^2 R_m = mI_1^2 R_k + mI_0^2 R_m \tag{4-77}$$

变压器运行时的损耗可以分为两种：一种是铁耗 p_{Fe}，另一种为铜耗 p_{Cu}。变压器的铁耗又称为铁损，它与一次绕组所施加的电压和频率有关。在施加的电压和频率不变的前提下，可以认为铁耗维持不变，所以变压器的铁耗又称为**不变损耗**。变压器的铜耗随着负载

的变化而变化，因此铜耗又称为**可变损耗**。借助于负载系数，变压器的铜耗可以采用如下公式计算：

$$p_{Cu} = I_1^2 R_k = \beta^2 I_{1N}^2 R_k = \beta^2 p_{kN} \tag{4-78}$$

式中，p_{kN} 为额定运行时的铜耗。

变压器的效率是指输出有功功率与输入有功功率之比，即

$$\eta = \frac{P_2}{P_1} = \frac{P_1 - \sum p}{P_1} = 1 - \frac{\sum p}{P_2 + \sum p} \tag{4-79}$$

把式(4-77)和式(4-78)代入式(4-79)得

$$\eta = 1 - \frac{\sum p}{P_2 + \sum p} = 1 - \frac{p_{Cu} + p_{Fe}}{P_2 + p_{Cu} + p_{Fe}} = 1 - \frac{p_{Fe} + \beta^2 p_{kN}}{\beta S_N \cos\varphi_2 + p_{Fe} + \beta^2 p_{kN}} \tag{4-80}$$

令 $d\eta/d\beta = 0$，求得效率最高时的条件为

$$p_{Fe} = \beta_m^2 p_{kN} \tag{4-81}$$

相应地，最大效率对应的负载率 β_m 为

$$\beta_m = \sqrt{\frac{p_{Fe}}{p_{kN}}} \tag{4-82}$$

将式(4-82)代入式(4-80)，可得最大效率 η_m 为

$$\eta_m = 1 - \frac{2p_{Fe}}{\sqrt{\frac{p_{Fe}}{p_{kN}}} S_N \cos\varphi_2 + 2p_{Fe}} \tag{4-83}$$

变压器具有最高效率的条件是不变损耗(铁损)等于可变损耗(铜耗)。

考虑到变压器并不在额定状态下长期运行，因此在设计变压器时，常常让变压器在负载系数小于 1 时达到最高效率，这样做的目的是想让铁耗尽量小一些。**效率的高低可以反映变压器运行的经济性能，也是变压器的一项重要的技术指标。**一般电力变压器的额定效率 $\eta_N = 0.95 \sim 0.99$。在保持二次侧功率因数不变的情况下，变压器的效率特性曲线如图 4-16 所示。

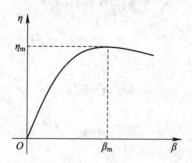

图 4-16　变压器的效率特性曲线

由图 4-16 所示的变压器的效率特性曲线可以得出如下结论：

(1) 变压器的负载系数为零时，变压器的效率为零；

(2) 当负载逐渐增加时，变压器的效率也逐渐增大，当变压器的不变损耗等于可变损

耗时，变压器的效率最大；

（3）当变压器的负载超过一定的负载系数时，变压器的效率又逐渐下降。

4.8　变压器的参数测定

4-8　参数测定

前面得到了变压器的等效电路，如果要对变压器进行分析，需要知道变压器的参数，主要包括一次绕组的漏阻抗 $Z_1 = R_1 + jX_1$、二次绕组折合到一次侧的漏阻抗 $Z_2' = R_2' + jX_2'$、励磁阻抗 $Z_m = R_m + jX_m$ 和变压器的变比 k。为了得到变压器的这些电气参数，可以通过变压器的空载和短路实验测得。下面以单相变压器的参数测定为例进行说明，三相变压器可以采用相同方法进行测量。

4.8.1　变压器的空载实验

为了测量的安全和仪表选择的方便，变压器的空载实验在低压侧进行（选择低压侧为一次侧），高压侧开路（高压侧为二次侧）。假定空载实验对象为一台单相升压变压器，接线图和等效电路如图 4-17(a) 和 (b) 所示。实验时，高压侧开路，用调压器调节外加电压，使得低压侧电压从零逐步升到 U_{1N} 的 1.15 倍为止，逐点测量空载电流、一次侧端电压和相应的输入功率，即可得空载特性曲线，如图 4-17(c) 所示，该特性曲线实际上反映了变压器的磁化特性。当电压很低时，空载电流与一次电压呈线性关系。随着输入电压的增加，磁路逐渐饱和，空载电流增加非常快。因此，励磁阻抗的值是随着磁路的饱和程度增高而减小的。变压器一般在额定电压或接近额定电压的情况下运行，只要求得额定电压时的励磁阻抗的值，就能够真实反映变压器运行时的磁路饱和情况。

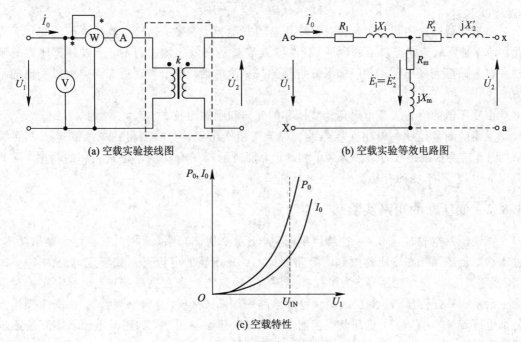

(a) 空载实验接线图　　　　　　　　　　　　(b) 空载实验等效电路图

(c) 空载特性

图 4-17　变压器的空载实验图

【注】 变压器的空载实验可以选在一次侧做，也可以选在二次侧做。无论选择在哪一侧做，计算结果是一样的。当在低压侧做时需要较低的电压，而在高压侧做则需要较高的电压。

【注】 空载电流百分数是指变压器的空载电流与额定电流的比值。

变压器一次侧施加额定电压时的空载电流和空载损耗可从空载特性曲线上查出，也可以直接测得。当在低压绕组上施加电压 U_{1N}、高压绕组开路时，可以直接测得电压 U_{1N}、空载电流 I_0、输入功率 P_0 和开路电压 U_{20}。因二次绕组端无功率输出，故输入功率为变压器空载损耗，即空载损耗是铁损耗和铜损耗的和。空载电流非常小，铜耗比较小，根据 $U_1 \approx E_1 = 4.44 N_1 f \Phi_m$ 可知，主磁通为额定值，而铁耗的大小取决于磁场的强弱，因此，铁耗远大于铜耗，可以忽略铜耗。空载时测得的有功功率 P_0 可认为近似等于铁耗，即

$$P_0 \approx p_{Fe} = I_0^2 R_m \tag{4-84}$$

变压器的变比为

$$k = \frac{U_{1N}}{U_{20}} \tag{4-85}$$

空载情况下，由于 $Z_1 \ll Z_m$，因此空载情况下的阻抗可近似等效为励磁阻抗 Z_m，即

$$Z_0 \approx \frac{U_{1N}}{I_0} = Z_m \tag{4-86}$$

而空载情况下的损耗主要是铁耗，因此励磁电阻可以根据下式进行计算：

$$R_0 = \frac{P_0}{I_0^2} \approx \frac{p_{Fe}}{I_0^2} = R_m \tag{4-87}$$

相应的励磁电抗 X_m 的计算式为

$$X_m \approx X_0 = \sqrt{Z_m^2 - R_m^2} \tag{4-88}$$

根据测得的这些数据可定量计算变压器的其他相关参数。励磁参数随电压的变化而变化，计算时要取额定点以下的数据。因为空载实验是在低压侧进行的，所以计算所得的励磁参数为归算到低压侧的值，如果需折算到高压侧的话，各个物理量都需要乘以变比的平方 k^2。

由变压器的空载实验可以得到变压器的变比和励磁阻抗。

上面的测量是针对单相变压器的。对于三相变压器，实验测得的电压和电流都是线值，因此需要根据接线方式换算为单相的值，同时测得的有功功率也是三相的功率，需要除以 3，以获得单相的有功功率。

4.8.2　变压器的短路实验

在变压器空载时，如果一次绕组接额定电压，二次侧短路，此时二次绕组无输出功率，输入功率全部消耗在变压器内部的短路阻抗上，变压器的电流可达到额定电流的 $10 \sim 20$ 倍，短路电流将损坏变压器。为了保护变压器，短路实验选在高压侧进行，假定实验对象为一台单相降压变压器，则接线图和等效电路图如图 4-18(a) 和 (b) 所示。在高压绕组上施加电压 $U_1(U_1 < U_{1N})$，低压绕组短路。开始时电压必须很小，利用调压器从零开始逐步增大，直到二次绕组电流达到额定电流，逐点测得一次绕组短路电压(阻抗电压)U_k、一次绕组短路电流 I_k、输入功率 P_k，即可得到变压器的短路特性曲线，如图 4-18(c) 所示。

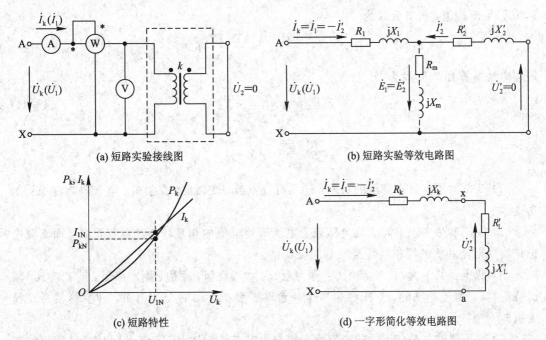

图 4 - 18 变压器的短路实验图

【注】 短路电压是变压器的一个重要特性参数，它是计算变压器等值电路及分析变压器是并联运行还是单独运行的依据，变压器二次侧发生短路时，产生的短路电流大小也与阻抗电压密切相关。变压器的短路电压值与额定电压值之比的百分数，称为短路电压百分数（或阻抗电压百分数）。

短路实验中，当一次和二次绕组中电流达到额定值时，一次侧外加短路电压 U_k（$0.05U_N$ ~ $0.2U_N$）远小于额定电压，主磁通比正常运行时小很多，铁耗也很小，铁芯的饱和程度也很低，故励磁阻抗很大，可以认为励磁支路处于开路状态，故可以忽略变压器的铁耗，变压器从电源吸收的功率全部消耗在一、二次绕组电阻上，即

$$P_k \approx p_{Cu} = p_{Cu1} + p_{Cu2} \tag{4-89}$$

利用变压器短路参数表示的简化等效电路如图 4 - 18(d) 所示。根据测得的参数，变压器的短路阻抗、短路电阻和短路电抗的计算式如下：

$$Z_k = \frac{U_k}{I_k} \tag{4-90}$$

$$R_k = \frac{P_k}{I_k^2} \approx \frac{p_{Cu}}{I_k^2} \tag{4-91}$$

$$X_k = \sqrt{Z_k^2 - R_k^2} \tag{4-92}$$

【注】 变压器的一字形等效电路中的电阻 R_k、电抗 X_k 和阻抗 Z_k 都是在变压器短路实验的情况下测得的，因此电阻 R_k、电抗 X_k 和阻抗 Z_k 又称为短路电阻、短路电抗和短路阻抗。

在变压器的一字形等效电路中，$Z_k = R_k + jX_k = (R_1 + R_2') + j(X_1 + X_2')$。一般来说，变压器在设计时，尽可能使得变压器的 $R_1 \approx R_2'$，$X_1 \approx X_2'$，即 $Z_1 \approx Z_2'$。

绕组电阻与温度有关，根据国家标准，在实验温度 θ 下所测得的绕组电阻值 R_k 需折

算为 75℃时的值，折算公式为

$$R_{k75℃} = \frac{T+75}{T+\theta}R_k = \frac{235+75}{235+\theta}R_k \qquad (4-93)$$

短路阻抗折算到 75℃时为

$$Z_{k75℃} = \sqrt{R_{k75℃}^2 + X_k^2} \qquad (4-94)$$

本 章 小 结

（1）变压器不仅具有变压的功能，还具有变电流、变相位、变阻抗、电气隔离和稳压等功能。

（2）变压器是实现不同交流电压或者电流等级电能的相互转换的电气设备，而交流电机是实现电能和机械能相互转换的电气设备。

（3）变压器的一次、二次绕组（也称为初级、次级绕组，原边、副边绕组，或者输入、输出绕组）都是静止不动的，变压器相当于一台转子静止不动的交流电机，即变压器是交流电机的一个特例。

（4）变压器铁芯是变压器的磁路部分，它由铁芯柱（柱上安装绕组）和铁轭（连接铁芯柱形成闭合磁路）组成。

（5）标幺值为某一物理量的实际值与所选基值（或参考值）之间的比值。

（6）理想变压器一、二次侧电压或感应电动势有效值之比等于两个绕组的匝数比。变压器的变比也称为匝（数）比，变比大于 1 是降压变压器，反之是升压变压器。

（7）变压器的空载运行是指一次绕组接在交流电源上、二次绕组开路的运行状态。

（8）在变压器中，空载损耗是铁损耗和铜损耗的总和。在变压器磁路中由于磁滞和涡流的存在而产生的磁滞损耗和涡流损耗统称为变压器的铁损耗。空载时变压器的铜损耗是在一次绕组电阻上的损耗。

（9）变压器的折合不改变变压器运行的物理本质，只是在变压器的等效电路里取消了磁路的联系，这也是变压器折合的最大作用。

（10）变压器的电压调整率是变压器运行的重要指标，反映了变压器供电电压的稳定性。效率的高低反映变压器运行的经济性能，也是变压器的一项重要的技术指标。

（11）变压器的铁耗又称为铁损，它与一次绕组所施加的电压和频率有关，在施加的电压和频率不变的前提下，可以认为铁耗维持不变，所以变压器的铁耗又称为不变损耗。变压器的铜耗随着负载的变化而变化，因此铜耗又被称为可变损耗。

（12）变压器的效率是指输出有功功率与输入有功功率之比。变压器具有最高效率的条件是不变损耗（铁损）等于可变损耗（铜耗）。

（13）由变压器的空载实验可以得到变压器的变比和励磁阻抗。由短路实验可以得到变压器的短路电阻、短路电抗和短路阻抗。

（14）变压器的一字形等效电路中的电阻 R_k、电抗 X_k 和阻抗 Z_k 都是在变压器短路实验的情况下测得的，因此电阻 R_k、电抗 X_k 和阻抗 Z_k 又称为短路电阻、短路电抗和短路阻抗。

习　题

一、选择题

1. 一台单相变压器的额定电压为 220 V/110 V，当一次侧电压为 250 V 时，变压器等效电路中的励磁电抗将（　　）。

A. 变大　　　　　　　　　B. 变小　　　　　　　　　C. 不变

2. 一台单相变压器的额定电压为 400 V/110 V，额定频率为 50 Hz，若一次侧接在 360 V、50 Hz 的电源上，则变压器等效电路中的励磁电抗将（　　）。

A. 增大　　　　　　　　　B. 减小　　　　　　　　　C. 不变

3. 变压器负载运行时，若增大负载电流，则铁耗将（　　），铜耗将（　　）。

A. 增大　　　　　　　　　B. 减小　　　　　　　　　C. 不变

4. 假定某台变压器的额定电压、额定频率和铁芯结构已经不可变更，经测试发现其铁芯过饱和，为了减小饱和程度，应该（　　）。

A. 增大一次侧绕组匝数　　B. 减小一次侧绕组匝数　　C. 增大二次侧绕组匝数

5. 变压器负载电流大小与（　　）无关。

A. 一次侧绕组匝数　　　　B. 二次侧绕组匝数　　　　C. 铁芯结构

6. 一台变压器原设计的频率为 50 Hz，若接到相同电压值的 60 Hz 电网上运行，则铁芯中的磁通将（　　）。

A. 增大　　　　　　　　　B. 减小　　　　　　　　　C. 不变

7. 变压器的空载电流大小与（　　）无关。

A. 电源电压频率　　　　　B. 变压器磁路结构　　　　C. 二次侧绕组匝数

二、判断题

1. 变压器中传递能量的介质是漏磁通。　　　　　　　　　　　　　　（　　）
2. 单相变压器的额定电压是指额定运行时端电压的相电压。　　　　　（　　）
3. 变压器的变比是一、二次绕组的端电压的有效值之比。　　　　　　（　　）
4. 单相变压器铁损等于铜耗时，效率达到最大值。　　　　　　　　　（　　）

三、简答题

1. 变压器的一、二次绕组各物理量的正方向是如何规定的？
2. 变压器的铁芯用硅钢片叠压而成，为什么不用整块硅钢材料？
3. 主磁通与漏磁通之间的区别有哪些？
4. 请画出变压器空载运行时的等效电路图。
5. 简要说明变压器励磁阻抗的物理意义。励磁电阻能否用万用表测量得到？励磁电抗是大一些好还是小一些好？
6. 试说明变压器一次、二次绕组并无电联系，分析当负载运行时二次电流增减的同时一次电流也随之增减的原因。

四、计算题

1. 某台单相变压器 $R_1=2.19\ \Omega$，$R_2=0.15\ \Omega$，$X_1=15.4$，$X_2=0.964$，$R_m=1250\ \Omega$，$X_m=12\ 600$。当 $\cos\varphi_2=0.8$ 时，$N_1/N_2=876/260$，二次电流和电压分别是 $U_{2N}=6000$ V、

$I_2 = 180$ A。画出简化等效电路图和相应的等效电路相量图。

2. 某台单相变压器，额定容量 $S_N = 100$ kV·A，$U_{1N}/U_{2N} = 6000$ V/230 V，阻抗电压 $U_k = 5.5\%$，短路阻抗角为 $75°$，额定电压时测得的空载损耗 $p_0 = 600$ W，额定铜耗 $p_{kN} = 2.1$ kW。试求：

(1) 当 $\cos\varphi_2 = 0.8$（超前）时，额定负载运行时电压调整率 $\Delta U\%$ 和效率 η；

(2) 当 $\cos\varphi_2 = 0.8$（滞后）时的最大效率 η_m。

第 5 章　三相变压器与特殊变压器

[摘要]　本章主要解决三相变压器与特殊变压器的几个相关问题：① 三相变压器的结构、接线方式和磁路是怎样的？② 变压器连接组别的表示方法有哪些？③ 如何确定三相变压器的连接组别？常用标准连接组别有哪些？④ 变压器的连接组别对感应电动势主要有哪些影响？⑤ 变压器并联运行的条件和特性有哪些？⑥ 三绕组变压器、分裂变压器和自耦变压器的结构原理和主要用途有哪些？⑦ 电压互感器和电流互感器的结构原理和主要用途有哪些？

在第 4 章里，我们已经学习了一般变压器的基本结构、用途和工作原理。变压器作为输、变电系统中的主要电气设备，其应用需要与实际工程相适应。在现实中，由于电力系统采用三相供电方式，因此电能的变换和配送都离不开三相变压器和一些特殊变压器。

5.1　三相变压器的结构和磁路

三相变压器的原理和结构由单相变压器演变而来。三相变压器磁路结构主要包括铁芯和绕组，从结构上看主要在于铁芯的变化，从功能上看主要是磁路的变化，因此可按磁路将三相变压器分为三相组式变压器和三相芯式变压器两类。

1. 三相组式变压器

图 5-1 为三相组式变压器。这种变压器由三台完全相同的单相变压器组合而成，每台变压器完成三相电路中一相的变压功能。其磁路结构的主要特点如下：

（1）各相磁路结构的几何尺寸完全相同，即各相磁路的磁阻相等。

（2）各相都有独立的磁路，即各相磁路互不关联。

（3）一次侧外加三相对称电压时，三相主磁通和三相空载电流都是对称的，各相之间存在 120° 的相位差。

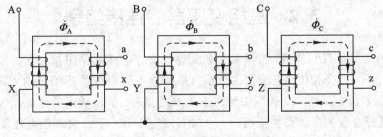

图 5-1　三相组式变压器

三相组式变压器的优点是各相之间完全独立、互不干扰，这一特点适用于巨型变压器的分拆制造、运输和安装，且各部分磁路和电路的相对独立也有利于减少总容量的限制。其缺点是铁芯数量多，利用率低，增加了变压器的自重和造价。

2. 三相芯式变压器

三相芯式变压器的铁芯结构是从三相组式变压器的铁芯演变而来的。图 5-1 所示的是三相组式变压器，将三台单相变压器的铁芯合并成图 5-2(a) 所示的形式，当一次侧外加三相对称电压时，按照三相主磁通的对称规律，中间铁芯柱内的磁通 $\dot{\Phi}$ 为

$$\dot{\Phi}=\dot{\Phi}_A+\dot{\Phi}_B+\dot{\Phi}_C=0 \tag{5-1}$$

根据对称性，中间铁芯柱中没有磁通经过，因此可以将中间铁芯柱去掉，得到如图 5-2(b) 所示的简化三铁芯结构。实际制造时，可以把这个空间铁芯结构进一步简化为图 5-2(c) 所示的平面铁芯结构。三相芯式变压器磁路的主要特点如下：

（1）各相磁路长度不等。中间相的磁路长度小于其他两相的磁路长度，因此中间相的磁阻略小于其他两相的磁阻。

（2）各相磁路不独立，互相关联，即每相磁通都要借助其他两相磁路而闭合。

（3）三相主磁通对称。一次侧外加三相对称电压时，三相主磁通是对称的，但三相空载电流不对称，这是因为三相磁路的磁阻不对称，中间相的空载电流略小于其他两相的空载电流。由于空载电流相对于负载电流很小，因而空载电流的不对称性对变压器负载运行的影响极小。

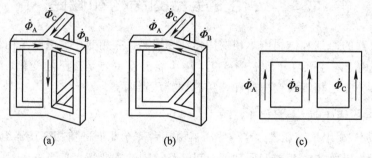

图 5-2　三相芯式变压器

三相芯式变压器的优点是消耗材料少，运行效率高，占地面积小，维护简单，因而在实际工程中，大部分三相变压器都采用了芯式结构。但对于超高压、大容量等巨型变压器，芯式变压器的整体结构会受到容量及工况等条件的限制。

5.2　三相变压器的连接组别

根据前面的分析我们知道，变压器可以变电压、变电流和变阻抗。下面分析变压器的另一个重要功能，即变相位。变压器的变相位是通过不同形式的连接组别实现的。变压器的连接组别是表示变压器高、低压绕组的连接方式和高、低压绕组的电压相位变化的一个标志。通过选择合理的变压器连接组别，可以实现变压器一、二次绕组电压不同相位的变化，以满足不同场合对于变压器电压相位的要求。两台以上的电力变压器并联运行时，要求其连接组别必须相同。连接组别是变压器的一个重要特性指标，按规定应标在变压器的

铭牌上。为了理解变压器的连接组别,下面首先针对单相变压器介绍同名端和时钟表示法的概念。

5.2.1　单相变压器的连接组别

1. 同极性端(同名端)

5-1　单相变压器的
连接方式

同极性端可以用来判断变压器同一铁芯柱上高、低压绕组感应电动势的极性,即电流的方向。对于单相变压器,高、低压绕组所处的主磁通是随时间变化而周期性变化的,因此产生的感应电动势也是随时间交替变化的,即高、低压绕组的极性是交变的。但在某一瞬间,高、低压绕组的一端为正极性(高电位),另一端为负极性(低电位)。这里规定高、低压绕组上同时为正极性(或者负极性)的端点为同极性端,用符号"·"标注。

图 5-3(a)为同一铁芯柱上的两个绕组,它们的出线端分别是 1、2 和 3、4。当磁通瞬时值在图示箭头方向上增加时,根据楞次定理,两个绕组中感应电动势的瞬时实际方向是从 2 指向 1 和从 4 指向 3。可见,1 和 3 为同极性端,2 和 4 为同极性端,可以在 1 和 3 两端打上"·"作标记,记为同极性端。

同极性端与绕组的绕向有关。图 5-3(b)中,当磁通瞬时值在图示箭头方向上增加时,1、2 绕组中感应电动势的瞬时实际方向仍然是从 2 指向 1,但 3、4 绕组的绕向改变,感应电动势的瞬时实际方向变成了从 3 指向 4,于是 1 和 4 为同极性端,标记为"·"。

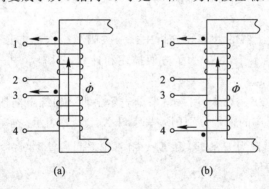

(a)　　　　　　　　(b)

图 5-3　单相绕组的同极性端

2. 单相变压器的时钟表示法

对于单相变压器高、低压绕组的相位关系,国际上采用时钟表示法来表示。高压绕组首端标记为 A,末端标记为 X,低压绕组首端标记为 a,末端标记为 x。可以把同极性端标为 A 和 a,也可以把异极性端标为 A 和 a。各绕组电动势的正方向都规定为首端指向末端(当然也可以用电压来规定),高压绕组感应电动势(即从 A 指向 X)为 $\dot{E}_{AX}$,用 $\dot{E}_A$ 表示,低压绕组感应电动势(即从 a 指向 x)为 $\dot{E}_{ax}$,用 $\dot{E}_a$ 表示。

对于单相变压器,采用时钟表示法标记高、低压绕组感应电动势的相位关系时,把高压绕组感应电动势相量看作时钟的长针,并固定不变地指向时钟的"12 点",即"0 点",把低压绕组感应电动势相量看作时钟的短针,它在时钟内所指向的数字就是单相变压器的连接组别号。

单相变压器的连接组别通常用字母 I 和数字一起表示。图 5-4(a)中，首先将高压绕组感应电动势相量固定地指向时钟的"0 点"，低压绕组电动势相量与高压绕组电动势相量同相位，故指向亦为"0 点"，因此其连接组别记为 I/I0，这里 I 表示高、低压绕组都是单相绕组。图 5-4(b)中，与高压绕组电动势相量的相位相反，低压绕组电动势相量指向"6 点"，连接组别记为 I/I6。

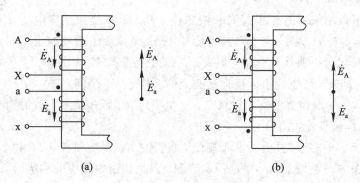

图 5-4　单相变压器的时钟表示法

5.2.2　三相变压器的连接方式

三相变压器中三相绕组的连接方式按接线次序可分为一次侧和二次侧，按电压等级可分为高压侧和低压侧，分别连接高压绕组和低压绕组。

5-2　三相变压器的
连接方式

从原理上讲，在变压器的计算和分析中，一次侧和二次侧的选择并不影响变压器的性能分析结果。为了方便描述和计算，对本章中三相变压器的接线方式和表示符号做如下规定：

(1) 将高压侧规定为一次侧，用大写字母表示，即三相绕组高压侧的首端分别用大写字母 A、B、C 表示，对应的末端分别用大写字母 X、Y、Z 表示。各相感应电动势分别表示为 $\dot{E}_{AX}$、$\dot{E}_{BY}$ 和 $\dot{E}_{CZ}$，简记为 $\dot{E}_A$、$\dot{E}_B$ 和 $\dot{E}_C$，相邻相之间相差 120° 的相位差。$\dot{E}_A$、$\dot{E}_B$ 和 $\dot{E}_C$ 可以分别表示成如下相量：

$$\begin{cases} \dot{E}_A = E\angle 0° \\ \dot{E}_B = E\angle -120° \\ \dot{E}_C = E\angle -240° \end{cases} \tag{5-2}$$

(2) 将低压侧规定为二次侧，用小写字母表示，即三相绕组低压侧的首端分别用小写字母 a、b、c 表示，对应的末端分别用小写字母 x、y、z 表示。各相感应电动势分别表示为 $\dot{E}_{ax}$、$\dot{E}_{by}$ 和 $\dot{E}_{cz}$，简记为 $\dot{E}_a$、$\dot{E}_b$ 和 $\dot{E}_c$，相邻相之间相差 120° 的相位差。

三相变压器各相之间并不完全是独立的，接线时除按每相各自连接、实现单相变压器的功能之外，最重要的是通过各相之间的连接，实现改变电压及相位等功能。为了统一标准，我国主要采用星形连接和三角形连接两种方式，下面以高压绕组为例进行说明。

1. 星形连接(Y 连接)

三相绕组的三个首端 A、B、C 各自引出，而将 3 个末端 X、Y、Z 连在一起结成中点，这种连接方式称为星形连接，又称 Y 连接。其类型用英文字母 Y 表示。星形连接如图 5-5(a) 所示。星形连接的电动势相量图如图 5-5(b) 所示，图中 $\dot{E}_{AB}$、$\dot{E}_{BC}$ 和 $\dot{E}_{CA}$ 的计算式如下：

$$\begin{cases} \dot{E}_{AB} = \dot{E}_A - \dot{E}_B \\ \dot{E}_{BC} = \dot{E}_B - \dot{E}_C \\ \dot{E}_{CA} = \dot{E}_C - \dot{E}_A \end{cases} \tag{5-3}$$

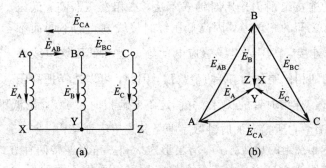

图 5-5 星形连接方式与其相量图

2. 三角形连接(△连接)

把一相的末端和另一相首端连接起来，顺序形成一闭合电路，称为三角形连接，又称 △连接。其类型用英文字母 D 表示。三角形连接有两种方式：第一种三角形连接如图 5-6 所示，第二种三角形连接如图 5-7 所示。

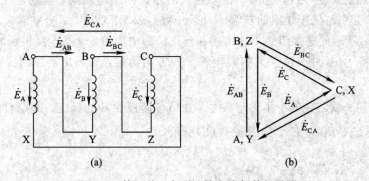

图 5-6 第一种三角形连接方式与其相量图

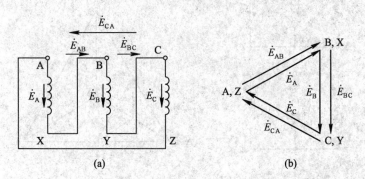

图 5-7 第二种三角形连接方式与其相量图

同样地，对于低压绕组，也可以采用星形连接和三角形连接两种方式。在表述其类型时，分别用小写英文字母 y 和 d 表示。

对于星形连接方式，线电流与相电流、线电压与相电压的关系分别为 $I_线 = I_相$，$U_线 = \sqrt{3}U_相$；对于三角形连接方式，线电流与相电流、线电压与相电压的关系分别为 $I_线 = \sqrt{3}I_相$，$U_线 = U_相$。

5.2.3　三相变压器的连接组别

三相变压器的连接组别仍采用时钟表示法。三相变压器高、低压绕组线感应电动势之间的相位差，因高低压绕组接线方式的不同而不一样，但不论怎样连接，高压绕组线感应电动势 $\dot{E}_{AB}$ 和低压绕组线感应电动势 $\dot{E}_{ab}$ 之间的相位差均为 30°的整数倍。因此，可以选择把高压

5-3　三相变压器的连接组别

侧线感应电动势 $\dot{E}_{AB}$ 作为时钟的长针，并固定不变地指向"0 点"，把低压侧线感应电动势 $\dot{E}_{ab}$ 作为时钟的短针，它所指向的时钟数字便是其连接组别号。

前面介绍了三相绕组的接线方式，有星形连接和三角形连接两种方式。对于三相变压器的高压绕组和低压绕组来说，由于每个绕组均可以采用这两种形式，既可以是星形连接，也可以是三角形连接，因此三相变压器的连接组别就存在多种变化形式的组合。下面以两种典型的连接方式的相量图介绍三相变压器连接组别的判断方法。

1. Y/y 连接

三相变压器的接线图如图 5-8(a)所示，绕在同一铁芯柱上的高、低压绕组的绕向相同，即同极性端的标注一致，且同一铁芯柱上的相位标志均相同，也就是说，高压绕组的首端 A、B、C 分别与低压绕组的首端 a、b、c 对应，末端 X、Y、Z 分别对应于 x、y、z。下面以图 5-8(a)所示的连接组别为例讲述相量图的画法步骤，以及连接组别的判断方法。

（1）在图 5-8(a)中，按照三相绕组符号的方向约定，先画出高压绕组的感应电动势 $\dot{E}_A$、$\dot{E}_B$ 和 $\dot{E}_C$。

（2）按照同一铁芯柱的上下对应关系，并结合同极性端的标定，确定对应的低压绕组的感应电动势 $\dot{E}_a$、$\dot{E}_b$ 和 $\dot{E}_c$，如图 5-8(b)所示。

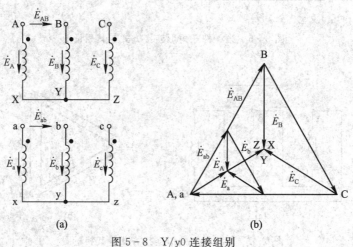

(a)　　　　　　　　　　(b)

图 5-8　Y/y0 连接组别

（3）按照接线方式和相量加减运算法则，确定高压绕组的线电动势相量 $\dot{E}_{AB}$、$\dot{E}_{BC}$ 和 $\dot{E}_{CA}$，以及低压绕组的线电动势相量 $\dot{E}_{ab}$、$\dot{E}_{bc}$ 和 $\dot{E}_{ca}$。这里：

$$\dot{E}_{AB} = \dot{E}_A - \dot{E}_B \qquad\qquad (5-4)$$

$$\dot{E}_{ab} = \dot{E}_a - \dot{E}_b \qquad\qquad (5-5)$$

（4）将 $\dot{E}_{AB}$ 的指向取为时钟的"0 点"，按 $\dot{E}_{ab}$ 与夹角判断 $\dot{E}_{ab}$ 指向的时钟点数，再根据高、低压侧三相绕组的接线方式确定相应的连接组别。本例中 $\dot{E}_{ab}$ 与 $\dot{E}_{AB}$ 的方向相同，均指向"0 点"，由此确定连接组别为 Y/y0。

在 Y/y0 连接组别中，若保持高压绕组相序 AX、BY、CZ 不变，而将其铁芯柱对应的低压绕组端排列次序改为 by、cz、ax 或 cz、ax、by，相当于把低压端相位依次提前了 120°，此时连接组别分别为 Y/y8 和 Y/y4。由于低压端绕组相对铁芯有 3 种不同排列次序，产生了对应于低压端的 3 种不同相位，因而有 3 种不同的连接组别。对低压绕组，如果同极性端符号"·"在高压侧的首端和低压侧的末端，而连接对应的相不变，此时连接组别为 Y/y6。如果再改变低压端与高压端的相序，则又可以得到 Y/y2 和 Y/y10 两种连接组别。

通过上面的分析可以发现，Y/y 连接组别共有 0、2、4、6、8、10 六种偶数连接组别，即 Y/y0、Y/y2、Y/y4、Y/y6、Y/y8 和 Y/y10。

【注】　对于 D/d 连接，也会出现六种偶数的连接组别，即 D/d0、D/d2、D/d4、D/d6、D/d8 和 D/d10。因为高压侧采用 D 连接方式的变压器在现实中很少使用，所以不做展开分析。

2. Y/d 连接

三相变压器的接线图如图 5-9(a)所示，绕在同一铁芯柱上的高、低压绕组的绕向相同，且同一铁芯柱上的相位标志也均相同。高压绕组为星形连接，而低压绕组为第一种三角形连接。根据上面判断 Y/y 连接的步骤，判断连接组别的最终目的是寻找 $\dot{E}_{AB}$ 和 $\dot{E}_{ab}$ 之间的相位关系。由图 5-9(a)可以看出，$\dot{E}_{ab} = -\dot{E}_b$，而 $\dot{E}_b$ 与 $\dot{E}_B$ 同相位，因此 $\dot{E}_{ab}$ 与 $\dot{E}_B$ 反相位，因此可以得出图 5-9(a)所示的连接方式的相量图，如图 5-9(b)所示，相应的连接组别为 Y/d11。

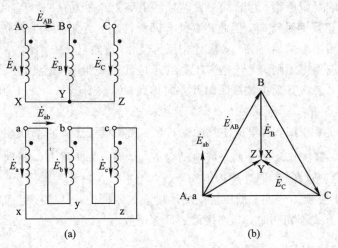

图 5-9　Y/d11 连接组别

当高压绕组为星形连接，低压绕组为第二种三角形连接时，三相变压器的连接如图 5-10(a)所示。由连接图可以看出，$\dot{E}_{ab} = \dot{E}_A$，因此可以得出图 5-10(a)所示的连接组别的相量图，如图 5 - 10(b)所示，相应的连接组别为 Y/d1。

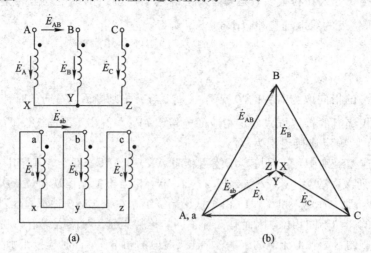

图 5 - 10 Y/d1 连接组别

在 Y/d 连接组别中，若保持高压绕组相序 AX、BY、CZ 不变，其铁芯柱对应的低压绕组端排列为 ax、by、cz，by、cz、ax 和 cz、ax、by 3 种次序，每种排列次序下各有两种同极性端的情况，这也会出现 3 种不同的相序。因此，Y/d 连接共有 1、3、5、7、9、11 六种奇数组别，即 Y/d1、Y/d3、Y/d5、Y/d7、Y/d9 和 Y/d11。同理，D/y 连接也有 1、3、5、7、9、11 六种奇数组别。

以上介绍了连接组别相量图的画法步骤和判别方法。在判断三相变压器连接组别过程中需要注意以下几条原则：

(1) 高低绕组对应原则。由于三相绕组每相之间存在 120° 的相位差，因此在确定高低压绕组的相位时，因同一铁芯柱的磁通 $\dot{\Phi}$ 的大小和方向相同，故绕在同一铁芯柱上的两个绕组的相位方向在一条直线上（同向或反向）。

(2) 同极性端对应原则。尽管同一铁芯柱的上下对应相位在一条直线上，但铁芯柱上的绕组线圈存在正反两种绕向，因此还要结合同极性端的标定来判断对应的实际感应电动势的方向。极性相同为同相（正向），极性相反为反相（负向）。

(3) 排列的正相序原则。无论是高压绕组还是低压绕组的三个相量，在确定其组成的三角形相量图时，要将其顶点按照顺时针方向排列，即在图上 A - B - C 和 a - b - c 依次为顺时针相序。

(4) 顺时针判断原则。这里应注意两点：首先在相量图上要将高压相量的 A 点和低压相量的 a 点重合，其次比较的是两个线电动势 $\dot{E}_{AB}$ 与 $\dot{E}_{ab}$，并将 $\dot{E}_{AB}$ 指向"0 点"，$\dot{E}_{ab}$ 沿顺时针方向所指的点数（角度）即为连接组别号。

(5) 奇偶判别原则。当高、低压绕组的连接方式相同时，其连接组别号为偶数；当高、低压绕组的连接方式不相同时，其连接组别号为奇数。

5.2.4 标准连接组别

通过上面的分析可以发现，就一台双绕组变压器而言，单相变压器的连接组别有 2 种，而三相变压器的连接组别多达 24 种，这给制造带来了许多不便。如果再考虑不同的供电方式(如三相三线制、三相四线制或者三相五线制)，特别是多台变压器的并联运行问题，如此种类繁多的连接组别，会造成使用上的混乱。因此，国家标准规定，对于单相双绕组电力变压器，只采用 I/I0 这一种连接组别；对于三相双绕组电力变压器，只采用 Y/yn0、Y/d11、YN/d11、YN/y0 和 Y/y0 这五种连接组别。这里的 N、n 分别表示高、低压端的引出中性线，构成三相四线制的供电方式。五种连接组别的具体使用范围如下：

(1) Y/yn0：三相四线制供电方式，在二次绕组上引出了一条中性线，主要用于低压侧低于 400 V 的配电变压器中，供给三相动力负载和单相照明负载，高压侧额定电压不超过 35 kV。这种变压器低压端的输出提供了日常生活中最常用的动力和照明电能。

(2) Y/d11：主要用于低压侧电压超过 400 V、高压侧电压在 35 kV 以下的变压器。

(3) YN/d11：主要用于高压侧需要将中性点接地的变压器中，电压等级一般在 110 kV 及以上。

(4) YN/y0：主要用于高压侧需要中性点接地的场合。

(5) Y/y0：主要用于只供三相动力负载的场合。

国家标准的这些规定大大简化和方便了变压器制造和使用中的多种连接组别问题。

5.3　变压器连接组别对感应电动势的影响

变压器的一、二次侧感应电动势与变压器的主磁通有直接的关系，而主磁通又受到变压器连接组别和磁路结构的影响。下面分析不同的三相变压器的连接组别和磁路对励磁电流、主磁通和感应电动势的影响。

5.3.1　主磁通与励磁电流的关系

由于三相变压器的主磁路存在饱和特性，因此变压器的主磁通 Φ 和励磁电流(空载电流)I_0 之间为非线性关系。如图 5-11 中励磁电流 I_0 与主磁通 Φ 之间的关系所示，主磁通 Φ 为正弦波时，励磁电流 I_0 是尖顶波；而当励磁电流为正弦波时，变压器所产生的主磁通 Φ 是平顶波。

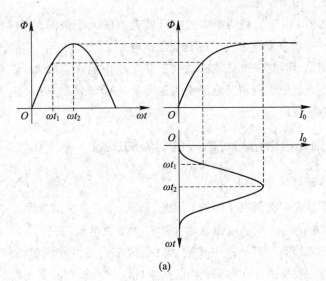

(a)

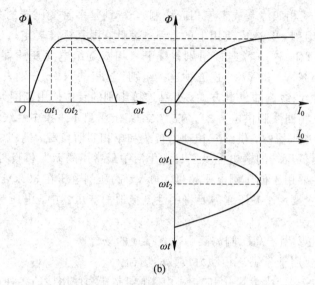

(b)

图 5-11 励磁电流与主磁通的关系

利用傅里叶级数展开，图 5-11 中非正弦的尖顶波和平顶波可以分解为基波和一系列奇次谐波来表示。在高次谐波中，三次谐波的幅值是最大的，三次以上的谐波可以忽略不计。在三相电路中，三相绕组中的三次谐波分量的大小相等，相位相同。例如，三相绕组中三次谐波励磁电流可以表示为

$$i_{A03} = I_{m03}\sin3\omega t \tag{5-6}$$
$$i_{B03} = I_{m03}\sin3(\omega t - 120°) = I_{m03}\sin3\omega t \tag{5-7}$$
$$i_{C03} = I_{m03}\sin3(\omega t - 240°) = I_{m03}\sin3\omega t \tag{5-8}$$

在单相变压器中，当外加电压 u_1 为正弦波时，由于感应电动势 $e_1 \approx u_1$，因此 e_1 也为正弦波，产生感应电动势的主磁通也为正弦波，单相变压器的励磁电流为尖顶波。由于尖顶波电流可以分解为基波电流和三次谐波电流，因此相应地在单相变压器中励磁电流也包含了基波电流和三次谐波电流。

在三相变压器中，由于三相绕组中三次谐波电流的大小相同、相位相同，因此三次谐波电流能否在三相电路中流通取决于三相绕组的连接方式。由于三相绕组中三次谐波磁通的大小和相位也相同，因此三次谐波磁通在三相电路中的磁路取决于三相磁路的结构。三相绕组中三次谐波电流的流通情况将影响主磁通的波形，而三次谐波磁通的流通情况将影响三相感应电动势的波形。

5.3.2 连接组别和磁路结构对感应电动势的影响

1. YN/y 连接的感应电动势

由于三相变压器的一次侧有中性线，因此三相绕组的三次谐波励磁电流将全部流入中性线中，即中性线中的三次谐波电流是每相的三次谐波电流的三倍。三相基波励磁电流的大小相等，相位互相错开 120°，每相基波励磁电流都通过另外两相绕组形成回路。YN/y 连接时三相绕组的三次谐波存在通路，相应的 YN/y 连接组别的变压器的励磁电流为尖顶

波，对应的主磁通为正弦波，主磁通在每相绕组中感应产生的感应电动势也为正弦波。

2. Y/y 连接的感应电动势

与 YN/y 连接组别不同，Y/y 连接组别的一次侧没有中性线，这就使得三相绕组中三次谐波电流无法形成通路，因此 Y/y 连接的变压器中不可能存在三次谐波电流分量，励磁电流只存在基波分量。对于正弦励磁电流，变压器的主磁通为平顶波。平顶波主磁通可以分解为基波分量 Φ_1 和三次谐波分量 Φ_3，而三次谐波分量 Φ_3 能否在三相变压器中形成通路取决于三相变压器磁路的结构。下面针对三相组式变压器和三相芯式变压器来进行说明。

1）三相组式变压器

在三相组式变压器中，各相的磁路相互独立，因此三相谐波磁通与基波磁通一样可以在各自的主磁路中形成通路，主磁通为平顶波。基波磁通 Φ_1 可以在相绕组中感应出滞后于 Φ_1 90° 的基波感应电动势 e_1。三次谐波 Φ_3 在相绕组中感应出的三次谐波感应电动势 e_3 滞后于 Φ_3 90°。三相变压器的主磁路的磁阻很小，因此 Φ_3 较大，感应出的感应电动势 e_3 也较大，e_3 的幅值几乎可以达到基波感应电动势 e_1 的 40%～60%。如果将两个感应电动势 e_1 和 e_3 进行叠加，所得到的感应电动势 e 将为尖顶波，如图 5-12 所示。三相谐波磁通 Φ_3 的存在使得感应电动势 e 会增大很多，可能损坏变压器的绝缘，因此三相组式变压器不能采用 Y/y 连接组别。

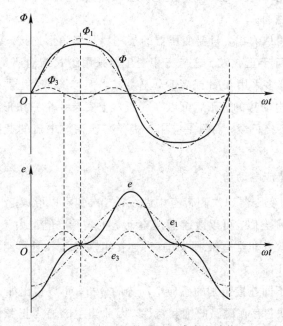

图 5-12　Y/y 的磁通和感应电动势

【注】　三相组式变压器虽然每相感应电动势 e 都增加了很多，但是由于在线电压中三次谐波感应电动势都相互抵消了，因此三相组式变压器的线电压是正弦波。

2）三相芯式变压器

三相芯式变压器的主磁路是 Y 形结构，对于基波磁通来说，三相磁通大小相等，相位互相错开 120°，因此每相的磁通都可以借助另外两相磁路形成闭合通路。三次谐波磁通在三相芯式变压器中无法形成通路，只能通过漏磁路闭合而形成漏磁通。由于变压器的漏磁路的磁阻很大，因此三次谐波磁通被大大减弱，此时变压器形成的磁通接近正弦波，相应的感应电动势也接近正弦波。三次谐波磁通流经变压器的油箱壁及其他铁件将会形成涡流，会产生比较大的涡流损耗。因此，只有容量小于 1800 kV·A 的三相芯式变压器才可以采用 Y/y 连接组别。

【注】 三相组式变压器不能采用 Y/y 连接组别，而三相芯式变压器可以采用 Y/y 连接组别，但是变压器的容量不能太大。

3. D/y 连接的感应电动势

由于变压器一次侧绕组为三角形连接，三次谐波励磁电流可以在闭合的三角形回路中形成通路，因此励磁电流为尖顶波，主磁通为正弦波，相绕组中的感应电动势为正弦波。

4. Y/d 连接的感应电动势

由于一次侧采用 Y 连接，在一次侧三次谐波电流无法形成通路，因此励磁电流为正弦波，相应的主磁通为平顶波，即主磁通包括基波分量和三次谐波分量。三次谐波磁通会在二次绕组中形成三次谐波感应电动势。

根据磁动势平衡可知，由于一次侧无法形成三次谐波电流，也就无法与二次侧的三次谐波电流相平衡，因此二次侧的三次谐波电流会在磁路中形成三次谐波磁通，与一次侧形成的磁通共同形成主磁通。

根据前面的分析可以看出，只要变压器的某一侧是三角形连接，就能保证主磁通和相感应电动势的波形接近于正弦波。这与三相变压器采用组式结构还是芯式结构没有关系。因此，大容量的变压器多采用 Y/d 或者 D/y 连接。当大容量的变压器采用 Y/y 连接时，为了改善变压器相感应电动势的波形，可以在变压器上安装一个三角形连接的辅助绕组，该绕组既不接电源，也不接负载，而只是应用于提供三次谐波电流的通路，以改善变压器的相感应电动势的波形。

5. Y/yn 连接的感应电动势

Y/yn 连接组别的变压器二次侧带有中性线，二次侧可以形成起励磁作用的三次谐波电流，与 Y/d 连接组别类似，可以改善感应电动势的波形。但是由于三次谐波电流很小，对于相感应电动势的改善非常有限，因此这种连接组别与 Y/y 连接组别类似，只适合于容量较小的三相芯式变压器。

根据以上变压器不同连接组别的感应电动势的分析，可以得出如下五点结论：

（1）由于变压器铁芯存在磁路的饱和特性，因此当主磁通为正弦波时，励磁电流为尖顶波；而如果励磁电流为正弦波，则主磁通为平顶波。尖顶波电流和平顶波磁通都可以分解为基波和三次谐波。

（2）为了使变压器的相感应电动势为正弦波，变压器的主磁通必须为正弦波，这就要求励磁电流为尖顶波。为了使励磁电流形成尖顶波，要求变压器能够为三次谐波电流提供电流通路。

（3）由于采用 YN/y、D/y 和 Y/d 连接的三相变压器能够为三次谐波电流提供通路，因此这三种连接组别的变压器的主磁通和感应电动势均为正弦波。

（4）Y/y 连接组别的变压器没有三次谐波电流的通路，但是变压器中含有三次谐波分量。对于芯式变压器，由于三次谐波磁通形成的漏磁通很小，因此相感应电动势接近正弦波；而对于三相组式变压器，其三次谐波磁通会形成较大的三次谐波感应电动势，导致相感应电动势发生很大的畸变，容易产生过压或者损坏绝缘。

（5）星形或者三角形连接，无论相感应电动势中有无三次谐波分量，线感应电动势中都没有三次谐波分量。带中性线的星形连接，其相电流中存在三次谐波分量；三角形连接的绕组，其相电流中存在三次谐波分量，而线电流中没有三次谐波分量。

5.4　变压器的并联运行

5-4　并联运行

随着电力成为国民经济中最主要、最方便的能源，电力系统中的变电容量已经远远超出了单台变压器所能承担的负载范围，一台变压器往往不能担负起全部容量的升压或降压任务，因此要采用多台变压器并联运行。

5.4.1　并联运行的方式及特点

变压器的并联运行是指两台或多台变压器的一次、二次绕组相同标号的出线端分别并联到一次、二次侧的公共母线上，共同完成向负载供电的一种运行方式，其示意图如图 5-13 所示，其中 1、2 和 n 代表变压器的序号。

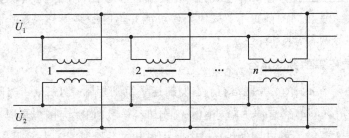

图 5-13　变压器并联运行示意图

变压器并联运行的优点主要有以下三点：

（1）可以提高供电的可靠性。多台变压器并联运行时，如果其中一台变压器发生故障或需要检修而退出运行，其余变压器可继续向负载供电，从而保证了供电的可靠性。

（2）可以提高供电的经济性。变压器并联运行时，可以根据负载大小的变化情况，随时调整投入并联运行的台数，提高运行效率，保证变压器的经济运行。

（3）可以减少备用容量和初次投资。从变电站的建设和发展来看，可随着用电负荷的不断增加，分期分批安装变压器，以减少变压器的备用容量和初期投资。

此外也应注意，变压器并联运行的台数并非越多越好，变压器台数过多也是不经济的，因为一台大容量变压器的造价要比总容量相同的几台小变压器的总造价低，材料消耗少，占地面积也小。

5.4.2　并联运行的条件

1. 并联运行的理想情况

（1）空载时并联的各变压器之间没有环流。

（2）负载时各变压器所分担的负载按其容量大小以正比例分配，即"大马拉大车、小马拉小车"，这样可保证各变压器的容量都能得到充分利用。

（3）负载时各变压器的输出电流相位相同，这样在总的负载电流一定时，各变压器分担的电流最小，而各变压器输出电流一定时，总的输出电流最大。

2. 并联运行的理想条件

为了实现上述理想情况，并联运行的变压器应满足以下三个条件（即并联运行的理想条件）：

（1）各变压器的连接组别相同。

（2）各变压器的额定电压相等，即变比相等。

（3）各变压器的短路阻抗（短路电压）标幺值相等，短路阻抗角也相等。

满足前两个条件可保证各变压器之间无环流，满足第三个条件可保证各变压器能合理分担负载且输出电流同相位。

在实际并联运行中，除第（1）条必须严格满足外，其余两条允许稍有偏差。一般规定变压器变比的偏差不得超过±1%，短路阻抗标幺值的偏差不得超过±10%。

5.4.3　变压器的并联运行

在实际使用中，由于供电和用电系统具有复杂性和多样性，因此并联运行的变压器在保证变压器连接组别相同的前提下，其他条件可能并不能始终得到满足。下面分析短路阻抗不等和变比不等两种常见情况。

1. 短路阻抗不等的并联运行

设有三台变压器 α、β、γ 并联运行，它们的连接组别相同，且一、二次侧的额定电压相同，其负载运行情况的简化等效电路如图 5-14 所示。由图 5-14，根据电路理论可得

$$I_\alpha : I_\beta : I_\gamma = \frac{1}{Z_{k\alpha}} : \frac{1}{Z_{k\beta}} : \frac{1}{Z_{k\gamma}} \tag{5-9}$$

$$I_1 = I_\alpha + I_\beta + I_\gamma \tag{5-10}$$

式中，I 表示相应变压器的电流，Z_k 表示相应变压器的短路阻抗，下标 α、β、γ 分别表示所对应的变压器。

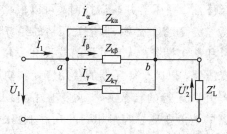

图 5-14　短路阻抗不等的并联运行等效电路

引入变压器的负载系数 β，并定义相应变压器的负载系数为

$$
\begin{cases}
\beta_\alpha = I_\alpha^* = \dfrac{I_\alpha}{I_{\alpha N}} \\[3mm]
\beta_\beta = I_\beta^* = \dfrac{I_\beta}{I_{\beta N}} \\[3mm]
\beta_\gamma = I_\gamma^* = \dfrac{I_\gamma}{I_{\gamma N}}
\end{cases}
\tag{5-11}
$$

其中，下标 N 表示额定值。借助于电压标幺值，ab 两点之间电压的标幺值为

$$
U_{ab}^* = I_\alpha^* Z_{k\alpha}^* = I_\beta^* Z_{k\beta}^* = I_\gamma^* Z_{k\gamma}^*
\tag{5-12}
$$

利用式(5-11)和式(5-12)则可进一步得到并联运行的各变压器负载系数 β 间的关系：

$$
\beta_\alpha : \beta_\beta : \beta_\gamma = \frac{1}{Z_{k\alpha}^*} : \frac{1}{Z_{k\beta}^*} : \frac{1}{Z_{k\gamma}^*}
\tag{5-13}
$$

式中，$Z_{k\alpha}^*$、$Z_{k\beta}^*$ 和 $Z_{k\gamma}^*$ 分别表示对应变压器的短路阻抗的标幺值。由此可得，并联运行的各变压器的负载系数与短路阻抗标幺值呈反比关系。

一般情况下，容量相同的各变压器的阻抗差异也比较小，负载系数相差不会太大，因此一般要求并联运行的变压器的任意两台变压器的容量比不超过 3。理想情况下，各变压器的阻抗相同，负载系数也相同，负载分配最为合理。

2. 变比不等的并联运行

图 5-15 中，设两台变压器 α、β 的变比不等，即 $k_\alpha \neq k_\beta$。将变压器的一次侧电压折算到二次侧，忽略励磁电流。在空载时，两台变压器之间的环流为

$$
I_c = \frac{\dfrac{\dot{U}_1}{k_\alpha} - \dfrac{\dot{U}_1}{k_\beta}}{Z_{k\alpha} + Z_{k\beta}}
\tag{5-14}
$$

式中，$Z_{k\alpha}$ 和 $Z_{k\beta}$ 分别代表两台变压器折算到二次侧的短路阻抗。

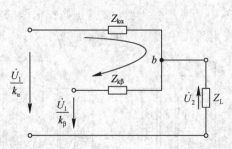

图 5-15 变比不等的并联运行等效电路

这里简单定性讨论变比不相等时的变压器并联运行情况。

（1）空载运行情况。当变比不相等时，会引起两台变压器间产生环流。同时由于变压器漏阻抗很小，很小的电压差就会引起较大的环流，环流与负载大小无关。

（2）负载运行情况。负载运行时，每台变压器的电流都由负载分量和环流组成，虽然各负载分量的相位基本相同，但加上环流后就会导致一台变压器的电流大于负载分量，而另一台变压器的电流小于负载分量。

（3）由于变比不等，因此变压器运行时一、二次绕组中都会产生较大的环流，这既占用了变压器的容量，又增加了变压器的损耗。

因此，为了限制环流，通常规定并联运行时，变压器的变比之差要小于1%。

5.5　特殊变压器

5-5　特殊变压器

除了单相变压器和三相变压器外，还有一些特殊变压器。本节主要介绍三绕组变压器、分裂变压器、自耦变压器和仪用变压器（电流互感器和电压互感器）的工作原理、主要特点、应用范围及注意事项。

5.5.1　三绕组变压器

在发电厂和变电所中，常需要将三个不同电压等级的输电系统连接起来，为了降低成本，通常可以不采用两台双绕组变压器，而是采用一台三绕组变压器来实现。三绕组变压器的每一相都有三个绕组，分别为高压绕组、中压绕组和低压绕组。在发电厂中，可以将两台发电机分别接到三绕组变压器的两个低压绕组，电能则可以经过高压绕组升压后传送到电网。有时由于输电距离的不同，发电厂发出的电能需要有两种不同电压等级的电压输出，这时也可以采用一台三绕组变压器来实现。

1. 变压器的结构

三绕组变压器的铁芯一般为芯式结构，每个铁芯柱上都套装高压、中压和低压三个同芯绕组。三个绕组的排列位置既要考虑绝缘的方便，同时又要考虑功率传递的方向。从绝缘的角度考虑，高压绕组不宜靠近铁芯，而总是放在最外层。从功率的角度考虑，相互之间传递功率较多的绕组应靠得近一些。例如，在发电厂中的升压变压器，可以将发电机发出的低压电压连接到低压绕组，经过中压和高压绕组升压之后传递到不同电压等级的电网用户，这时可以将低压绕组放在中间，将中压绕组放在内层，而将高压绕组放在外层，如图5-16(a)所示。而变电站中的降压变压器，多是把高压电网的电能传递到中压和低压绕组，因此此时可以将中压绕组放在中间层，而将低压绕组放在内层，如图5-16(b)所示。

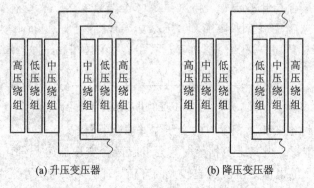

(a) 升压变压器　　　　　　　(b) 降压变压器

图5-16　三绕组变压器示意图

按照国家标准的规定，三相三绕组变压器的标准连接组别有两种，分别为 YN/yn0/d11 和 YN/yn0/y0。

2. 额定容量和容量的配合

在双绕组变压器中，一、二次绕组的容量是相等的。而在三绕组变压器中，三个绕组的容量可以相等，也可以不相等，通常将容量最大的绕组容量定义为三绕组变压器的额定容量。根据国家标准的规定，三绕组变压器三个绕组的容量的配合有三种情况，如表 5-1 所示。

表 5-1　三绕组变压器三个绕组的容量配合　　　　　　　　　%

配合情况	高压绕组	中压绕组	低压绕组
第一种情况	100	100	100
第二种情况	100	50	100
第三种情况	100	100	50

表 5-1 中三种容量配合情况的说明如下：

（1）第一种情况的配合表示三个绕组的容量是一致的，均为额定容量，这种配合适合于作为升压变压器的场合。

（2）第二种情况的配合表示高压绕组和低压绕组为额定容量，而中压绕组为额定容量的 50%，这种配合适合于升压或者降压变压器的场合。

（3）第三种情况的配合表示高压绕组和中压绕组为额定容量，低压绕组为额定容量的 50%，这种配合适合于降压变压器的情况。

【注】　三绕组变压器的三种情况的容量配合是指三个绕组的设计容量之间的关系，且代表实际运行的功率关系。

在实际应用中，选择哪一种容量配合，要根据各个绕组所带负载的实际情况进行确定。例如，当中压绕组的负载容量为 80%，低压绕组的负载容量为 40% 时，可以选择第三种配合。

5.5.2　分裂变压器

1. 分裂变压器的结构和特点

双分裂式绕组变压器简称分裂变压器，是指变压器的每相由一个高压绕组与两个或多个电压和容量均相同的低压绕组构成的多绕组电力变压器。分裂变压器一般应用于发电厂厂用变压器。下面介绍大型发电厂常用的分裂变压器。

分裂变压器就是把低压绕组分裂成在电路上彼此分离、在磁路上具有松散磁耦合的两个绕组。这两个分裂绕组结构相同，容量相等，而且两个绕组的容量之和等于高压绕组（不分裂绕组）的额定容量。两个分裂绕组的额定电压可以相等，也可以不相等（但是必须相近）。两个分裂绕组可以单独运行，也可以同时运行，当电压相等时还可以并联运行。

图 5-17 给出的为单相分裂变压器的示意图，高压绕组 1 由两个并联绕组组成，出线端分别为 U_1 和 U_2。低压绕组 2 和 3 为分裂出的两个分裂绕组，出线端分别为 u_{11}、u_{21} 和 u_{12}、u_{22}。安装在不同铁芯柱上的两个低压绕组 2 和 3 的磁耦合比较松散，漏磁通较多，其短路阻抗较大。安装在相同铁芯柱上的绕组 1 和 2、1 和 3 之间的磁耦合比较紧密，绕组 1 和 2、1 和 3 之间短路阻抗较小。由分裂变压器的结构可以发现，分裂变压器主要具有如下三个特点：

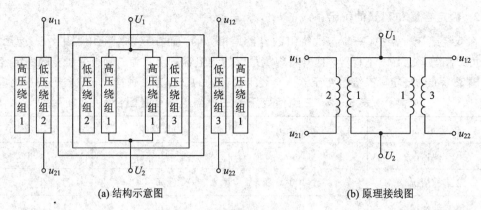

(a) 结构示意图　　　　　　　　　　　(b) 原理接线图

图 5-17　单相分裂变压器

（1）由于两个分裂绕组之间具有较大的短路阻抗，因此发生短路时可以有效地限制短路电流。

（2）当分裂绕组中的一个绕组发生短路时，另外一个分裂绕组仍能够维持较高的电压，从而保证供电的可靠性。

（3）分裂绕组与不分裂绕组之间具有较小的短路阻抗，并且相等，这可以保证变压器具有较高的供电效率。

【注】　分裂变压器的制造比较复杂，价格较贵，分裂变压器比同容量的普通变压器要贵约 20％以上。

2. 分裂变压器的应用场合

由于电厂中机组和电力变压器的单位容量不断增大，因此供电系统中的短路容量越来越大，分裂变压器在电力系统中的应用越来越多。特别是在大型电厂中，厂用变压器需要向两段独立的母线供电，当一段低压母线短路或者出现故障时，为了保证另一段母线仍维持较高的供电电压，提高供电系统的可靠性，这时采用分裂变压器就显得很有必要。图 5-18(a)为发电厂厂用变压器的接线情况。对于水电厂，发电的容量不是很大，这时可以通过两台发电机共用一台分裂变压器进行供电，这种情况的接线图如图 5-18(b)所示。

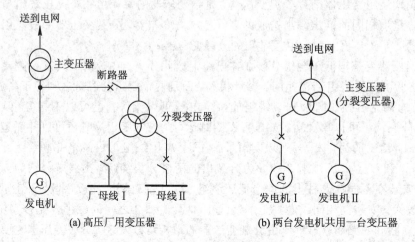

(a) 高压厂用变压器　　　　　(b) 两台发电机共用一台变压器

图 5-18　分裂变压器的两种接线图

5.5.3　自耦变压器

只有一个绕组的变压器叫自耦变压器，即一、二次侧共用一部分绕组。自耦变压器与普通双绕组变压器的区别在于：普通双绕组变压器一次、二次绕组之间仅有磁的耦合，并无电的联系；而自耦变压器的一次绕组部分兼作二次绕组使用（或者二次绕组部分兼作一次绕组使用），因此自耦变压器一次、二次绕组之间既有磁的耦合，又有电的联系。

1. 主要用途

在电力系统中，自耦变压器主要用来连接两个电压等级相近的电力网，作为两个电网的联络变压器；在实验室中常采用二次侧有滑动触头的自耦变压器作为调压器。另外，当异步电动机或同步电动机需降压启动时，也常用自耦变压器进行降压启动。

2. 电磁关系

自耦变压器的结构特点是低压绕组为高压绕组的一部分。图 5-19 所示为单相降压自耦变压器和其工作原理图。

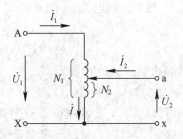

(a) 自耦变压器　　　　　　　　　(b) 自耦变压器原理图

图 5-19　自耦变压器示意图

1）电压关系

自耦变压器的电压满足：

$$k_a = \frac{E_1}{E_2} = \frac{N_1}{N_2} \approx \frac{U_1}{U_2} \tag{5-15}$$

其中，E_1、E_2，U_1、U_2，N_1、N_2，k_a 分别是一、二次绕组的感应电动势、电压、绕组有效匝数和变比。变比 k_a 一般为 1.5～2。

2）电流关系

根据图 5-19(b)可知

$$(N_1 - N_2)\dot{I}_1 + N_2\dot{I} = \dot{I}_0 N_1 \tag{5-16}$$

忽略空载电流 $\dot{I}_0$，同时利用 $\dot{I}_1 + \dot{I}_2 = \dot{I}$，可得 $N_1\dot{I}_1 + N_2\dot{I}_2 \approx 0$，进而可得

$$\dot{I}_1 \approx -\frac{\dot{I}_2}{k_a} \tag{5-17}$$

因此可以得到

$$\dot{I} = \left(1 - \frac{1}{k_a}\right)\dot{I}_2 \tag{5-18}$$

3）容量关系

自耦变压器的额定容量为

$$S_N = U_{1N} I_{1N} = U_{2N} I_{2N} \tag{5-19}$$

Aa 段绕组的额定容量为

$$S_{Aa} = U_{Aa} I_{1N} = (U_{1N} - U_{2N}) I_{1N} = S_N \left(1 - \frac{1}{k_a} \right) \tag{5-20}$$

ax 段绕组的额定容量为

$$S_{ax} = U_{2N} I = S_N \left(1 - \frac{1}{k_a} \right) \tag{5-21}$$

由式（5-20）和式（5-21）可以看出，负载运行时，Aa 段绕组和 ax 段绕组的额定容量相等且都比变压器的额定容量小。而双绕组变压器一、二次绕组的额定容量都等于变压器的额定容量，因此自耦变压器与双绕组变压器相比，在同等容量的情况下，自耦变压器的绕组容量可以设计得比双绕组变压器的绕组容量小。

下面分析自耦变压器的容量传递关系。由式（5-17）可以发现，在忽略励磁电流的情况下，一次侧电流 $\dot{I}_1$ 和二次侧电流 $\dot{I}_2$ 的相位相差 180°，同时因为 $k_a > 1$，所以 $I_2 > I_1$，可以得出

$$I_1 + I = I_2 \tag{5-22}$$

自耦变压器二次侧的输出容量为

$$S_2 = U_2 I_2 = U_{ax}(I_1 + I) = U_{ax} I_1 + U_{ax} I = S_{传导} + S_{ax} \tag{5-23}$$

由式（5-23）可以看出，自耦变压器传递到输出侧的容量包括以下两部分：

（1）电磁容量 $S_{ax} = U_{ax} I$：该部分容量是通过 Aa 段绕组与 ax 段绕组的电磁感应作用而传递到二次侧的容量。该部分容量也等于 Aa 段和 ax 段的绕组容量。

（2）传导容量 $S_{传导} = U_{ax} I_1$：该部分容量是由 I_1 直接传递到二次侧的，没有增加绕组的额外容量。

【注】 双绕组变压器不存在传导容量，全部的输出容量都是经过一、二次侧的电磁感应进行传递的，因此绕组容量与变压器容量相等。

自耦变压器一次侧的输入容量为

$$S_1 = U_1 I_1 = (U_{ax} + U_{Aa}) I_1 = U_{ax} I_1 + U_{Aa} I_1 = S_{传导} + S_{Aa} \tag{5-24}$$

由式（5-24）也可以看出，自耦变压器一次侧的输入容量比 Aa 段绕组的容量 S_{Aa} 也增加了一个传导容量。

3. 主要优点和缺点

1）自耦变压器的优点

（1）节省材料。与同容量双绕组变压器相比，由于自耦变压器有一部分传导容量，因此它的绕组容量相应减少，因而能减小尺寸，节省材料，降低造价。

（2）效率较高。与同容量双绕组变压器相比，由于自耦变压器所用有效材料（硅钢片和铜材）较少，因此变压器的铜损耗和铁损耗较少，提高了效率。

2）自耦变压器的缺点

（1）由于自耦变压器一、二次绕组之间有电的联系，因此当一次侧产生过电压时，必

然导致二次侧产生过电压,这将危及用电设备的安全。使用时需要将中性点可靠接地,且一、二次侧均需装设避雷器。

(2) 自耦变压器的短路阻抗标幺值比同容量的双绕组变压器小,其短路电流较大。为了提高自耦变压器承受短路电流的能力,需采用相应的保护措施。

5.5.4　电压互感器

在测量高电压线路的电压时,如果用电压表直接测量,不仅工作人员很不安全,而且仪表的绝缘等级也需要大大加强,这样会给仪表制造带来困难。对于高压线路的电压测量,可采用电压互感器将高压变换成低压,然后在电压互感器二次侧连接电压表测量电压。电压表的读数是按照电压比转换的数值,可直接读取或按比例换算得到被测电路的电压值。

电压互感器示意图如图 5-20 所示。电压互感器在使用时,相当于一台二次侧处于空载状态的降压变压器,二次侧的额定电压规定为 100 V。在图 5-20 中,电压互感器一次绕组的匝数 N_1 要远远多于二次绕组的匝数 N_2。一次侧电压 U_1 与二次侧电压 U_2 的关系为

$$\frac{U_1}{U_2} \approx \frac{N_1}{N_2} = k_u \tag{5-25}$$

式中,k_u 为电压互感器的电压变比。

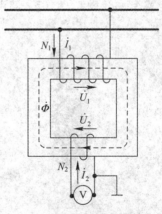

(a) 电压互感器　　　　　　　　　　(b) 电压互感器原理图

图 5-20　电压互感器示意图

由式(5-25)可以看出,测量得到的二次侧电压 U_2 乘以电压变比 k_u 便可以得到变压器的实测电压值 U_1。由于一、二次侧的漏阻抗有压降,因此电压互感器存在一定的测量误差。电压互感器测量误差的相对值为

$$\Delta U = \frac{k_u U_2 - U_1}{U_1} \times 100\% \tag{5-26}$$

按电压测量误差的相对值大小,电压互感器的精度可以分成 0.2、0.5、1.0 和 3.0 几个精度等级。

电压互感器在使用时应注意以下三点:

(1) 二次绕组绝对不允许短路。若出现短路,会产生大电流而烧毁仪器设备。

（2）二次侧必须有一端接地。在保证安全的同时，可以防止因静电荷的累积而影响仪表读数。

（3）二次回路串接的阻抗不能太小，以免影响测量的精度。

5.5.5 电流互感器

测量高压线路的电流或者大电流时，可采用电流互感器，将高电压或者大电流线路隔开，将大电流变小，再用电流表进行测量。实测电流表读数按电流比进行转换，即可得出被测电流的实际值。根据国家标准，电流互感器二次侧额定电流规定为 1 A 或者 5 A。

电流互感器的示意图如图 5 - 21 所示。电流互感器在使用时，相当于一台二次侧处于短路状态的变压器。电流互感器的一次绕组串联在被测电路中，二次绕组接电流表。在设计电流互感器时，应尽量减小其励磁电流。根据变压器磁通势的平衡关系 $\dot{I}_1 N_1 + \dot{I}_2 N_2 = \dot{I}_0 N_1$ 可知，当励磁电流 $I_0 \approx 0$ 时，可以得到

$$\dot{I}_1 \approx -\frac{N_2}{N_1}\dot{I}_2 = -k_i \dot{I}_2 \qquad (5-27)$$

式中，k_i 为电流互感器的电流变比。由式（5 - 27）可以看出，把电流互感器的二次侧电流 I_2 乘以电流变比 k_i，便可以得到一次侧电流 I_1。由于励磁电流的存在，电流互感器总会存在一定的测量误差。电流互感器的相对误差定义为

$$\Delta I = \frac{k_i I_2 - I_1}{I_1} \times 100\% \qquad (5-28)$$

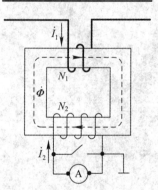

(a) 电流互感器　　　　(b) 电流互感器原理图

图 5 - 21　电流互感器示意图

根据电流互感器的相对误差，电流互感器可以分成 0.2、0.5、1.0、3.0、10.0 五个精度等级。

电流互感器在使用时应注意以下两点：

（1）二次侧绝对不能开路。在接入仪表或拆除仪表时，必须先将二次侧短路，否则它将处于空载状态，在这种情况下，被测线路中的大电流全部变成电流互感器的空载电流，会使铁芯中的磁密大为提高，从而使二次绕组感应出很高的感应电动势，危及人员安全。

（2）二次回路应接地。在使用时，电流表不能串得太多，即阻抗值不能超过规定的标准，否则误差就会增大，会降低电流互感器的测量精度。

本 章 小 结

（1）三相组式变压器的优点是各相之间完全独立、互不干扰，比较适用于巨型变压器的分拆制造、运输和安装，且各部分磁路和电路的相对独立也有利于减少总容量的限制。

（2）三相芯式变压器的优点是消耗材料少，运行效率高，占地面积小，维护简单，因而在实际工程中，大部分三相变压器都采用芯式结构。

（3）变压器的连接组别是表示变压器高、低压绕组的连接方式和高、低压绕组的电动势相位变化的一个标志。

（4）三相变压器的连接组别采用时钟表示法。不论怎样连接，高压绕组线感应电动势 $\dot{E}_{AB}$ 和低压绕组线感应电动势 $\dot{E}_{ab}$ 之间的相位差均为 $30°$ 的整数倍。

（5）Y/y 连接组别共有 0、2、4、6、8、10 六种偶数连接组别，即 Y/y0、Y/y2、Y/y4、Y/y6、Y/y8 和 Y/y10。

（6）Y/d 连接共有 1、3、5、7、9、11 六种奇数连接组别，即 Y/d1、Y/ d3、Y/ d5、Y/ d7、Y/ d9 和 Y/ d11。同理，D/y 连接也有 1、3、5、7、9、11 六种奇数连接组别。

（7）按照国家标准规定，对于单相双绕组电力变压器，规定只采用 I/I0 这一种连接组别；对于三相双绕组电力变压器，规定只采用 Y/yn0、Y/d11、YN/d11、YN/y0 和 Y/y0 这五种连接组别。

（8）三次谐波电流能否在三相电路中流通取决于三相绕组的连接方式。三相绕组中三次谐波磁通的大小相似，相位也类似，三次谐波磁通的磁路取决于三相磁路的结构。

（9）并联运行的理想条件是：① 各变压器的连接组别相同；② 各变压的额定电压相等，即变比相等；③ 各变压器的短路阻抗（短路电压）标幺值相等，短路阻抗角也相等。

（10）三绕组变压器的每一相都有三个绕组，分别为高压绕组、中压绕组和低压绕组。

（11）双分裂式绕组变压器简称分裂变压器，是指变压器的每相由一个高压绕组与两个或多个电压和容量均相同的低压绕组构成的多绕组电力变压器。分裂变压器一般应用于发电厂厂用变压器。

（12）自耦变压器的一次绕组部分兼作二次绕组使用（或者二次绕组部分兼作一次绕组使用），因此自耦变压器一次、二次绕组之间既有磁的耦合，又有电的联系。

（13）在使用电压互感器时应注意三点：① 二次绕组绝对不允许短路；② 二次侧必须有一端接地；③ 二次回路串接的阻抗不能太小，以免影响测量的精度。

（14）在使用电流互感器时应注意两点：① 二次侧绝对不能开路；② 二次回路应接地。

习　　　题

一、选择题

1. 三绕组变压器中的中压绕组向高压和低压绕组传递功率时，中压绕组应该套在铁芯柱的（　　）。

A. 外层　　　　　　　　　　B. 中间层　　　　　　　　　　C. 内层

2. 电压互感器的二次额定电压为（　　）

A. 5 V　　　　　　　　　　B. 36 V　　　　　　　　　　C. 100 V

3. 电流互感器的二次额定电流不可能为（　　）

A. 1 A　　　　　　　　　　B. 2 A　　　　　　　　　　C. 5 A

4. 下列特种变压器在使用时，二次绕组不许开路的为（　　）。

A. 自耦变压器　　　　　　B. 电流互感器　　　　　　C. 电压互感器

5. 下列特种变压器在使用时，二次绕组不许短路的为（　　）。

A. 自耦变压器　　　　　　B. 电流互感器　　　　　　C. 电压互感器

二、填空题

1. 三相变压器的结构包括＿＿＿＿＿＿和＿＿＿＿＿＿。

2. 变压器的连接组别是表示变压器高、低压绕组的＿＿＿＿＿＿和高、低压绕组的＿＿＿＿＿＿变化的一个标志。

3. 变压器铁芯存在磁路的饱和特性，因此当主磁通为＿＿＿＿＿＿时，励磁电流为尖顶波；如果励磁电流为正弦波，则主磁通为＿＿＿＿＿＿。尖顶波电流和平顶波磁通利用＿＿＿＿＿＿和＿＿＿＿＿＿谐波进行合成。

4. 分裂变压器两个分裂绕组＿＿＿＿＿＿相同，＿＿＿＿＿＿相等，而且两个绕组的容量之和等于不分裂绕组的额定容量。

5. 用时钟表示法表示单相变压器的组别，有＿＿＿＿＿＿和＿＿＿＿＿＿两种形式。

6. Y/y 连接的三相变压器共有＿＿＿＿＿＿种连接方式，其标号都是＿＿＿＿＿＿（填奇数或偶数）形式。

7. Y/d 连接的三相变压器，共有＿＿＿＿＿＿种连接方式，其标号都是＿＿＿＿＿＿（填奇数或偶数）形式。

8. 电压互感器运行时，二次侧不允许＿＿＿＿＿＿；电流互感器运行时，二次侧不允许＿＿＿＿＿＿。

三、简答题

1. 三相组式变压器和三相芯式变压器各有哪些优缺点？

2. 三绕组变压器的额定容量是如何定义的？三个绕组的容量有哪几种配合方式？

3. 三相变压器的连接组别有何意义？如何用时钟表示法来表示？

4. 变压器并联运行的理想条件是什么？

5. 三绕组变压器的三个绕组在结构上如何安排？

6. 什么是分裂变压器？分裂变压器具有哪些特点？分裂变压器主要应用于哪些场合？

7. 自耦变压器的结构有什么特点？它有哪些优点？

8. 简述电压互感器的工作原理。电压互感器的精度等级是如何定义的？

9. 简述电流互感器的工作原理。电流互感器的精度等级是如何定义的？

10. 简述变压器的主要功能。

四、请画出图 5 - 22 中三相变压器的感应电动势相量图，并判断连接组别。

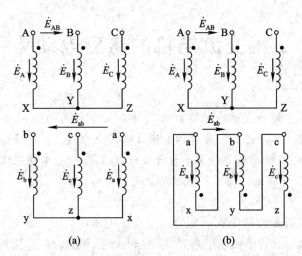

图 5 - 22　三相变压器的感应电动势相量图

五、画图题

根据给出的连接组别，画出下列三相变压器的绕组接线图。

（1）Y/y4；　（2）Y/y6；　（3）Y/d3；　（4）Y/d5。

第6章　三相交流电机的感应电动势和磁动势

[摘要]　本章主要解决交流电机感应电动势和磁动势的四个问题：① 交流电机的感应电动势的产生机理，具体是如何计算的？基波感应电动势是如何一步一步推导出来的？② 三相交流电机的电枢绕组如何分布？为什么这么布置？③ 单相绕组脉振磁动势形成的机理是怎样的？④ 三相绕组的圆形旋转磁动势是如何形成的？

　　磁场是实现机电能量转换的关键媒介。在直流电机中，定子磁场的形成有两种方式，即永久磁铁和电磁铁；而转子磁场形成的方式与电磁铁相似。在直流电机中，转子磁场相对于定子磁场是静止不动的，因此对直流电机的理解要容易得多。在交流电机中，定子磁场是通过类似电磁铁的模式形成的，而转子磁场的形成则有两种方式，即感应式和非感应式（包括永久磁铁和电磁铁）。根据转子磁场形成的方式，交流电机可以分为**异步电机（也称为感应电机）**和同步电机。异步电机的转子磁场是由定子磁场在转子绕组中感应的电流而产生的磁场，异步电机的转子与定子磁场是不同步的。当异步电机的转子磁场超前于定子磁场时，该异步电机为**异步发电机**；而当转子磁场滞后于定子磁场时为**异步电动机**。同步电机的转子磁场是由永久磁铁或者电磁铁形成的，同步电动机的转子是与定子磁场同步旋转的。

　　电枢绕组是电机中实现机电能量转换的关键部分。在直流电机中，电枢绕组在转子上，而在交流电机中，电枢绕组在定子上。电枢绕组合理的连接方式是实现电机中机电能量转换的物质基础。

6.1　交流电机电枢绕组中感应电动势的形成原理

6.1.1　单根导体内产生的感应电动势

6-1　交流电机的
感应电动势

　　在第2章讲述直流电动机原理时采用的交流发电机的例子中假设定子磁极不动，而由外力拖动电枢绕组旋转，电枢绕组内部则会感应产生交流电，并通过滑环和电刷将电能输出，如图2-1所示。本章为了说明交流电机电枢绕组中感应电动势的形成原理，假定电机的转子采用永久磁铁的方式，如图6-1所示。在实际交流电机中，一般是定子的电枢不动，转子绕着转轴逆时针（正转）或者顺时针（反转）旋转。当永磁体逆时针方向旋转时，我们可以站在永磁体这个角度，认为永磁体不动，而定子上的导体绕着永磁体沿着圆周顺时针旋转，如图6-1(a)所示，导体内感应产生的感应电动势不会因为这种相对参照物的变化而变化。为了清楚地解释单根导体内产生的感应电动势，我们给出如下几个定义。

　　机械角度：沿着电机定子的内表面，绕定子一周所历经的空间角度称为2π弧度（或者

360°)机械角度，即任何旋转电机定子内表面的一周都是 2π 弧度(或者 360°)机械角度。从电机转子角度来说，就是只要转子旋转一周，其所经历的空间机械角度就是 2π 弧度(或者 360°)。

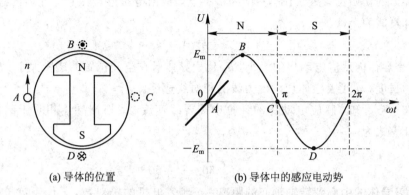

(a) 导体的位置   (b) 导体中的感应电动势

图 6-1 单根导体产生的感应电动势

电角度：在定子内表面上的不同导体内感应电动势变化一个周期，导体在定子内表面所经历的空间角度称为 2π 弧度(或者 360°)电角度，即在空间相差 2π 弧度(或者 360°)电角度的两根导体的感应电动势相同。从转子的角度来说，转子旋转一周，其经历的空间电角度为导体内电动势的周期数与 2π 弧度(或者 360°)的乘积。

由上述定义可以发现，电角度 α 和机械角度 θ 之间的关系为

$$\alpha = p\theta \tag{6-1}$$

式中，p 为电机的极对数。

与式(6-1)相似，电机的电角速度与机械角速度存在如下关系：

$$\omega = p\omega_m \tag{6-2}$$

式中，ω 代表电机的电角速度，ω_m 代表机械角速度。电机的电角速度 ω 与转速 n 之间的关系为

$$\omega = 2\pi p \frac{n}{60} \tag{6-3}$$

当转子磁极以电角速度 ω 在恒速旋转时，电机的电角度 α 为

$$\alpha = \omega t \tag{6-4}$$

式中，t 为时间。由图 6-1 可知，电机转子在空间上的角位置与感应电动势在时间上的位置是一致的。

为了分析单根导体内感应电动势的大小，现作如下规定：

(1) 磁通由转子进入定子为正方向；

(2) 导体内的感应电动势穿出纸面为正方向；

(3) 导体相对于磁极顺时针方向旋转为正转。

假设电机的气隙中只存在基波磁感应强度(简称**基波磁密**)，基波磁密沿着转子的表面为正弦分布，并可以表示为

$$b_\delta = B_\delta \sin\alpha = B_\delta \sin\omega t \tag{6-5}$$

式中，B_δ 为基波磁密的最大值。在每个磁极下，磁密的平均值为

$$B_{av} = \frac{\int_0^\pi B_\delta \sin\alpha \, d\alpha}{\pi} = \frac{2}{\pi} B_\delta \tag{6-6}$$

假设导体的初始位置处于图 6-1 中的 A 点，根据电磁感应定律，导体内感应产生的电动势的计算式为

$$e = b_\delta l v \tag{6-7}$$

式中，e 代表导体内感应电动势的大小，b_δ 代表导体所在空间位置的磁密大小，l 代表导体在磁场中的长度，v 代表导体切割磁力线的相对线速度。

由式(6-7)可知，感应电动势的计算中需要线速度 v。根据导体相对于磁极的转速，线速度的计算式为

$$v = 2\pi r \frac{n}{60} = 2p\tau \frac{n}{60} \tag{6-8}$$

式中，r 代表导体的中心到转轴轴心的距离，p 代表电机的极对数，τ 代表定子极距(即电机定子上相邻两个磁极中性线在定子表面所跨过的距离)。

由导体内感应电动势的规律可以发现，当转子磁极的极对数为 1 时，转子磁极旋转一周，导体内的感应电动势变化一个周期；当导体的极对数为 p 时，转子磁极旋转一周，导体内的感应电动势变化 p 个周期。因此，当转子磁极以转速 n 旋转时，导体内感应电动势的频率为

$$f = p \frac{n}{60} \tag{6-9}$$

式(6-9)在电机分析中具有非常重要的意义。**当电机为发电机时，根据电机极对数和转子的转速可以计算发电的频率；而当电机为电动机时，根据电机的极对数和供电的频率可以计算出电机定子磁场的转速。**

将式(6-5)和式(6-8)代入式(6-7)中，可得导体内的基波感应电动势为

$$e = B_\delta \sin\omega t \times l \times 2p\tau \frac{n}{60} = E_m \sin\omega t \tag{6-10}$$

式中，$E_m = 2pB_\delta l\tau n / 60$，代表基波感应电动势的幅值。由图 6-1(b)也可以看出，单根导体内感应电动势为正弦波。利用式(6-6)和式(6-9)，导体内基波感应电动势的幅值可以进一步表示为

$$E_m = 2pB_\delta l\tau \frac{n}{60} = 2p \times \frac{\pi}{2} \times \left(\frac{2}{\pi} B_\delta\right) \times (l\tau) \times \frac{1}{60} \times \frac{60f}{p} = \pi f \Phi \tag{6-11}$$

式中，$S = l\tau$ 为转子磁极的面积，$\Phi = B_{av} S$ 为转子磁极的每极磁通。导体内基波感应电动势的有效值为

$$E = \frac{E_m}{\sqrt{2}} = \frac{1}{\sqrt{2}} \pi f \Phi = 2.22 f \Phi \tag{6-12}$$

根据前面的推导过程可知，交流电机内单根导体基波感应电动势具有如下特点：

(1) 基波感应电动势为正弦波；

(2) 基波感应电动势的频率与转子的转速和极对数呈正比关系；

(3) 基波感应电动势的幅值与转子的角频率和每极磁通呈正比关系。

6.1.2　整距线匝和整距线圈内产生的感应电动势

在交流电机中，定子中的导体都不是独立的，而是以线匝的形式存在的。电机的一个线匝都是由两个边组成的，一个边为导体 A，另一个边为导体 X。在交流电机中，电机的一个线匝的两个边在定子表面所跨过的电角度称为节距，用 y_1 表示。当两个边在定子表面相差一个极距，即节距 $y_1 = \pi$ 时，这个线匝称为整距线匝，如图 6-2(a)所示。当转子磁极旋转时，在线匝的连接线中感应的电动势会相互抵消，只有导体 A 和 X 中的感应电动势是有效的。在整距线匝中，导体 A 和 X 中的感应电动势的方向规定如图 6-2(b)所示。因为导体 A 和 X 分别处于不同极性的磁极下面，所以两个导体产生的感应电动势方向是相反的。导体 A 和 X 中的基波感应电动势可以分别用相量 $\dot{E}_A = E\angle 0°$ 和 $\dot{E}_X = E\angle 180°$ 表示，如图 6-2(c)所示。因此，整距线匝中的基波感应电动势相量为

$$\dot{E}_T = \dot{E}_A - \dot{E}_X \tag{6-13}$$

其有效值为

$$E_T = 2E_A = 4.44 f\Phi \tag{6-14}$$

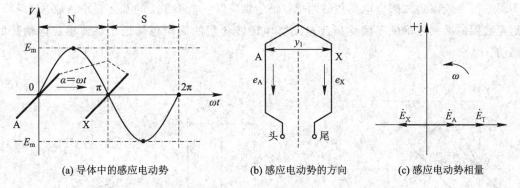

(a) 导体中的感应电动势　　　　(b) 感应电动势的方向　　　　(c) 感应电动势相量

图 6-2　整距线匝导体产生的感应电动势

在实际的交流电机中，电枢大部分是由多个线匝组成的，当将 N_y 个线匝串联起来构成一个线圈时，如果线圈的节距 $y_1 = \pi$，则称为整距线圈；如果节距 $y_1 < \pi$，则称为短距线圈；如果 $y_1 > \pi$，则称为长距线圈。在电机设计中，长距线圈与短距线圈在谐波抑制方面的能力相当，长距线圈比较费铜，因此一般不采用长距线圈。整距线圈的基波感应电动势可以表示为

$$E_y = 4.44 N_y f\Phi \tag{6-15}$$

【注】　由式(6-15)可知，交流电机导体内感应的基波感应电动势与变压器遵循同样的规律，即交流电机与变压器在本质上是一致的。同时交流电机与变压器又是不同的，其主要区别如下：

(1) 变压器的一、二次绕组都是静止不动的，而交流电机定子电枢部分是静止不动的，转子是旋转的。变压器相当于一台静止的交流电机，也可以说变压器是电机运行状态中的一个特例。

(2) 变压器的一、二次侧能量的表现形式都为电能，而交流电机定子侧为电能，转子侧为机械能，即变压器实现的是不同电压或者电流等级之间的电能转换，而交流电机实现

的是电能和机械能之间的相互转换。

6.1.3　短距线圈内产生的感应电动势

在交流电机的电枢绕组中存在大量的谐波感应电动势，将电枢的线圈进行短距排列可以有效降低谐波感应电动势。在图 6 - 3(a)中，A 和 X 代表短距线圈的两个边，线圈的节距 $y_1 = y\pi(0 < y < 1)$。线圈边 A 和 X 的感应电动势的方向如图 6 - 3(b)所示，线圈边 A 和 X 的感应电动势相量如图 6 - 3(c)所示。根据图 6 - 3(c)，短距线圈的基波感应电动势可以表示为

$$\dot{E}_y = \dot{E}_A - \dot{E}_X \tag{6-16}$$

根据几何方法可知，短距线圈的基波感应的大小为

$$E_y = 2E_A \sin\frac{y\pi}{2} = 4.44 N_y f\Phi \sin\frac{y\pi}{2} = 4.44 k_p N_y f\Phi \tag{6-17}$$

式中，$k_p = \sin(y\pi/2)$，为**基波短距系数**。

对比式(6-15)和式(6-17)可以发现，经过线圈的短距排列，短距线圈的感应电动势不再是两个线圈边的感应电动势的两倍，而是要乘以一个小于1的基波短距系数。这说明，**短距线圈的排列在降低了线圈感应电动势中谐波含量的同时也降低了基波感应电动势的幅值**。

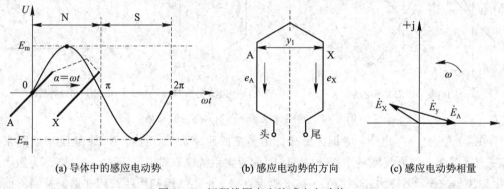

(a) 导体中的感应电动势　　　(b) 感应电动势的方向　　　(c) 感应电动势相量

图 6 - 3　短距线圈产生的感应电动势

6.1.4　分布式线圈组内产生的感应电动势

前面讲述了单根导体、整距线匝和线圈、短距线圈中的感应电动势的计算，实际上交流电机内的电枢不是由单个线圈组成的，而是由很多个线圈组成的。这些线圈在交流电机定子表面的分布主要有两种形式，即分布式绕组和集中式绕组。一般的交流电机中，异步电机和永磁同步电动机都采用分布式绕组，而无刷直流电动机和开关磁阻电动机等都采用集中式绕组。本书主要讲述分布式绕组，对于集中式绕组，读者可以参考其他文献。分布式绕组的线圈均匀分布在定子的内表面，这样既可以充分利用定子的内部空间，又有利于降低感应电动势中的谐波含量。

图 6-4(a)给出了三个整距线圈在定子内表面的分布排列情况，其中 1 和 1′、2 和 2′、

3 和 3′分别是三个线圈的两个边，在定子内表面的槽中，它们在空间的排列上互相相差 γ 电角度。图 6 - 4(b)给出了三个线圈中感应电动势的规定方向，其中 e_q 为三个线圈的合成感应电动势，即

$$\dot{E}_q = \dot{E}_{y1} + \dot{E}_{y2} + \dot{E}_{y3} \tag{6-18}$$

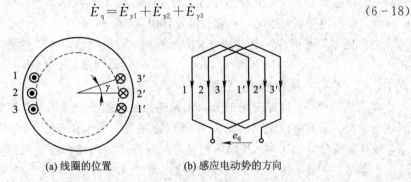

(a) 线圈的位置　　　　　　　(b) 感应电动势的方向

图 6 - 4　分布线圈的感应电动势

对于三个整距线圈中的感应电动势 $\dot{E}_{y1}$、$\dot{E}_{y2}$ 和 $\dot{E}_{y3}$，首先画出其相量的位置，如图 6 - 5(a)所示。将三个线圈的感应电动势的相量进行平行移动，使得其首尾相接，如图 6 - 5(b)所示，平移后的三个感应电动势相量可以组成一个圆的三个弦，合成感应电动势为弦 $\dot{E}_q$。根据几何定理可知，三个弦的外接圆的半径 R 为

$$R = \frac{E_y}{2\sin\dfrac{\gamma}{2}} \tag{6-19}$$

式中，E_y 代表整距线圈的感应电动势的幅值。利用半径 R 可得三个整距线圈感应电动势的合成相量 $\dot{E}_q$ 为

$$E_q = 2R\sin\left(q\,\frac{\gamma}{2}\right) = \frac{\sin\left(q\,\dfrac{\gamma}{2}\right)}{q\sin\dfrac{\gamma}{2}}qE_y = k_d q E_y \tag{6-20}$$

式中，$k_d = \dfrac{\sin\left(q\,\dfrac{\gamma}{2}\right)}{q\sin\dfrac{\gamma}{2}}$ 为**基波分布系数**，q 代表串联的整距线圈数量。

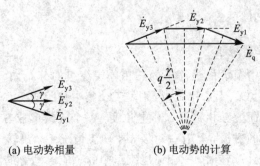

(a) 电动势相量　　　　　(b) 电动势的计算

图 6 - 5　分布线圈的感应电动势的计算

由基波分布系数的定义可以看出，k_d 为小于 1 的数。对于基波分布系数的物理意义，可以这么理解：当 q 个整距分布式线圈串联之后，合成感应电动势的幅值等于 q 个整距集中线圈的总感应电动势乘以基波分布系数。一般情况下，q 越大越有利于减弱谐波感应电动势，但是这要求定子的开槽数增加。当 $q>6$ 时，对高次谐波感应电动势的抑制效果随着 q 的增大而不再明显。因此，一般电机设计中取 $2 \leqslant q \leqslant 6$。

当交流电机电枢绕组既有分布又有短距时，绕组的感应电动势为

$$E_q = 4.44 q k_d k_p N_y f \Phi = 4.44 q k_{dp} N_y f \Phi \qquad (6-21)$$

式中，$k_{dp} = k_d k_p$，为基波绕组系数。

在交流电机中，气隙磁场的分布不是理想的正弦波，因此在电枢绕组中必然存在谐波感应电动势，通过电枢绕组的短距和分布处理可以大大降低电枢中感应电动势的谐波分量，提高基波分量的比例。其原理就是通过线圈的短距和分布的处理，调整每个线圈中的感应电动势的相位，从而调整谐波的含量。对于集中线圈，由于每个线圈中的感应电动势的相位是一致的，因此其谐波分量也无法相互抵消。尽管交流电机的气隙磁场为非正弦分布，但通过对电枢绕组短距和分布的处理，仍然可以得到接近正弦波的感应电动势波形。

6.2　三相交流电机电枢绕组的设计

6.1 节讲述了交流发电机在电枢绕组中感应产生感应电动势的问题。在三相交流电机中，电枢绕组是由三相绕组组成的，可以说每一相绕组都是分布式线圈。三相交流电机对绕组有如下四个方面的要求：

(1) 三相绕组的匝数必须相同，每相绕组所产生的磁动势和感应电动势必须对称，且大小相等，相位上互相错开 $120°$ 电角度。

(2) 三相绕组的合成磁动势与感应电动势的波形应尽量接近正弦波。

(3) 绕组用铜量尽可能少，以降低电机成本。

(4) 绝缘可靠，机械强度高，散热条件好且易于制造。

交流电机的电枢绕组的形式有很多，按电机的相数分，有单相绕组和多相绕组；按电机槽内放置的导体的层数分，有单层绕组和多层绕组，单层绕组包括同心式、链式和交叉式三种，而多层绕组则可以分为叠绕组和波绕组。要深刻地理解交流电机的原理，必须掌握交流电机的电枢绕组的形式。本节主要讲述三相单层绕组和三相双层绕组。

6.2.1　三相单层绕组

1. 最简单的三相单层绕组

交流发电机在理想情况下的最简单的三相单层绕组的分布如

6-2　三相单层绕组

图 6-6(a) 所示。其中，AX、BY 和 CZ 分别是三个集中整距绕组，三个绕组在定子内的表面上互相错开 $120°$ 电角度，三个绕组形成三相对称绕组。交流电机的转子为永久磁铁形成的磁极，具有一对极。在理想情况下，当转子磁极在外部转矩的拖动下以转速 n 匀速逆时针旋转时，三相单层绕组中的感应电动势的波形如图 6-6(b) 所示。

图中，AX 绕组中的感应电动势超前于 BY 绕组中的感应电动势 120°电角度，而 BY 绕组中的感应电动势超前于 CZ 绕组中的感应电动势。然而交流电机的气隙磁密不是正弦波，三相绕组中的感应电动势实际上不是理想正弦波，而且这种绕组方式无法充分利用电机定子表面的空间，因此这种绕组方式只是对于理解三相交流绕组有意义，无实际应用价值。

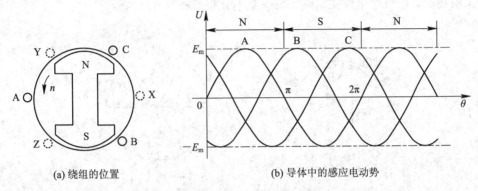

| (a) 绕组的位置 | (b) 导体中的感应电动势 |

图 6-6 理想情况下最简单的三相单层绕组的分布及感应电动势

2. 三相单层整距分布绕组

三相单层分布绕组的交流电机的每个定子槽中只嵌放一个线圈边，结构和嵌放都比较简单，适合作 10 kW 以下的小型交流电机。为了将问题叙述得比较清楚，下面以一台简单的交流发电机的绕组为例进行介绍。假设所设计的三相交流电机定子上的总槽数 $Z=12$，极对数 $p=1$，转子逆时针旋转，绕组设计为单层整距分布方式。三相单层整距分布绕组的设计可以分为三步，即分相、连线和计算基波感应电动势。

1) 分相

三相交流电机绕组的分相有两种方法：一种是直接计算，另一种是相带分相。

所谓直接计算，就是根据电机的相数、定子的槽数和极对数进行计算。由于电机为单层绕组，因此一个绕组需要两个定子槽；由于定子的总槽数 $Z=12$，电机为三相，因此每相所分配的槽为 12/3=4；由于一个电枢需要两个槽，而每相为 4 个槽，因此电机每相包含两个绕组。分相的计算式如下：

$$q=\frac{Z}{2mp}=\frac{12}{2\times3\times1}=2 \qquad (6-22)$$

式中，q 为定子的每极每相槽数，m 为相数。

在介绍相带分相法之前，我们先介绍相带的概念。在交流电机中，每相绕组在一个极距中所占有的区域定义为一个相带，用电角度表示。对于一对极的交流电机，定子一圈为 360°电角度，根据绕组的端子 A 与 X、B 与 Y 和 C 与 Z，有 6 个相带，则每个相带为 360/6=60°电角度。所谓相带分相法，首先要计算槽距角：

$$\gamma=\frac{p\times360°}{Z}=\frac{1\times360°}{12}=30° \qquad (6-23)$$

其次，由每个相带为 60°电角度可知，每个相带包含的槽数 $q=60°/30°=2$，即每个相带包含两个定子槽。

根据前面的计算，在图 6-7(a) 中的三相单层绕组中，1、2 槽属于相带 A，3、4 槽属于相带 Z，5、6 槽属于相带 B，7、8 槽属于相带 X，9、10 槽属于相带 C，11、12 槽属于相带 Y。A 和 X 相带属于电机的 A 相，B 和 Y 相带属于电机的 B 相，C 和 Z 相带属于 C 相。在转子磁极逆时针旋转的情况下，绕组中感应电动势的相量如图 6-7(b)所示。由图 6-7(a) 和(b)可以发现，绕组在定子表面的空间分布与绕组感应电动势在时间上的分布是一致的，这也说明在交流电机中相量在空间和时间上的分布是统一的。

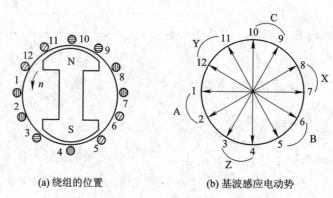

(a) 绕组的位置　　　　　　　　(b) 基波感应电动势

图 6-7　单层分布绕组的感应电动势情况

2）连线

由于交流电机定子表面有 12 个槽，电机为一对极，因此每个极跨 6 个槽。第 1 个线圈的一条边嵌放入定子展开图中的第 1 个槽中，另一条边嵌放入第 7 个槽中。相应地，第 2 个线圈的一条边嵌放入第 2 个槽中，另一边嵌放入第 8 个槽中，如图 6-8(a)所示。由于第 1、2 槽中的导体与第 7、8 槽中的导体分别在不同的磁极下面，它们产生的感应电动势是相反的，因此可以将第 1 个线圈与第 2 个线圈进行串联。图 6-8(a)中，1、2、7 和 8 槽中的导体串联起来可以定为 A 相，相应地 3、4、9 和 10 槽中的导体串联起来可以定为 C 相，而 5、6、11 和 12 槽中的导体串联起来可以定为 B 相，其空间连接图如图 6-8(b)所示。

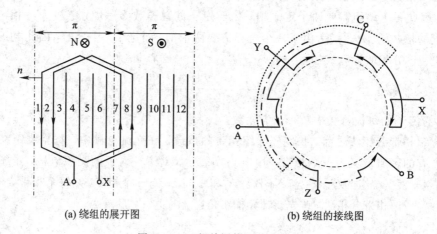

(a) 绕组的展开图　　　　　　　　(b) 绕组的接线图

图 6-8　三相单层绕组的连接图

3）计算基波感应电动势

本例中只给出了一对极情况下的绕组分布情况，当交流电机具有 p 对极时，相应相绕组的感应电动势可以串联，也可以并联。当串联时，相应的感应电动势相加，当并联时，相应的感应电流相加，即串联可以增大感应电动势，并联可以增大电流。本例中，A 相的基波感应电动势的计算式如下：

$$E_{\mathrm{A}} = 4.44 q k_{\mathrm{d}} N_{\mathrm{y}} f \Phi \qquad (6-24)$$

相应地，B 相和 C 相的基波感应电动势分别滞后于 A 相 120°电角度和 240°电角度。

当电机具有 p 对极时，如果并联的支路数为 a，则每相的基波感应电动势为

$$E_{\mathrm{X}} = 4.44 \frac{p q N_{\mathrm{y}}}{a} k_{\mathrm{d}} f \Phi = 4.44 k_{\mathrm{d}} N f \Phi \qquad (6-25)$$

式中，$N = p q N_{\mathrm{y}} / a$，为每相绕组串联的总匝数。

6.2.2　三相双层绕组

双层绕组就是将定子的每一个槽分为上、下两层，每一层嵌放一根导体或者一个线圈边，每根导体或线圈边为一层。由于每个线圈有两个边，因此定子的槽数等于线圈数。对于双层绕组，线圈可以采用任意短距设计，这对于改善电机的感应电动势和磁动势的谐波是非常有利的。双层绕组主要应用于 10 kW 以上的交流电机。

6 - 3　三相双层绕组

按照交流电机的线圈形状和端部连接方式的不同，双层绕组可以分为双层叠绕组和双层波绕组。双层波绕组具有端接部分接线较少的优点，广泛应用于绕线式异步电动机的转子绕组中。双层叠绕组主要应用于交流电机定子绕组的设计中。

为了说明双层绕组的原理，基于前面单层整距绕组的分析，假定交流电机定子总槽数 $Z=24$，极对数 $p=2$，并联支路对数 $a=1$，节距 $y_1=5$ 个槽，转子逆时针旋转，电机绕组设计为双层短距分布叠绕组方式。三相交流电机双层短距分布叠绕组的设计可以分为三步，即分相、连线和计算基波感应电动势。

1. 分相

与单层整距绕组的计算类似，交流电机定子的每极每相槽数为

$$q = \frac{Z}{2mp} = \frac{24}{2 \times 3 \times 2} = 2 \qquad (6-26)$$

图 6-9(a) 为交流电机定子表面开槽的分布情况和绕组在定子槽中的位置。由图 6-9(a) 可以知道，1 槽与 13 槽中导体的感应电动势是相同的，2 槽与 14 槽中也是一样的，当转子逆时针旋转时，绕组中感应电动势的相量和空间分布情况如图 6-9(b) 所示。由于双层绕组

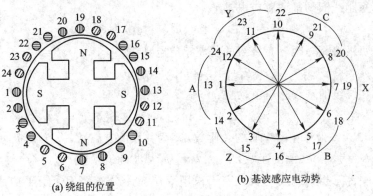

(a) 绕组的位置　　　　　(b) 基波感应电动势

图 6-9　双层分布绕组的感应电动势情况

的一个槽中包含两个线圈的两个边，因此双层绕组的分相要比单层绕组的复杂得多。图 6 - 10 给出了定子槽的展开图，1 槽的上层边和 6 槽的下层边嵌放第一个线圈，2 槽的上层边和 7 槽的下层边嵌放第二个线圈，以此类推。7 槽和 8 槽中放置的线圈边与 1 槽和 2 槽中的线圈边分别在 N 和 S 极下，感应产生的感应电动势方向相反，反向串联而形成 A 相。A 相在第一对极下包括了 1、2、7 和 8 槽的上层边，与 6、7 和 12 槽的下层边。在第二对极下，A 相包括了 13、14、19 和 20 槽的上层边，与 18、19 和 24 槽的下层边。采用同样的方法，可以分析 B 相和 C 相。

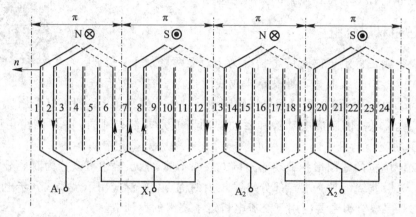

图 6 - 10　三相分布绕组的连接图

2. 连线

由于交流电机定子表面有 24 个槽，电机为两对极，因此极距为 6 个槽，绕组节距为 5 个槽。由于第 1、2、6 槽中的导体在 N 极下，而第 7 槽中的导体在 S 极下，因此当将两个绕组串联时，6 槽中的导体产生的感应电动势将会减弱总的感应电动势，这也是分布绕组电动势不是各个绕组电动势之和的原因。图 6 - 10 中，分别将 N、S 极下的绕组进行串联，则在两对极的交流发电机中，会形成有相同感应电动势的两个绕组 A_1X_1 和 A_2X_2。这两个绕组可以串联，也可以并联，应根据设计要求进行连接。

3. 计算基波感应电动势

双层短距分布绕组的基波感应电动势的计算可以分为三步。

(1) 计算短距线圈的基波感应电动势：

$$E_y = 4.44 k_p N_y f \Phi \tag{6 - 27}$$

(2) 计算每极每相短距分布绕组的基波感应电动势：

$$E_q = 4.44 q k_p k_d N_y f \Phi \tag{6 - 28}$$

(3) 计算相绕组的基波感应电动势：

$$E_x = 4.44 k_{dp} N f \Phi \tag{6 - 29}$$

式中，$N = 2pq N_y / a$ 为每相的串联的总匝数，a 为并联的支路数，q 为每极每相的线圈数，p 为极对数，N_y 为每个线圈的匝数，$k_{dp} = k_d k_p$ 为基波绕组系数。

例 6.1　一台三相交流发电机，定子采用双层短距分布绕组。定子内表面的总槽数 $Z = 36$，极对数 $p = 3$，线圈的节距 $y_1 = 5$ 个槽，每个线圈的匝数 $N_y = 20$ 匝，并联的支路

数 $a=1$，发电的频率 $f=50$ Hz，每极基波磁通量 $\varPhi=0.003\,98$ Wb。请计算：

（1）单根导体的基波感应电动势；

（2）线匝的基波感应电动势；

（3）线圈的基波感应电动势；

（4）每极每相的基波感应电动势；

（5）每相绕组的基波感应电动势。

解　（1）单根导体的基波感应电动势为

$$E=2.22f\varPhi=2.22\times50\times0.003\,98=0.442\ \text{V}$$

（2）每极的槽数：

$$\tau=\frac{Z}{2p}=\frac{36}{2\times3}=6$$

基波短距系数：

$$k_\text{p}=\sin\frac{y\pi}{2}=\sin\left(\frac{5}{6}\times\frac{\pi}{2}\right)=0.966$$

线匝的基波感应电动势为

$$E_\text{T}=4.44k_\text{p}f\varPhi=4.44\times0.966\times50\times0.003\,98=0.854\ \text{V}$$

（3）线圈的基波感应电动势为

$$E_\text{y}=4.44k_\text{p}N_\text{y}f\varPhi=4.44\times0.966\times20\times50\times0.003\,98=17\ \text{V}$$

（4）每极每相的槽数为

$$q=\frac{Z}{2mp}=\frac{36}{2\times3\times3}=2$$

槽距角为

$$\gamma=\frac{p\times360°}{Z}=\frac{3\times360°}{36}=30°$$

基波的分布系数：

$$k_\text{d}=\frac{\sin\dfrac{q\gamma}{2}}{q\sin\dfrac{\gamma}{2}}=\frac{\sin\dfrac{2\times30°}{2}}{2\sin\dfrac{30°}{2}}=0.965$$

基波绕组系数：

$$k_\text{dp}=k_\text{p}k_\text{d}=0.966\times0.965=0.932$$

每极每相的基波感应电动势：

$$E_\text{q}=4.44qk_\text{dp}N_\text{y}f\varPhi=4.44\times2\times0.932\times20\times50\times0.003\,98=32.94\ \text{V}$$

（5）每极每相串联的总匝数：

$$N=\frac{2pq}{a}N_\text{y}=\frac{2\times3\times2}{1}\times20=240$$

每相绕组的基波感应电动势：

$$E_\text{x}=4.44k_\text{dp}Nf\varPhi=4.44\times0.932\times240\times50\times0.003\,98=197.6\ \text{V}$$

6.3　电枢绕组中的谐波感应电动势

6.1 节和 6.2 节的分析都假设交流电机的气隙中只存在基波磁密，而实际上交流电机的气隙磁密不仅具有基波磁密，还包含谐波磁密。所谓谐波，是指频率为基波频率整数倍的分量。谐波包含偶次谐波和奇次谐波。例如，在三相交流电机中，频率为 50 Hz 的感应电动势为基波，频率为 50 Hz 的偶数倍的谐波为偶次谐波，而频率为 50 Hz 的奇数倍的谐波为奇次谐波。交流电机中的谐波的类型很多，主要包括电压谐波、电流谐波、磁密谐波、振动谐波和声音谐波等。本节主要介绍三相交流电机中的谐波磁密和谐波感应电动势，其他关于谐波的分析可以参考相关技术文献。

6.3.1　谐波磁密

傅里叶变换是进行谐波分析的重要数学工具。交流电机的气隙磁密如图 6-11 所示。利用傅里叶变换将气隙磁密分解，其中不包含直流分量和偶次谐波分量。分解的数学表达式为

$$b_\delta = b_{\delta 1} + b_{\delta 3} + b_{\delta 5} + \cdots = B_{\delta 1}\sin\alpha + B_{\delta 3}\sin3\alpha + B_{\delta 5}\sin5\alpha + \cdots \tag{6-30}$$

式中，$b_{\delta 1}$ 为基波分量，$b_{\delta 3}$ 为三次谐波分量，$b_{\delta 5}$ 为五次谐波分量。

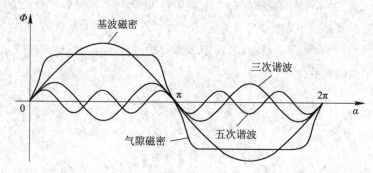

图 6-11　气隙磁密的分解

交流电机的谐波磁密具有如下特点：

(1) 谐波磁密中仅仅包含奇数次的谐波磁密；

(2) 三次谐波磁密的幅值是基波磁密幅值的 1/3，五次谐波磁密的幅值是基波磁密幅值的 1/5，更高次谐波磁密的幅值依次类推；

(3) 三次谐波磁密的频率是基波磁密频率的 3 倍，五次谐波磁密的频率是基波磁密频率的 5 倍，更高次谐波磁密的频率依次类推；

(4) 三次谐波磁密的极对数是基波磁密极对数的 3 倍，五次谐波磁密的极对数是基波磁密极对数的 5 倍，更高次谐波磁密的极对数依次类推。

6.3.2　谐波感应电动势

在交流电机的绕组中，除了基波磁密会在绕组中产生感应电动势外，三次、五次和更高次谐波都会在绕组中产生感应电动势。

(1) 单根导体的谐波感应电动势为

$$E_{kv} = 2.22 v f \Phi_v \tag{6-31}$$

式中，v 为谐波次数，Φ_v 为第 v 次谐波磁通。

（2）整距线匝的谐波感应电动势为

$$E_{kv} = 4.44vf\Phi_v \tag{6-32}$$

（3）整距线圈的谐波感应电动势为

$$E_{kv} = 4.44vfN_y\Phi_v \tag{6-33}$$

（4）短距线圈的谐波感应电动势为

$$E_{kv} = 4.44k_{pv}vfN_y\Phi_v \tag{6-34}$$

式中，$k_{pv} = \sin\dfrac{vy\pi}{2}$ 为谐波短距系数。

（5）整距分布绕组的谐波感应电动势为

$$E_{kv} = 4.44k_{dv}vfN_y\Phi_v \tag{6-35}$$

式中，$k_{dv} = \dfrac{\sin(qv\gamma/2)}{q\sin(v\gamma/2)}$ 为谐波分布系数。下面举例分析谐波分布系数在三相交流电机中的重要作用。

假如一台三相交流发电机，其每极每相的槽数 $q=4$，电机的极对数 $p=1$，则槽距角 $\alpha = 180°/(4\times3) = 15°$ 电角度。由谐波分布系数可知，$k_{d1} = 0.957$，$k_{d3} = 0.653$，$k_{d5} = 0.205$，$k_{d7} = -0.158$。根据谐波分布系数，我们可以说，由于线圈分布放置，因此基波感应电动势降低了约 4%，3 次、5 次和 7 次谐波感应电动势分别降低了约 35%、80% 和 85%。实际上，在三相交流电机中，三次谐波是相互抵消的，因此三相绕组中只有 5 次、7 次以上的谐波感应电动势。由此可见，通过分布式的设计，基波感应电动势降低得很小，而谐波感应电动势大大降低了，因此分布式的设计可以大大改善交流电机的感应电动势的波形。

（6）单层分布绕组的谐波感应电动势如下：

每极每相绕组中的谐波感应电动势为

$$E_{kv} = 4.44k_{dv}qvfN_y\Phi_v \tag{6-36}$$

每相绕组中的谐波感应电动势为

$$E_{kv} = 4.44k_{dv}vfN\Phi_v \tag{6-37}$$

式中，$N = pqN_y/a$ 为每相的实际匝数。

（7）双层分布绕组的谐波感应电动势如下：

双层短距分布绕组的谐波感应电动势为

$$E_{kv} = 4.44k_{dpv}vfN_y\Phi_v \tag{6-38}$$

式中，$k_{dpv} = k_{dv}k_{pv}$ 为谐波绕组系数。

每极每相绕组中的谐波感应电动势为

$$E_{kv} = 4.44k_{dpv}qvfN_y\Phi_v \tag{6-39}$$

每相绕组中的谐波感应电动势为

$$E_{kv} = 4.44k_{dpv}vfN\Phi_v \tag{6-40}$$

式中，$N = 2pqN_y/a$ 为每相的实际匝数。

6.4 单相绕组的磁动势

在电机中，只要电枢绕组中有电流，电枢绕组就会产生磁

6-4 单相绕组的磁动势

动势。磁动势是形成磁场的物理基础，在三相交流电机中磁场的分析就是通过磁动势来间接进行的。本节通过交流电机磁动势的形成机理来分析三相交流电机中的磁场是如何形成的。与直流电机相比，交流电机中磁动势的分析要复杂很多。分析交流电机中的磁动势要从两个方面来考虑：第一，电机绕组在定子空间是如何分布的，即各个绕组在空间上的位置关系；第二，电机绕组中的电流是如何变化的，即各个绕组中电流在时间上的关系。交流电机中的磁动势既是空间的函数，又是时间的函数。磁动势的分析需要借助于物理学中波的概念。下面先分析单相绕组的磁动势。

6.4.1　整距线圈的磁动势

1. 磁动势的表达式

如图 6-12(a)所示，在定子的槽中，导体 A 和导体 X 构成一个线圈，规定导体 A 中的电流穿出纸面为正，而导体 X 中的电流进入纸面为正。假定线圈中的电流为 i，匝数为 N_y，则线圈的磁动势为 iN_y。根据右手定则，可以判定导体周围的磁场的方向为图 6-12(a) 中所标的方向，同时规定磁动势由定子进入转子为正方向，而由转子进入定子为负方向。假定磁动势完全消耗在电机的气隙里，因为磁力线两次经过气隙，又因为磁路在电机的定、转子内都是对称的，所以可以认为磁动势在每部分气隙上的消耗为 $iN_y/2$。沿图 6-12(a)中的 0 点位置将定子展开，则在线圈中形成的磁动势的展开如图 6-12(b)所示。从导体 A 到 0 点的位置，磁力线都是由定子进入转子，虽然存在疏密，但是每根磁力线所包围的全电流不变，同样从 0 点位置到导体 X，磁力线也是由定子进入转子，因此在 $-\pi/2$ 到 $\pi/2$ 电角度范围内，磁动势都是正值，大小为 $iN_y/2$；相应地沿着电角度增大的方向，在导体 X 到导体 A 的空间之内，磁力线都是从转子进入定子，因此在 $\pi/2$ 到 $3\pi/2$ 电角度范围内，磁动势都是负值，大小为 $-iN_y/2$。由图 6-12(b)可以看出，一个线圈产生的磁动势在定子表面形成了具有一对磁极的矩形波。假如线圈中的电流为随着时间按照余弦规律变化的电流，即

$$i=\sqrt{2}\,I\cos\omega t \tag{6-41}$$

式中，I 为电流的有效值，ωt 为时间电角度。当线圈中的电流按照余弦规律变化时，磁动势随着电流的变化而呈现出上、下脉振的趋势，如图 6-13 所示。图 6-13 中只给出了 ωt 在 $[0,\pi]$ 范围之内变化的磁动势波形，同样可以画出 ωt 在全周期之内的波形。由图 6-13 可以得出如下规律：

（1）**磁动势变化的频率与供电电流的频率相同；**

（2）**磁动势随着电流的变化呈现出的波形为脉振波；**

（3）**磁动势在电流最大时达到最大幅值 $\sqrt{2}\,IN_y/2$。**

整距线圈的磁动势函数的表达式可以表示为

$$f_y=\begin{cases}\dfrac{\sqrt{2}}{2}IN_y\cos\omega t, & -\dfrac{\pi}{2}\leqslant\alpha\leqslant\dfrac{\pi}{2}\\[3mm] -\dfrac{\sqrt{2}}{2}IN_y\cos\omega t, & \dfrac{\pi}{2}\leqslant\alpha\leqslant\dfrac{3\pi}{2}\end{cases} \tag{6-42}$$

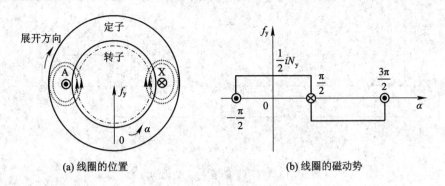

(a) 线圈的位置　　　　　　　　　　　(b) 线圈的磁动势

图 6 - 12　整距线圈的磁动势

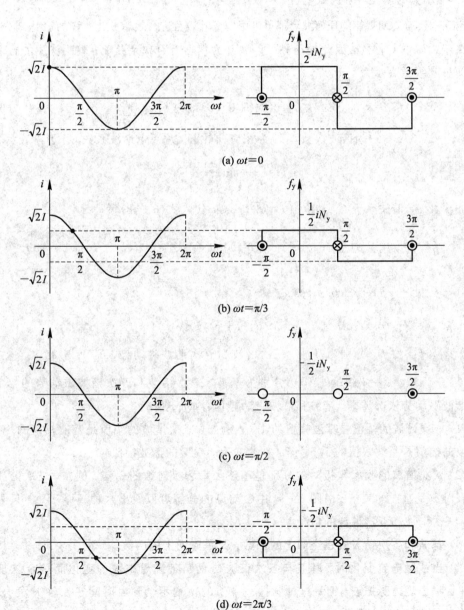

(a) $\omega t=0$

(b) $\omega t=\pi/3$

(c) $\omega t=\pi/2$

(d) $\omega t=2\pi/3$

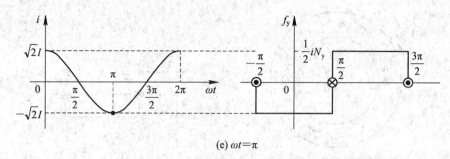

(e) $\omega t = \pi$

图 6-13　磁动势随着电流变化的波形

2. 磁动势的傅里叶展开式

空间中具有周期规律的任何波形都可以用傅里叶级数进行表示。磁动势的表达式(6-42)具有关于纵轴的对称性，因此磁动势可以展开为仅含有奇次余弦项。整距线圈的磁动势可以用傅里叶级数表示为

$$f_y = C_1 \cos\alpha + C_3 \cos3\alpha + C_5 \cos5\alpha + \cdots = \sum_{v=1}^{\infty} C_v \cos v\alpha \qquad (6-43)$$

式中，$v = 1, 3, 5, \cdots$为谐波次数，C_v 为相应项的谐波系数。谐波系数 C_v 可以表示为

$$C_v = \frac{4}{\pi} \frac{1}{v} \sin\frac{v\pi}{2} \frac{1}{2} i N_y \qquad (6-44)$$

将谐波次数 v、谐波系数 C_v 和电流 $i = \sqrt{2} I \cos\omega t$ 代入式(6-43)可得

$$f_y = f_{y1} + f_{y3} + f_{y5} + \cdots = \frac{2\sqrt{2}}{\pi} I N_y \cos\omega t \cos\alpha - \frac{2\sqrt{2}}{\pi} I N_y \frac{1}{3} \cos\omega t \cos3\alpha +$$

$$\frac{2\sqrt{2}}{\pi} I N_y \frac{1}{5} \cos\omega t \cos5\alpha + \cdots$$

$$= F_{y1} \cos\omega t \cos\alpha - F_{y3} \cos\omega t \cos3\alpha + F_{y5} \cos\omega t \cos5\alpha + \cdots \qquad (6-45)$$

式中，f_{y1}、f_{y3} 和 f_{y5} 分别为基波、三次谐波和五次谐波磁动势，$F_{y1} = 2\sqrt{2} I N_y/\pi$、$F_{y3} = 2\sqrt{2} I N_y/(3\pi)$、$F_{y5} = 2\sqrt{2} I N_y/(5\pi)$ 分别为基波、三次谐波和五次谐波磁动势的幅值，更高次谐波磁动势依次类推。基波和谐波磁动势具有如下规律：

(1) v 次谐波的幅值是基波幅值的 $1/v$。例如，三次谐波的幅值是基波幅值的 $1/3$，五次谐波的幅值是基波幅值的 $1/5$。谐波次数越高，对应的谐波幅值越小。

(2) v **次谐波的频率和极对数分别是基波频率和极对数的** v **倍。**例如，三次谐波的频率和极对数是基波的三倍。由图 6-14 中磁动势的分解可以看出这种规律，图中只画出了基波、三次谐波和五次谐波的情况。

(3) **基波和各次谐波既是空间上的函数，又是时间上的函数。**

(4) **当线圈电流变化时，基波与各次谐波磁动势都随着电流的变化而呈余弦规律变化，并且都表现为脉振波。**但是这种脉振波幅值的位置不会随着时间在 α 轴上发生移动，它具有波的特性(即物理学上的驻波)。

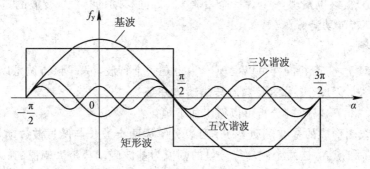

图 6-14　磁动势的分解

3. 磁动势的分解

根据前面的分析可以看出，整距线圈中的基波磁动势是主要的，三次谐波磁动势在三相电机中是相互抵消的，同时五次和更高次谐波磁动势可以通过短距和分布设计大大降低。接下来主要分析基波磁动势的特点。

借助于三角函数公式：

$$\cos\alpha\cos\beta=\frac{1}{2}\bigl[\cos(\alpha-\beta)+\cos(\alpha+\beta)\bigr] \tag{6-46}$$

整距线圈的基波磁动势可以分解为两个分量，即

$$f_{y1}=\frac{1}{2}F_{y1}\cos(\alpha-\omega t)+\frac{1}{2}F_{y1}\cos(\alpha+\omega t)=f_{y1}'+f_{y1}'' \tag{6-47}$$

式中，$f_{y1}'=\frac{1}{2}F_{y1}\cos(\alpha-\omega t)$，$f_{y1}''=\frac{1}{2}F_{y1}\cos(\alpha+\omega t)$。下面分析 f_{y1}' 和 f_{y1}'' 这两个磁动势分量的特点。

1）f_{y1}' 的特点

由 $f_{y1}'=\frac{1}{2}F_{y1}\cos(\alpha-\omega t)$ 可以看出，f_{y1}' 既是时间 ωt 的函数，同时又是空间电角度 α 的函数。当 ωt 和 α 同时变化时，很难看出 f_{y1}' 的特点。可以先保持一个变量不变，分析另一个变量变化时的情况。例如，先保持 ωt 不变，即在某一时刻，分析 α 在一个周期的情况。由图 6-15 可以看出，当 $\omega t=0$ 时，$\cos\alpha$ 的最大值出现在 $\alpha=0°$处；当 $\omega t=\pi/2$ 时，$\cos(\alpha-\pi/2)$ 的最大值在 $\alpha=\pi/2$ 处；当 $\omega t=3\pi/2$ 时，$\cos(\alpha-3\pi/2)$ 的最大值在 $\alpha=3\pi/2$ 处。因此，可以得出如下规律：随着时间 ωt 的变化，f_{y1}' 的最大幅值向 $+\alpha$ 方向移动；如果 ω 为常数，则 f_{y1}' 移动的速度恒定。

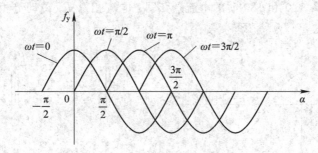

图 6-15　正向旋转磁动势分量

根据这些分析可以发现，f'_{y1} 为一个沿着 $+\alpha$ 方向移动的行波，行波的速度为 ω，因此 f'_{y1} 称为**正向旋转磁动势分量**。

2）f''_{y1} 的特点

根据前面对 f'_{y1} 的分析同样可以发现，f''_{y1} 也是一个行波，只是该行波是以速度 ω 向 $-\alpha$ 方向移动的行波，因此 f''_{y1} 称为**反向旋转磁动势分量**。

通过对 f'_{y1} 和 f''_{y1} 特点的分析可以得出如下规律：

（1）整距线圈形成的基波磁动势 f_{y1} 可以分解为两个波长与脉振波磁动势完全一样的磁动势分量 f'_{y1} 和 f''_{y1}，这两个磁动势分量的幅值为基波磁动势最大幅值的一半；

（2）f'_{y1} 和 f''_{y1} 都为行波，f'_{y1} 为沿着 $+\alpha$ 方向以速度 ω 旋转的正向行波，f''_{y1} 为沿着 $-\alpha$ 方向以速度 ω 旋转的负向行波；

（3）当基波磁动势所形成的脉振波幅值达到最大时，两个旋转磁通势分量 f'_{y1} 和 f''_{y1} 正好重合。

4. 磁动势的相量表示

一个在空间按照余弦规律变化的磁动势行波，可以用一个空间相量来表示。用相量的长短代表磁动势的幅值，相量的位置位于磁动势正向幅值最大的位置，如图 6 - 16 所示。图 6 - 16(a) 为沿着 $+\alpha$ 方向以速度 ω 前进的磁动势行波，图 6 - 16(b) 中用行波的最大幅值所在位置的相量代表磁动势行波，图 6 - 16(c) 中在极坐标内利用一个沿着 $+\alpha$ 方向以速度 ω 旋转的相量表示磁动势行波。

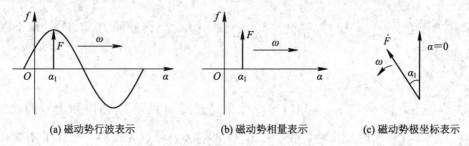

(a) 磁动势行波表示　　　　　　(b) 磁动势相量表示　　　　　　(c) 磁动势极坐标表示

图 6 - 16　磁动势的空间相量表示

图 6 - 17 中磁动势相量 $\dot{F}$ 在相量空间分解为 $\dot{F}'$ 和 $\dot{F}''$ 两个空间相量，即

$$\dot{F} = \dot{F}' + \dot{F}'' \tag{6-48}$$

式中，$\dot{F}'$ 沿着 $+\alpha$ 方向以速度 ω 旋转，$\dot{F}''$ 沿着 $-\alpha$ 方向以速度 ω 旋转。图 6 - 17 分别给出了当 $\omega t = 0$、$60°$、$90°$、$120°$ 和 $180°$ 时的电流余弦图、电流相量 $\dot{I}$、磁动势相量 $\dot{F}$ 和磁动势的分解相量 $\dot{F}'$ 及 $\dot{F}''$。

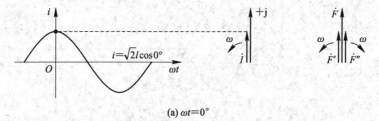

(a) $\omega t = 0°$

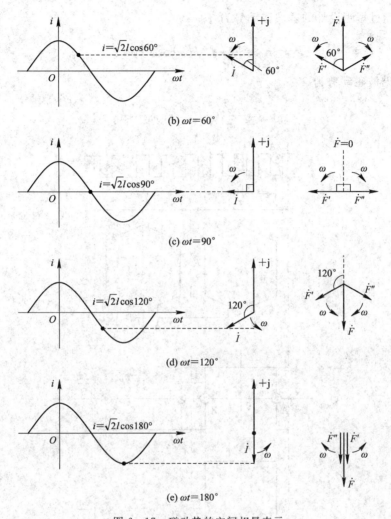

图 6 - 17　磁动势的空间相量表示

6.4.2　双层短距线圈组的磁动势

　　双层短距线圈的磁动势的分析与线圈中感应电动势的分析类似，线圈短距布置之后，线圈的感应电动势需要在整距线圈的基础上乘以短距系数，同样，短距线圈的磁动势也是在整距线圈磁动势的基础上乘以短距系数。短距线圈的分布及磁动势如图 6 - 18 所示。图 6 - 18(a)是以双层短距方式布置之后线圈在定子槽中的分布，图 6 - 18(b)是短距线圈的串联连接，图 6 - 18(c)为两个短距线圈的磁动势，图 6 - 18(d)为两个短距线圈磁动势的叠加结果。由图 6 - 18(d)可以看出，短距线圈的磁动势仍然是关于纵轴对称的。利用傅里叶级数对图 6 - 18(d)中的磁动势进行傅里叶展开得

$$f_y = C_1 \cos\alpha + C_3 \cos3\alpha + C_5 \cos5\alpha + \cdots = \sum_{v=1}^{\infty} C_v \cos v\alpha \tag{6-49}$$

式中，谐波系数 $C_v = \dfrac{4}{v\pi} i N_y k_{pv}$，系数 $k_{pv} = \sin\dfrac{vy\pi}{2}$ 称为 v 次谐波磁动势的短距系数，$v = 1,3,5,\cdots$为谐波次数。可以发现，谐波磁动势的短距系数与谐波感应电动势的短距系数

是相同的。经过短距设计的基波磁动势为

$$f_{y1} = \frac{4\sqrt{2}}{\pi} k_{p1} I N_y \cos\omega t \cos\alpha \qquad (6-50)$$

相应的高次谐波磁动势为

$$f_{yv} = \frac{4\sqrt{2}}{v\pi} k_{pv} I N_y \cos\omega t \cos v\alpha \qquad (6-51)$$

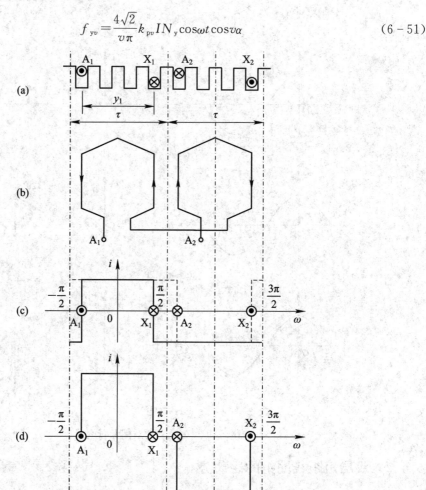

图 6-18 短距线圈的分布及磁动势

6.4.3 整距分布线圈组的磁动势

当线圈以单层整距分布方式布置时，如图 6-19 所示，每个线圈在空间上相互错开 γ 电角度，且电流相同，则每个线圈的基波磁动势的大小是相同的，其方向也错开 γ 电角度。由图 6-19 可以看出，基波磁动势的分布与图 6-5 中基波感应电动势的分布具有一定的相似性，因此可以利用分布线圈基波感应电动势的计算方法来计算分布线圈的基波磁动势。图 6-19 中三个分布线圈的基波磁动势相量 $\dot{F}_{y1}$、$\dot{F}_{y2}$ 和 $\dot{F}_{y3}$ 的合成基波磁

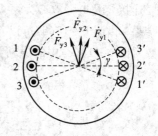

图 6-19 分布线圈的磁动势

动势的最大幅值为

$$F_{q1}=qF_{y1}\frac{\sin\dfrac{q\gamma}{2}}{q\sin\dfrac{\gamma}{2}}=qF_{y1}k_{d1} \tag{6-52}$$

式中，$k_{d1}=\dfrac{\sin\dfrac{q\gamma}{2}}{q\sin\dfrac{\gamma}{2}}$ 称为基波磁动势的分布系数，q 表示串联的整距线圈数。同样可以发

现，谐波磁动势的分布系数与谐波感应电动势的分布系数也是相同的。相应地，可以得到谐波磁动势的分布系数：

$$k_{dv}=\frac{\sin\dfrac{qv\gamma}{2}}{q\sin\dfrac{v\gamma}{2}} \tag{6-53}$$

单层整距分布线圈第 v 次谐波磁动势的幅值为

$$F_{qv}=qF_{yv}k_{dv} \tag{6-54}$$

　　通过前面对于线圈磁动势的分析发现，线圈的磁动势与感应电动势具有一定的相似性，可以归结为如下两个方面：

　　(1) 磁动势与感应电动势的短距系数和分布系数是相同的；

　　(2) 通过线圈短距和分布布置可以同时有效降低线圈的磁动势和感应电动势的谐波分量。

　　在交流电机的设计中，通过降低磁动势的谐波分量就可以直接降低感应电动势的谐波分量。

6.4.4　单相绕组的磁动势计算

　　前面分析了线圈磁动势的情况，下面分析单相绕组磁动势的情况。

　　单相绕组所产生的感应电动势是串联的，因此单相绕组产生的电动势等于绕组所有线圈电动势的串联，而对于单相绕组磁动势的计算，需要将单相绕组的总匝数除以极对数，即需要将单相绕组换算到一对磁极下。

　　对于有 p 对极的单层绕组，由于每相绕组有 p 个线圈组，因此每对极下的绕组匝数为 qpN_y/p。同样，对于双层绕组，每对极下的绕组匝数为 $2qpN_y/p$。假定每相绕组并联的支路数为 a，则每个支路(或者线圈)中的电流为 I/a，其中 I 为每相绕组的电流有效值。单相绕组的磁动势可以统一表示为

$$f_{\phi}(\alpha,\omega t)=\frac{2\sqrt{2}}{\pi}\frac{NI}{p}(k_{dp1}\cos\alpha+k_{dp3}\cos3\alpha+k_{dp5}\cos5\alpha+\cdots)\cos\omega t \tag{6-55}$$

对于单层绕组，$N=pqN_y/a$；对于双层绕组，$N=2pqN_y/a$。由式(6-55)可以发现，单相绕组的磁动势具有如下规律：

　　(1) 单相绕组的磁动势为脉振磁动势；

（2）线圈以短距分布方式布置可以有效降低谐波磁动势对基波磁动势的影响；

（3）相应的双层绕组的磁动势是单层绕组的磁动势的两倍。

6.5　三相绕组的磁动势

6-5　三相绕组的
磁动势

　　由前面的分析可以发现，单相绕组只能形成脉振波的磁动势，而交流电机要能够实现旋转，需要两相以上的脉振波磁动势，实际上大部分较大容量的交流电机为三相电机。下面分析三相绕组形成旋转磁动势的原理。

6.5.1　三相绕组产生的基波磁动势

1. 解析方法

三相交流电机的三相对称绕组的空间分布如图 6-20(a)所示，为了简化问题，图中利用三相整距绕组代替三相复杂绕组。三相绕组应满足如下条件：

（1）三相绕组的匝数相等；

（2）三相绕组在空间上互相错开 120°电角度；

（3）三相绕组中通入的交流电为三相对称交流电。

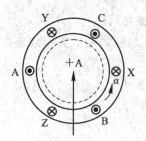

(a) 三相绕组的空间分布

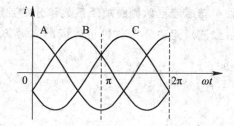

(b) 三相绕组通入的三相交流电流

图 6-20　三相绕组的空间分布和通入的三相交流电流

假设三相绕组 A、B 和 C 的对称交流电流分别表示为

$$i_A = \sqrt{2}\,I\cos\omega t \tag{6-56}$$

$$i_B = \sqrt{2}\,I\cos(\omega t - 120°) \tag{6-57}$$

$$i_C = \sqrt{2}\,I\cos(\omega t - 240°) \tag{6-58}$$

如图 6-20(a)所示，取 A 相绕组的轴线作为磁动势坐标的原点，沿 A→B→C 为空间电角度 +α 的方向。三相绕组空间互差 120°电角度，因此 A、B 和 C 三相绕组的基波磁动势可以表示为

$$f_{A1} = F_{\phi 1}\cos\alpha\cos\omega t \tag{6-59}$$

$$f_{B1} = F_{\phi 1}\cos(\alpha - 120°)\cos(\omega t - 120°) \tag{6-60}$$

$$f_{C1} = F_{\phi 1}\cos(\alpha - 240°)\cos(\omega t - 240°) \tag{6-61}$$

式中，$F_{\phi 1} = \dfrac{2\sqrt{2}}{\pi}\dfrac{k_{dp1}NI}{p}$，$N$ 为每相绕组串联的匝数。当绕组为单层绕组时，$N = pqN_y/a$；

当绕组为双层绕组时，$N = 2pqN_y/a$。

　　将式(6-59)至式(6-61)中的三相脉振波磁动势 f_{A1}、f_{B1} 和 f_{C1} 分别分解为正向和反向旋转磁动势，可得

$$f_{A1} = \frac{1}{2}F_{\phi 1}\cos(\alpha - \omega t) + \frac{1}{2}F_{\phi 1}\cos(\alpha + \omega t) \qquad (6-62)$$

$$f_{B1} = \frac{1}{2}F_{\phi 1}\cos(\alpha - \omega t) + \frac{1}{2}F_{\phi 1}\cos(\alpha + \omega t - 240°) \qquad (6-63)$$

$$f_{C1} = \frac{1}{2}F_{\phi 1}\cos(\alpha - \omega t) + \frac{1}{2}F_{\phi 1}\cos(\alpha + \omega t - 120°) \qquad (6-64)$$

将式(6-62)至式(6-64)中的三相脉振磁动势 f_{A1}、f_{B1} 和 f_{C1} 相加，可得合成磁动势：

$$f_{\phi 1} = f_{A1} + f_{B1} + f_{C1} = \frac{3}{2}F_{\phi 1}\cos(\alpha - \omega t) \qquad (6-65)$$

　　根据前面的推导过程可以发现，三相交流电机的三相对称绕组在通入三相对称交流电的情况下，三相合成基波磁动势为一个行波，其幅值为相基波磁动势幅值的 1.5 倍，即交流电机形成了一个沿着 A→B→C 正向旋转的磁场，磁场运行的速度与角频率的关系为

$$\frac{d\alpha}{dt} = 2\pi p \frac{n_1}{60} = \omega = 2\pi f_1 \qquad (6-66)$$

式中，n_1 为旋转磁场的速度，单位为转/分(r/min)；f_1 为供电电流的频率。由式(6-66)可以得到

$$n_1 = \frac{60 f_1}{p} \qquad (6-67)$$

式(6-67)的物理意义为：交流电在三相绕组中形成的基波磁动势的转速与频率呈正比关系，与电机的极对数呈反比关系。

　　【注】　式(6-67)在交流电机的调速中占有非常重要的地位，它是三相异步电动机和同步电动机变频调速的依据，即通过调节供电电流频率就可以实现交流电机旋转磁场转速的控制，进而实现电机转子速度的控制。

　　在式(6-56)式(6-58)中，如果将 B、C 两相电流对调，即令

$$i_A = \sqrt{2}\, I\cos\omega t \qquad (6-68)$$

$$i_B = \sqrt{2}\, I\cos(\omega t - 240°) \qquad (6-69)$$

$$i_C = \sqrt{2}\, I\cos(\omega t - 120°) \qquad (6-70)$$

相应的三相基波磁动势变为

$$f_{A1} = F_{\phi 1}\cos\alpha\cos\omega t \qquad (6-71)$$

$$f_{B1} = F_{\phi 1}\cos(\alpha - 120°)\cos(\omega t - 240°) \qquad (6-72)$$

$$f_{C1} = F_{\phi 1}\cos(\alpha - 240°)\cos(\omega t - 120°) \qquad (6-73)$$

则相应的三相基波合成磁动势变为

$$f_{\phi 1} = f_{A1} + f_{B1} + f_{C1} = \frac{3}{2}F_{\phi 1}\cos(\alpha + \omega t) \qquad (6-74)$$

式(6-74)表明,当改变三相交流电机三相供电电流的相序时,三相合成基波磁动势的旋转方向将发生变化,现在的旋转方向是沿着 A→C→B 负向旋转,即朝向 $-\alpha$ 方向。由此可见,通过改变三相交流电机供电电流的相序,可以改变三相交流电机旋转磁场的方向,这就是三相交流电机转子实现反转的理论基础。

【注】 三相交流电机改变旋转方向的唯一办法是通过改变供电电流的相序,这与直流电机改变旋转方向的办法具有本质的区别。

2. 时空相量图方法

前面采用解析方法解释了三相交流电机磁动势的合成机制,但利用数学方程式很难理解交流电机的磁场是如何旋转的。下面采用时空相量图方法来分析三相交流电机的旋转磁场的形成机制。

图 6-21 给出了三相交流电机的基波磁动势与三相绕组中的电流之间的时空相量图,$\dot{F}_A$、$\dot{F}_B$ 和 $\dot{F}_C$ 分别代表 A、B 和 C 相的基波磁动势相量,$\dot{F}_{\phi1}=\dot{F}_A+\dot{F}_B+\dot{F}_C$ 为合成基波磁动势相量。图 6-21(a)中,当 $\omega t=0°$ 时,A 相电流处于正的最大值处,B 和 C 相分别处于负电流处,此时 $\dot{F}_A$ 为正的最大,因此合成基波磁动势 $\dot{F}_{\phi1}$ 处于 $\alpha=0°$ 的位置。图 6-21(b)中,当 $\omega t=60°$ 时,C 相电流处于负的最大值处,A 和 B 相分别处于正电流处,此时 $\dot{F}_C$ 为负的最大,因此合成基波磁动势 $\dot{F}_{\phi1}$ 处于 $\alpha=60°$ 的位置。在 ωt 由 $0°→60°$ 变化的过程中,基波合成磁动势的位置 α 也由 $0°→60°$ 变化。图 6-21(c)中,当 $\omega t=120°$ 时,B 相电流处于正的最大值处,A 和 C 相分别处于负电流处,此时 $\dot{F}_B$ 为正的最大,因此合成基波磁动势 $\dot{F}_{\phi1}$ 处于 $\alpha=120°$ 的位置。图 6-21(d)中,当 $\omega t=180°$ 时,A 相电流处于负的最大值处,B 和 C 相分别处于正电流处,此时 $\dot{F}_A$ 为负的最大,因此合成基波磁动势 $\dot{F}_{\phi1}$ 处于 $\alpha=180°$ 的位置。图 6-21(e)中,当 $\omega t=240°$ 时,C 相电流处于正的最大值处,A 和 B 相分别处于负电流处,此时 $\dot{F}_C$ 为正的最大,因此合成基波磁动势 $\dot{F}_{\phi1}$ 处于 $\alpha=240°$ 的位置。图 6-21(f)中,当 $\omega t=300°$ 时,B 相电流处于负的最大值处,A 和 C 相分别处于正电流处,此时 $\dot{F}_B$ 为负的最大,因此合成基波磁动势 $\dot{F}_{\phi1}$ 处于 $\alpha=300°$ 的位置。在图 6-21(f)的基础上,如果电流继续沿着 ωt 前进 60°,则合成基波磁动势的又回到了图 6-21(a)的位置,即电流经过了一个周期的变化,而合成基波磁动势旋转了一周。

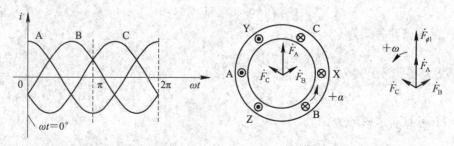

(a) $\omega t=0°$

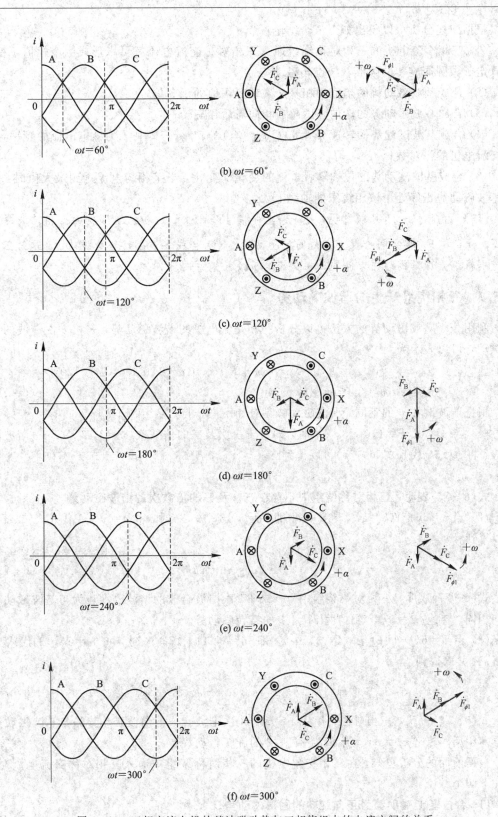

(b) $\omega t = 60°$

(c) $\omega t = 120°$

(d) $\omega t = 180°$

(e) $\omega t = 240°$

(f) $\omega t = 300°$

图 6-21 三相交流电机的基波磁动势与三相绕组中的电流之间的关系

根据前述分析可以得出如下五个结论：

（1）三相交流电机的三相对称绕组通入三相对称交流电流就可以形成一个幅值不变、沿着定子做圆周旋转的圆形基波旋转磁动势；

（2）合成基波磁动势的幅值为相基波磁动势幅值的 1.5 倍；

（3）合成基波磁动势的转向是由超前相向滞后相旋转；

（4）合成基波磁动势的转速 $n_1 = 60f/p$，单位为转/分，其中 f 为供电电流的频率，p 为交流电机的极对数；

（5）合成基波磁动势的位置随着电流的变化而变化，当某相的电流达到最大值时，合成基波磁动势正好处于该相绕组的轴线上。

【注】　由图 6-21 可以发现，定子绕组是静止不动的，三相绕组形成的三相基波磁动势 $\dot{F}_A$、$\dot{F}_B$ 和 $\dot{F}_C$ 在空间位置上也是固定不动的，然而合成基波磁动势是旋转的，这是三相交流电机最难理解的地方，也是三相交流电机最具魅力的地方。

6.5.2　三相绕组产生的谐波磁动势

利用分析基波磁动势的方法可以分析三相交流电机的谐波磁动势，三相 v 次谐波的合成磁动势可以表示为

$$f_{\phi v} = f_{Av} + f_{Bv} + f_{Cv} = F_{\phi v}\cos v\alpha\cos\omega t + F_{\phi v}\cos v(\alpha - 120°)\cos(\omega t - 120°) +$$
$$F_{\phi v}\cos v(\alpha - 240°)\cos(\omega t - 240°) \tag{6-75}$$

根据谐波次数 v 的不同，谐波磁动势具有如下三个特点：

（1）当 $v = 3k(k = 1, 2, 3, \cdots)$ 时，即对于三次及三的倍数次（$v = 3, 6, 9, \cdots$）谐波磁动势，将 $v = 3k$ 代入式（6-75）可以得到

$$f_{\phi v} = 0 \tag{6-76}$$

式（6-76）表明，三相对称绕组中不存在三次及三的倍数次的谐波磁动势。

（2）当 $v = 6k + 1(k = 1, 2, 3, \cdots)$，即 $v = 7, 13, 19, \cdots$ 时，将 $v = 6k+1$ 代入式（6-75）可以得到

$$f_{\phi v} = \frac{3}{2} F_{\phi v}\cos(v\alpha - \omega t) \tag{6-77}$$

式（6-77）表明，三相对称绕组中 $v = 6k+1$ 次谐波合成的谐波磁动势为与基波磁动势方向相同、转速 $n_v = vn_1$、幅值为 $3F_{\phi v}/2$ 的旋转磁动势。

（3）当 $v = 6k - 1(k = 1, 2, 3, \cdots)$，即 $v = 5, 11, 17, \cdots$ 时，将 $v = 6k-1$ 代入式（6-75）可以得到

$$f_{\phi v} = \frac{3}{2} F_{\phi v}\cos(v\alpha + \omega t) \tag{6-78}$$

式（6-78）表明，三相对称绕组中 $v = 6k-1$ 次谐波合成的谐波磁动势为与基波磁动势的方向相反、转速 $n_v = vn_1$、幅值为 $3F_{\phi v}/2$ 的旋转磁动势。

根据前面的分析可知，在三相交流电机的三相对称绕组中通入三相对称交流电流时，有如下四个结论：

（1）合成基波磁动势为正向旋转的圆形磁动势；

（2）在电机中不存在三次及三的倍数次谐波磁动势；

（3）$v=6k+1(k=1, 2, 3, \cdots)$次谐波的合成磁动势为与基波磁动势旋转方向相同的圆形旋转磁动势；

（4）$v=6k-1(k=1, 2, 3, \cdots)$次谐波的合成磁动势为与基波磁动势旋转方向相反的圆形旋转磁动势。

本 章 小 结

（1）根据转子磁场形成的方式，交流电机可以分为异步电机和同步电机。异步电机的转子磁场与定子磁场是不同步旋转的，同步电动机的转子磁场是与定子磁场同步旋转的。

（2）电枢绕组中的基波感应电动势为正弦波；基波感应电动势的频率与转子的转速和极对数呈正比关系；基波感应电动势的幅值与转子的角频率和每极磁通呈正比关系。

（3）通过电枢绕组的短距和分布处理可以大大降低电枢中感应电动势的谐波分量，提高基波分量的比例。其原理就是通过线圈的短距和分布处理，调整每个线圈中的感应电动势的相位，从而调整谐波的含量。

（4）交流电机的电枢绕组的形式很多，如果从电机的相数角度分类，有单相绕组和多相绕组；如果从电机槽内放置的导体的层数角度分类，有单层绕组和多层绕组，单层绕组包括同心式、链式和交叉式三种，而多层绕组则可以分为叠绕组和波绕组。

（5）谐波是指频率为基波频率整数倍的分量。谐波包含偶次谐波和奇次谐波。

（6）交流电机的谐波磁密具有如下特点：谐波磁密中仅仅包含奇数次的谐波磁密；三次谐波磁密的幅值是基波磁密幅值的 $1/3$，五次谐波磁密的幅值是基波磁密幅值的 $1/5$，更高次谐波磁密的幅值依次类推；三次谐波磁密的频率是基波磁密频率的 3 倍，五次谐波磁密的频率是基波磁密频率的 5 倍，更高次谐波磁密的频率依次类推；三次谐波磁密的极对数是基波磁密极对数的 3 倍，五次谐波磁密的极对数是基波磁密极对数的 5 倍，更高次谐波磁密的极对数依次类推。

（7）分析交流电机中的磁动势要从两个方面来考虑：第一，电机绕组在定子空间是如何分布的，即各个绕组在定子上的空间位置关系；第二，电机绕组中通过的电流是如何变化的，即各个绕组中电流在时间上的关系。

（8）基波和谐波磁动势具有如下规律：v 次谐波的幅值是基波幅值的 $1/v$。谐波次数越高，对应的谐波幅值越小。v 次谐波的频率和极对数分别是基波频率和极对数的 v 次倍。基波和谐波既是空间上的函数，又是时间上的函数。当线圈电流变化时，基波与谐波磁动势都随着电流的变化而以余弦规律变化，并且都表现为脉振波。

（9）磁动势与感应电动势具有一定的相似性，其一致性可以归结为两个方面：磁动势与感应电动势的短距系数和分布系数是相同的；将线圈以短距和分布方式布置可以同时有效降低线圈的磁动势和感应电动势的谐波分量。

（10）单相绕组的磁动势具有如下规律：单相绕组的磁动势为脉振波磁动势；将线圈以短距分布方式布置可以有效降低谐波磁动势对于基波磁动势的影响；相应的双层绕组的磁动势是单层绕组磁动势的两倍。

（11）三相交流电机的三相对称绕组通入三相对称交流电流可以形成一个幅值不变、沿着定子的圆周旋转的圆形基波旋转磁动势；合成基波磁动势的幅值为相基波磁动势最大幅值的 1.5 倍；合成基波磁动势的转向是由超前相向滞后相旋转；合成基波磁动势的转速 $n_1 = 60f/p$，其中 f 为供电电流的频率，p 为交流电机的极对数；合成基波磁动势的位置随着电流的变化而变化，当某相的电流达到最大值时，合成基波磁动势正好处于该相绕组的轴线上。

（12）当三相交流电机的三相对称绕组中通入三相对称交流电流时，合成基波磁动势为正向旋转的圆形磁动势；在三相交流电机中不存在三次及三的倍数次谐波磁动势；$v=6k+1(k=1,2,3,\cdots)$次谐波的合成磁动势为与基波磁动势旋转方向相同的圆形旋转磁动势；$v=6k-1(k=1,2,3,\cdots)$次谐波的合成磁动势为与基波磁动势旋转方向相反的圆形旋转磁动势。

习　题

一、选择题

1. 一台三相交流电动机的极对数 $p=2$，则电动机转动一圈的电角度为（　　）。

A. 2π B. 4π C. 8π

2. 一台三相交流异步电动机的极对数为 4，则电动机转动一圈的机械角度和电角度分别为（　　）。

A. 2π，4π B. 4π，8π C. 2π，8π

3. 三相交流电机通入电流的频率为 50 Hz，电机的极对数 $p=3$，则电机形成磁场的转速为（　　）。

A. 3000 r/min   B. 500 r/min   C. 1000 r/min

4. 一台交流发电机，电机的极对数 $p=2$，电机转子以 3000 r/min 的速度旋转，则电机内感应电动势的频率为（　　）。

A. 50 Hz   B. 60 Hz   C. 100 Hz

二、填空题

1. 四极交流电机定子内表面有 36 个槽，槽距角为_____电角度，相邻两个线圈的电动势的相位相差_____电角度，一个相带包括_____个槽。

2. 两极电枢绕组中，一相绕组通电，产生的基波磁动势的极数为_____个，通电电流的频率为 50 Hz，则磁动势变化的频率为_____Hz。

3. 某交流电动机的单个整距线圈的基波感应电动势大小为 100 V，一相包括三个串联线圈，若基波短距系数为 0.966，分布系数为 0.965，则一相绕组的基波电动势为_____V。

4. 在三相交流发电机中，绕组中的五次谐波磁动势的幅值是基波磁动势幅值的_____。

5. 当三相交流电动机的三相对称绕组中通入三相对称交流电流时，电机中会形成_____形旋转磁场，电机磁场的转向是_____，磁场的转速与_____和_____有关。

三、简答题

1. 请简述在单相绕组中感应电动势的形成机制。

2. 请简述单相绕组中感应电动势是如何一步一步计算出来的。

3. 请简述三相交流发电机中谐波感应电动势的情况。

4. 请简述单相绕组中磁动势的形成机制与表现形式。

5. 请简述三相交流电机旋转磁场的形成机制。

6. 请简述三相交流电机中谐波磁动势的情况。

7. 请简述以短距与分布方式布置对基波感应电动势和基波磁动势有什么影响。

四、计算题

1. 已知三个匝数相等的整距线圈 AX、BY 和 CZ 放在同一个定子槽中，如图 6 - 22 所示。这三个线圈中通入的电流分别为 $i_A = \sqrt{2}\,I\cos\omega t$，$i_B = \sqrt{2}\,I\cos(\omega t - 240°)$，$i_C = \sqrt{2}\,I\cos(\omega t - 120°)$。请计算三个绕组产生的合成基波磁动势。

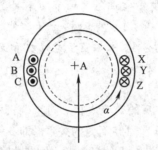

图 6 - 22　三个线圈的分布

2. 把相距 150° 电角度的两根导体组成线匝，每根导体的感应电动势为 10 V，求该线匝的基波感应电动势。

3. 一台三相交流电机，极对数 $p = 3$，定子的槽数 $Z = 36$，线圈的节距为 $5\tau/6$（其中 τ 为极距），支路数 $a = 1$，请计算每极下的槽数、槽距角、每极每相的槽数，并画出基波电动势相量图，并按照 60° 分相法进行分相。

第 7 章　同　步　电　机

[摘要]　本章主要解决同步电机原理方面的几个问题：① 同步电机具有什么样的结构？有哪些运行状态？有哪些额定数据？② 同步发电机的空载磁场是怎样的？③ 如何描述同步发电机的电压方程？④ 什么是同步发电机的功角特性？如何描述同步发电机的功率方程和转矩方程？⑤ 怎样用实验方法测得同步发电机的同步电抗？⑥ 同步发电机的运行特性是怎样的？⑦ 并联运行的同步发电机怎么调节功率因数？⑧ 如何描述同步电动机的电压方程、功率方程和转矩方程？⑨ 同步电动机为什么能调节功率因数？是怎样实现的？⑩ 同步电动机的起动方法有哪些？⑪ 永磁同步电动机和无刷直流电动机的工作原理分别是怎样的？有什么相同点和不同点？

同步电机是一种应用非常广泛的交流电机。同步电机的特点非常明显，其转子转速 n 与定子绕组的电流频率 f 之间具有固定不变的关系，即 $n = n_1 = 60f/p$，其中 n_1 为同步电机电枢磁场的同步转速，p 为同步电机的极对数。同步电机的转子上装有永磁体或者励磁绕组，通入直流电流进行励磁。当转子以同步转速旋转时，同步电机的定子磁场和转子磁场同步旋转，两个磁场保持相对静止，电机定子绕组中感应电动势的频率与同步转速之比为恒定值。因为保证同步电机能稳定实现机电能量转换的条件之一是定子磁场和转子磁场保持相对静止，所以，同步电机的转子稳态转速必须是同步转速。

同步电机可以用作发电机运行，也可以用作电动机运行。在实际应用中，大多数同步电机是用作发电机运行的，比如，水电站的水轮发电机、热电厂和核电站的汽轮发电机等。尽管目前世界上人们在大力研究其他的发电形式，如风力发电、太阳能发电和潮汐发电等，但是几乎所有的交流电能都是由同步发电机产生的，同步发电机在现代电力系统中占据着重要的位置。目前大型水轮发电机和汽轮发电机的单机容量均已超过 1000 MW。

同步电机也可用作电动机运行，广泛应用于大容量且对调速性能要求不高的电力拖动系统中，如空气压缩机、球磨机、鼓风机及水泵等。和直流电动机、异步电动机相比较，同步电动机的优点明显，稳态运行时转子始终保持同步转速，与负载大小无关，且功率因数可调，可用于改善电网的功率因数；缺点是结构相对复杂，造价高，日常运行维护比较复杂。随着电力电子技术、计算机技术和控制技术的发展，同步电动机特别是永磁同步电动机和无刷直流电动机在调速系统中的应用日益广泛。

同步电机也可以作为同步补偿机运行，其实质上是一台接入电网且空载运行的同步电动机，在电网上输出或输入无功功率，实现调节电网的无功功率，改善电网的功率因数。

7.1　同步电机的基本结构和运行状态

7-1　基本结构和运行状态

三相同步电机的基本结构如图 7-1 所示。其中，静止的部分称为定子，旋转的部分称为转子。定子上装有三相对称绕组，连接交流电网或三相对称交流电源。转子上装有永磁体或励磁绕组。励磁绕组通入直流励磁电流 I_f，产生转子磁场。转子磁场的磁极位置相对于转子固定不变，即转子磁场与转子保持相对静止。**由于同步电机进行机电能量转换的关键枢纽是定子绕组，所以将同步电机的定子绕组称作电枢绕组。一般情况下，同步发电机的磁极是旋转的，而电枢是固定的。**在一些小容量或者特殊用途的同步电机中，也有将磁极固定在定子上而电枢绕组装在转子上的情况。

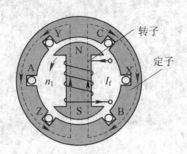

图 7-1　三相同步电机的基本结构

　　按转子主磁极形状的不同，同步电机可分为隐极式同步电机和凸极式同步电机两大类。凸极式同步电机的转子为凸极式，隐极式同步电机的转子为隐极式，如图 7-2 所示。凸极式同步电机的转子有明显凸出的磁极，气隙不均匀，极弧下气隙较小，极间气隙较大。而隐极式同步电机的转子一般做成圆柱形，转子表面开槽，励磁绕组嵌放在槽内，若不计齿槽的影响，气隙沿圆周均匀分布。

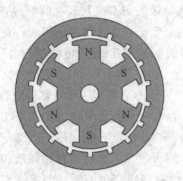
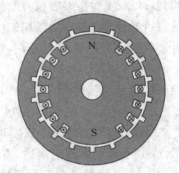

(a) 凸极式同步电机转子结构　　　　　　(b) 隐极式同步电机转子结构

图 7-2　同步电机转子结构

7.1.1　隐极式同步电机的结构

　　高速同步电机的转速较高(3000 r/min)，运行时转子所受的离心力较大。采用励磁绕组嵌于转子表面槽内的隐极式结构，有利于提高转子的机械强度和励磁绕组的稳固性。比如，以汽轮机作为原动机的汽轮发电机，转速较高，一般就采用隐极式同步发电机。为了提高效率，缩小体积和降低成本，往往希望转子的转速越高越好。因此，一般将作为汽轮发电机的隐极式同步发电机制成两极，以获得最高转速。为了保证汽轮发电机高转速时的安全性和牢固性，必须减小它的转子直径。当汽轮发电机的容量一定时，转子越细长，转子可以达到的转速越高。

以汽轮发电机为例，隐极式同步电机的结构如图 7-3 所示。

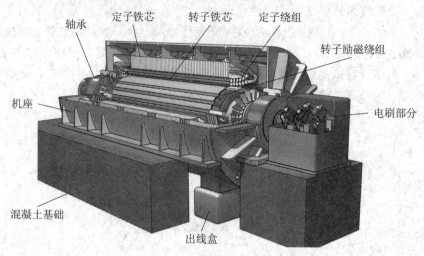

图 7-3 汽轮发电机的结构图

　　汽轮发电机的结构分成定子和转子两部分。定子主要由定子铁芯、定子绕组、机座、端盖等部件组成。定子铁芯一般由 0.35～0.5 mm 厚的硅钢片按一定的形式剪切后叠成，每叠厚 30～60 mm，相邻叠之间要留出约 8 mm 的通风沟，目的是改善定子铁芯的散热。用非磁性铁芯端压板和拉紧螺杆把整个定子铁芯压紧成整体后，固定在机座上。定子铁芯的内圆表面上开槽，槽内嵌放定子绕组。定子绕组由许多线圈连接而成。为了减小集肤效应引起的附加损耗，每个线圈由多股包有股线绝缘的扁铜线并联绕制而成，并且在槽内的直线部分对股线进行换位。机座和端盖用来固定定子铁芯，同时也用来将整个电机固定在安装基础上。通常根据发电机额定电压的高低来确定定子三相绕组对定子铁芯绝缘的强度。

　　汽轮发电机的转子为隐极式转子，如图 7-4 所示，包括转子铁芯、励磁绕组、集电环（滑环）等。转子铁芯应具有良好的导磁性能。为使转子能承受很大的离心力，常采用高强度、导磁性能良好的合金钢材料将转子铁芯与转轴锻造成一体。图 7-5 为定子铁芯与转子铁芯截面示意图。转子铁芯的圆周表面约 2/3 周开有槽，槽内放置励磁绕组，约 1/3 周不开槽，称作大齿，即磁极。这种结构有利于使励磁绕组产生的磁动势接近正弦形。励磁绕组由矩形的绝缘扁铜线圈串联组成，线圈的两个边分别放置在大齿两侧。励磁绕组的两端

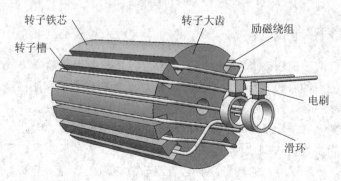

图 7-4 隐极式转子示意图

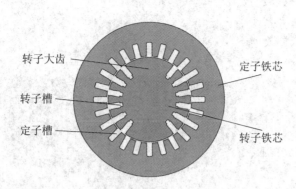

图 7 - 5 定子铁芯与转子铁芯截面

分别通过集电环(滑环)连接到外部励磁电源后，通入励磁电流，产生励磁磁场。为了削弱负序旋转磁场的作用并增大振荡时的阻尼，某些汽轮发电机的转子上装有由槽楔下的铜条和转子两端的铜环焊接成的阻尼绕组。

7.1.2　凸极式同步电机的结构

　　低速同步电机的转速要低于 1000 r/min，它的转子离心力相对较小，一般采用易于制造的凸极式结构，且励磁绕组集中安放。例如，水轮发电机以水轮机作为原动机，转速较低，一般就采用凸极式同步发电机。由于转速很低，因此为了得到额定频率的交流电，必须增加电机的极数和增大转子的直径。比如，大型水轮发电机的额定转速为 100 r/min，若要输出 50 Hz 的交流电，该发电机应设计成 30 对极。对于一定容量的发电机，为了增加极对数，可以尽量缩短发电机的轴向长度，因此凸极式同步电机一般呈现出圆盘状的外形。

　　下面以水轮发电机为例来说明凸极式同步发电机的结构。如图 7-6 所示，其定子结构与隐极式同步电机相同，但转子结构不同。凸极式同步发电机的转子结构如图 7-7 所示，主要由转子磁极、转子磁轭、转子支架、励磁绕组、阻尼绕组、集电环和主轴等部件组成。将 1~3 mm 厚的钢板冲成转子磁极的形状后叠压铆成转子磁极，不同的转子磁极经转子磁

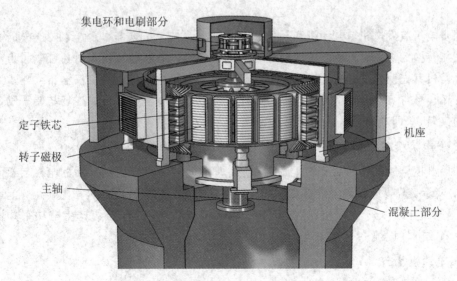

图 7 - 6　凸极式同步发电机的结构示意图

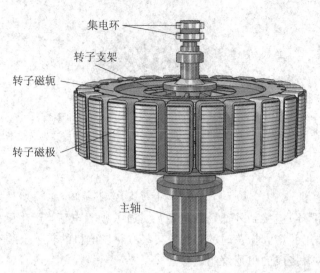

集电环

转子支架

转子磁轭

转子磁极

主轴

图 7 - 7　凸极式同步发电机的转子结构示意图

轭连接起来，构成完整的转子磁路。用扁铜线绕成集中线圈后，套在磁极的极身上。各磁极上的线圈连接起来组成励磁绕组，是集中式绕组。励磁绕组通过集电环与外部励磁电源相连。转子磁极的极靴表面开槽，槽内插有铜条，铜条两端伸出转子铁芯端面，分别焊接在两个铜环上，形成短路的绕组，称作阻尼绕组。当同步发电机与电网并联运行时，如果转子转速有轻微振荡，阻尼绕组就会感应产生电动势和电流，产生的电磁转矩就能够抑制转子转速振荡。转子磁轭与转子支架相连，转子支架安装在转轴上。

7.1.3　同步电机的运行状态

当同步电机运行时，它的定子三相绕组中有三相对称电流，会产生电枢磁场，电枢磁场以同步转速旋转。当同步电机处于稳态运行时，转子转速就是同步转速，所以，电枢磁场与转子励磁磁场相对静止，它们相互作用并产生电磁转矩，实现机械能和电能之间的转换。

同步电机有发电机、电动机和补偿机三种运行状态。同步电机运行在发电机状态时，把机械能转换为电能；同步电机运行在电动机状态时，把电能转换为机械能；同步电机运行在补偿机状态时，没有有功功率的能量形式转换，此时同步电机仅仅输出或输入无功功率，调节电网的功率因数。同步电机的运行状态主要取决于**电枢合成磁场与转子励磁磁场之间的夹角 θ，即功率角。**

1. 发电机状态

如果电枢合成磁场滞后于转子励磁磁场，那么，转子将受到制动性的电磁转矩，如图 7 - 8(a)所示。若要使得转子能够以同步转速旋转，则必须要有原动机输出转矩，拖动转子旋转。同步电机运行于发电机状态时，转子输入机械功率，定子绕组产生电功率并输出给交流电网或电气负载。

2. 电动机状态

如果电枢合成磁场超前于转子励磁磁场，那么转子将受到拖动性的电磁转矩，如图

7 - 8(b)所示。同步电机运行于电动机状态时，定子绕组输入电功率，转子输出机械功率，拖动机械负载运行。

3. 补偿机状态

如果电枢合成磁场和转子励磁磁场的轴线重合，就不会产生电磁转矩。这时，同步电机没有转换有功功率，仅输入或输出无功功率，处于空载状态或补偿机状态，如图 7 - 8(c)所示。

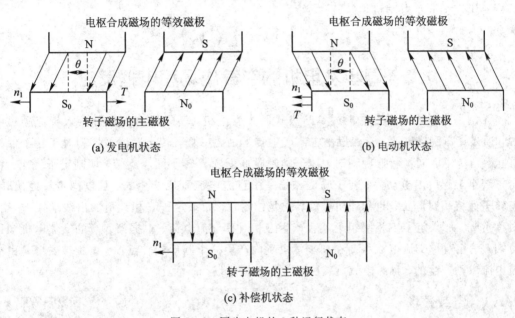

(a) 发电机状态　　　　　　　　　　　　　(b) 电动机状态

(c) 补偿机状态

图 7 - 8　同步电机的 3 种运行状态

7.1.4　额定数据

同步电机的额定值又称铭牌值，其主要包括如下一些数值：

(1) 额定容量 S_N。额定容量为额定运行时同步发电机出线端的视在功率，单位为 kV·A。

(2) 额定功率 P_N。对于同步发电机，额定功率是指在额定运行时电机定子绕组出线端的有功功率。对于同步电动机，额定功率是指在额定运行时电机转轴输出的机械功率，单位为 kW。

(3) 额定电压 U_N。额定电压为同步电机额定运行时定子绕组的线电压，单位为 V 或 kV。

(4) 额定电流 I_N。额定电流为同步电机额定运行时定子绕组的线电流，单位为 A。

(5) 额定功率因数 $\cos\varphi_N$。额定功率因数为同步电机额定运行时定子绕组的功率因数。

(6) 额定频率 f_N。额定频率为同步电机额定运行时定子绕组中电流和电压的频率，单位为 Hz。我国规定标准工频为 50 Hz。

(7) 额定转速 n_N。额定转速为同步电机额定运行时的转子转速，也就是同步转速，单位为 r/min。

（8）额定效率 η_{N}。额定效率为同步电机额定运行时输出有功功率与输入有功功率之比，用百分数表示。

（9）额定励磁电压 U_{fN} 和额定励磁电流 I_{fN}。额定励磁电压和额定励磁电流为同步电机额定运行时转子励磁绕组上外加的直流电压和直流电流。

额定值之间不是完全独立的，对于三相同步发电机，有

$$P_{N}=S_{N}\cos\varphi_{N}=\sqrt{3}U_{N}I_{N}\cos\varphi_{N} \tag{7-1}$$

对于三相同步电动机，有

$$P_{N}=\sqrt{3}U_{N}I_{N}\cos\varphi_{N}\eta_{N} \tag{7-2}$$

7.2　同步发电机的空载磁场和电枢反应

无论是隐极式同步发电机还是凸极式同步发电机，转子励磁绕组都接入直流励磁电源，通入直流励磁电流。直流励磁电流产生转子励磁磁场，转子励磁磁场相对于转子保持静止。当转子以同步转速旋转时，转子励磁磁场就随着转子同步旋转，切割定子绕组，在定子绕组上感应出电动势。**转子励磁磁场是由直流电流励磁产生的，且以同步转速旋转，与转子保持相对静止，也称作机械旋转磁场。**此时，如果定子三相绕组的出线端接上三相对称负载，那么定子三相绕组上就会产生三相对称交流电流。根据第 6 章的交流电机知识可知，三相对称交流电流将会在同步发电机内产生一个圆形旋转磁场。**该旋转磁场是由交流电流激励产生的，称为电气旋转磁场或者电枢磁场。**

7.2.1　空载磁场

当同步发电机的转子由原动机拖动且以同步转速旋转时，转子励磁绕组中通入直流励磁电流，电枢绕组开路，这就是同步发电机的空载运行。此时，转子励磁绕组中的直流励磁电流将产生励磁磁动势，并在气隙中产生磁通，称为**空载磁通**。空载磁通随转子以同步转速旋转，切割定子绕组，在

7-2　空载磁场

定子绕组中感应出三相对称的电动势，称为**空载电动势**，用 $\dot{E}_{0}$ 表示。下面将详细分析励磁磁动势产生电枢电动势的过程以及二者之间的关系。

1. 同步发电机的励磁磁动势

凸极式同步发电机和隐极式同步发电机的转子结构不同，使得相同励磁电流下的空载电动势不同。

1）凸极式同步发电机

凸极式同步发电机的转子上为集中式励磁绕组。如图 7-9(a)所示，用一个线圈表示励磁绕组（设一对磁极下励磁绕组的匝数为 N_{f}），用三个等效的集中整距线圈代表定子三相绕组。从 A 相绕组的轴线＋A 处，沿定子内圆表面展开，纵坐标为磁动势的大小，规定磁动势从定子进入转子为正，如图 7-9(b)所示。电动势的正方向与磁动势的正方向均满足右手螺旋定则。横坐标为定子内圆表面各点距离原点的圆心角（以空间电角度 α 表示），逆时针方向为正。

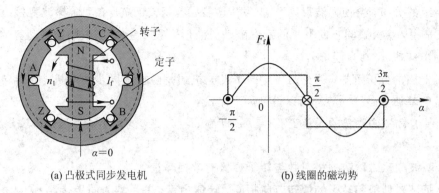

(a) 凸极式同步发电机   (b) 线圈的磁动势

图 7-9 凸极式同步发电机的励磁磁动势

若转子励磁电流为 I_f，则一对磁极上产生的励磁磁动势为 N_fI_f。由于铁芯材料的磁阻远小于空气的磁阻，因此励磁磁动势几乎全部消耗在气隙中。励磁磁场的每条磁回路中均含有两段长度相同的气隙，则每段气隙上的磁动势 $F_f = N_fI_f/2$。在图 7-9(a)所示的时刻，转子励磁磁场 S 极与轴线 +A 重合，气隙磁动势波形如图 7-9(b)所示，是一个幅值为 F_f 的矩形波。在 $-\pi/2$ 到 $\pi/2$ 电角度范围内，磁力线都是从定子进入转子，气隙磁动势都是正值，大小为 F_f；在 $\pi/2$ 到 $3\pi/2$ 电角度范围内，磁力线都是从转子进入定子，气隙磁动势都是负值，大小为 $-F_f$。当转子以同步转速 n_1 沿 α 正方向旋转时，该矩形波也以同步转速 n_1 沿 α 正方向运动，即气隙磁动势在空间上是一个沿定子内圆表面旋转的矩形波。

将矩形波的气隙磁动势进行傅里叶级数分解，可得到基波磁动势和各次谐波磁动势。基波磁动势的正波峰始终与转子 S 极中心的位置对应。基波磁动势随着转子一起以同步转速 n_1 旋转。其中，基波磁动势的幅值 $F_{f1} = (4/\pi)F_f = k_fF_f$。$k_f$ 称为励磁磁动势波形因数，它是励磁磁动势基波幅值与励磁磁动势幅值的比值。对于凸极式同步发电机，$k_f = 4/\pi$。

2) 隐极式同步发电机

隐极式同步发电机的转子结构如图 7-10(a)所示，其励磁绕组是一组串联的嵌在转子槽内的同心线圈。该励磁绕组通入直流励磁电流 I_f，空间上形成阶梯波状的励磁磁动势，如图 7-10(b)所示。设一对磁极下励磁绕组串联的匝数为 N_f，则励磁磁动势的幅值 $F_f = N_fI_f/2$。同样地，通过傅里叶级数分解，可以得到相应的基波磁动势和各次谐波磁动势。同时可得励磁磁动势基波幅值 $F_{f1} = k_fF_f$。波形因数 k_f 与转子上励磁绕组的分布相关，改

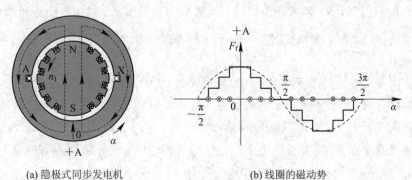

(a) 隐极式同步发电机   (b) 线圈的磁动势

图 7-10 隐极式同步发电机励磁磁动势

变励磁绕组的分布，会使得波形因数 k_f 发生改变。但相较于矩形波，阶梯波更接近于正弦波。一般来说，隐极式同步发电机的励磁磁动势波形因数 $k_f \approx 1$。基波励磁磁动势的波形随转子以同步转速 n_1 在空间旋转。

通过上面的分析可知，无论凸极式同步发电机还是隐极式同步发电机，针对转子励磁绕组产生的基波励磁磁动势都可以得到如下结论：

(1) 基波励磁磁动势的幅值 $F_{f1} = k_f F_f = k_f N_f I_f / 2$，$F_{f1}$ 的大小可以通过励磁电流 I_f 进行调节；

(2) 基波励磁磁动势的极对数与转子磁极对数相等；

(3) 基波磁动势和转子的旋转方向相同，转速相等，并且均为同步转速 n_1。

2. 基波励磁磁动势空间相量

同步发电机的基波励磁磁动势在空间中按正弦分布，如图 7-11(a) 所示，因此可用一个相量 $\dot{F}_{f1}$ 来表示，如图 7-11(b) 所示。相量 $\dot{F}_{f1}$ 的长度等于该磁动势的幅值，即 $F_{f1} = k_f F_f$，相量的位置与当前时刻的正峰值所在的位置相同。当转子以同步转速 n_1 沿 α 正方向旋转时，相量 $\dot{F}_{f1}$ 也以同步电角速度 $\omega = (2\pi n_1 p)/60$ 沿 α 正方向（逆时针）旋转。

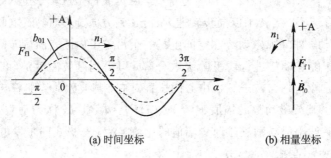

(a) 时间坐标　　　　　　　　　(b) 相量坐标

图 7-11　同步电机基波励磁磁动势

3. 基波气隙磁通密度空间相量

基波气隙磁动势会在气隙中产生磁通密度波。规定气隙磁通密度的参考方向与气隙磁动势的方向相同。隐极式同步发电机气隙均匀，若不考虑铁芯的磁滞、涡流效应和饱和特性，则气隙磁通密度与气隙磁动势呈正比关系。与基波励磁磁动势一样，基波气隙磁通密度 b_{01} 在空间按正弦分布，两者相位相同，如图 7-11(a) 所示。当用一个空间相量 $\dot{B}_0$ 来表示基波磁通密度时，在空间相量图上，$\dot{B}_0$ 和 $\dot{F}_{f1}$ 方向一致，且以相同的转速 n_1 旋转，如图 7-11(b) 所示。

凸极式同步发电机气隙不均匀，气隙磁通密度的大小不仅与气隙磁动势的大小有关，还与气隙长度有关。即使不考虑铁芯的磁滞、涡流效应和饱和特性，基波励磁磁动势产生的气隙磁通密度波 b_0 也不是正弦分布。但如果对 b_0 进行分解，不计磁滞和涡流效应，则得到的基波磁通密度 b_{01} 与基波励磁磁动势仍然同相位。基波气隙磁通密度也可以用一个空间相量 $\dot{B}_0$ 来表示。无论是凸极式同步发电机还是隐极式同步发电机，$\dot{B}_0$ 在空间相量图上的表示都一样。

4. 定子一相绕组的基波感应电动势相量 $\dot{E}_0$

当转子以同步转速旋转时，基波气隙磁通密度就切割定子绕组，并在定子绕组上感应产生随时间按正弦规律变化的基波感应电动势。下面首先研究一相绕组感应电动势，再根据第 6 章的知识确定三相绕组感应电动势。

取 A 相为研究对象，并取 +A 轴为空间参考轴。在图 7-10 所示时刻，A 相绕组的两个线圈边位于磁极中间，此处的气隙磁通密度为零，A 相感应电动势为零。若用时间相量 $\dot{E}_0$ 表示 A 相感应电动势，则此刻 $\dot{E}_0$ 与时间参考轴 +j 轴垂直，在 +j 轴上的投影为零，如图 7-12(a)所示。此时，$\dot{F}_{f1}$、$\dot{B}_0$ 所处的位置如图 7-12(b)所示。电机以同步转速正转时，$\dot{F}_{f1}$、$\dot{B}_0$ 也随转子以电角速度 ω 沿逆时针方向旋转，A 相绕组中感应电动势的瞬时值随之变化。当 $\dot{F}_{f1}$、$\dot{B}_0$ 随转子在空间上旋转 90° 电角度时，A 相感应电势瞬时值最大，$\dot{E}_0$ 与时间参考轴 +j 轴重合，在 +j 轴上的投影最大。可见，当转子在空间上转过了一个电角度时，电动势相量在时间上也转过了相同的电角度。若将空间参考轴 +A 轴与时间参考轴 +j 轴重合，如图 7-12(c)所示，则 $\dot{F}_{f1}$、$\dot{B}_0$、$\dot{E}_0$ 一起以电角速度 ω 沿逆时针方向旋转，且无论转子旋转至何位置，均有 $\dot{E}_0$ 滞后 $\dot{F}_{f1}$ 90° 电角度。

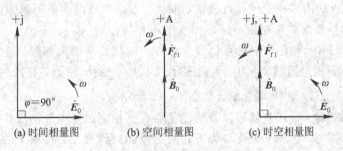

(a) 时间相量图　　　(b) 空间相量图　　　(c) 时空相量图

图 7-12　时空相量图

将空间相量图的参考轴 +A 轴与时间相量图的参考轴 +j 轴重合，即把时间相量图与空间相量图画在一起，形成了时间空间相量图，简称时空相量图。图 7-12(c)为同步发电机空载时的时空相量图。需要特别强调的是，空间相量和时间相量的物理意义是截然不同的，时空相量图只是为了便于确定空间相量或时间相量位置而作的，相量的实际意义必须在自身所在的时间相量图或者空间相量图上分析。

7.2.2　电枢反应

7-3　电枢反应

同步发电机空载运行时，气隙磁场仅由励磁磁动势作用产生。当同步发电机与外部电路接通，带上对称负载后，定子三相对称绕组中就有三相对称电流，将产生三相绕组合成磁动势，称作电枢磁动势，以空间相量 $\dot{F}_a$ 表示。与空载时不同，此时同步发电机的气隙磁场是由励磁磁动势与电枢磁动势共同作用而产生的。电枢磁动势的出现使气隙磁场发生了变化。我们把基波电枢磁动势对基波励磁磁动势的影响称为电枢反应。

由第 6 章可知，对于转子磁极对数为 p 的同步发电机，当其转子以同步转速 n_1 沿着 A→B→C 正向旋转时，会产生极对数为 p、转速为 n_1、旋转方向为 A→B→C 的正向旋转的基波励磁磁动势。基波气隙磁通密度切割定子三相对称绕组，在三相绕组中会产生频率 $f_1 = pn_1/60$ 的基波感应电动势，相序为 A→B→C。若定子接上三相对称负载，则在定子绕组中便流过频率为 f_1 的三相对称电枢电流。由第 6 章的知识可知，三相对称电枢电流将合成一个极对数为 p、旋转速度 $n_1 = 60f_1/p$、沿着 A→B→C 正向旋转的基波电枢磁动势。可见，基波励磁磁动势和基波电枢磁动势的极对数、转速和转向都相同。两者在空间上保持相对静止，可以合成为一个磁动势，该合成磁动势的极对数、转速和转向都与前面一致。合成磁动势在气隙中产生的磁场，称为**基波合成磁场**。

除了基波电枢磁动势之外，定子绕组也会产生谐波电枢磁动势，它们的极对数、转速各不相同，在空间上与励磁磁动势相对运动，无法与励磁磁动势合成，一般将它们归入漏磁通中考虑。

下面分析基波电枢磁动势 $\dot{F}_a$（简称电枢磁动势）对基波励磁磁动势 $\dot{F}_{f1}$ 的影响，即电枢反应。

1. 隐极式同步发电机的电枢反应

隐极式同步发电机气隙均匀，电枢反应较为简单。取 A 相进行分析，设定子 A 相绕组的空载电动势为 $\dot{E}_0$，加上负载后，A 相绕组电流为 $\dot{I}_a$。$\dot{E}_0$ 和 $\dot{I}_a$ 之间的相位差 ψ 称为**内功率因数角**，与电机的内阻抗及外加负载性质有关。根据负载的性质不同（电阻、电感或是电容），ψ 不同，电枢反应的作用也不同。

在下面的讨论中，均假定坐标系以及参考方向的规定与前面相同，且空间相量图的参考轴 +A 轴与时间相量图的参考轴 +j 轴重合。当 $\omega t = 0$ 时，转子 S 极的中心在 $\alpha = 90°$ 上，$\dot{F}_{f1}$ 位于 $\alpha = 90°$ 上，$\dot{E}_0$ 与 +j 轴重合，如图 7-13 所示。

第 6 章得到结论：合成基波磁动势的位置随着三相绕组中电流的变化而变化，当某相的电流达到最大值时，合成基波磁动势正好处于该相的轴线上。在以下的分析中，时间参考轴和空间参考轴都取自 A 相。当 A 相电枢电流 $\dot{I}_a$ 达到最大值时，基波电枢磁动势 $\dot{F}_a$ 正好处于 +A 轴上。当 $\dot{I}_a$ 沿 +j 轴转过一个电角度时，$\dot{F}_a$ 也沿 +A 轴转过相同的电角度。A 相电枢电流相量 $\dot{I}_a$ 与基波电枢磁动势相量 $\dot{F}_a$ 始终重合在一起，以相同的电角速度 ω 旋转，如图 7-14 所示。值得注意的是，当时间相量图及空间相量图的参考轴不取自同一相时，这种情况不成立。

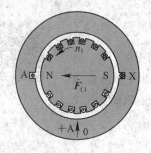

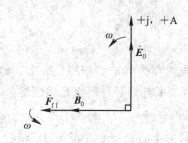

图 7-13　$\omega t = 0$ 时的电机定转子位置　　　图 7-14　$\omega t = 0$ 时的磁动势—电动势时空相量图

1）$\psi = 0°$（带纯电阻性负载）

当 $\psi = 0°$ 时，A 相电枢电流 $\dot{I}_a$ 与 $\dot{E}_0$ 同相位，如图 7-15 所示。由于此时 A 相电枢电

流达到最大值，因此定子三相绕组合成的基波电枢磁动势 $\dot{F}_a$ 正好处于 $+A$ 轴上。将转子励磁磁动势 $\dot{F}_{f1}$ 和电枢磁动势 $\dot{F}_a$ 合成，即可得到合成基波磁动势 $\dot{F}_\delta = \dot{F}_{f1} + \dot{F}_a$。一般把通过磁极中心线的轴线称为**直轴**，又称为 d 轴；把通过两个磁极之间，与直轴相差 90° 空间电角度的轴线称为**交轴**，也称 q 轴。当 $\psi = 0°$ 时，电枢磁动势 $\dot{F}_a$ 滞后 $\dot{F}_{f1}$ 90° 电角度，位于交轴上，也称为**交轴电枢反应磁动势**。交轴电枢反应使合成基波磁动势 $\dot{F}_\delta$ 比空载时的直轴位置后移了一个电角度 θ'，幅值也增大了。

2）$\psi = 90°$（带纯电感性负载）

$\dot{F}_{f1}$ 和 A 相电动势 $\dot{E}_0$ 的位置不变。当 $\psi = 90°$ 时，$\dot{I}_a$ 滞后 $\dot{E}_0$ 90° 电角度。由于 $\dot{F}_a$ 与 $\dot{I}_a$ 重合，因此 $\dot{F}_a$ 与 $\dot{F}_{f1}$ 方向相反；再将 $\dot{F}_{f1}$ 与 $\dot{F}_a$ 合成即可得到 $\dot{F}_\delta$；最后得到如图 7-16 所示的时空相量图。可知当 $\psi = 90°$ 时，电枢反应特点为 $\dot{F}_a$ 与 $\dot{F}_{f1}$ 方向正好相反，对 $\dot{F}_{f1}$ 起**去磁**作用，又称为**直轴去磁电枢反应磁动势**。直轴去磁电枢反应磁动势使合成磁动势 $\dot{F}_\delta$ 小于 $\dot{F}_{f1}$，气隙磁通密度要比空载情况时小，感应电动势也相应地减小。此时，$\dot{F}_\delta$ 与 $\dot{F}_{f1}$ 方向相同。

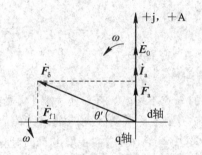

图 7-15 $\psi = 0°$ 时的电枢反应

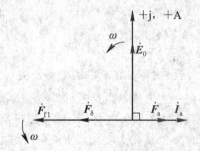

图 7-16 $\psi = 90°$ 时的电枢反应

3）$\psi = -90°$（带纯电容性负载）

$\dot{F}_{f1}$ 和 $\dot{E}_0$ 的位置仍不变。当 $\psi = -90°$ 时，$\dot{I}_a$ 超前 $\dot{E}_0$ 90° 电角度，$\dot{F}_a$ 与 $\dot{I}_a$ 重合，合成磁动势 $\dot{F}_\delta = \dot{F}_{f1} + \dot{F}_a$，如图 7-17 所示。可知当 $\psi = -90°$ 时，电枢反应特点为：$\dot{F}_a$ 与 $\dot{F}_{f1}$ 同向，对 $\dot{F}_{f1}$ 起**增磁**作用，叫作**直轴增磁电枢反应磁动势**。合成磁动势 $\dot{F}_\delta$ 大于 $\dot{F}_{f1}$，当气隙磁通密度大于空载时，感应电动势增大，$\dot{F}_\delta$ 与 $\dot{F}_{f1}$ 在同一方向。

4）$\psi = $ 任意角（带任意性质负载）

一般情况下，电枢磁动势 $\dot{F}_a$ 既不在直轴，也不在交轴。此时，可把 $\dot{F}_a$ 分解为两个分量：一个是沿直轴方向的分量 $\dot{F}_{ad}$，称作直轴电枢反应磁动势；另一个是沿交轴方向的分量 $\dot{F}_{aq}$，称作交轴电枢反应磁动势。

当 $0 < \psi < 90°$ 时，如图 7-18 所示，直轴电枢反应磁动势 $\dot{F}_{ad}$ 对 $\dot{F}_{f1}$ 起去磁作用，交轴电枢反应磁动势 $\dot{F}_{aq}$ 起交磁作用，使合成磁动势 $\dot{F}_\delta$ 与 $\dot{F}_{f1}$ 偏离了 θ'。

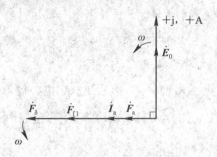
图 7-17　$\psi=-90°$ 时的电枢反应

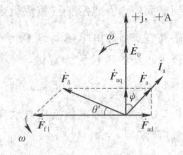
图 7-18　$0°<\psi<90°$时的电枢反应

当$-90°<\psi<0°$时,如图 7-19 所示,直轴电枢反应磁动势 $\dot{F}_{ad}$ 对 $\dot{F}_{f1}$ 起增磁作用,交轴电枢反应磁动势 $\dot{F}_{aq}$ 起交磁作用,同样使合成磁动势 $\dot{F}_{\delta}$ 与 $\dot{F}_{f1}$ 偏离了 θ'。

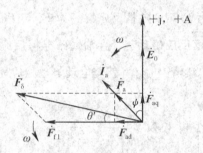
图 7-19　$-90°<\psi<0°$时的电枢反应

2. 凸极式同步发电机的电枢反应

与隐极式同步发电机不同,凸极式同步发电机的气隙不均匀,直轴处气隙小,磁阻小;交轴处气隙大,磁阻也大。当转子磁极旋转时,相应的励磁磁动势所对应的磁路磁阻也随着转子位置的变化而变化,使得电机的电枢反应不同,这给凸极式同步发电机的分析带来了很大的困难。

为了解决该问题,勃朗德(Blondel)提出了双反应理论,即把电枢磁动势 $\dot{F}_a$ 分解为直轴分量 $\dot{F}_{ad}$(亦称直轴电枢磁动势)和交轴分量 $\dot{F}_{aq}$(亦称交轴电枢磁动势),然后分别进行分析和计算,最后再把它们的效果叠加起来。凸极式同步电机中,由于 $\dot{F}_{ad}$ 和 $\dot{F}_{aq}$ 对应的直、交轴气隙不变,且磁路分别关于直、交轴对称,因此,由电枢磁动势 $\dot{F}_a$ 分解成的两个正弦分布的磁动势 $\dot{F}_{ad}$ 和 $\dot{F}_{aq}$ 分别与其所产生的直、交轴基波气隙磁通密度同相位。因此,在分析凸极式同步电机电枢反应时,可利用双反应理论,在交轴和直轴上分别考虑 $\dot{F}_{ad}$ 和 $\dot{F}_{aq}$ 对气隙磁动势和磁场的影响。

7.3　同步发电机的电压方程、相量图和等效电路

7.3.1　隐极式同步发电机的电压方程、相量图和等效电路

7-4　电压方程、相量图和等效电路

隐极式同步发电机带负载运行时,电枢绕组中有三相对称电流,

就会产生电枢磁动势 $\dot{F}_{\mathrm{a}}$。电枢磁动势 $\dot{F}_{\mathrm{a}}$ 与基波励磁磁动势 $\dot{F}_{\mathrm{f1}}$ 合成气隙基波磁动势 $\dot{F}_{\delta}$，$\dot{F}_{\delta}$ 在气隙中产生基波磁通密度，用空间相量 $\dot{B}_{\delta}$ 表示。$\dot{B}_{\delta}$ 以同步转速 n_1 旋转，在定子每相绕组中产生感应电动势 $\dot{E}_{\delta}$。下面分成不考虑磁路饱和和考虑磁路饱和两种情况讨论隐极式同步发电机的等效电路。

1. 不考虑磁路饱和

隐极式同步发电机转子励磁后，励磁磁动势在气隙中产生励磁磁通 $\dot{\Phi}_{\mathrm{f}}$，并在定子绕组中感应出空载电动势 $\dot{E}_0$。当带负载后，电枢绕组中有三相对称电流，就会产生旋转的电枢磁动势 $\dot{F}_{\mathrm{a}}$，产生电枢反应磁通 $\dot{\Phi}_{\mathrm{a}}$。电枢反应磁通 $\dot{\Phi}_{\mathrm{a}}$ 以同步转速切割定子绕组，并感应出电动势，称为**电枢反应电动势**，用相量 $\dot{E}_{\mathrm{a}}$ 表示。如果不考虑磁路饱和，电枢反应磁通 $\dot{\Phi}_{\mathrm{a}}$ 与电枢反应磁动势 $\dot{F}_{\mathrm{a}}$（或电枢电流 $\dot{I}_{\mathrm{a}}$）呈正比关系，而电枢反应电动势 $\dot{E}_{\mathrm{a}}$ 又与电枢反应磁通 $\dot{\Phi}_{\mathrm{a}}$ 呈正比关系，那么，电枢反应电动势 $\dot{E}_{\mathrm{a}}$ 和电枢电流 $\dot{I}_{\mathrm{a}}$ 就呈正比关系。在时空相量图中，电动势 $\dot{E}_{\mathrm{a}}$ 滞后于产生它的磁通 $\dot{\Phi}_{\mathrm{a}}$ 90°电角度，即滞后于电流 $\dot{I}_{\mathrm{a}}$ 90°电角度。我们引入一个比例常数 X_{a}，则电动势 $\dot{E}_{\mathrm{a}}$ 就可以写成

$$\dot{E}_{\mathrm{a}} = -\mathrm{j} X_{\mathrm{a}} \dot{I}_{\mathrm{a}} \tag{7-3}$$

由电路理论知识可知，X_{a} 等效于一感抗，称作**电枢反应电抗**。式(7-3)可描述为：交流电流 $\dot{I}_{\mathrm{a}}$ 在一个电感线圈中产生了电动势 $\dot{E}_{\mathrm{a}}$，而该电感线圈就是电枢绕组。X_{a} 反映出在一定的电枢电流中电枢反应的强弱。

电枢电流还会在定子槽的周围、绕组端部等位置产生电枢漏磁通，而谐波磁动势会产生相应的谐波漏磁通，这些磁通统称为漏磁通 $\dot{\Phi}_{\sigma}$。漏磁通 $\dot{\Phi}_{\sigma}$ 也会在电枢绕组中产生漏磁电动势 $\dot{E}_{\sigma}$。$\dot{E}_{\sigma}$ 也与 $\dot{I}_{\mathrm{a}}$ 呈正比例关系，在相位上滞后于电枢电流 $\dot{I}_{\mathrm{a}}$ 90°电角度，也可以写成电抗压降的形式：

$$\dot{E}_{\sigma} = -\mathrm{j} \dot{I}_{\mathrm{a}} X_{\sigma} \tag{7-4}$$

X_{σ} 称为定子绕组的电枢漏电抗。所以，在电枢绕组通有三相对称电流后，与定子绕组交链的磁通为 $\dot{\Phi}_{\mathrm{a}}$ 和 $\dot{\Phi}_{\sigma}$，两者在电枢绕组中所产生的全部电动势为

$$\dot{E}_{\mathrm{a}} + \dot{E}_{\sigma} = -\mathrm{j} \dot{I}_{\mathrm{a}} (X_{\mathrm{a}} + X_{\sigma}) = -\mathrm{j} \dot{I}_{\mathrm{a}} X_{\mathrm{s}} \tag{7-5}$$

X_{s} 称为隐极式同步电机的**同步电抗**，是定子绕组的电枢反应电抗与电枢漏电抗之和。它反映出在一定电枢电流 $\dot{I}_{\mathrm{a}}$ 下，在电枢绕组中所产生的感应电动势的强弱。

当不计磁路饱和时，可以认为电枢磁动势和励磁磁动势分别独立地在电枢绕组中产生了电动势 $\dot{E}_{\mathrm{a}} + \dot{E}_{\sigma}$ 和空载电动势 $\dot{E}_0$。当同步发电机各物理量的参考方向遵循如图7-20所示的发电机惯例时，定子一相的电压方程式可表示为

$$\dot{U} = \dot{E}_0 + \dot{E}_{\mathrm{a}} + \dot{E}_{\sigma} - \dot{I}_{\mathrm{a}} R \tag{7-6}$$

其中，R 为定子一相绕组的电阻，$\dot{I}_{\mathrm{a}}$ 为一相的相电流，$\dot{U}$ 为一相的端电压。

不计磁路饱和时,气隙磁通为电枢反应磁通 $\dot{\boldsymbol{\Phi}}_a$ 与励磁磁通 $\dot{\boldsymbol{\Phi}}_f$ 之和,气隙磁通产生的电动势称为气隙电动势 $\dot{\boldsymbol{E}}_\delta$,$\dot{\boldsymbol{E}}_\delta = \dot{\boldsymbol{E}}_a + \dot{\boldsymbol{E}}_0$。式(7-6)可写成:

$$\dot{\boldsymbol{U}} = \dot{\boldsymbol{E}}_\delta - (R + jX_\sigma)\dot{\boldsymbol{I}}_a = \dot{\boldsymbol{E}}_\delta - Z_\sigma \dot{\boldsymbol{I}}_a \tag{7-7}$$

其中,$Z_\sigma = R + jX_\sigma$,称为每相电枢绕组的漏阻抗。根据式(7-6)和式(7-7)可以画出对应的等效电路和相量图,如图7-21所示。

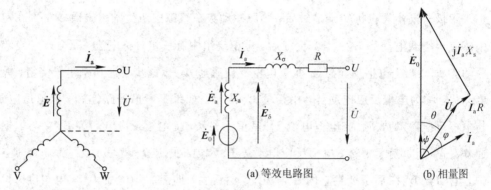

图7-20　同步发电机的电磁量参考方向　　　图7-21　隐极式同步发电机的等效电路和相量图

2. 考虑磁路饱和

在大多数情况下,同步发电机都运行在接近磁路饱和区域。当磁路饱和时,磁路表现为非线性特性,叠加原理不再适用。此时,应当求出作用于主磁路上的合成磁动势,利用电机的磁化曲线求出带负载时的气隙磁通以及气隙电动势 $\dot{\boldsymbol{E}}_\delta$。此时,定子一相的电压方程式可表示为

$$\dot{\boldsymbol{U}} = \dot{\boldsymbol{E}}_\delta - Z_\sigma \dot{\boldsymbol{I}}_a \tag{7-8}$$

图7-22为考虑磁路饱和时,由磁化曲线求出气隙电动势 $\dot{\boldsymbol{E}}_\delta$ 后,画出的磁动势-电动势相量图。

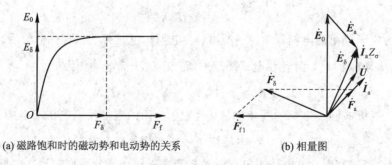

(a) 磁路饱和时的磁动势和电动势的关系　　　　(b) 相量图

图7-22　磁路饱和时的磁动势-电动势相量图

7.3.2　凸极式同步发电机的电压方程和相量图

凸极式同步发电机的气隙不均匀,磁动势与电动势之间的定量分析需借助于双反应理论。将电枢磁动势 $\dot{\boldsymbol{F}}_a$ 分解为直轴分量 $\dot{\boldsymbol{F}}_{ad}$ 和交轴分量 $\dot{\boldsymbol{F}}_{aq}$,其大小分别为

$$F_{ad} = F_a \sin\psi = \frac{3\sqrt{2}}{\pi} \frac{N_1 k_{dp1}}{p} I_a \sin\psi = \frac{3\sqrt{2}}{\pi} \frac{N_1 k_{dp1}}{p} I_d \qquad (7-9)$$

$$F_{aq} = F_a \cos\psi = \frac{3\sqrt{2}}{\pi} \frac{N_1 k_{dp1}}{p} I_a \cos\psi = \frac{3\sqrt{2}}{\pi} \frac{N_1 k_{dp1}}{p} I_q \qquad (7-10)$$

由式(7-9)和式(7-10)可见，$\dot{F}_{ad}$ 和 $\dot{F}_{aq}$ 分别是由电流 $\dot{I}_d$ 和 $\dot{I}_q$ 产生的，$\dot{I}_d$ 和 $\dot{I}_q$ 是电流 $\dot{I}_a$ 的正交分解结果，$I_d = I_a\sin\psi$，$I_q = I_a\cos\psi$。

$\dot{F}_{ad}$ 和 $\dot{F}_{aq}$ 所经路径与转子位置无关。不考虑磁饱和时，无论转子旋转到什么位置，$\dot{F}_{ad}$ 和 $\dot{F}_{aq}$ 所对应的磁阻不变。$\dot{F}_{ad}$ 和 $\dot{F}_{aq}$ 分别与其产生的磁通 $\dot{\Phi}_{ad}$ 和 $\dot{\Phi}_{aq}$ 呈正比关系；定子绕组切割 $\dot{\Phi}_{ad}$ 和 $\dot{\Phi}_{aq}$ 产生两个电枢反应电动势 $\dot{E}_{ad}$ 和 $\dot{E}_{aq}$，$\dot{E}_{ad}$ 和 $\dot{E}_{aq}$ 又分别正比于 $\dot{\Phi}_{ad}$ 和 $\dot{\Phi}_{aq}$，如图 7-23 所示。若不计定子铁耗，$\dot{E}_{ad}$、$\dot{E}_{aq}$ 分别滞后 $\dot{I}_d$、$\dot{I}_q$ 90°电角度，因此，引入比例常数 X_{ad} 和 X_{aq}，$\dot{E}_{ad}$、$\dot{E}_{aq}$ 可表示为负电抗压降的形式：

$$\begin{cases} \dot{E}_{ad} = -jX_{ad}\dot{I}_d \\ \dot{E}_{aq} = -jX_{aq}\dot{I}_q \end{cases} \qquad (7-11)$$

式中，X_{ad} 和 X_{aq} 分别为每相电枢绕组的**直轴电枢反应电抗和交轴电枢反应电抗**，表示三相直轴和交轴电枢电流产生的总磁通(包括基波气隙磁通与漏磁通)在一相电枢绕组中感应出的基波电动势与一相电枢电流直轴和交轴分量的比值，是等效电抗。普通凸极式同步发电机中，直轴磁路的气隙小，交轴磁路的气隙大，因此 $X_{ad} > X_{aq}$。

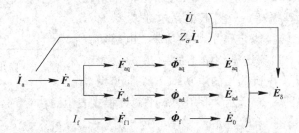

图 7-23 凸极式同步发电机的电磁过程

根据图 7-20 正方向的规定方法，定子一相的电动势方程式为

$$\dot{E}_0 = \dot{U} - \dot{E}_{ad} - \dot{E}_{aq} - \dot{E}_\sigma + \dot{I}_a R = \dot{U} + j(X_{ad} + X_\sigma)\dot{I}_d + j(X_{aq} + X_\sigma)\dot{I}_q + \dot{I}_a R$$
$$= \dot{U} + jX_d\dot{I}_d + jX_q\dot{I}_q + \dot{I}_a R \qquad (7-12)$$

其中：

$$\begin{cases} X_d = X_{ad} + X_\sigma \\ X_q = X_{aq} + X_\sigma \end{cases} \qquad (7-13)$$

X_d 和 X_q 分别为每相电枢绕组的**直轴同步电抗和交轴同步电抗**，分别表示在对称负载下单位直流或交流电枢电流产生的总磁场(包括电枢反应磁场和漏磁场)在电枢每相绕组中感应的电动势。由于 $X_{ad} > X_{aq}$，因此 $X_d > X_q$。

若要采用双反应理论进行分析，必须先知道 ψ。在已知凸极式同步发电机的参数和外部情况（如端电压 U、电枢电流 I_a 和功率因数 $\cos\varphi$）时，ψ 可通过作图求得。图 7-24 为凸极式同步发电机的电动势相量图。从 a 点画出垂直于 $\dot{I}_a R$ 的线段 ac，与相量 $\dot{E}_0$ 相交于点 c，线段 ac 与相量 $jX_q\dot{I}_q$（线段 ab）之间的夹角就是 ψ 角。根据图中几何关系：

$$\begin{cases} \overline{Od} = RI_a + U\cos\varphi \\ \overline{cd} = X_q I_a + U\sin\varphi \end{cases} \tag{7-14}$$

可进一步求得

$$\psi = \arctan\left(\frac{X_q I_a + U\sin\varphi}{RI_a + U\cos\varphi}\right) \tag{7-15}$$

图 7-24　凸极式同步发电机的电动势相量图

7.4　同步发电机的功率方程、功角特性和转矩方程

7.4.1　功率方程

通过电磁感应作用，同步发电机能将转轴上输入的机械功率转换为输出的电功率。如果同步发电机的励磁功率由另外的直流电源供给，那么输入的机械功率 P_1 扣除机械损耗 p_m 和铁芯损耗 p_{Fe} 等损耗后，剩下就是电磁功率 P_M，通过电磁感应作用，转换成定子上的电功率。电磁功率 P_M 转换成电功率后，扣除定子绕组上的铜耗 p_{Cu} 之后，剩下的部分就是同步发电机输出的电功率 P_2。同步发电机的功率流程图如图 7-25 所示，可用功率平衡方程式表示为

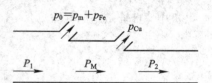

图 7-25　同步发电机的功率流程图

$$P_2 = P_M - p_{Cu} = P_1 - p_m - p_{Fe} - p_{Cu} \tag{7-16}$$

如果考虑附加损耗（杂散损耗）p_s，则式（7-16）的右侧还应减去 p_s。

7.4.2　功角特性

同步发电机的电磁功率是通过电磁感应作用由机械功率转换而来的全部电功率，因此电磁功率是机电能量形态变换的基础。对于大、中型同步发电机，定子铜耗是极小的一部分，通常 $p_{Cu} < 1\% P_N$。为简化分析，通常忽略定子铜耗，电磁功率 P_M 就等于输出的电功率 P_2，即

$$P_M = P_2 = m U I_a \cos\varphi \tag{7-17}$$

式中，m 表示电机的相数。设空载电动势 $\dot{E}_0$ 与端电压 $\dot{U}$ 之间的夹角为 θ，由图 7-24 可知，$\psi = \varphi + \theta$，则有

$$P_M = P_2 = m U I_a \cos\varphi = m U I_a \cos(\psi - \theta) = m U I_a \cos\psi\cos\theta + m U I_a \sin\psi\sin\theta$$
$$= m U I_q \cos\theta + m U I_d \sin\theta \tag{7-18}$$

忽略定子电阻，由图 7 - 24 可知

$$U\sin\theta = I_\text{q}X_\text{q} \tag{7-19}$$

$$E_0 - U\cos\theta = I_\text{d}X_\text{d} \tag{7-20}$$

因此有

$$I_\text{q} = \frac{U\sin\theta}{X_\text{q}} \tag{7-21}$$

$$I_\text{d} = \frac{E_0 - U\cos\theta}{X_\text{d}} \tag{7-22}$$

将式(7 - 21)和式(7 - 22)代入式(7 - 18)，可得

$$P_\text{M} = \frac{mE_0 U\sin\theta}{X_\text{d}} + \frac{m}{2}U^2\sin(2\theta)\left(\frac{1}{X_\text{q}} - \frac{1}{X_\text{d}}\right) = P_\text{M}' + P_\text{M}'' \tag{7-23}$$

式中，P_M' 称为基本电磁功率，P_M'' 称为附加电磁功率。

对于隐极式同步发电机，$X_\text{d} = X_\text{q} = X_\text{s}$，附加电磁功率为零。

同步发电机并网运行时，端电压与电网电压保持一致，U 与同步电抗都为常数。在不调节励磁电流的情况下，E_0 也为常数，只能通过调节 θ 来调节电磁功率或输出功率。由于电磁功率的大小由 θ 决定，因此将 θ 称作**功率角**。

当同步发电机的励磁电动势 E_0 和端电压 U 保持不变时，电磁功率 P_M 与功率角 θ 之间的关系，称作同步发电机的功角特性，即式(7 - 23)。

凸极式同步电机的功角特性如图 7 - 26 所示。由图可知，当 $0° \leqslant \theta \leqslant 180°$ 时，电磁功率为正值，凸极式同步电机处于发电机状态；当 $-180° \leqslant \theta \leqslant 0°$（图中未画出）时，电磁功率为负值，凸极式同步电机处于电动机状态；当 $\theta = 90°$ 时，基本电磁功率 P_M' 达到其最大值；当 $\theta = 45°$ 时，附加电磁功率 P_M'' 达到其最大值；电磁功率 P_M 则在 θ 为 45° 至 90° 之间出现最大值。

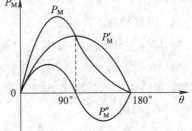

图 7 - 26　凸极式同步电机的功角特性

7.4.3　转矩方程

同步发电机总是以同步转速旋转，具有恒定的机械角速度 ω_m1。因此，电磁转矩正比于电磁功率，即

$$T = \frac{P_\text{M}}{\omega_\text{m1}} = \frac{P_\text{M}' + P_\text{M}''}{\omega_\text{m1}} = T' + T'' \tag{7-24}$$

式中，T' 称为基本电磁转矩，T'' 称为附加电磁转矩。

7.5　同步发电机参数的测定

在分析和计算同步发电机的稳态运行性能时，既要确定发电机的工况（端电压、电枢电流和功率因数等）外，又要给出同步发电机的参数。

7 - 6　参数测定

7.5.1 用空载特性和短路特性确定电机参数

1. 空载特性

同步发电机空载运行的时候，励磁电流 I_f 与其所产生的空载电动势 E_0 之间的关系曲线 $E_0 = f(I_f)$ 就是空载特性。同步发电机空载运行时，转子由原动机拖动以同步转速旋转，电枢绕组开路，电枢电流为零，气隙中的磁通仅由励磁磁动势 F_f 产生。励磁磁动势与励磁电流 I_f 呈正比关系，而空载电动势 E_0 正比于励磁磁通，所以空载特性曲线 $E_0 = f(I_f)$ 与电机的磁化曲线 $\Phi_f = f(F_f)$ 的形状完全相同。

空载特性可通过磁路计算获得，也可以通过空载实验测得。进行实验测量时，一般采用空载电压 $U_0 \approx 1.3U_N$ 到 $I_f = 0$ 时的下降曲线，并对其进行修正，得到空载特性。如图 7-27 所示，在 $I_f = 0$ 处，延长空载特性曲线并与横轴相交，交点与原点的距离 ΔI_{f0} 为修正量；将空载特性曲线向右平移 ΔI_{f0}，即为修正后实用的空载特性。为了节省铁芯和励磁绕组的材料，同时，为了能在不太大的励磁电流情况下获得较大的磁通密度，一般在电机设计中，把额定运行工作点设计在磁化曲线开始弯曲的部分。

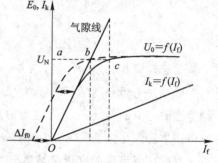

图 7-27 空载特性与短路特性

2. 短路特性

当同步发电机短路运行的时候，其转子以同步转速稳态旋转，且定子三相绕组的出线端短接，即 $U_0 = 0$。此时，如果改变它的励磁电流 I_f，那么，三相短路电流 I_k 也将随之改变。**短路特性就是指电机短路运行时，三相短路电流 I_k 与励磁电流 I_f 的关系曲线，即 $I_k = f(I_f)$ 曲线。**

1）隐极式同步发电机

如果忽略电枢电阻，电枢回路是仅由电抗组成的纯电感电路，将 $U = 0$ 代入隐极式同步发电机的定子一相电压方程，得

$$\dot{E}_0 = (R + jX_s)\dot{I}_k \approx jX_s\dot{I}_k \tag{7-25}$$

由式(7-25)可知，如果忽略电枢电阻的影响，那么短路电流相量 $\dot{I}_k$ 就滞后电动势相量 $\dot{E}_0$ 90°电角度，这表示同步发电机在短路时其电枢反应起直轴去磁作用。此时，同步发电机的气隙磁通减少，磁路是不饱和的，那么，同步电抗 X_s 就是一个常数，E_0 要正比于 I_k。同时，E_0 又正比于 I_f，那么，I_k 正比于 I_f。所以，同步发电机的短路特性是一条经过坐标原点的直线，如图 7-27 所示。

2）凸极式同步发电机

同样地，如果忽略电枢电阻，凸极式同步发电机的电枢回路也是仅由电抗组成的纯电感电路，短路电流相量 $\dot{I}_k$ 也要滞后于电动势相量 $\dot{E}_0$ 90°电角度，也就表示电枢电流全部是直轴分量，电枢反应也要起直轴去磁作用，使得同步发电机内的磁通减少，磁路不饱和。这时直轴同步电抗 X_d 和交轴同步电抗 X_q 都是常数。短路特性 $I_k = f(I_f)$ 也是一条通过原

点的直线。此时有

$$\dot{E}_0 = (R + jX_d)\dot{I}_k \approx jX_d\dot{I}_k \tag{7-26}$$

综上所述，同步发电机在发生定子三相绕组稳态短路的时候，短路电流产生的电枢反应将对主磁极起去磁作用，会减少同步发电机内的磁通，从而引起感应电动势减小，使得短路电流不会过大。所以，同步发电机定子三相绕组短路稳态运行是没有危险的。

3. 同步电抗 X_s

由式(7-25)和式(7-26)可知：

$$X_s(\text{或 } X_d) = \frac{E_0}{I_k} \tag{7-27}$$

因此，在同一励磁电流 I_f 下，由空载特性找到对应的 E_0，再由短路特性找到对应的 I_k，将其代入式(7-27)，即可求出同步电抗 X_s 或直轴同步电抗 X_d。但需要注意的是：因为空载特性存在饱和部分，所以在求同步电抗的不饱和值时，应避开空载特性饱和部分（弯曲部分），而应在其不饱和部分（直线部分）上取 E_0 值。对于凸极式同步发电机，按照经验，交轴电抗 $X_q \approx 0.65X_d$。

X_s 或 X_d 的饱和值可以按下述方法近似求得。首先，在空载特性上找到与额定电压相对应的励磁电流 I_{f0}，然后在短路特性上找到与 I_{f0} 对应的短路电流 I_k，那么 U_N 与 I_k 的比值就是 X_s 或 X_d 的饱和值，即 $X_s(\text{或 } X_d) = U_N/I_k$。

7.5.2　短路比

同步发电机空载时产生额定电压所需要的励磁电流 I_{f0} 与短路时产生额定电流所需的励磁电流 I_{fk} 之比，就是短路比，即

$$k_c = \frac{I_{f0}(U_0 = U_N)}{I_{fk}(I_k = I_N)} \tag{7-28}$$

k_c 的大小影响着电机的性能和成本。k_c 越大，则短路电流越大，负载运行时电压变化越小，过载能力越强，但电机的成本和尺寸越大；反之，则情况相反。一般汽轮发电机的短路比为 0.4～1.0，水轮发电机的短路比为 0.8～1.8。

7.6　同步发电机的运行特性

同步发电机的运行特性就是指它的外特性、调整特性和效率特性。这些特性能够确定同步发电机的电压调整率、额定励磁电流和额定效率等数据，而这些数据基本能体现出同步发电机的性能。

7-7　运行特性

7.6.1　外特性

如果同步发电机单机运行，则当发电机的转子以同步转速旋转时，保持励磁电流和功率因数 $\cos\varphi$ 恒定，发电机的端电压 U 与电枢电流的关系曲线，即曲线 $U = f(I_a)$，就是外特性。

图 7-28 所示为不同负载下的同步发电机的外特性曲线。曲线 1 为感性负载时的外特

性，$0° < \varphi < 90°$，电枢反应起去磁作用。随着负载电流的增加，电枢反应的去磁作用增强，气隙中磁通减少，端电压变小。感性负载下，U 随负载电流增加而减小，外特性曲线尾部下降。负载为容性时，$-90° < \varphi < 0°$，电枢反应起增磁作用。随着负载电流的增加，电枢反应的增磁作用增强，气隙中磁通增加，端电压变大。容性负载下，U 随负载电流增加而增加，外特性曲线尾部上翘，如图 7-28 中的曲线 3 所示。图 7-28 中的曲线 2 为 $\varphi = 0°$ 时的外特性曲线。

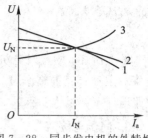

图 7-28　同步发电机的外特性

通过以上分析可以得到如下结论：

(1) 负载性质影响外特性曲线形状：感性负载下曲线尾部下降，容性负载下曲线尾部上翘。

(2) 当负载为感性负载时，励磁电动势 E_0 大于满载电压 U_N。

(3) 当负载为容性负载时，励磁电动势 E_0 可能小于满载电压 U_N。

当负载改变时，发电机的端电压 U 也会随之改变。通常用电压调整率 ΔU 来衡量电压变化的大小。从空载到额定负载，电压调整率为

$$\Delta U = \frac{E_0 - U_N}{U_N} \times 100\% \qquad (7-29)$$

影响电压调整率的因素有功率因数和同步电抗。同步发电机的电压调整率较大，一般为 20%～40%。

7.6.2　调整特性

当同步发电机的转子以同步转速旋转，且保持定子绕组端电压为额定电压、负载阻抗角不变时，励磁电流 I_f 与电枢电流 I_a 之间的关系，即 $I_f = f(I_a)$，就是调整特性，如图 7-29 所示。当同步发电机带纯电阻负载或感性负载的时候，随着电枢电流的增大，电枢反应的去磁效应增强，如果要维持端电压不变，那么必须增大励磁电流，所以，调整特性随电枢电流增大而上升。当同步发电机带容性负载的时候，随着电枢电流的增大，励磁电流可能减小，此时调整特性也可能是下降的。由调整特性可以确定发电机的额定励磁电流 I_{fN}，如图 7-29 所示。

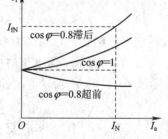

图 7-29　同步发电机的调整特性

7.6.3　效率特性

当同步发电机的转子以同步转速旋转，且保持额定电压与额定功率因数时，同步发电机的效率 η 与输出功率 P_2 之间的关系就是效率特性，即 $\eta = f(P_2)$。

同步发电机的损耗分为基本损耗和杂散损耗。基本损耗包括电枢铁芯的铁耗 p_{Fe}、电枢绕组的铜耗 p_{Cua}、励磁损耗 p_{Cuf} 和机械损耗 p_m。电枢铁芯的铁耗 p_{Fe} 是在电枢铁芯齿部和轭部主磁通交变所引起的损耗。电枢绕组的铜耗 p_{Cua} 是电枢绕组的直流电阻损耗，但要换算成基准工作温度下的数值。励磁损耗 p_{Cuf} 包括励磁绕组的铜耗、电刷的电损耗、励磁回路变阻器的损耗和其他相关励磁设备的全部损耗。机械损耗 p_m 包括轴承和电刷的摩擦

损耗、通风损耗。杂散损耗包括电枢漏磁通在电枢绕组和其他金属结构部件中引起的涡流损耗、高次谐波磁场掠过转子表面所引起的表面损耗等。杂散损耗的情况比较复杂，不易准确计算，一般可以通过实验测定。总损耗等于基本损耗和杂散损耗之和。

计算出总损耗 $\sum p$ 后即可确定效率：

$$\eta = \left(1 - \frac{\sum p}{P_2 + \sum p}\right) \times 100\% \qquad (7-30)$$

现代空气冷却时大型水轮发电机的额定效率为 95%～98.2%。而对于汽轮发电机，空气冷却时额定效率为 94%～97.8%，氢气冷却时额定效率可提高 0.8%，水冷却时还可再提高 0.5%。

7.7 同步发电机的并联运行

在现代电力系统（电网）中，电能是由许多发电厂并联产生的，在每个发电厂中，多台发电机并联在一起运行。电力系统的容量极大，其中一台发电机的运行状态对电力系统的影响微乎其微。电力系统中还存在许多保持电压和频率稳定的自动装置。因此，任何一台并联到电网的发电机，其端电压和频率必定与电网的一致。这使得并联的同步发电机在性能上具有与单机运行时不同的特点。

7-8 并联运行

7.7.1 并联合闸的条件和方法

经并联合闸后，同步发电机并联在一起运行。在并联合闸时，要求不能产生大的电流冲击。如果在并联合闸过程中能保持发电机端电压与电网电压的瞬时值完全一致，那么就不存在任何电流冲击，这就是理想并联合闸条件。对于三相交流电系统，发电机端电压 $\dot{U}$ 与电网电压 $\dot{U}_s$ 需要同时满足以下四个条件才能并联合闸：

（1）频率相同；
（2）幅值相等，波形相同；
（3）相序一致；
（4）相位相同。

如果其中任何一个条件不满足，那么在并联合闸时都会产生电流冲击。下面讨论如何判断这些条件是否满足，以及在条件不满足时应该如何处理。**最基本的两个判断方法是暗灯法和灯光旋转法。**

1. 暗灯法

设电网三相电压为 $\dot{U}_{sa}$、$\dot{U}_{sb}$ 和 $\dot{U}_{sc}$，一台发电机与电网并联，如图 7-30 所示，灯泡 1、2、3 上的电压分别就是并联开关两侧存在的电压差 $\Delta\dot{U}_a$、$\Delta\dot{U}_b$、$\Delta\dot{U}_c$。并网就是在条件满足时同时合上三相开关。只要存在电压差 $\Delta\dot{U}_a$、$\Delta\dot{U}_b$、$\Delta\dot{U}_c$，并网合闸就有电流冲击。为了判断电压差的大小，需在开关两端接上灯泡，称为**相灯**。只有当四个并联合闸条件都满足时，才有电压差 $\Delta\dot{U}_a = \Delta\dot{U}_b = \dot{U}_c = 0$，全部相灯才完全熄灭，此时才可进行并联合闸，因此该方法称为暗灯法。

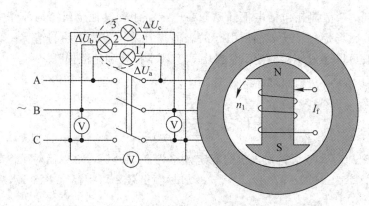

图 7-30 暗灯法的相灯布置

任何一个条件不满足，三个相灯就不会一直完全熄灭，需要进行调节。

1）频率不等

当 $\dot{U}$ 与 $\dot{U}_s$ 的相序和电压都相同，但 $\dot{U}$ 的频率 f_g 与 $\dot{U}_s$ 的频率 f_s 不等时，$\dot{U}$ 和 $\dot{U}_s$ 之间的相位差就不断地在 0°和 360°之间变化，电压差 $\Delta \dot{U}_a$、$\Delta \dot{U}_b$ 和 $\Delta \dot{U}_c$ 也同时在 0 到 $2\dot{U}_s$ 之间不断变化。三个相灯将同暗、同亮交替变化。若 f_s 与 f_g 相差较大，则相灯暗亮变化较快；若 f_s 与 f_g 相差不多，则相灯暗亮变化较慢。此时，要调节原动机的转速来改变发电机端电压频率 f_g。当 f_g 与 f_s 差不多相等时，相灯亮暗变化的频率减小，代表 f_g 与 f_s 逐渐接近。当相灯暗后要隔较长时间再亮起来，就代表 f_g 与 f_s 差不多相等了。实际合闸时，f_g 与 f_s 并不严格相等，而是存在很小的差值。否则，如果频率完全相等，相位差将固定不变，无法调节相位。

2）幅值不等

当相序相同、频率差不多时，如果电压幅值不等，则即使发电机电压与电网电压之间的相位差为 0°，电压差也不为零，相灯没有完全熄灭的时候，总是在最亮和最暗之间变化。这时要调节同步发电机的励磁电流，使得端电压幅值大小发生变化，直到相灯完全熄灭，此时两者电压相等。值得注意的是，由于白炽灯在低电压下会完全熄灭，因此用白炽灯作相灯难以判断两者电压是否完全相等。所以，一般要用电压表观察，把发电机端电压调到与电网电压相等。

3）相序不同

如果发电机的相序接错，例如将发电机的 C 相接到电网的 B 相，将发电机的 B 相接到电网的 C 相，那么跨过相灯的电压将变成如图 7-31 所示相量图中的 $\Delta \dot{U}_1$、$\Delta \dot{U}_2$ 和 $\Delta \dot{U}_3$。它们大小不相等，相灯亮度也不同。当 $\beta = \angle \dot{U}_{sa} - \angle \dot{U}_a = 0°$ 时，只有相灯 1 熄灭，另外两个相灯亮且亮度相同；当 $\beta = 120°$ 时，只有相灯 2 熄灭，另外两个相灯亮且亮度相同；当 $\beta = 240°$ 时，相灯 3 熄灭，另外两个相灯亮且亮度相同。当发电机频率低于电网频率，即 $f_g < f_s$

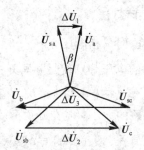

图 7-31 相序接错时相灯电压相量图

时，β 按 0°→120°→240°→0° 变化，相灯熄灭的顺序为 1→2→3→1，灯光呈顺时针旋转。当发电机频率高于电网频率，即 $f_g > f_s$ 时，相灯熄灭的顺序为 1→3→2→1，灯光呈逆时针旋转。只要出现上述两种情况中的任何一种，就说明发电机相序接错了。这时，只需将任意发电机连接并联开关的两根线并互调一下即可。

　　4）相位不等

　　当相序、电压和频率都相等而相位不等时，只要稍微调节原动机的转速，相位差就会发生变化，相灯就会出现缓慢的亮暗变化。当 $\beta = 0°$ 时，三个相灯完全熄灭，相位相等，即可合闸。

2. 灯光旋转法

　　暗灯法中，如果相序接错了，那么相灯的灯光就会旋转起来。把并联合闸的相灯故意接在不同相的电压之间，使它们在正确的相序下出现旋转灯光，这种并联合闸的方法称为**灯光旋转法**。

　　灯光旋转法的相灯布置如图 7-32 所示，其相灯所承受的电压相量图与图 7-31 一样，所以分析结果也完全一样。当发电机频率与电网频率不等时，灯光就会出现旋转现象。如果灯光出现同亮或同暗的情况，说明相序接错了。实际操作中，可以调节发电机的转速大小，使灯光旋转极其缓慢，说明 f_g 与 f_s 差不多相等。等到相灯 1 熄灭，相灯 2 和相灯 3 都亮且亮度一样时，说明 $\beta = 0°$，即可合闸。为了合闸瞬间更准确，可在并联开关两端接上电压表，当电压指示为零时合闸。

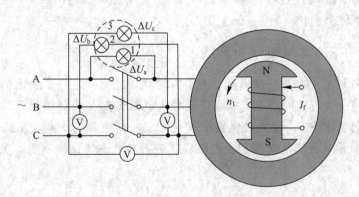

图 7-32　灯光旋转法的相灯布置

　　灯光旋转法比暗灯法要准确些，因为合闸时相灯 1 熄灭，相灯 2、3 亮度相同；暗灯法仅靠三个相灯同时熄灭来判断，而白炽灯在低于额定电压的 1/3 时，灯不亮，不易判断。另外，根据灯光旋转的方向，还可以知道发电机频率是高于还是低于电网频率，便于调节原动机转速。

3. 自同步法

　　上述两种方法均属准确同步法，优点是合闸时没有冲击电流，缺点是操作较复杂。当电网出现故障情况时，需要把发电机迅速投入并联运行，这时往往采用自同步法。它的操作步骤是：不加励磁（励磁绕组经限流电阻短路），事先检验好发电机的相序，将发电机转速升高到接近同步转速；合上并联开关，再加上励磁电流，靠定、转子间的电磁力自动进入同步转速。自同步法的优点是操作简单、快捷，不必增加额外的复杂并联装置，缺点是并联合闸时有电流冲击。

7.7.2 有功功率的调节

如前所述，并联运行时，同步发电机的电磁功率 P_M 或者输出功率 P_2 取决于功率角 θ 的大小。同步发电机的电磁功率 P_M 与功率角 θ 的关系是功角特性，即曲线 $P_M = f(\theta)$。

并网运行时，假设同步发电机的励磁电流不变，端电压 U、励磁电动势 E_0 和同步电抗都不变。由隐极式同步发电机的功率方程式可知，$P_M \propto \sin\theta$，功角特性如图 7-33 所示，P_M 随着功率角 θ 按照正弦规律变化。当功率角 $\theta = 90°$ 时，电磁功率最大，$P_{Mmax} = mE_0U/X_s$。

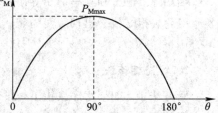

图 7-33 隐极式同步发电机的功角特性

根据能量守恒定理，若希望增大同步发电机的输出功率，则必须增加原动机的输入功率。可通过调节汽轮机的气门（或水轮机的水门），增加输入到发电机的机械功率。此时，发电机的输入功率大于输出功率，余下的功率将使发电机的转子加速。转子加速，转子磁极轴线与电枢合成磁场之间的夹角 θ 增大。根据功角特性，发电机输出的电磁功率就增加，直到输出的电磁功率等于输入的机械功率，发电机到达新的稳态点运行。与调节前相比，发电机的功率角 θ 增大了，输出功率也就增大了。若希望减小输出功率，则反向调节气门或水门，使功率角 θ 减小。

7.7.3 无功功率的调节和 V 形曲线

接入电网的负载大多是感性负载，除了有功功率之外，还需要一定的无功功率。因此，并联在电网上运行的同步发电机，要同时向电网输出有功功率和无功功率。为简便起见，在调节无功功率时，忽略发电机电枢电阻及磁路饱和的影响，并且假定在调节励磁电流时原动机输入的有功功率和发电机输出的有功功率均保持不变。以隐极式同步发电机为例，有

$$P_M = mUI_a\cos\varphi = m\frac{E_0U}{X_s}\sin\theta = 常数 \tag{7-31}$$

因为电网电压 U 和发电机的同步电抗 X_s 均为常数，电机相数 m 也不变，所以式(7-31)可写成

$$E_0\sin\theta = 常数 \tag{7-32}$$

$$I_a\cos\varphi = 常数 \tag{7-33}$$

已有的分析表明，调节同步发电机的励磁电流，即可调节其输出的无功功率。下面分三种情况进行讨论。

(1) 正常励磁。空载电动势为 $\dot{E}_0$，电枢电流 $\dot{I}_a$ 与电压 $\dot{U}$ 同相，即 $\cos\varphi = 1$，如图 7-34 所示。发电机向电网输出的全部功率都是有功功率，无功功率为零。此时的励磁电流称为正常励磁电流。

（2）过励磁。励磁电流大于正常励磁电流，励磁电动势 $E_0' > E_0$。但是，因要满足式（7-32），故 $\dot{E}_0'$ 的端点必须要落在 AB 线上。相应地，电枢电流变为 $\dot{I}_a'$，但是要满足式（7-33），$\dot{I}_a'$ 的端点必须要落在 CD 线上。此时，发电机的电枢电流滞后于电网电压，发电机除了输出一定的有功功率外，还要输出滞后性的无功功率。

（3）欠励磁。励磁电流小于正常励磁电流，励磁电动势 $E_0'' < E_0$。$\dot{E}_0''$ 的端点也必须要落在 AB 线上，相应的电枢电流变为 $\dot{I}_a''$，其端点也必须要落在 CD 线上。此时，发电机的电枢电流超前于电网电压，发电机除了输出一定的有功功率外，还要输出超前性的无功功率。

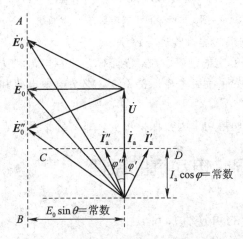

图 7-34　隐极式同步发电机的无功功率调节

由上述分析可知，当原动机输入的有功功率和发电机输出的有功功率保持不变时，调节同步发电机的励磁电流，会引起同步发电机的电枢电流大小和相位变化。励磁电流为正常大小时，电枢电流最小；增大或减小励磁电流时，电枢电流都会变大。电枢电流 I_a 与励磁电流 I_f 之间的这种内在联系可由电机的负载实验确定其关系曲线 $I_a = f(I_f)$，如图7-35所示，因曲线形似字母"V"，故称为同步发电机的 V 形曲线。

分析这些曲线，可以得到：

（1）发电机输出不同大小的有功功率，都有一条对应的 V 形曲线。有功功率越大，V 形曲线越高。在图 7-35 中，$P_2'' > P_2' > P_2$。

（2）每条 V 形曲线都有一个最低点，对应 $\cos\varphi = 1$，此时励磁电流为正常值，电枢电流最小，全为有功分量。把这些点连接起来形成的线称为 $\cos\varphi = 1$ 线。这条线向右轻微倾斜，也就表明，当发电机仅仅输出有功功率时，随输出功率的增大，必须要相应增大励磁电流。

（3）在 $\cos\varphi = 1$ 线的右侧，发电机处于过励磁状态，输出功率是滞后性的，除了输出有功功率，还要输出滞后性的无功功率；在 $\cos\varphi = 1$ 线的左侧，发电机处于欠励磁状态，输出有功功率和超前性的无功功率。

（4）在最左侧，还存在着一个不稳定区，此时，发电机的励磁电流过小，功率角 $\theta > 90°$。因此，同步发电机不宜在欠励磁状态下运行。

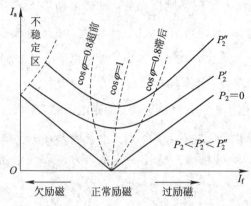

图 7 - 35 同步发电机的 V 形曲线

V 形曲线有助于发电机的运行管理与控制。

(1) 根据负载大小和给定的励磁电流，能够确定电枢电流和功率因数；

(2) 当负载变化时，如果励磁电流保持不变，那么电枢电流和功率因数就会产生相应变化；

(3) 当负载变化时，如果功率因数保持不变，那么就要相应地调节发电机的励磁电流。

7.8 同步电动机的原理

7.8.1 同步电机运行的可逆性原理

7 - 9 同步电动机原理

同步电动机与同步发电机的结构组成完全相同，但是两者的工作条件和基本工作原理不同。下面通过分析一台与电网并联运行的同步发电机来说明同步电动机的基本工作原理。

如图 7 - 36(a) 所示，一台同步发电机接入无穷大的电网，其转子由原动机带动旋转，励磁磁动势 $\dot{F}_{fl}$ 超前于电枢合成磁动势 $\dot{F}_a$ 一定的电角度 θ，因此，可以看作 $\dot{F}_{fl}$ 拖动 $\dot{F}_a$ 旋转，转子产生的是制动性的电磁转矩。这样，原动机输出的机械功率带动同步发电机的转子旋转，同步发电机转子旋转的机械能转化成定子的电能，输出给电网及用电设备。

如果保持原动机转速不变，减小其输出的机械转矩，那么同步发电机转子获得的机械功率将减少，其瞬时转速减慢，θ 将减小，最终同步发电机输出的电功率也将逐步减小。当 $\theta = 0°$ 时，同步发电机输出的电功率为零，处于空载状态，此时原动机只需输出很小的机械功率用以抵偿同步发电机的空载损耗即可，如图 7 - 36(b) 所示。

如果继续减小原动机的输出功率，即同步发电机的输入功率，就要去掉原动机，并且给同步发电机的转子加上机械负载。由于同步发电机仍然接在电网上，因此它不会停转。但是，此时 θ 变成负值，励磁磁动势 $\dot{F}_{fl}$ 落后于合成磁动势 $\dot{F}$，相当于 $\dot{F}$ 拖动 $\dot{F}_{fl}$ 旋转，发电机的电磁转矩成为拖动性转矩并拖动转子旋转，如图 7 - 36(c) 所示。发电机的空载损耗由电网提供，电磁功率 P_M 也变为负值，意味着发电机将电功率转换为机械功率。这样，电网提供电功率给同步发电机，通过电磁感应原理，发电机定子侧的电功率转化成转子侧的机械功率，带动转轴上的机械负载运行。此时，同步发电机就转变为同步电动机，机电能量的转换过程也发生了逆转。

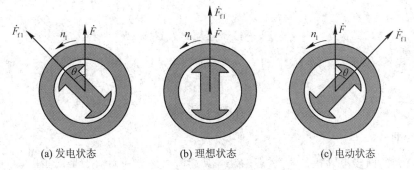

(a) 发电状态　　　　　　　(b) 理想状态　　　　　　　(c) 电动状态

图 7 - 36　同步电机的运行状态

由上述分析可知，同步电动机运行时，定子三相绕组接入三相交流电源，转子励磁绕组接入直流励磁电源。定子三相绕组中有三相对称交流电流，将在电机气隙中产生电枢旋转磁场；转子励磁绕组中有直流励磁电流，将产生相对于转子恒定的励磁磁场。电枢旋转磁场与励磁磁场相互作用，产生电磁转矩，带动转子和负载旋转，此时同步电动机输出机械功率。转子的转速和电枢旋转磁场的转速相等，都是同步转速 $n_1 = 60f_1/p$。如果三相交流电源的频率恒定，那么同步电动机的转速总是恒定不变的，与电枢旋转磁场保持同步，即同步转速，因此称为同步电动机。

7.8.2　同步电动机的电压方程和相量图

1. 电压方程

假设同步电动机的主磁路没有饱和且是线性的，仅考虑定子、转子的基波磁动势，忽略谐波磁动势的影响。按电动机惯例规定同步电动机一相绕组的 $\dot{I}_a$、$\dot{U}$、$\dot{E}$ 的参考方向，如图 7 - 37 所示，对应的电压平衡方程式为

$$\dot{U} = -\dot{E} + Z_\sigma \dot{I}_a \qquad\qquad (7 - 34)$$

式中，Z_σ 为同步电动机电枢一相绕组的漏阻抗。

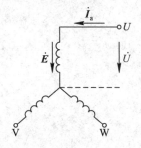

图 7 - 37　同步电动机的电磁量参考方向

与凸极式同步发电机一样，我们可以利用双反应理论分析凸极式同步电动机的磁动势和电动势。将凸极式同步电动机接入交流电源后，电枢电流 $\dot{I}_a$ 将产生电枢磁动势 $\dot{F}_a$。将 $\dot{F}_a$ 分解为 $\dot{F}_{ad}$ 和 $\dot{F}_{aq}$，它们连同励磁磁动势 $\dot{F}_{f1}$ 都以同步转速 n_1 旋转，它们所产生的磁

通 $\dot{\Phi}_{ad}$、$\dot{\Phi}_{aq}$、$\dot{\Phi}_{f}$ 也以同步转速 n_1 旋转,切割定子的电枢绕组,分别在电枢绕组中产生感应电动势 $\dot{E}_{ad}$、$\dot{E}_{aq}$ 和 $\dot{E}_0$。根据同步电动机的电磁量参考方向,可以写出电枢回路电压平衡方程式为

$$\dot{U} = -\dot{E}_0 - \dot{E}_{ad} - \dot{E}_{aq} + \dot{I}_a(R + jX_\sigma) \qquad (7-35)$$

同时,电枢电流 $\dot{I}_a$ 正交分解为 $\dot{I}_d$ 和 $\dot{I}_q$,可得同步电动机的电压方程为

$$\dot{U} = -\dot{E}_0 + j\dot{I}_d X_{ad} + j\dot{I}_q X_{aq} + (\dot{I}_d + \dot{I}_q)(R + jX_\sigma)$$
$$= -\dot{E}_0 + jX_d \dot{I}_d + jX_q \dot{I}_q + \dot{I}_a R \qquad (7-36)$$

2. 相量图

容量较大的同步电动机的 R 一般较小,其影响可忽略不计,于是同步电动机的电压平衡方程式(7-36)可简化为

$$\dot{U} = -\dot{E}_0 + jX_d \dot{I}_d + jX_q \dot{I}_q \qquad (7-37)$$

凸极式同步电动机运行于电动状态,在 $\varphi < 0$(超前)时,简化相量图如图 7-38 所示。

$-\dot{E}_0$ 和 $\dot{I}_a$ 之间的夹角 ψ 也是 $\dot{F}_a$ 与 q 轴的夹角,对电枢反应有较大影响。由 $\dot{F}_\delta = \dot{F}_{f1} + \dot{F}_a = \dot{F}_{f1} + (\dot{F}_{ad} + \dot{F}_{aq}) = (\dot{F}_{f1} + \dot{F}_{ad}) + \dot{F}_{aq}$ 可知,当 $\dot{I}_a$ 超前 $\dot{E}_0$ 时,如图 7-38 所示,$\dot{I}_d$ 所产生的直轴磁动势 $\dot{F}_{ad}$ 与励磁磁动势 $\dot{F}_{f1}$ 相位相反,电枢反应起去磁作用;当 $\dot{I}_a$ 落后 $-\dot{E}_0$ 时,$\dot{I}_d$ 所产生的 $\dot{F}_{ad}$ 与 $\dot{F}_{f1}$ 相位相同,电枢反应起增磁作用;当 $\dot{I}_a$ 与 $-\dot{E}_0$ 同相位,即 $\psi = 0$ 时,$\dot{I}_d = 0$,没有直轴磁动势 $\dot{F}_{ad}$,只有交轴磁动势 $\dot{F}_{aq}$,电枢反应既不去磁,也不增磁,仅仅使气隙磁场发生偏移。

隐极式同步电动机的气隙是均匀的,直轴、交轴同步电抗是相等的,即 $X_d = X_q = X_s$,电压平衡方程式(7-37)就变为

$$\dot{U} = -\dot{E}_0 + jX_d \dot{I}_d + jX_q \dot{I}_q = -\dot{E}_0 + jX_s(\dot{I}_d + \dot{I}_q) = -\dot{E}_0 + jX_s \dot{I}_a \qquad (7-38)$$

图 7-39 为隐极式同步电动机在 $\varphi < 0$(超前)时的简化相量图。

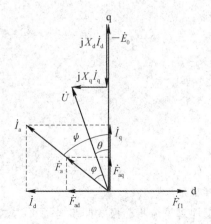

图 7-38　凸极式同步电动机在 $\varphi < 0$ 时的
　　　　　简化相量图

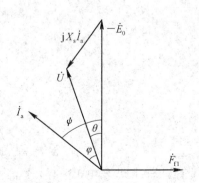

图 7-39　隐极式同步电动机在 $\varphi < 0$ 时的
　　　　　简化相量图

7.8.3　同步电动机的功率方程和转矩方程

1. 功率方程

同步电动机稳态运行时，将从电网输入有功功率 P_1，其中有小部分消耗于定子绕组，即铜损耗 p_{Cu}，剩下的部分就是电磁功率 P_M，通过电枢旋转磁场与励磁磁场的相互作用，转换而成的机械功率如下：

$$P_1 = P_M + p_{Cu} \tag{7-39}$$

从电磁功率 P_M 里扣除定子铁耗 p_{Fe} 和转子机械摩擦损耗 p_m 后，可得转轴上输出的机械功率 P_2，即

$$P_M = P_2 + p_{Fe} + p_m \tag{7-40}$$

其中，定子铁耗 p_{Fe} 和转子机械摩擦损耗 p_m 之和 p_0 称为**空载损耗**，即

$$p_0 = p_{Fe} + p_m \tag{7-41}$$

式(7-39)~式(7-41)就是同步电动机的功率方程。同步电动机的功率关系也可以用功率流程图表示，如图 7-40 所示。

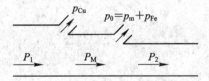

图 7-40　同步电动机的功率流程图

2. 转矩方程

将式(7-40)除以同步机械角速度 ω_{m1} 可得转矩方程：

$$T = T_2 + T_0 \tag{7-42}$$

式中，T 为电磁转矩，T_2 为输出转矩，T_0 为空载转矩。各转矩的计算式如下：

$$\begin{cases} T = 9.55\dfrac{P_M}{n_1} \\ T_2 = 9.55\dfrac{P_2}{n_1} \\ T_0 = 9.55\dfrac{p_0}{n_1} \end{cases} \tag{7-43}$$

例 7.1　已知有一台三相六极同步电动机，其额定数据为：$P_N = 250\text{ kW}$，$U_N = 380\text{ V}$，$f_{1N} = 50\text{ Hz}$，$\cos\varphi_N = 0.83$，$\eta_N = 89\%$。定子相电阻 $R_1 = 0.029\ \Omega$，定子绕组为 Y 连接。试求该电动机额定工况运行下的如下参数：

(1) 输入功率 P_1；

(2) 定子电流 I_a；

(3) 电磁功率 P_M；

(4) 电磁转矩 T；

(5) 输出转矩 T_2；

(6) 空载转矩 T_0。

解　由题可知，该电动机的同步转速为

$$n_1 = \frac{60 f_{1N}}{p} = \frac{60 \times 50}{3} = 1000 \text{ r/min}$$

(1) 输入功率 P_1：

$$P_1 = \frac{P_N}{\eta_N} = \frac{250}{0.89} = 281 \text{ kW}$$

(2) 定子电流 I_a：

$$I_a = \frac{P_1}{\sqrt{3} U_N \cos\varphi_N} = \frac{281 \times 10^3}{\sqrt{3} \times 380 \times 0.83} = 514.4 \text{ A}$$

(3) 电磁功率 P_M：

$$P_M = P_1 - 3 I^2 R_1 = 281 \times 10^3 - 3 \times 514.4^2 \times 0.029 = 258 \text{ kW}$$

(4) 电磁转矩 T：

$$T = 9.55 \frac{P_M}{n_1} = 9.55 \times \frac{258 \times 10^3}{1000} = 2463.9 \text{ N} \cdot \text{m}$$

(5) 输出转矩 T_2：

$$T_2 = 9.55 \frac{P_N}{n_1} = 9.55 \times \frac{250 \times 10^3}{1000} = 2387.5 \text{ N} \cdot \text{m}$$

(6) 空载转矩 T_0：

$$T_0 = T - T_2 = 2463.9 - 2387.5 = 76.4 \text{ N} \cdot \text{m}$$

7.8.4　同步电动机的工作特性

同步电动机在 $U = U_N$ 和 $I_f = I_{fN}$ 时，电磁转矩 T、电枢电流 I、效率 η、功率因数 $\cos\varphi$ 与输出功率 P_2 之间的关系就是它的工作特性，如图 7-41 所示。

由同步电动机转矩方程 $T = T_2 + T_0 = P_2/\omega_{m1} + T_0$ 可知，当输出功率 $P_2 = 0$ 时，$T = T_0$，同步电动机的电磁转矩仅需与其空载转矩平衡就能维持电动机运行。这时的电枢电流就是空载电流，它的数值很小。随着同步电动机的输出功率变大，也就是它的负载增加，电机的电磁转矩将逐渐变大，电枢电流亦将随之变大。所以，$T = f(P_2)$ 是一条斜率为正的直线，而 $I = f(P_2)$ 近似是一条斜率为正的直线。

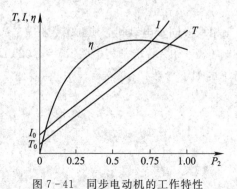

图 7-41　同步电动机的工作特性

　　同步电动机空载时，$\eta=0$。随着输出功率的增加，效率逐步升高，达到某个最大值（此时可变损耗与不变损耗相等）后开始下降，即效率特性与其他电机基本相同。

　　同步电动机是定转子双边励磁的电动机，励磁电流的变化影响着功率因数的大小。励磁电流大小不同的时候，同步电动机的功率因数特性如图 7-42 所示。图中，曲线 1 表示励磁电流较小的功率因数特性，空载时 $\cos\varphi=1$，随着负载的增加，功率因数从 1 逐步减小并变为滞后性。曲线 2 表示励磁电流稍大时的功率因数特性，轻载时功率因数具有超前性，半载时 $\cos\varphi=1$，超过半载后功率因数将具有滞后性。曲线 3 表示励磁电流更大时的功率因数特性，满载时 $\cos\varphi=1$。

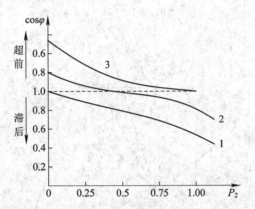

图 7-42　不同励磁电流时的功率因数特性

　　由此可见，在特定负载下，调节同步电动机的励磁电流能使得其功率因数达到 1，甚至具有超前性。

　　同步电动机的过载能力可以用最大电磁功率与额定功率之比来表示。和同步发电机一样，增加励磁电流，即增大 E_0，可以提高同步电动机的最大电磁功率 $P_{M(max)}$，从而提高过载能力，这是同步电动机非常重要的优点之一。

7.8.5　同步电动机的功率因数调节和 V 形曲线

1. 功率因数调节

　　现代电力系统中，各类变压器和电动机是主要负载，且都是感性负载。它们既要从电网上输入有功功率，又要输入滞后性无功功率，降低电网的功率因数，导致电网的电能质量变差。

　　同步发电机的功角特性可直接应用于同步电动机。采用电动机惯例时，把 $\dot{E}_0$ 滞后于 $\dot{U}$ 的功率角规定为正值。凸极式同步电动机的功角特性如式（7-23），隐极式同步电动机的功角特性为

$$P_M=\frac{mE_0U\sin\theta}{X_d} \tag{7-44}$$

　　由前述分析可知，调节同步电动机的励磁电流，其功率因数将随之变化。所以，可以通过调节同步电动机的励磁电流来改变功率因数。下面以隐极式同步电动机为例进行分析，所得结论完全适用于凸极式同步电动机。同步电动机接入交流电源，假设交流电源的

电压 U 和频率 f、同步电动机的输出功率都保持不变。在分析过程中，忽略电枢电阻和磁路饱和的影响，忽略同步电动机的各种损耗，则电磁功率满足式(7-31)。由于电源电压 U、电源频率 f 以及同步电动机的同步电抗 X_s 都是常数，因此当改变励磁电流时，电枢电动势 E_0 的大小要随之改变，但必须满足式(7-32)。式(7-33)则表明同步电动机定子侧的有功电流应该维持不变。

根据式(7-32)和式(7-33)这两个条件，可以画出三种不同的励磁电流 I_f、I_f'、I_f'' 及对应的电动势 E_0、E_0'、E_0'' 的相量图，如图 7-43 所示，其中 $I_f''<I_f<I_f'$，相应地 $E_0''<E_0<E_0'$。

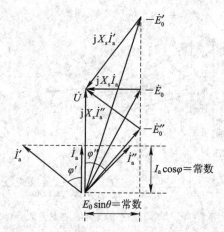

图 7-43　同步电动机的功率因数调节

从图 7-43 中可以看出，为了要满足式(7-32)，无论怎么改变励磁电流的大小，相量 $\dot{E}_0$ 末端的轨迹总是处在与相量 $\dot{U}$ 平行的虚线上。同时，为了要满足式(7-33)，相量 $\dot{I}_a$ 末端的轨迹总是处在与相量 $\dot{U}$ 垂直的虚线上。由此可以总结出同步电动机调节励磁电流时功率因数的如下变化规律：

(1) **正常励磁状态**：励磁电流为 I_f，$\dot{E}_0$ 如图 7-43 所示，$\dot{I}_a$ 和 $\dot{U}$ 同相。此时，功率因数 $\cos\varphi=1$，同步电动机仅输入有功功率，没有输入无功功率，类似于纯电阻负载。

(2) **过励磁状态**：励磁电流比正常励磁状态时要大，如图 7-43 中的 $\dot{E}_0'$ 和 $\dot{I}_a'$。这时 $E_0'>E_0$，$\dot{I}_a'$ 超前 $\dot{U}$ 的角度为 φ'。此时，同步电动机不仅输入有功功率，还输入超前性的无功功率，类似于阻容负载。

(3) **欠励磁状态**：励磁电流比正常励磁状态时要小，如图 7-43 中的 $\dot{E}_0''$ 和 $\dot{I}_a''$。这时 $E_0''<E_0$，$\dot{I}_a''$ 滞后 $\dot{U}$ 的角度为 φ''。此时，同步电动机不仅输入有功功率，还输入滞后性的无功功率，类似于阻感负载。

功率因数可调是同步电动机的突出优点。一般情况下，同步电动机运行在过励磁状态，相当于一个阻容负载，从电网中输入超前性的无功功率，可以改善电网的功率因数，这是三相异步电动机所不具备的功能。

2. V 形曲线

当电源电压 U 和同步电动机的输出功率保持不变时，电枢电流 I_a 随励磁电流 I_f 变化的关系曲线，即 $I_a = f(I_f)$，就是同步电动机的 V 形曲线。一般通过实验能测得 V 形曲线，如图 7-44 所示。

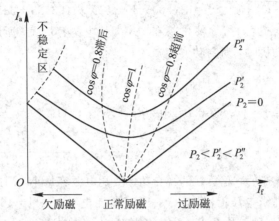

图 7-44 同步电动机的 V 形曲线

由图 7-44 可知，输出功率与 V 形曲线一一对应，输出功率发生变化，V 形曲线也要发生变化。每条 V 形曲线中电枢电流都有一个最小值，即每条 V 形曲线都有最低点，对应的功率因数是 $\cos\varphi = 1$，对应的励磁电流是正常励磁电流，这时，同步电动机仅输入有功功率。把同步电动机在不同输出功率时 V 形曲线的最低点连接成一条曲线，称作 $\cos\varphi = 1$ 线。可以发现，$\cos\varphi = 1$ 线略微右倾，说明当同步电动机仅输入有功功率时，随着它的输出功率增加，必须要相应地增大励磁电流。$\cos\varphi = 1$ 线的左侧是欠励磁区，它的右侧是过励磁区。V 形曲线的左上部分是不稳定区，此时，同步电动机的功率因数已超出其稳定运行的极限数值。

一般地，同步电动机要根据其运行时的电网实际情况来调节励磁电流。如果电网的功率因数低于要求值，那么同步电动机就要输入超前性的无功功率，以提高电网功率因数，此时同步电动机应工作在过励磁状态，但电枢电流不应超过额定电流；如果电网的功率因数满足要求，那么同步电动机就应工作在正常励磁状态，此时它的功率因数为 1，而且电枢电流和电机铜耗最小，效率最高。

例 7.2 某一工厂，它的电源容量为 1600 kV·A，原有的负载功率为 800 kW，功率因数是 0.65(滞后性)。现在升级改造生产设备，负载功率增加了 400 kW，因此需要增加一台拖动负载的电动机。

(1) 有一台异步电动机，额定功率为 400 kW，额定功率因数为 0.85(滞后性)，额定效率为 88%，是否能选用？

(2) 有一台同步电动机，额定功率为 400 kW，额定功率因数为 0.85(超前性)，额定效率为 88%，是否能选用？

解 原有负载的无功功率：

$$Q_1 = P_1 \tan(\arccos 0.65) = 800 \times \tan 49.46° = 935.3 \text{ kvar}$$

(1) 选用异步电动机时，新增电机的输入功率为

$$P_{1M} = \frac{400}{0.88} = 454.55 \text{ kW}$$

$$Q_{1M} = P_{1M}\tan(\arccos 0.85) = 454.55 \times \tan 31.79° = 281.7 \text{ kvar}$$

则总负载的视在功率为

$$S = \sqrt{(P_1 + P_{1M})^2 + (Q_1 + Q_{1M})^2} = \sqrt{(800 + 454.55)^2 + (935.3 + 281.7)^2} = 1748 \text{ kV} \cdot \text{A}$$

由此可知，升级改造后，总负载的视在功率要比电源容量大，所以不能选用。

（2）选用同步电动机时，所需功率为

$$P_{1M} = \frac{400}{0.88} = 454.55 \text{ kW}$$

$$Q_{1M} = P_{1M}\tan[-(\arccos 0.85)] = -454.55 \times \tan 31.79° = -281.7 \text{ kvar}$$

则总负载的视在功率为

$$S = \sqrt{(P_1 + P_{1M})^2 + (Q_1 + Q_{1M})^2} = \sqrt{(800 + 454.55)^2 + (935.3 - 281.7)^2} = 1414.6 \text{ kV} \cdot \text{A}$$

由此可知，升级改造后，总负载的视在功率要比电源容量小，因此可以选用。

例 7.3 某工厂进线电压 $U_1 = 6$ kV，所需消耗电功率 $P_1 = 1200$ kW，总功率因数 $\cos\varphi_1 = 0.66$（滞后）。现因扩大生产，生产机械增多，需增设 $P_{2s} = 300$ kW 的电动机。同时，为改善电网的功率因数，计划采用同步电动机拖动使全厂的总功率因数提高到 $\cos\varphi_2 = 0.80$（滞后），设同步电动机的效率 $\eta = 93.75\%$。试求新增同步电动机的容量与功率因数。

解 扩大生产前，该厂总的负载电流为

$$I_L = \frac{P_1}{\sqrt{3}U_1\cos\varphi_1} = \frac{1200 \times 10^3}{\sqrt{3} \times 6000 \times 0.66} = 175 \text{ A}$$

$$\sin\varphi_1 = \sin(\arccos\varphi_1) = 0.75$$

无功电流为

$$I_{LQ} = I_L\sin\varphi_1 = 175 \times 0.75 = 131.3 \text{ A}$$

同步电动机所需的输入功率为

$$P_{1s} = \frac{P_{2s}}{\eta} = \frac{300}{0.9375} = 320 \text{ kW}$$

增加同步电动机后工厂总消耗功率为

$$P_{\Sigma} = P_1 + P_{1s} = 1200 + 320 = 1520 \text{ kW}$$

若要使功率因数提高到 $\cos\varphi_2 = 0.80$（滞后），即 $\sin\varphi_2 = \sin(\arccos\varphi_2) = 0.6$，则增加同步电动机后负载总电流为

$$I_{\Sigma} = \frac{P_{\Sigma}}{\sqrt{3}U_1\cos\varphi_2} = \frac{1520 \times 10^3}{\sqrt{3} \times 6000 \times 0.8} = 182.8 \text{ A}$$

此时无功电流为

$$I_{\Sigma Q} = I_{\Sigma}\sin\varphi_2 = 182.8 \times 0.6 = 109.7 \text{ A}$$

同步电动机实际应吸收的无功电流（超前）为

$$I_{sQ} = I_{LQ} - I_{\Sigma Q} = 131.3 - 109.7 = 21.6 \text{ A}$$

同步电动机的无功功率为

$$Q_{1s} = \sqrt{3}U_1I_{sQ} = \sqrt{3} \times 6000 \times 21.6 = 224.5 \text{ kvar}$$

同步电动机的容量为

$$S_{1s}=\sqrt{P_{1s}^2+Q_{1s}^2}=\sqrt{320^2+224.5^2}=391\ \text{kvar}$$

同步电动机的功率因数为

$$\cos\varphi_s=\frac{P_{1s}}{S_{1s}}=\frac{320}{391}=0.82(\text{超前})$$

【注】 同步电动机运行在过励磁状态时，它从电网中输入超前性的无功功率，相当于电网的容性负载。现代工业生产中应用的电动机大多是感应电动机，对电网而言属于感性负载，利用同步电动机在过励磁状态下呈容性这一特点，可以改善电网的功率因数，这也是同步电动机的最大优点，现代同步电动机的额定功率因数一般均定为 1～0.8(超前)。

7.9　同步电动机的起动

7 - 10　同步电动机的起动

同步电动机的起动过程要比直流电动机和异步电动机复杂得多。由同步电动机的工作原理可知，仅当同步电动机运行于同步转速时，才能产生恒定的电磁转矩。如果同步电动机直接起动，即把定子三相绕组接到三相交流电源，把转子接到直流励磁电源，那么电枢绕组产生的磁场以同步转速旋转，但是转子和转轴上机械负载的惯性比较大，转子励磁磁场就静止不动，电枢磁场和转子磁场有相对运动，会产生快速正负交变的电磁转矩，但平均电磁转矩是零，所以，同步电动机不能自行起动。同步电动机常用的起动方法有辅助电动机起动、变频起动和异步起动。

1. 辅助电动机起动

大型同步电动机通常采用辅助电动机起动。一般地，辅助电动机为小容量异步电动机，其容量为同步电动机的 10%～15%，且极数相同。起动时，同步电动机不接交流电源和直流励磁电源，由辅助电动机拖动同步电动机旋转并升速至接近同步转速。然后，同步电动机的转子励磁绕组接入直流励磁电源，定子接入交流电源，依靠同步转矩将转子牵到同步转速。最后，切断辅助电动机的电源，至此，同步电动机起动完成。这种起动方法只适合于空载起动，而且所需设备多，操作复杂。

2. 变频起动

在具有变频电源的场合，也可以采用变频起动。变频起动是一种改变电枢旋转磁场转速并利用同步电磁转矩起动的方法。起动时，同步电动机的转子接入直流励磁电源，并把变频电源的输出频率调得很低，使同步电动机接入变频电源后电枢旋转磁场的转速很低，即同步转速很低。依靠电枢旋转磁场和转子励磁磁场之间相互作用产生的电磁转矩，拖动转子转动，并运行于很低的同步转速。然后，逐步升高变频电源的输出频率，同步转速上升，电枢旋转磁场和转子的转速逐渐升高，直到额定转速为止。最后，将定子绕组接入电网，并切除变频电源。

3. 异步起动

应用最广泛的同步电动机的起动方法是异步起动。为了实现异步起动，同步电动机的转子磁极表面要安装起动绕组，相当于感应电动机转子上的笼形导条，如图 7 - 45 所示。起动过程分两个步骤：

（1）用一个大电阻（阻值约为转子励磁绕组电阻阻值的 5～10 倍）短接转子励磁绕组，定子接入交流电源。这时，电枢电流产生电枢旋转磁场，而电枢旋转磁场在起动绕组中感应产生电动势和电流并产生电磁转矩，拖动转子起动、升速，并逐步接近同步转速。需要注意的是，在这个过程中，转子励磁绕组既不能直接短路，也不能开路。如果转子励磁绕组直接短路，电枢旋转磁场将在转子励磁绕组中产生感应电流，且与其相互作用产生"单轴转矩"，使转子卡在半同步转速，不能接近同步转速；如果转子励磁绕组开路，则由于其匝数比较多，这个过程中电机转差率高，因此电枢旋转磁场在转子励磁绕组中产生的感应电动势比较大，易使转子励磁绕组的绝缘损坏，危及人身安全。

（2）当转速达到同步转速的 95% 左右时，断开转子励磁绕组与大电阻的连接，并接入直流励磁电源，这时，转子将自动进入同步状态，起动结束。进入同步状态后，转子以同步转速旋转，起动绕组中没有感应电流，就不再起作用了。

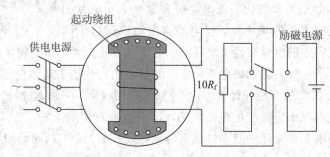

图 7-45　同步电动机的异步起动

7.10　其他同步电动机

其他常见的同步电动机还有同步补偿机、永磁同步电动机、无刷直流电动机和磁阻式同步电动机等，本节将着重介绍前三种。

7-11　其他同步电动机

7.10.1　同步补偿机

变压器和异步电动机是电网的主要负载，它们既要从电网中输入有功功率，又还要从电网中输入滞后性的无功功率，建立磁场，使电网的功率因数降低，因此发电厂中同步发电机的容量便不能充分利用。而且，无功电流在发电机和输电线路中流动，还将使线路的电压降和铜耗增大。如果能在适当的地点就地提供负载所需的滞后性无功功率，避免远程传输，那么就能既降低输电线路的压降和损耗，又充分利用发电机的容量，减轻其负担。解决这个问题的有效方法之一就是采用同步补偿机。

1. 同步补偿机的工作原理

同步电动机接入电网并空载运行时称为同步补偿机，也称同步调相机，是一种专门用于改善电网功率因数的同步电动机。

在正常励磁时，同步补偿机的电枢电流很小，接近于零；在欠励磁时，同步补偿机从电网中吸取滞后性的无功电流；在过励磁时，同步补偿机则从电网中吸取超前性的无功电流。同步补偿机的 V 形曲线 $I_a = f(I_f)$ 相当于图 7-44 中同步电动机的输出功率 $P_2 = 0$ 时的 V 形曲线。

如果同步补偿机安装在电网的负载侧,它从电网中输入超前性的无功电流,能够对负载侧其他感性负载的滞后性无功电流进行补偿,那么就能改善电网的功率因数。下面以一个基本的电力系统为例来说明其补偿的原理。如图 7-46(a) 所示,感性负载从电网输入的是滞后性无功电流 $\dot{I}_a$,而同步补偿机过励磁运行,从电网输入的是超前性的无功电流 $\dot{I}_c$,则输电线路的电流 $\dot{I}$ 为

$$\dot{I} = \dot{I}_a + \dot{I}_c \tag{7-45}$$

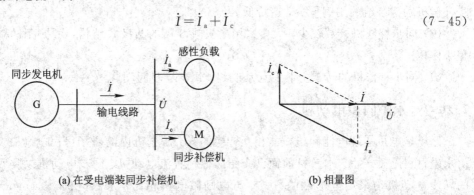

(a) 在受电端装同步补偿机   (b) 相量图

图 7-46 同步补偿机的补偿原理

与式(7-45)相对应的相量图如图 7-46(b) 所示,可以看出,由于同步补偿机从电网输入的超前性无功电流完全(或部分)补偿了感性负载所需的滞后性无功电流,因此线路电流减小,功率因数显著提高。从另一个角度来说,实质上此时输入感性负载的滞后性无功电流是过励磁运行的同步补偿机输出的,避免了无功电流在电网中的远程输送,从而能改善电网的功率因数。

对于远距离的输电线路,要使受电端的电压在各种工况下维持不变存在很大的困难。当线路负载较重时,由于受负载的滞后性无功电流影响,受电端的电压下降;轻载时,由于受输电线路本身电容电流的影响,受电端的电压升高。如果在受电端装设自动调节励磁的同步补偿机,在线路重载时过励磁运行,在轻载时欠励磁运行,就可以减少线路中的无功电流,从而使受电端的电压在各种工况下基本保持不变。

例 7.4 某工厂内有一变电站,电压为 10 kV,该变电站总有功功率 $P = 3000$ kW,功率因数 $\cos\varphi = 0.65$,厂内为感性负载。为了使补偿功率因数 $\cos\varphi = 1$,试为该厂配置一台同步补偿机。

解 补偿前功率因数 $\cos\varphi = 0.65$,$\sin\varphi = \sqrt{1 - \cos^2\varphi} = 0.76$,线路总电流为

$$I = \frac{P}{\sqrt{3}U\cos\varphi} = \frac{3000 \times 10^3}{\sqrt{3} \times 10 \times 10^3 \times 0.65} = 266.5 \text{ A}$$

同步补偿机需要产生的无功电流为

$$I_c = I\sin\varphi = 266.5 \times 0.76 = 202.5 \text{ A}$$

则同步补偿机的额定容量为

$$S_N = \sqrt{3}UI_c = \sqrt{3} \times 10 \times 202.5 = 3507.4 \text{ kV} \cdot \text{A}$$

同步补偿机的容量至少 3507.4 kV·A，额定电压为 10 kV，额定电流为 202.5 A。

2. 同步补偿机的特点

（1）同步补偿机在过励磁状态下的视在功率称作它的额定容量，对应的励磁电流称作额定励磁电流。欠励磁运行时的容量只有额定容量的 55%～65%。

（2）同步补偿机运行时不拖动机械负载，因而其机械结构要求较低，且没有过载能力的要求。同步补偿机的转轴比同容量的拖动机械负载的同步电动机的转轴要细一些，电机内的气隙也要小一些。同步补偿机有较大的同步电抗，其标幺值往往在 2 以上。因此，同步补偿机励磁绕组的用铜量少，造价低。

（3）同步补偿机极数较少，大多采用 6 极或 8 极的凸极式结构，可提高材料利用率并减小体积。

（4）同步补偿机的转子上装有起动绕组，用于异步起动。

7.10.2　永磁同步电动机

磁场是电机实现电能和机械能相互转换的媒介。电机内的磁场可由电励磁产生，也可由永磁材料励磁产生。本教材前面已介绍的他励直流电动机、同步电动机以及后面待介绍的异步电动机均采用电励磁的方式。与电励磁电机相比，永磁电机（Permanent Magnet Motor）没有励磁绕组，不需要励磁电源，也省去了容易出问题的电刷和集电环。因此，永磁电机的结构比较简单与紧凑，容易加工与装配，体积相对较小，重量轻，节省了励磁功率，效率较高，运行可靠性得以提高。

永磁电机和其他电机最主要的区别在于转子结构和电机磁路不同。根据永磁电机的转子结构和永磁体的几何形状，转子永磁励磁磁场在空间的分布波形可以分成正弦波和梯形波，所以定子绕组中感应出的电动势波形也分成正弦波和梯形波。这两种永磁同步电动机在原理、模型及控制方法上均有所不同。一般把电动势和电枢电流的波形都是正弦波的永磁电机称作永磁同步电动机（Permanent Magnet Synchronous Motor，PMSM），把电动势波形是梯形波、电枢电流波形是方波的永磁电机称作无刷直流电动机（BrushLess DC Motor，BLDCM）。

1. 基本结构

永磁同步电动机的结构分成定子（电枢）和转子两部分。

永磁同步电动机的定子结构与普通同步电机基本相同，主要包括定子铁芯、定子绕组、机壳和端盖等。定子铁芯由硅钢片叠压而成，定子绕组采用短距分布式绕组，目的是最大限度地消除谐波磁动势。

永磁同步电动机的转子有表面式和内置两种结构形式，二者的区别之处在于永磁体在转子上的位置，如图 7-47 所示，图中非阴影部分为永磁材料（中部圆形为转轴）。其中，图 7-47(a)、(b) 和 (c) 为表面式转子，图 (d) 和 (e) 为内置式转子。因为永磁体的相对磁导率近似为 1，表面式转子结构中交轴和直轴的磁阻几乎相等，所以其电磁性能与隐极式转子结构相似；而内置式转子结构，直轴磁路存在永磁体，磁阻大，交轴磁场经永磁体外面的铁芯形成回路，磁阻小，即 $X_d < X_q$。所以，内置式转子结构在电磁性能上属于凸极式转子结构。

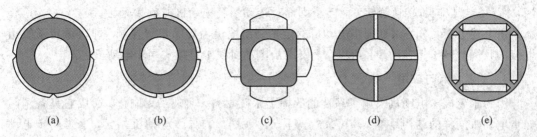

图 7-47　永磁同步电动机的转子磁路结构

当前，通常采用钐钴（SmCo）和钕铁硼（NdFeB）等高矫顽力（756~910 kA/m）、高剩磁密度（1.02~1.33 T）的稀土永磁材料制成永磁同步电动机的转子永磁体。稀土永磁材料的磁导率与空气的磁导率近似相等，因此永磁体的磁阻很大，可以大大减小电枢反应的影响。

2. 运行原理

永磁同步电动机的运行原理与前面介绍的普通电励磁同步电动机相同。

永磁同步电动机是一种典型的机电一体化装置。除了电机本体外，永磁同步电动机的运行还要包括电机转子位置传感器、控制器、逆变器及其驱动电路等。图 7-48 给出了典型的永磁同步电动机控制系统的基本结构框图。

图 7-48 中，永磁同步电动机的定子三相对称绕组由电力电子逆变器供电。稳态运行时，该逆变器所输出定子三相绕组电流的大小取决于电机的机械负载，而频率则决定了转子转速。逆变器的输出频率越高，转子转速越高；逆变器的输出频率越低，转子转得越慢。

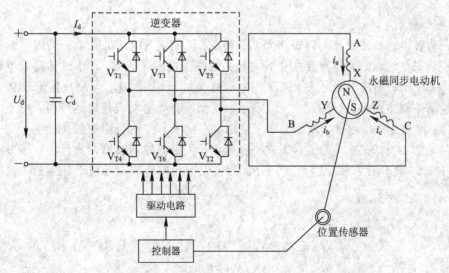

图 7-48　永磁同步电动机控制系统的基本结构框图

一般采用光电式编码器或旋转变压器等高精度位置传感器连续测量来获得永磁同步电动机的转子位置及转速。位置传感器输出的转子位置信号经控制电路处理后产生一定顺序的驱动信号，经驱动电路功率放大后控制逆变器主电路中功率器件的通断，使永磁同步电动机定子绕组中输入三相对称交流电流，并产生以同步转速旋转的电枢磁场以及电磁转矩，拖动转子以同步转速旋转，而转子则通过传动装置拖动机械负载运动。

由上述分析可知，永磁同步电动机的定子绕组电流由转子位置控制，即表示定子绕组电流的频率与转子转速同步。所以，永磁同步电动机属于自控式同步电动机。

3. 主要特点与应用

因为永磁同步电动机采用了高性能的稀土永磁材料，实现了无刷化，所以它具备了与异步电动机同样的结构简单、高可靠性等优点。另外，与异步电动机相比，永磁同步电动机更加易于进行磁场定向控制，从而能够获得与直流电动机相媲美的转矩控制特性，使得永磁同步电动机控制系统具有十分优良的动、静态特性。永磁同步电动机的具体特点可以归纳如下：

(1) 无励磁绕组和电刷，因此结构简单，体积小，重量轻，且功率密度高；

(2) 转矩-惯量比高，起动转矩倍数高（可接近 4 倍），过载能力强；

(3) 因转子没有励磁损耗，故效率和功率因数高（可接近 1），且易于散热和维护；

(4) 转矩脉动小，适合高精度位置控制的要求；

(5) 调速范围宽，能高速运行，低速转矩大，噪声小；

(6) 快速响应性好。

总之，永磁同步电动机具有比直流电动机和异步电动机更好的综合节能效果，因此，在高精度、高可靠性、宽调速范围、低速稳定性及要求安全可靠、易于维护、恶劣环境下无火花运行等伺服控制系统中，永磁同步电动机受到了普遍重视，广泛应用于数控机床、机器人、航空航天等场合。

7.10.3　无刷直流电动机

1. 基本结构

无刷直流电动机由定子和转子两大部分构成。无刷直流电动机的定子绕组一般采用整距绕组或者集中绕组。无刷直流电动机一般采用隐极式转子结构，将永磁体黏结到转子铁芯表面，这种结构形式与表面式永磁同步电动机类似，不同的是，无刷直流电动机转子永磁体产生的电机主磁场分布如图 7-49 所示。当无刷直流电动机稳定运行时，转子的转速恒定不变，电机主磁场的磁力线切割定子绕组，在定子每一相绕组中感应出电动势，电动势波形与主磁场波形基本一致。为了方便分析，可认为主磁场波形是梯形波，梯形波的平顶宽度是 120°（电角度），如图 7-50 所示。为了保证无刷直流电动机平稳运行，其需要产

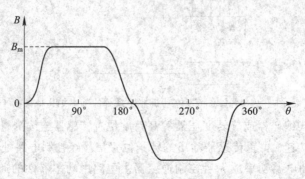

图 7-49　无刷直流电动机的主磁场分布

生恒定的电磁转矩，那么定子三相绕组通入的电流必须是六阶梯形波（或方波），电流导通时间为 120°（电角度），导通时间的中心在半个周期的中点且与电动势波形的中心重合，如图 7 - 50 所示。

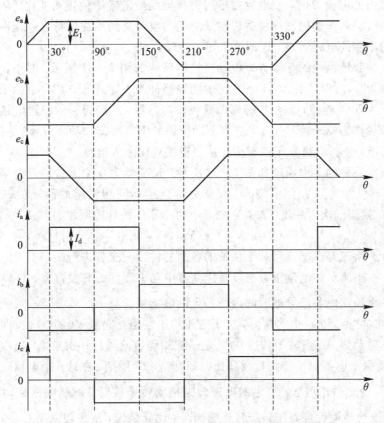

图 7 - 50 无刷直流电动机定子相电动势和电流波形图

无刷直流电动机的位置传感器是电机结构的重要组成部分，要与电机转轴同轴安装，主要作用是检测相对于定子绕组的转子磁极位置，与普通直流电动机电刷的作用相似。每当转子转过一定角度（如 60°电角度）时，位置传感器便产生相应的信号并输入控制器，进行逻辑处理。一般采用霍尔传感器或光电编码器作为无刷直流电动机的位置传感器。

2. 运行原理

普通直流电动机一般采用旋转电枢式结构：在定子上用永磁体或电励磁产生方向固定不动的磁场，而电枢在转子上。因为有换向器和电刷，所以电枢绕组的电流方向能不断改变，使得电枢绕组产生的磁场和定子主磁极的励磁磁场始终保持在相互垂直的方向上，从而能够产生恒定的电磁转矩，拖动电机转子持续旋转。

为了克服电刷和换向器这种机械换向结构所带来的缺陷，无刷直流电动机的结构中没有电刷和换向器，而是在定子上嵌放有电枢绕组，在转子上装有永磁体，是旋转磁极式结构，与直流电动机的旋转电枢式结构明显不同。但是，仅有这样的电机结构改变并不能使转子持续旋转。因为定子上的电枢绕组通入直流电流后，产生的电枢磁场方向固定不变，而一旦转子励磁磁场的磁极轴线旋转到与定子电枢磁场的磁极轴线重合时，就不会产生电磁转矩，然后电机将保持静止状态。为了使电机转子能够持续旋转，必须使电枢磁场的磁极轴线与转子磁极轴线之间始终保持一定范围的空间夹角，以产生方向不变的电磁转矩，也就是，电枢磁场必须能够随转子磁极的旋转而旋转。若能依据转子磁极的位置不断地改变定子各相绕组的电流方向，使电枢磁场的磁极轴线能随转子位置而变化，从而保证电枢磁场的磁极轴线与转子励磁磁场的磁极轴线之间的空间夹角始终保持在一定范围内，就能持续产生方向不变的电磁转矩，拖动电机转子旋转。

三相桥式逆变器供电的无刷直流电动机控制系统如图 7-51 所示。图中，逆变器上桥臂的功率器件为 V_{T1}、V_{T3} 和 V_{T5}，下桥臂的功率器件为 V_{T4}、V_{T6} 和 V_{T2}，无刷直流电动机定子三相绕组为 Y 形连接，霍尔传感器构成位置传感器，检测得到的位置信号输入控制器并经逻辑变换后作为驱动信号输出，进行驱动电路的电气隔离和功率放大后控制逆变器中功率器件的通断，使得电机定子三相绕组按一定的规律通入电流。

无刷直流电动机的工作原理如图 7-52 所示。逆变器中功率器件的开关规律是：① 每个功率器件导通 120°；② 在任何瞬间，仅有分别连接不同相绕组的两只功率器件同时导通；③ 每隔 60°换流一次。由此可知，逆变器中功率器件的导通顺序为

$(V_{T3}, V_{T4}) \rightarrow (V_{T4}, V_{T5}) \rightarrow (V_{T5}, V_{T6}) \rightarrow (V_{T6}, V_{T1}) \rightarrow (V_{T1}, V_{T2}) \rightarrow (V_{T2}, V_{T3}) \rightarrow \cdots$

功率器件的换流是在上桥臂和下桥臂的各个器件之间交替进行的。

根据图 7-51 所示的电流正方向以及逆变器中功率器件的开关规律，可以绘制出定子三相绕组在一个周期中各段导通时间内所产生的电枢磁动势 $\dot{F}_a$，如图 7-52 所示。

由图 7-52 可见，在一个周期内，定子三相绕组在相互间隔 60°的空间方向上分别先后产生 6 个电枢磁动势。每当转子转过 60°，定子三相绕组便进行一次换流，电枢磁动势也相应地转过 60°。每个电枢磁动势的持续作用时间都是 1/6 周期。在这 6 个电枢磁动势与转子永磁磁动势 $\dot{F}_f$ 的先后作用下，产生的电磁转矩拖动转子旋转。虽然电枢磁动势在空间上跳变，但是其平均转速保持着与转子转速的同步。也就是说，从平均意义上看，$\dot{F}_a$ 和 $\dot{F}_f$ 保持相对静止，能保证产生有效的电磁转矩，拖动转子以同步转速旋转。

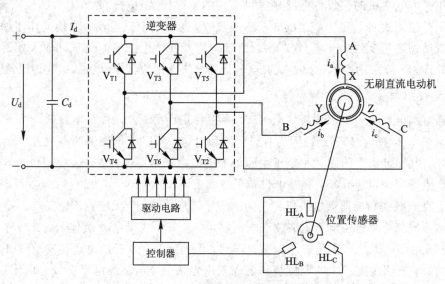

图 7-51　无刷直流电动机控制系统

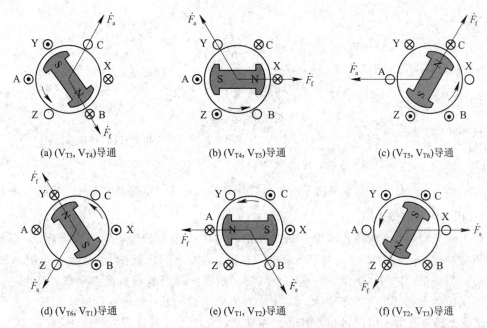

(a) (V_{T3}, V_{T4})导通　　　　(b) (V_{T4}, V_{T5})导通　　　　(c) (V_{T5}, V_{T6})导通

(d) (V_{T6}, V_{T1})导通　　　　(e) (V_{T1}, V_{T2})导通　　　　(f) (V_{T2}, V_{T3})导通

图 7-52　无刷直流电动机的工作原理

在图 7-52 中，逆变器中功率器件的通断使得电枢磁动势 $\dot{F}_a$ 的跳变得以实现，而功率器件的通断又是由转子位置传感器输出的转子位置信号经控制电路处理后产生的。由直流电动机的工作原理可知，当励磁磁动势 $\dot{F}_f$ 垂直于电枢磁动势 $\dot{F}_a$ 时，电动机产生最大的电磁转矩。因为无刷直流电动机励磁磁动势随转子旋转、是连续转动的，而电枢磁动势则是在空间上每次跳变 60°，所以它们不可能总是保持垂直。如果电枢磁动势 $\dot{F}_a$ 总是在与励磁磁动势 $\dot{F}_f$ 相垂直的 ±60° 范围内跳变，也就是 $\dot{F}_a$ 与 $\dot{F}_f$ 之间夹角的变化范围是 60°～120°，那么就能产生最大的电磁转矩。这样，在功率器件的导通过程中和电枢绕组换流瞬间，$\dot{F}_a$ 与 $\dot{F}_f$ 之间夹角的平均值近似为 90°，即在平均意义上 $\dot{F}_a$ 与 $\dot{F}_f$ 相互垂直。

下面以逆变器中一组功率器件的导通过程和换流瞬间说明上述结论。假设(V_{T2}，V_{T3})向(V_{T3}，V_{T4})换流结束，(V_{T3}，V_{T4})刚开始导通。此时，定子上 A、B 两相绕组流过的电流为直流 I_d，这两相绕组产生恒定的电枢磁动势 $\dot{F}_a$，电枢磁动势 $\dot{F}_a$ 与转子励磁磁动势 $\dot{F}_f$ 的位置如图 7-52(a)所示，$\dot{F}_a$ 要超前于 $\dot{F}_f$ 120° 电角度。转子保持旋转，但是这时 $\dot{F}_a$ 保持幅值大小和空间位置不变。转子转过 60° 电角度之后，转至图 7-53 所示位置。此时 $\dot{F}_a$ 超前于 $\dot{F}_f$ 60° 电角度。上述分析表明，在导通过程中，$\dot{F}_a$ 与 $\dot{F}_f$ 的平均夹角为 90°。

一旦转子转至图 7-53 所示位置后，功率器件将由(V_{T3}，V_{T4})换流到(V_{T4}，V_{T5})。换流结束后，$\dot{F}_a$ 由图 7-53 所示的超前 $\dot{F}_f$ 60° 电角度的位置跳变至图 7-52(b)所示的超前 $\dot{F}_f$ 120° 电角度的位置。由此可知，由(V_{T3}，V_{T4})换流到(V_{T4}，V_{T5})的过程中，$\dot{F}_a$ 与 $\dot{F}_f$ 之间的夹角在平均意义上也是 90° 电角度。换流结束后，$\dot{F}_a$ 超前于 $\dot{F}_f$ 120° 电角度，如图 7-52(b)所示。

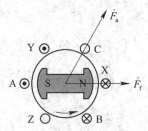

图 7-53　(V_{T3}, V_{T4})向(V_{T4}, V_{T5})换流前电枢磁动势与永磁磁动势的位置

然后，(V_{T4}, V_{T5})保持导通，转子保持旋转，转子转过 60°电角度后，(V_{T4}, V_{T5})换流至(V_{T5}, V_{T6})。此时，逆变器中功率器件的导通与换流过程、电枢磁动势 $\dot{F}_a$ 与励磁磁动势 $\dot{F}_f$ 的分析与前面相似。

由上述分析可知，无刷直流电动机的功能和电磁关系与直流电动机完全相同，因此，它的机械特性和调速性能也类似于直流电动机。二者的不同之处在于：无刷直流电动机的定子有三相绕组，它相当于由三个电枢绕组和三组换向片组成的直流电动机。因此，无刷直流电动机的电磁转矩存在转矩脉动，不如直流电动机平稳，低速运行时转矩脉动更为严重。这是无刷直流电动机的电机本体和控制系统设计中需要着力解决的问题。

3. 主要特点与应用

从电机结构来看，无刷直流电动机省去了电刷和换向器，只存在轴承磨损，没有电刷磨损和电火花，因此提高了电机的可靠性和使用寿命，降低了噪声和对环境的要求。而且，电枢绕组装设在定子上，改善了散热条件，相应地提高了过载能力。

无刷直流电动机的运行方程与普通直流电动机基本相同，其电磁转矩正比于电枢电流，具有线性的机械特性。因此，无刷直流电动机可以方便地通过调节电枢电压实现无级调速，调速性能优良。但是无刷直流电动机不能通过调节励磁电流进行调速。

无刷直流电动机的主要特点有：

（1）气隙磁场为方波。因为方波可以分解成基波和多个谐波，所以，无刷直流电动机的电磁转矩既有基波磁场产生的部分，也有谐波磁场产生的部分。在同样体积的条件下，无刷直流电动机比永磁同步电动机增加出力约15%。

（2）无刷直流电动机的定子磁场是跳变的，且存在转矩脉动。

（3）控制方法简单，控制器成本较低。

（4）转子位置传感器结构简单，成本低。

由于无刷直流电动机既克服了普通直流电动机结构上的缺点，又具有与普通直流电动机相同的优良调速性能，还具备交流电动机的结构简单、维护方便、运行可靠和使用寿命长等特点，由其构成的调速系统具有精度高、速度响应快、起动转矩大及效率高等优点，因此，其应用范围已遍及国民经济的各个领域，特别是在数控机床、轻纺、家用电器、电动汽车、办公机械、仪器仪表、医疗器械及航空航天等领域已得到大量应用。

4. 无刷直流电动机与永磁同步电动机的比较

无刷直流电动机和永磁同步电动机都属于永磁电机，两者之间的差别主要体现在以下四个方面：

(1) 结构不同。它们的定子和转子都有不同之处。无刷直流电动机的定子三相绕组采用集中式绕组或整距绕组，转子永磁体结构一般是表面瓦片式，永磁体厚度均匀。永磁同步电动机的定子三相绕组采用分布式绕组，转子永磁体结构有两种：一种是表面式，另一种是内置式。这两种永磁体结构都可产生近似正弦分布的气隙磁密。无刷直流电动机和永磁同步电动机在电机结构上的不同，导致它们的控制策略、驱动方式以及电机性能存在很大的差异。

(2) 位置传感器不同。无刷直流电动机和永磁同步电动机都需要转子位置的反馈信息来驱动逆变器，以获得定子三相绕组所需要的电流，产生与转子永磁磁动势同步的定子磁动势。但是它们所需的位置信息不同。无刷直流电动机的定子每相绕组仅导通 120°（电角度），接着 60°关断，且各相绕组的电流每隔 60°换流一次。因此，仅需要每隔 60°提供一次转子位置反馈信息即可。与无刷直流电动机不同的是，永磁同步电动机需要提供连续的转子位置反馈信息，并根据瞬时转子位置的信息，决定定子三相绕组所需正弦电流的瞬时值。此时，逆变器的各相都处于同时导通状态。

(3) 电磁转矩的性能不同。无刷直流电动机的电磁转矩存在固有的脉动，低速时尤为明显，而永磁同步电动机的电磁转矩基本上是恒定的。无刷直流电动机的定子三相绕组所感应产生的电动势为梯形波。为了产生恒定的电磁转矩或功率，定子三相绕组必须由逆变器通入 120°电角度宽的梯形波或方波电流。由于定子绕组电感的作用，定子绕组中的电流不可能瞬时完成通断，因此无刷电流电动机必然存在功率或转矩的脉动，这就大大影响了由其构成的电力拖动系统的低速性能，特别是应用于位置伺服系统时，会极大地影响系统低速运行的位置和重复控制精度。永磁同步电动机则不存在这一问题，因为永磁同步电动机的定子三相绕组所感应产生的电动势为正弦波，定子三相绕组由逆变器加入的电流波形基本上是正弦波，因此，永磁同步电动机所产生的电磁转矩是恒定的，可以保证其在低速时稳定运行。

(4) 功率密度不同。无刷直流电动机的功率密度大约为永磁同步电动机的 1.15 倍，这主要是因为无刷直流电动机的磁密有效值与幅值的比值高于永磁同步电动机。因为功率密度大，无刷直流电动机单位峰值电流产生的电磁转矩（或输出功率）自然也就比较大，因而无刷直流电动机适用于对电机体积、重量要求比较高且供电电源输出功率有限的场合。无刷直流电动机的转子位置传感器比较简单，对精度要求不高，低速运行时电磁转矩存在必然的脉动，因此，无刷直流电动机适用于对转矩要求不高的调速系统。永磁同步电动机需要高精度的转子位置传感器来实现定子三相绕组的换流，造成永磁同步电动机调速系统成本增加。若永磁同步电动机用于位置伺服系统，则其具有明显的优势，由于其产生的电磁转矩恒定，因此低速时转子运行平稳。同时，由高精度的转子位置传感器能间接获得转子的转速信息，因此，永磁同步电动机特别适合用于组成高精度的位置伺服系统，无论是高速还是低速场合。

本 章 小 结

(1) 同步电机的定子绕组感应电动势频率与转子转速之比为恒定值，转子转速必为同步转速。

（2）同步电机分为两大类：隐极式同步电机和凸极式同步电机。隐极式同步电机具有隐极式转子，气隙沿圆柱周围分布均匀；凸极式同步电机具有凸极式转子，气隙不均匀，极间气隙大。

（3）汽轮发电机转速高，一般采用隐极式同步发电机，具有细长状外形；水轮发电机转速低，一般采用凸极式同步发电机，具有圆盘状外形。

（4）同步发电机的转子磁场由直流电励磁（或永磁体）产生，以同步转速旋转，与转子保持相对静止。定子磁场由交流电激励产生，是圆形旋转磁场。

（5）同步发电机的基波励磁磁动势大小与励磁电流呈正比关系，极对数、转向和转速都与转子相同。

（6）负载不同时，同步发电机电枢反应会产生增磁、去磁及交磁作用。凸极式同步发电机可通过双反应理论在交轴和直轴上分别考虑电枢反应。

（7）同步发电机电磁功率的大小由功角 θ 决定。

（8）三相交流系统中，同步发电机并网需满足：发电机端电压 $\dot{U}$ 与电网电压 $\dot{U}_s$ 的频率、幅值、波形、相序、相位完全相同。

（9）同步发电机的功角特性指电磁功率与功角 θ 的关系曲线，即曲线 $P_M = f(\theta)$。隐极式同步发电机 P_M 随着功角 θ 以正弦规律变化。

（10）在同步发电机输出的有功功率保持不变时，可以通过调节发电机的励磁电流实现调节无功功率和功率因数。同步发电机的运行分为正常励磁状态、过励状态和欠励状态。

（11）同步电动机带负载运行时，气隙磁场由励磁磁动势和电枢磁动势共同作用产生，可按双反应理论分析电枢反应情况。

（12）同步电动机的功率方程、功率流程图和转矩方程可用于分析电动机的工作状态。

（13）同步电动机不能自行起动，常用的起动方法有辅助电动机起动、变频起动和异步起动。

（14）同步补偿机是一种接入电网且运行于空载状态下的同步电动机。同步补偿机装设在受电端，自动调节励磁电流，在线路重载时过励磁运行，轻载时欠励磁运行，可以减小线路中的无功电流，实现改善电网的功率因数。

习　　题

一、简答题

1. 汽轮发电机和水轮发电机各有什么特点？为什么具有这些特点？

2. 同步电机有哪些运行状态？如何区分？

3. 请画出 $\varphi = 0°$ 时隐极式同步发电机的磁动势-电动势相量图（时间、空间参考轴均取自 A 相）。

4. 试阐述双反应理论和采用双反应理论的原因。

5. 分别阐述隐极式同步电机同步电抗、凸极式同步电机的直轴同步电抗和交轴同步电抗的物理意义。凸极式同步电机的直轴同步电抗和交轴同步电抗在数值大小上一般有什么特点？为什么？

6. 试采用双反应理论分析磁路不饱和时凸极式同步电机的电磁过程。

7. 同步发电机的短路特性为什么是一条直线？

8. 同步发电机并联合闸的条件是什么？判别是否满足并联合闸条件的方法有哪些？

9. 同步发电机接入电网后，有哪些量可以调节？调节后发电机的运行状况会如何变化？

10. 从同步发电机过渡到同步电动机运行，功率角 θ、电枢电流以及电磁转矩的大小和方向如何变化？

11. 电源频率为 50 Hz 和 60 Hz 时，10 极同步电动机的同步转速分别是多少？18 极同步电动机的同步转速又分别是多少？

12. 一台凸极式同步电动机空载运行时，如果突然失去励磁电流，电动机转速会如何变化？

13. 同步电动机带额定负载运行时，其功率因数 $\cos\varphi = 1$。若保持励磁电流不变，同步电动机运行在空载状态，其功率因数是否会改变？

14. 一台同步电动机接入电网并拖动一定大小的负载运行，当励磁电流由零到大逐渐增加时，定子侧的电枢电流如何变化？功率因数以及功率角又如何变化？

15. 同步电动机可采用哪些起动方法？试比较其优缺点。

16. 无刷直流电动机是如何实现转子反转的？

二、计算题

1. 有一台三相同步发电机，额定容量 $S_N = 20$ kV·A，额定电压 $U_N = 400$ V，额定功率因数 $\cos\varphi_N = 0.8$（超前性），额定频率 $f_N = 50$ Hz，额定转速 $n_N = 1500$ r/min。试求：

（1）该发电机的极对数和额定电流；

（2）额定运行时发电机发出的有功功率和无功功率。

2. 已知一台三相 10 极同步电动机的额定数据为：额定功率 $P_N = 3$ MW，额定电压 $U_N = 6$ kV，额定功率因数 $\cos\varphi_N = 0.8$（超前性），额定效率 $\eta_N = 96\%$，定子每相绕组电阻 $R_1 = 0.96$ Ω，定子绕组采用 Y 形接法。求：

（1）额定运行时输入功率；

（2）额定电流 I_N；

（3）额定电磁功率 P_M；

（4）额定电磁转矩 T_N。

3. 某车间电力设备所消耗的总有功功率为 4800 kW，$\cos\varphi = 0.8$（滞后性），欲增加一台功率为 400 kW 的电动机。现有 400 kW、$\cos\varphi_N = 0.85$（滞后性）的感应电动机和 400 kW、$\cos\varphi_N = 0.9$（超前性）的同步电动机可供选用。在这两种情况下，该车间的总视在功率和功率因数各是多少？选用哪台电动机比较合适（不计电动机的损耗）？

4. 某工厂电力设备的总功率为 4500 kW，额定电压为 6 kV，$\cos\varphi = 0.7$（滞后性）。为了发展生产，欲新添一台 500 kW 的同步电动机，并使工厂的总功率因数提高到 0.73（滞后性），此同步电动机的容量及功率因数应为多少（不计同步电动机的损耗）？

5. 有一无穷大电网，受电端的线电压 $U_N = 6$ kV，供电给一个线电流 $I = 1000$ A，$\cos\varphi = 0.8$（滞后性）的三相负载。欲加装同步补偿机，把线路的功率因数提高到 0.95（滞后性），同步补偿机将输出多少滞后的无功功率？

第 8 章　三相异步电动机

[摘要]　本章主要解决三相异步电动机六个方面的问题：① 三相异步电动机的结构主要包括哪些部分？有哪些额定数据？② 三相异步电动机的工作原理是怎样的？③ 如何推导三相异步电动机的等效电路？怎样画出其相量图？④ 三相异步电动机的功率和转矩的关系是怎样的？⑤ 如何测定三相异步电动机的参数？⑥ 三相异步电动机具有什么样的机械特性和工作特性？

异步电动机属于交流电动机，也称为**感应电动机**。异步电动机的"异步"是什么意思呢？异步是指电动机的转子转速与定子绕组产生的旋转磁场转速不一样，转子的转速快于或者慢于定子磁场的转速。**根据电动机转子和定子磁场转速的不同关系，交流电动机可以分为两大类：一类是同步电动机；另一类是异步电动机**。同步电动机采用双边励磁，而异步电动机仅通过定子边励磁，其转子电流和磁动势是通过旋转磁场感应产生的，这使得两种电机在性能方面具有较大的差异。

与直流电动机和同步电动机相比，异步电动机具有结构简单、制造方便、运行可靠、坚固耐用和价格低廉等优点。据统计，我国目前 90% 以上的电都是由交流发电机直接发出的，在用电方面，60%～70% 的电能都被电动机所利用，其中约 80% 的电机为交流电动机，并且交流电动机绝大部分为异步电动机。直流电动机由于控制简单、调速平滑，在 20 世纪 80 年代之前一直处于驱动领域的主导地位，然而随着电力电子技术、新型控制策略和计算机技术的发展，交流电动机在很多领域正逐渐取代直流电动机，并成为电力拖动系统的主要驱动电机。异步电动机在工农业、交通运输、国防工业以及其他各行业的应用非常广泛。

由于三相异步电动机具有异步电动机的一般特性，因此本章以三相异步电动机为例进行讲解，单相异步电动机的工作原理见第 10 章。

8.1　三相异步电动机的结构和额定数据

8.1.1　三相异步电动机的结构

8-1　结构和额定数据

与直流电动机一样，三相异步电动机主要也由静止不动的定子部分、旋转的转子部分和定、转子之间的气隙组成。三相异步电动机根据转子绕组形式的不同可以分为**三相鼠笼式异步电动机和三相绕线式异步电动机**。图 8-1 给出了三相鼠笼式异步电动机的示意图，图 8-2 给出了三相绕线式异步电动机的示意图。

1. 定子部分

三相异步电动机的定子部分主要包括定子铁芯、定子绕组、定子机座、端盖和接线端子等。

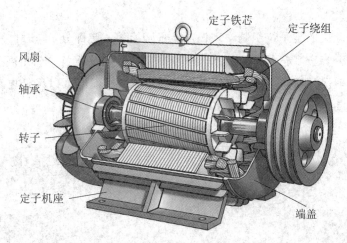

图 8-1 三相鼠笼式异步电动机的结构

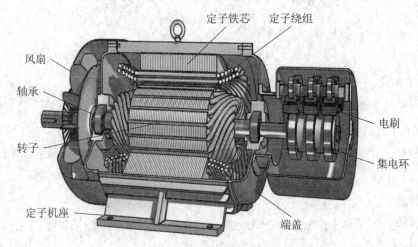

图 8-2 三相绕线式异步电动机的结构

1) 定子铁芯

　　定子铁芯是电动机主磁通磁路的一部分，其装在机座里。定子铁芯一般用 0.35~0.5 mm 厚的硅钢片叠压而成，硅钢片两面涂上绝缘漆，使硅钢片之间相互绝缘，以减少铁芯由于磁场变化而引起的铁芯损耗。异步电动机的定子铁芯和转子铁芯如图 8-3 所示，定子铁芯内圆开有许多槽，这些槽是用来嵌放定子绕组的。

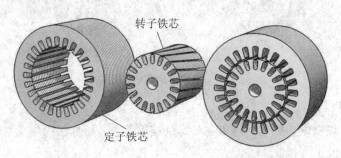

图 8-3 三相异步电动机的定子铁芯和转子铁芯

2）定子绕组

三相异步电动机的定子绕组是实现机电能量转换的关键部分，同时也是产生感应电动势和磁动势的部分。三相定子绕组在定子铁芯的槽中互相错开 120°电角度。三相异步电动机的定子绕组一般采用双层、短距和分布绕组的方式，这不但可以降低电动机的谐波，同时也可以提高电动机的效率。定子绕组如图 8-4 所示。

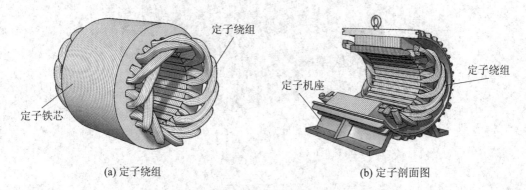

(a) 定子绕组　　　　　　　　　　　　　　(b) 定子剖面图

图 8-4　三相异步电动机的定子绕组和剖面图

3）定子机座

定子机座的主要作用是固定与支撑定子铁芯、轴承和端盖部分，为转子的旋转提供机械支撑。定子机座必须具有足够的机械强度和刚度。定子机座外面有散热筋（散热片）以帮助定子散热，定子机座由铸铁或铸钢铸造。三相异步电动机的定子机座如图 8-4(b)所示。

4）端盖

电机的端盖主要起支撑轴承和密闭保护电机的作用。端盖中间有轴承安装孔。电机的端盖如图 8-5 所示。

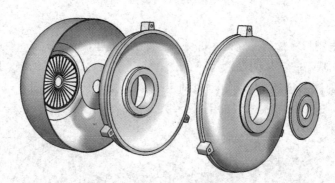

图 8-5　三相异步电动机的端盖

5）接线端子

接线端子是异步电动机定子绕组与外部的接线部分，通过接线端子可以将三相异步电动机内部和外部的电连接起来。

在电动机的铭牌上都会标注电机的接线方式。如何根据电机的铭牌进行接线呢？这里可以分为两种情况：一种是引出线有三个端子，另一种是引出线有六个端子。第一种情况接线比较简单，只要电源的电压符合电动机铭牌电压值就可以直接接线。高压大、中型容量的异步电动机的定子绕组通常为星形（Y）接法，接线端子只有三根引出线。第二种情况接线相对复杂一点。中、小型容量的低压异步电动机通常把定子绕组的六个端子都引出来，用户可以根据需要接成星形（Y）或者三角形（△），如图 8-6 所示。

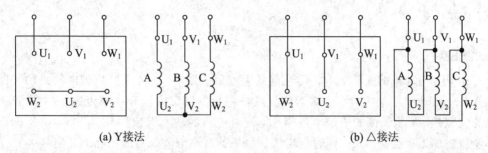

(a) Y接法　　　　　　　　　　　　　　(b) △接法

图 8-6　三相绕组的连接方法

第二种情况的接线可以分为如下两种情况：

（1）当电动机的铭牌上标注为"电压 380/220 V，接法 Y/△"时，具体接法要根据供电电压的大小选择。当电源电压为 380 V 时，电动机选择 Y 接法；当电源电压为 220 V 时，电动机选择△接法。这一点很重要，注意千万不要接错。

（2）当电动机的铭牌上标注为"电压 380 V，接法△"时，只有△接法。这种情况在电动机起动的时候可以接成 Y 接法，起动完毕之后可以恢复为△接法。

2. 转子部分

三相异步电动机的转子由圆形转子铁芯、转子绕组和转轴等组成。转子铁芯是电机主磁路的一部分，由 0.5 mm 厚的硅钢片叠压而成。转子铁芯表面的许多槽是用来嵌放转子绕组的，如图 8-3 所示。

根据转子绕组形式的不同，异步电动机的转子绕组有鼠笼式和绕线式。鼠笼式转子槽内嵌有导条，而且这些导条被其两端的端环短接。鼠笼式转子如图 8-7 所示。绕线式转子的绕组结构与定子绕组相同，也由三相绕组组成。三相绕组可以接成三角形或者星形，并通过空芯转轴接到安装在转轴的三个集电环上，然后通过固定在定子上的三个电刷将转子绕组引出。绕线式转子如图 8-8 所示。

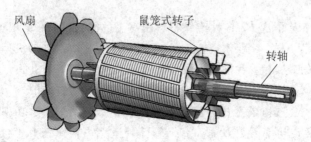

图 8-7　鼠笼式转子

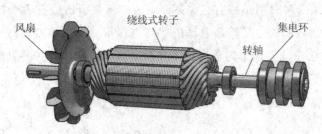

图 8 - 8　绕线式转子

3. 气隙

三相异步电动机的气隙对电机的性能具有重要的影响。中、小型异步电动机的气隙一般为 0.2~2 mm。气隙的大小直接影响异步电动机的励磁电流和功率因数。一般情况下，电机的气隙越小，定子侧的励磁电流越小，同时电机的功率因数越高。但是，电机的气隙太小会造成加工和装配困难，同时也将增加电机的高次谐波与附加损耗。

8.1.2　额定数据

三相异步电动机的额定数据也称为铭牌数据，它是选择和使用三相异步电动机的重要依据。在额定状态下运行，三相异步电动机可以获得最佳的运行性能，并长期安全、稳定运行。三相异步电动机的额定数据主要如下：

（1）额定功率 P_N。额定功率 P_N 是指三相异步电动机在额定运行状态下轴上输出的机械功率，单位为瓦（W）或者千瓦（kW）。

（2）额定电压 U_N。额定电压 U_N 是指三相异步电动机在额定运行状态下定子绕组的线电压，单位为伏（V）或者千伏（kV）。

（3）额定电流 I_N。额定电流 I_N 是指三相异步电动机在额定运行状态下定子绕组的线电流，单位为安（A）或者千安（kA）。

（4）额定转速 n_N。额定转速 n_N 是指三相异步电动机在额定电压、额定频率以及轴上输出额定功率的情况下，电机可以稳定运行的转速，单位为转/分（r/min）。

（5）额定频率 f_{1N}。额定频率 f_{1N} 是指三相异步电动机可以稳定工作在额定转速下的供电电源频率，即 $f_{1N}=50$ Hz。

（6）额定效率 η_N。额定效率 η_N 是指在额定状态下，三相异步电动机的输出机械功率 P_2 与输入电功率 P_1 的比。

（7）额定功率因数 $\cos\varphi_N$。额定功率因数 $\cos\varphi_N$ 是指在额定状态下三相异步电动机定子侧的功率因数。

（8）绝缘等级和允许温升。各种绝缘材料耐高温的能力不一样，根据不同的绝缘材料，电机的绝缘等级也不一样（参见第 1 章表 1-2）。允许温升是指电动机运行时电机本体高出周围环境标准温度的最大值。我国规定环境标准温度为 40℃，电机的允许温升为电机的允许温度减去 40℃。

例 8.1　已知一台三相鼠笼式异步电动机的额定数据为：额定功率 $P_N=4$ kW，额定电压 $U_N=380$ V，额定功率因数 $\cos\varphi_N=0.77$，额定效率 $\eta_N=0.84$，额定转速 $n_N=960$ r/min。请计算电机的额定电流 I_N 和额定转矩 T_N。

解 额定电流 I_N 的计算：

$$I_N = \frac{P_N}{\sqrt{3}U_N\eta_N\cos\varphi_N} = \frac{4\times1000}{\sqrt{3}\times380\times0.84\times0.77} = 9.4 \text{ A}$$

额定转矩 T_N 的计算：

$$T_N = 9.55\times\frac{P_N}{n_N} = 9.55\times\frac{4\times1000}{960} = 39.8 \text{ N}\cdot\text{m}$$

8.2 三相异步电动机的工作原理

8-2 工作原理

8.2.1 三相异步电动机的旋转原理

1. 定子旋转磁场的形成

在直流电动机中，定子磁场与转子磁场都是静止不动的。根据第 6 章三相交流电机磁动势的分析可以知道，三相异步电动机定子绕组产生的磁场是相对于定子旋转的磁场。当三相对称绕组中通入三相对称交流电流时，电机中就会形成圆形的旋转磁场。磁场的转速与供电电源的频率和电机的极对数有关。磁场的转速称为**同步转速**，用 n_1 表示。n_1 的计算为

$$n_1 = \frac{60f_1}{p} \tag{8-1}$$

式中，f_1 为供电电源的频率，p 为电动机的极对数。根据式(8-1)可知，当供电电源的频率 $f_1 = 50$ Hz 时，同步转速 n_1 与电机的极对数 p 之间的关系如表 8-1 所示。

表 8-1 同步转速与极对数的关系($f_1 = 50$ Hz)

极对数 p	1	2	3	4
同步转速 n_1/(r/min)	3000	1500	1000	750

2. 转子感应电流的产生

如图 8-9 所示，假定三相异步电动机定子侧已经形成逆时针方向旋转的圆形旋转磁场。在某一时刻，定子磁场的磁极下部为 N 极，磁极的上部为 S 极，在定子的内部空腔中，磁力线由 N 极指向 S 极。导体 1～6 为转子表面的导体，假定导体两端都是经过短路环连接起来的。当定子磁场在沿着定子的内表面以转速 n_1 逆时针旋转时，如果假定定子磁场静止不动，则相当于导体是以转速 n_1 在顺时针旋转。在该时刻，根据右手定则，导体 1 和 2 中感应电动势的方向为进入纸面，而导体 4 和 5 中感应电动势的方向则是

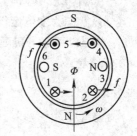

图 8-9 三相异步电动机的旋转原理

穿出纸面，导体 3 和 6 在该位置不切割磁力线，因而不产生感应电动势。由于转子导体是封闭绕组，因此导体中感应电流的方向与感应电动势的方向是一致的。

3. 转子受到电磁转矩的作用而旋转

对于图 8-9 中的位置，导体内感应电流的方向如图所示，根据左手定则可以判定，导体 1、2、4 和 5 受到的电磁力的方向都是沿着逆时针方向的，这些导体所产生的电磁转矩的方向也为逆时针方向，即转子受到了逆时针方向的电磁转矩，转子会跟着定子磁场逆时针方向旋转。

采用磁极同性相斥、异性相吸的原理来进行分析，利用右手螺旋定则，把转子绕组作为一个螺线管，可以判断出来：转子右部为 N 极，左部为 S 极。当定子磁场逆时针方向旋转时，定子磁场的 N 极会推着转子的 N 极并拉着转子的 S 极逆时针方向旋转，同时定子磁场的 S 极会推着转子的 S 极并拉着转子的 N 极逆时针方向旋转。

根据上述分析，三相异步电动机的工作原理可以归结为如下三点：

（1）当三相异步电动机的定子三相对称绕组中通入三相对称交流电流时，电机的气隙中会形成圆形旋转磁场。

（2）当转子导体切割定子磁场时，转子导体内部会产生三相对称感应电动势，由于转子绕组为闭合回路，因此感应电动势在转子绕组内部会产生三相对称交流电流。

（3）载流导体在定子旋转磁场中受到电磁力的作用，进而形成电磁转矩，从而使转子跟着定子旋转磁场旋转起来。

8.2.2　转差率

8.2.1 节解释了三相异步电动机的旋转原理，但是电机的转子在旋转起来之后，转子的稳定转速 n 是多少呢？现在分三种情况（即 $n=n_1$、$n<n_1$ 和 $n>n_1$）进行分析。

（1）当 $n=n_1$，即转子的转速与定子磁场的转速相同时，转子的导体不会切割定子磁场的磁力线，导体内不会有感应电动势和感应电流，相应地也不会产生电磁转矩，因此这种情况是无法稳定的。可见，三相异步电动机的转子和定子磁场是不会同步的，即转子只能与定子磁场异步运行，这也就是"异步电动机"名称的由来。

（2）当 $n<n_1$ 时，又可以分为两种情况，即 $0<n<n_1$ 和 $n<0<n_1$。当 $0<n<n_1$ 时，电动机运行在电动状态，定子磁场拖着转子旋转，为**电动运行状态**，如图 8-10(b) 所示；当 $n<0<n_1$ 时，外力拖着转子以与定子磁场相反的方向旋转，此时电机运行在**电磁制动状态**，如图 8-10(a) 所示。

（3）当 $n>n_1$ 时，异步电动机的转子由外部拖动力拖动，转子转速大于定子磁场的转速，该状态为**发电运行状态**，此时异步电动机转变为异步发电机，如图 8-10(c) 所示。

根据上面的分析可以发现，异步电动机的转子转速 n 与定子磁场转速 n_1（同步转速）之间存在转速差 $\Delta n = n_1 - n$，Δn 称为转差。转差 Δn 与同步转速 n_1 之比称为**转差率**，用 s 表示，即

$$s = \frac{\Delta n}{n_1} = \frac{n_1 - n}{n_1} \qquad (8-2)$$

转差率 s 在三相异步电动机的原理分析中具有非常重要的作用。转差率 s 是一个没有单位的量，但是它的大小可以反映电动机的转速情况。例如，当 $s=1$ 时，$n=0$，此时电动机转子处于静止状态；当 $s=0$ 时，$n=n_1$，此时电动机转子的转速等于同步转速；当 $s>1$ 时，$n<0$，电机处于电磁制动状态。在异步电动机正常运行时，转子的转速 n 接近于同步转速 n_1，因此转差率 s 很小，一般 $s=0.01\sim0.05$。

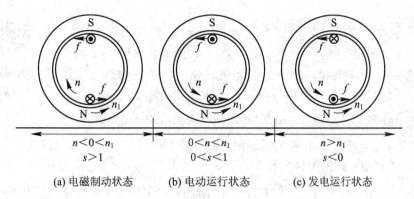

(a) 电磁制动状态　　　(b) 电动运行状态　　　(c) 发电运行状态

图 8 - 10　异步电动机的三种运行状态

例 8.2　一台三相异步电动机，额定功率 $P_N = 55$ kW，额定电压 $U_N = 380$ V，供电频率 $f_1 = 50$ Hz，额定功率因数 $\cos\varphi_N = 0.89$，额定效率 $\eta_N = 0.79$，额定转速 $n_N = 570$ r/min。请计算：

(1) 同步转速 n_1；

(2) 极对数 p；

(3) 额定转差率 s_N。

解　(1) 同步转速 n_1 的计算。

由额定转速 $n_N = 570$ r/min，并根据转差率的一般要求 $s = 0.01 \sim 0.05$，电动机的同步转速 $n_1 = 60 f_1 / p = 3000/p$ 可知，当 $p = 5$ 时，$n_1 = 600$ r/min，同步转速为 600 r/min，符合电动机对于转差率的要求。

(2) 根据上面的推算可知 $p = 5$。

(3) 额定转差率 s_N 的计算：

$$s_N = \frac{n_1 - n_N}{n_1} = \frac{600 - 570}{600} = 0.05$$

8.3 三相异步电动机的等效电路

前面讲述了三相异步电动机的工作原理。读者要想更加清晰地理解三相异步电动机的特性，需要知道其等效电路。为了便于理解，本节首先讲述三相异步电动机转子绕组开路时的等效电路，此时转子处于静止状态，然后讲述三相异步电动机空载时的等效电路，最后讲述三相异步电动机带负载时的等效电路。为了便于分析，以三相绕线式异步电动机为例来分析其等效电路，三相鼠笼式异步电动机等效电路的分析可以直接借鉴三相绕线式异步电动机的结论。

【注】　三相异步电动机等效电路的推导过程也就是三相异步电动机的建模过程。三相异步电动机的等效电路实际上就是三相异步电动机的数学模型。对于三相异步电动机的设计和控制的研究都要借助于三相异步电动机的数学模型，因此三相异步电动机的等效电路对于三相异步电动机的学习具有非常重要的意义。

8.3.1 等效电路正方向的标定

假定三相异步电动机的定子和转子绕组都采用星形（Y）接法，定子三相绕组接外部电源，转子三相绕组开路，定子三相绕组、定子绕组和转子绕组的等效电路可以用图 8-11(a)、(b)和(c)表示。在图 8-3 等效电路正方向的标定 8-11(a)中，假定定子三相绕组的磁通势 $\dot{F}_1$ 或者磁链 $\dot{\Psi}_1$ 处于零点处，转子磁链 $\dot{\Psi}_2$ 处于滞后于定子磁链 $\dot{\Psi}_1 \alpha$ 电角度（相当于转子 A_2X_2 相滞后于定子 A_1X_1 相 α 电角度）的位置。如果不特别说明，下标 1 代表定子侧的量，而下标 2 代表转子侧的量。图 8-11(b)中 $\dot{U}_1$、$\dot{E}_1$、$\dot{I}_1$ 分别代表定子绕组的相电压、相电动势和相电流，图 8-11(c)中 $\dot{U}_2$、$\dot{E}_2$、$\dot{I}_2$ 分别代表转子绕组的相电压、相电动势和相电流，图中箭头表示了各个相量的方向。

由于三相异步电动机的三相绕组是对称的，因此选择其中任一相进行分析，其余两相做相应的相位移动就可以了。接下来取 A 相进行分析。在三相异步电动机的相量图中，把 A 相绕组磁通势所在的方向定义为坐标轴纵轴的方向。

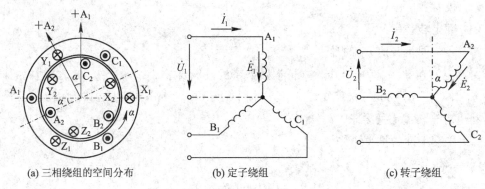

(a) 三相绕组的空间分布　　　(b) 定子绕组　　　(c) 转子绕组

图 8-11　三相异步电动机的三相绕组和方向的标定

8.3.2 转子绕组开路时的等效电路

当转子绕组开路时，三相异步电动机相当于一台二次绕组开路的变压器，其中定子绕组相当于变压器的一次绕组，转子绕组相当于变压器的二次绕组。当三相异步电动机转子开路时，因为转子侧无法形成电磁转矩，因此转子是静止不动的。

8-4 转子绕组开路时的等效电路

【注】 三相变压器与三相异步电动机在本质上是一致的。三相变压器的一、二次绕组是静止不动的，两侧的能量都是电能，即变压器是实现电压或者电流等级变换的电磁设备；而三相异步电动机的定子侧是静止的，转子侧既可静止，也可以旋转，定子侧输入的是电能，在转子侧所表现出来的既可以是电能，也可以是机械能。因为三相异步电动机的定、转子之间存在一个空气隙，所以三相异步电动机的效率低。可以说，三相变压器是三相异步电动机的一个特例。

1. 转子绕组开路时的磁链和感应电动势

在三相异步电动机中，当三相定子绕组接到三相对称电源上时，在三相绕组中会形成三相对称电流，则在定子侧会形成圆形旋转磁动势 $\dot{F}_1$，相应地，在定子中会形成圆形旋转磁场。通常定子每极下同时交链定子和转子的磁通称为**主磁通**，用 Φ_1 表示；仅交链定子或者转子的磁通称为**漏磁通**；仅交链定子的漏磁通用 Φ_{s1} 表示；而仅交链转子的漏磁通用 Φ_{s2} 表示。漏磁通主要包括槽部漏磁通、端部漏磁通和谐波磁动势产生的谐波漏磁通三种。三相异步电动机的气隙是均匀的，假定由磁动势 $\dot{F}_1$ 产生的主磁通 Φ_1 是一个沿着定子内圆周按正弦规律分布的函数，即

$$\Phi_1 = \Phi_m \sin\omega_1 t \tag{8-3}$$

式中，ω_1 为定子磁场的电角速度，Φ_m 为主磁通的幅值。

三相异步电动机定子一相绕组形成的磁链可以表示为

$$\Psi_1 = k_{dp1} N_1 \Phi_m \sin\omega_1 t \tag{8-4}$$

式中，k_{dp1} 代表定子相绕组的基波绕组系数，N_1 为定子一相绕组的匝数。

三相异步电动机主磁通在转子一相绕组形成的磁链可以表示为

$$\Psi_2 = k_{dp2} N_2 \Phi_m \sin(\omega_1 t - \alpha) \tag{8-5}$$

式中，k_{dp2} 代表转子相绕组的基波绕组系数，N_2 为转子一相绕组的匝数。

磁链 Ψ_1 在定子一相绕组中产生的感应电动势 e_1 可以表示为

$$e_1 = -\frac{d\Psi_1}{dt} = \omega_1 k_{dp1} N_1 \Phi_m \sin(\omega_1 t - 90°)$$

$$= \sqrt{2} E_1 \sin(\omega_1 t - 90°) \tag{8-6}$$

式中，E_1 为定子一相绕组感应电动势的有效值，其大小为

$$E_1 = \frac{1}{\sqrt{2}} \omega_1 k_{dp1} N_1 \Phi_m = 4.44 k_{dp1} N_1 f_1 \Phi_m \tag{8-7}$$

式中，$\omega_1 = 2\pi f_1$。

磁链 Ψ_2 在转子一相绕组中的感应电动势 e_2 可以表示为

$$e_2 = -\frac{d\Psi_2}{dt} = \omega_1 k_{dp2} N_2 \Phi_m \sin(\omega_1 t - 90° - \alpha)$$

$$= \sqrt{2} E_2 \sin(\omega_1 t - 90° - \alpha) \tag{8-8}$$

式中，E_2 为转子一相绕组感应电动势的有效值，其大小为

$$E_2 = \frac{1}{\sqrt{2}} \omega_1 k_{dp2} N_2 \Phi_m = 4.44 k_{dp2} N_2 f_1 \Phi_m$$

在三相异步电动机中，定子和转子的每相感应电动势之比叫作**电压变比**。电压变比可以表示为

$$k_e = \frac{E_1}{E_2} = \frac{N_1 k_{dp1}}{N_2 k_{dp2}} \tag{8-9}$$

2. 转子绕组开路时的电压方程式和相量图

除了主磁通在定子绕组产生的感应电动势 E_1 之外，漏磁通也会在定子绕组中产生漏磁感应电动势，由于转子开路不存在转子漏磁通 Φ_{s2}，磁路中的漏磁通仅包括定子漏磁通 Φ_{s1}，因此定子绕组中只有定子漏磁通在定子绕组中产生的漏磁感应电动势 $\dot{E}_{s1}$。一般情况下，漏磁通的磁路主要是气隙，磁阻很大，漏磁通很小，因此漏磁感应电动势也很小。与变压器中漏磁感应电动势的表示方法一致，异步电动机漏磁通在定子绕组中产生的感应电动

势可以表示为定子电流 I_1 在漏电抗 X_1 上压降的形式。根据图 8-11 中方向的标定，漏磁感应电动势可以表示为

$$\dot{E}_{s1} = -\mathrm{j}\dot{I}_1 X_1 \tag{8-10}$$

式中，X_1 为一相绕组的漏电抗。

【注】 将漏磁感应电动势用漏磁通的形式来表示对于三相异步电动机具有非常重要的意义。通过漏电抗，可以将电流产生磁通、磁通又在绕组中产生感应电动势的关系简化为电流在电抗上压降的形式，这对于三相异步电动机的计算和分析是非常重要的。

通过前面的分析可知，在转子绕组开路的情况下，三相异步电动机的定子一相绕组的电压方程式可以表示为

$$\dot{U}_1 = -\dot{E}_1 + \dot{I}_1 R_1 - \dot{E}_{s1} = -\dot{E}_1 + \dot{I}_1 R_1 + \mathrm{j}\dot{I}_1 X_1$$
$$= -\dot{E}_1 + \dot{I}_1 (R_1 + \mathrm{j}X_1) = -\dot{E}_1 + \dot{I}_1 Z_1 \tag{8-11}$$

式中，$Z_1 = R_1 + \mathrm{j}X_1$ 称为定子绕组的漏阻抗。

根据式（8-11）可以画出三相异步电动机一相的相量图，如图 8-12 所示。由于三相异步电动机属于感性负载，因此绕组电流相量 $\dot{I}_1$ 滞后于电压相量 $\dot{U}_1$。定子和转子绕组的感应电动势 $\dot{E}_1$ 和 $\dot{E}_2$ 分别滞后于磁通相量 $\dot{\Phi}_1$ 90°和 90°+α 电角度。

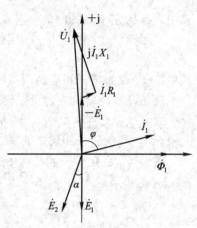

图 8-12　转子绕组开路时的相量图

3. 转子绕组开路时的等效电路和电磁关系

与三相变压器空载一样，在三相异步电动机转子绕组开路的情况下，定子绕组的感应电动势 $\dot{E}_1$ 用相电流 $\dot{I}_1$ 在励磁阻抗 Z_m 上的压降来表示，即

$$-\dot{E}_1 = \dot{I}_1 (R_m + \mathrm{j}X_m) = \dot{I}_1 Z_m \tag{8-12}$$

式中，$Z_m = R_m + \mathrm{j}X_m$，$R_m$ 代表励磁电阻，X_m 代表励磁电抗。

利用式（8-11）和式（8-12），定子一相电压的平衡方程式为

$$\dot{U}_1 = -\dot{E}_1 + \dot{I}_1 R_1 - \dot{E}_{s1} = \dot{I}_1 (R_m + \mathrm{j}X_m) + \dot{I}_1 (R_1 + \mathrm{j}X_1) = \dot{I}_1 (Z_m + Z_1) \tag{8-13}$$

转子一相电压的平衡方程式为

$$\dot{U}_2 = \dot{E}_2 = \frac{1}{k_e} \dot{E}_1 \angle(-\alpha) \tag{8-14}$$

三相异步电动机转子侧可以用一个等效的电压控制电压源代替。根据前面的推导过程，三相异步电动机转子绕组开路情况下的等效电路图如图 8-13 所示。

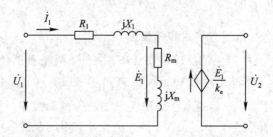

图 8-13　转子绕组开路时的等效电路图

三相异步电动机转子开路时的电磁关系可以用图 8 - 14 来表示，并可以得出如下三个结论：

（1）当三相异步电动机接入三相对称电源时，在三相异步电动机中会形成三相对称电流。因为在转子开路状态下电机呈现感性，因此电流相量滞后于电压相量。

（2）三相绕组通入三相对称电流会形成圆形旋转磁动势，在每个定子极下会形成相应的主磁通和漏磁通。主磁通和漏磁通在定子绕组中分别形成相应的感应电动势，且感应电动势相应滞后于磁通相量 90°电角度。

（3）接入三相定子绕组的电压一部分被定子漏阻抗分担，剩余的部分为感应电动势。由于转子绕组开路，因此转子相电压等于相感应电动势。

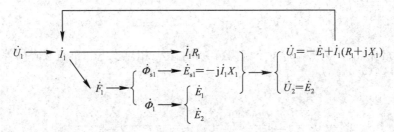

图 8 - 14　转子绕组开路时的电磁关系图

8.3.3　空载时的等效电路

三相异步电动机定子绕组接到三相对称电源上，电机转轴上不带任何机械负载的情况下的运行状态称为空载运行。三相异步电动机在空载运行时，转子的转速接近于同步转速 n_1，$s \approx 0$，此时定子磁场近似于不切割转子绕组，所以转子绕组中的感应电动势 $\dot{E}_{20} \approx 0$，转子中的感应电流 $\dot{I}_{20} \approx 0$，因此在空载情况下，转子绕组不产生磁动势。

8 - 5　空载时的
等效电路

1. 空载电流

与变压器空载运行相似，三相异步电动机的空载电流 I_0 可以分为两部分：

$$\dot{I}_0 = \dot{I}_{0a} + \dot{I}_{0r} \tag{8 - 15}$$

式中，$\dot{I}_{0a}$ 是有功分量，体现的是铁芯损耗；$\dot{I}_{0r}$ 是无功分量，形成主磁通 $\dot{\Phi}_1$。空载电流主要是形成主磁通的一个无功性质的电流，因此，$I_{0r} \gg I_{0a}$，可以认为 $I_0 \approx I_{0r}$。因为三相异步电动机定子和转子之间存在气隙，主磁路的磁阻很大，建立一定的主磁通所需要的磁动势较大，所以三相异步电动机的空载电流要比三相变压器的空载电流大很多。例如，大、中型三相异步电动机的空载电流约占其额定电流的 30%，小型三相异步电动机的空载电流几乎达到其额定电流的 50%，而变压器的空载电流只有其额定电流的 0.5%～5%。

【注】　三相异步电动机的空载运行与变压器的空载运行具有相似性，但是也有很大的区别。三相异步电动机转子的开路情况与三相变压器的空载运行是直接对应的两种运行状态。三相异步电动机在空载运行情况下，转子是旋转的，但是电机转轴不带任何机械负载，这一点与变压器的空载运行是有区别的。

2. 空载时的电压方程式

三相异步电动机在空载时，由于 $\dot{E}_{20} \approx 0$，$\dot{I}_{20} \approx 0$，此时转子绕组不能形成磁动势，相应地也无法形成转子侧的磁通，因此转子绕组不会影响定子绕组的磁动势和主磁通。三相异步电动机空载时定子侧的电压方程式与三相异步电动机转子开路时是一样的，即与式(8-13)是相同的，而转子侧的电压方程式为

$$\dot{U}_{20} \approx 0 \tag{8-16}$$

3. 空载时的等效电路

在三相异步电动机空载的情况下，转子侧的感应电动势的计算式为

$$\dot{E}_{20} = s\dot{E}_2 = \frac{s\dot{E}_1 \angle (-\alpha)}{k_e} \tag{8-17}$$

此时转子一相绕组的阻抗为 Z_{20}，空载阻抗为 Z_{L0}。三相异步电动机空载时的等效电路如图8-15所示。

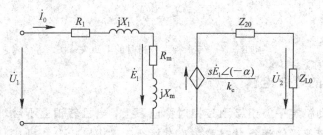

图 8-15　电机空载时的等效电路图

8.3.4　转子堵转时的等效电路

前面分析了三相异步电动机转子绕组开路和空载情况下的等效电路图，这两种情况下转子内部没有电流或者电流可以忽略不计，因此这两种情况都对转子的电磁关系进行了简化处理。下面分析转子绕组在闭合状态且转子堵转情况下的电磁关系。

8-6　转子堵转时的
等效电路

【注】　在三相异步电动机的转子绕组闭合，同时转子堵转的情况下，相当于转子绕组短路，这种情况类似于三相变压器短路的情况。因此，可以借鉴三相变压器短路的电磁关系来分析三相异步电动机的这种特殊状态。

1. 转子堵转时的磁动势和磁通

三相异步电动机转子堵转情况下的绕组分布和接线图如图8-16所示，假定转子的 A_2X_2 绕组滞后于定子绕组 $A_1X_1\alpha$ 电角度。因为转子绕组短接，所以转子绕组的端电压 $\dot{U}_2 = 0$。由于定子侧三相对称绕组接入三相对称交流电源，在三相定子绕组中会形成三相对称电流，因此根据变压器的原理，在转子绕组中会感应出三相对称的感应电动势 $\dot{E}_2$。由于转子绕组短路，因此也会在转子三相绕组中形成三相对称电流 $\dot{I}_2$。三相异步电动机的转子绕组也与定子绕组分布相似，转子三相绕组在空间分别错开120°电角度，因此转子绕组中会形成圆形旋转磁动势 $\dot{F}_2$。转子绕组形成的磁动势 $\dot{F}_2$ 的幅值恒定，转向为逆时针方

向，转速与同步转速 n_1 一致。由于定子侧本身会形成圆形旋转磁动势 $\dot{F}_1$，因此电机磁路上作用了两个磁动势，一个为定子旋转磁动势 $\dot{F}_1$，另一个为转子旋转磁动势 $\dot{F}_2$，两个磁动势的旋转方向一致，转速相同，在空间上相差 α 电角度。由于两个磁动势的转速一样，并且都作用于同一个磁路，因此可以将两个磁动势相加，得到合成磁动势 $\dot{F}_0$，即

$$\dot{F}_0 = \dot{F}_1 + \dot{F}_2 \tag{8-18}$$

在转子堵转的情况下，气隙每极主磁通 Φ_1 是由定子和转子磁动势共同产生的。这和转子开路和空载运行情况下的主磁通是完全不一样的。式(8-18)可以改写为

$$\dot{F}_1 = \dot{F}_0 + (-\dot{F}_2) \tag{8-19}$$

即定子侧的磁动势分为了两部分。此时，三相异步电动机定子侧的磁动势可以理解为：一部分形成电动机的励磁磁动势 $\dot{F}_0$（用于形成定子的主磁通 Φ_1），另一部分用于抵消转子形成的磁动势 $\dot{F}_2$。

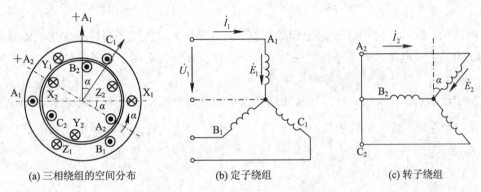

(a) 三相绕组的空间分布　　　　　(b) 定子绕组　　　　　(c) 转子绕组

图 8-16　三相异步电动机转子堵转时的电路

在三相异步电动机转子开路和空载运行时，电机的漏电抗只表现为定子侧漏电抗 X_1。当三相异步电动机转子堵转时，存在转子电流 $\dot{I}_2$，会在转子侧形成漏磁通，相应地转子绕组中也会表现出转子漏电抗 X_2。

2. 转子堵转时转子绕组的折合

三相异步电动机定子和转子之间没有电路的联系，只有磁路的联系。磁路的存在使电机的分析变得非常复杂，因此必须通过一定的折合算法将转子侧的量折算到定子侧，或者将定子侧的量折算到转子侧。从定子侧来看转子，只有转子磁动势 $\dot{F}_2$ 与定子磁动势 $\dot{F}_1$ 影响主磁通，因此只要保持转子磁动势 $\dot{F}_2$ 的大小和相位不变，至于转子侧的感应电动势、电流以及每相串联的匝数是多少都无关紧要。基于这种理解，可以利用一个虚拟转子代替电机的实际转子，虚拟转子的相数、每相串联的匝数和绕组系数都与定子绕组相同。**对于折算获得的虚拟转子，转子的磁动势 $\dot{F}_2$ 没有发生变化，所以折算不影响定子的磁动势和主磁通，这是异步电动机转子折算的依据。**

利用三相异步电动机定子和转子磁动势的关系式(8-18)，并结合第 6 章磁动势的计算方法，式(8-18)可以改写为

$$\frac{3}{2}\frac{2\sqrt{2}}{\pi}\frac{k_{dp1}N_1}{p}\dot{I}_1+\frac{m_2}{2}\frac{2\sqrt{2}}{\pi}\frac{k_{dp2}N_2}{p}\dot{I}_2=\frac{3}{2}\frac{2\sqrt{2}}{\pi}\frac{k_{dp1}N_1}{p}\dot{I}_0 \tag{8-20}$$

式中，$\dot{I}_0$ 相当于励磁电流；m_2 代表转子绕组的相数，当电动机为三相绕线式异步电动机时，$m_2=3$；当电动机为鼠笼式异步电动机时，m_2 为转子鼠笼导体的数目。

令 $\dfrac{m_2}{2}\dfrac{2\sqrt{2}}{\pi}\dfrac{k_{dp2}N_2}{p}\dot{I}_2=\dfrac{3}{2}\dfrac{2\sqrt{2}}{\pi}\dfrac{k_{dp1}N_1}{p}\dot{I}'_2$，其中 $\dot{I}'_2$ 为转子的折算电流，则

$$\frac{3}{2}\frac{2\sqrt{2}}{\pi}\frac{k_{dp1}N_1}{p}\dot{I}_1+\frac{3}{2}\frac{2\sqrt{2}}{\pi}\frac{k_{dp1}N_1}{p}\dot{I}'_2=\frac{3}{2}\frac{2\sqrt{2}}{\pi}\frac{k_{dp1}N_1}{p}\dot{I}_0 \tag{8-21}$$

对式(8-21)进行简化可得

$$\dot{I}_1+\dot{I}'_2=\dot{I}_0 \tag{8-22}$$

式中，$\dot{I}'_2=\dfrac{m_2}{3}\dfrac{k_{dp2}N_2}{k_{dp1}N_1}\dot{I}_2$。令 $k_i=\dfrac{3}{m_2}\dfrac{k_{dp1}N_1}{k_{dp2}N_2}=\dfrac{3}{m_2}k_e$，$k_i$ 称为**电流变比**，则可得

$$\dot{I}'_2=\frac{1}{k_i}\dot{I}_2 \tag{8-23}$$

由式(8-22)可以看出，经过上面的折算，三相异步电动机定子和转子之间磁动势的联系转变为了定子电流和转子电流之间的联系。这种折算好像实现了定子和转子之间电路的联系，但实际上这只是一种等效电流关系。

与变压器的折算类似，可以发现转子侧的电流除以电流变比得到了转子折合到定子侧的电流。相应地，转子侧的感应电动势 $\dot{E}_2$ 乘以电压变比为转子折算到定子侧的感应电动势 $\dot{E}'_2$，可以表示为

$$\dot{E}'_2=k_e\dot{E}_2 \tag{8-24}$$

式(8-23)和式(8-24)实现了转子电流和感应电动势向定子侧的折算。同样借助于式(8-23)和式(8-24)可以实现转子阻抗向定子侧的折算，假设转子向定子侧的折算值用 $Z'_2=R'_2+jX'_2$ 表示，则可得

$$Z'_2=R'_2+jX'_2=\frac{\dot{E}'_2}{\dot{I}'_2}=\frac{k_e\dot{E}_2}{\dfrac{\dot{I}_2}{k_i}}=k_ek_i(R_2+jX_2) \tag{8-25}$$

由式(8-25)可知，折算前、后转子电阻和转子电抗的关系为

$$\begin{cases} R'_2=k_ek_iR_2 \\ X'_2=k_ek_iX_2 \end{cases} \tag{8-26}$$

上面我们实现了转子侧的量向定子侧折算。下面分析一下经过折算之后的阻抗角、功率关系是否发生了变化。

(1) 折算前、后的转子阻抗角分别用 φ_2 和 φ'_2 表示，则

$$\varphi'_2=\arctan\frac{X'_2}{R'_2}=\arctan\frac{k_ek_iX_2}{k_ek_iR_2}=\varphi_2 \tag{8-27}$$

这说明，**折算前、后的转子阻抗角没有发生变化**。

(2) 折算前、后的转子铜耗分别用 p_{Cu2} 和 p'_{Cu2} 表示，则

$$p'_{\text{Cu2}} = 3I_2'^2 R_2' = 3\left(\frac{I_2}{k_i}\right)^2 k_e k_i R_2 \frac{m_2}{m_2} = m_2 I_2^2 R_2 = p_{\text{Cu2}} \tag{8-28}$$

这说明，折算前、后的转子铜耗没有发生变化。

（3）折算前、后的转子无功功率分别为 p_{r2} 和 p'_{r2}，则

$$p'_{r2} = 3I_2'^2 X_2' = 3\left(\frac{I_2}{k_i}\right)^2 k_e k_i X_2 \frac{m_2}{m_2} = m_2 I_2^2 X_2 = p_{r2} \tag{8-29}$$

这说明，折算前、后的转子无功功率没有发生变化。

3. 转子位置角的折合

在三相异步电动机中，定子和转子没有电路上的任何联系，仅有磁路上的联系。转子绕组的折算原则是保持转子磁动势 $\dot{F}_2$ 的大小和相位不变。同样转子角位置的折算也利用了这种折算方法。转子磁动势 $\dot{F}_2$ 滞后于定子磁通 $\dot{\Phi}_1$ 的角度 $90° + \varphi_2$ 与定子 $+A_1$ 轴、转子 $+A_2$ 轴之间的夹角 α 无关，因此可以将 $+A_1$ 轴和 $+A_2$ 轴放在一起。这样就可以使得折算后的 $\dot{E}_2$ 与 $\dot{E}_1$ 同相位，这种折算就是转子角的折算。

4. 转子堵转时的基本方程式和相量图

经过转子向定子的折算，并利用定子和转子的电压方程式，可以得到三相异步电动机一相的基本方程式：

$$\dot{U}_1 = -\dot{E}_1 + \dot{I}_1(R_1 + jX_1) \tag{8-30}$$

$$-\dot{E}_1 = \dot{I}_0(R_m + jX_m) \tag{8-31}$$

$$\dot{E}_1 = \dot{E}_2' \tag{8-32}$$

$$\dot{E}_2' = \dot{I}_2'(R_2' + jX_2') \tag{8-33}$$

$$\dot{I}_1 + \dot{I}_2' = \dot{I}_0 \tag{8-34}$$

根据上面的方程式可以画出三相异步电动机在转子堵转时一相的向量图，如图 8-17 所示。图中 φ_1 为定子侧的功率因数角，φ_2 为转子侧的功率因数角，$\alpha_m = \arctan(R_m/X_m)$ 为铁耗角。

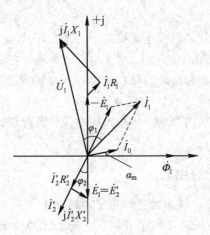

图 8-17　转子堵转时的相量图

5. 转子堵转时的等效电路和电磁关系

利用式(8-30)至式(8-34)的五个基本方程式,可以画出三相异步电动机在转子堵转情况下一相电路的等效电路图,如图8-18所示。三相异步电动机在转子堵转情况下的电磁关系如图8-19所示。

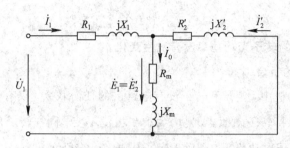

图 8-18　转子堵转时的等效电路图

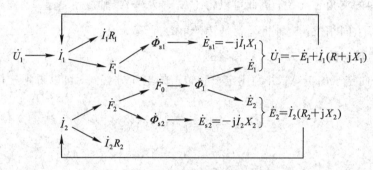

图 8-19　转子堵转时的电磁关系图

由等效电路图8-18可以看出,由于三相异步电动机的定子、转子漏阻抗都比较小,因此当电机直接输入额定电压时,定子和转子的电流都很大,将达到电机额定电流的4~7倍。三相异步电动机在额定电压下直接起动时,电机的转速为零,正好与该状态相同,导致三相异步电动机在起动时会产生较大的起动电流。对于大型异步电动机,要避免产生过大的起动电流,以防烧毁电机。

综合三相异步电动机在转子堵转情况下的电磁关系并结合图8-19,可以得出如下三个结论:

(1) 在转子堵转的情况下,异步电动机内部会形成两个电流通路,一个为定子绕组电流通路,另一个为转子绕组的电流通路。两个电流通路通过主磁通联系起来。

(2) 在堵转状态下,定子和转子的磁动势都以同步转速逆时针旋转,两个磁动势共同形成电机的励磁磁动势。

(3) 在堵转状态下,电机内部将产生很大的电流,因此普通三相异步电动机应该避免长时间处于堵转状态。

8.3.5　带载旋转时的等效电路

当三相异步电动机的转子绕组短接,并且转轴加上负载之后,电动机的运行状态与前面分析的转子绕组开路、空载运行和转子堵转都不一样。前面分析的三种情况都属于三相异步电动机的极端情况,而

8-7　带载旋转时的　　等效电路

三相异步电动机的带载运行属于三相异步电动机的普遍情况。当三相异步电动机带载旋转时，定子绕组的电压方程式与前面分析的一样，没有什么变化，而变化最大的是转子的电磁量。

1. 转子电磁量的变化分析

在三相异步电动机带载运行时，转子感应电动势 $\dot{E}_{2s}$ 及其频率 f_2、漏电抗 X_{2s} 都与转差率 s 有关。

1）感应电动势的频率

当转子以转速 n 沿主磁通旋转的方向旋转时，主磁通以同步转速 n_1 旋转，则主磁通切割转子绕组的转速为 $n_1 - n$，因此转子感应电动势的频率（或转子频率）为

$$f_2 = \frac{p(n_1 - n)}{60} = \frac{n_1 - n}{n_1} \frac{pn_1}{60} = sf_1 \qquad (8-35)$$

由式（8-35）可以看出，在电源频率 f_1 一定的情况下，转子频率 f_2 与转差率 s 呈正比关系，所以 f_2 又称为**转差频率**。

2）感应电动势

根据感应电动势公式 $E_2 = 4.44 k_{dp2} N_2 f_2 \Phi_m$ 可知，转子感应电动势 E_2 的大小与转子频率呈正比关系，所以转子旋转时感应电动势的大小为

$$E_{2s} = 4.44 k_{dp2} N_2 s f_1 \Phi_m = sE_2 \qquad (8-36)$$

式中，E_2 为转子静止时的感应电动势。

3）转子绕组的漏电抗

因为电抗与频率有关，所以转子的漏电抗 X_{2s} 可以表示为

$$X_{2s} = 2\pi f_2 L_2 = 2\pi s f_1 L_2 = sX_2 \qquad (8-37)$$

式中，L_2 为转子的漏电感，X_2 为转子静止时的转子漏电抗。

根据式（8-35）~式（8-37）可以发现一个共同的规律，即**转子在静止状态下的电磁量乘以转差率就是转子在旋转的情况下的电磁量**。

2. 定子和转子磁动势之间的关系

在转子静止时，定子磁动势 $\dot{F}_1$ 和转子磁动势 $\dot{F}_2$ 的转向相同，转速相同，两个磁动势是相对静止的，因此可以直接将这两个磁动势相量相加得到励磁磁动势 $\dot{F}_0$。在三相异步电动机带载旋转时，这两个磁动势是不是和转子静止时的情况一样呢？下面来分析这两个磁动势之间的关系。

当转子旋转时，由于供电电源的频率是 f_1，因此定子磁动势相对于定子仍然以同步转速 n_1 旋转，即**定子磁动势相对于定子的转速与转子是否旋转是没有关系的**。

当转子旋转时，转子频率为 f_2，转子磁动势相对于转子的转速 $n_2 = 60f_2/p$，转子的速度为 n，则转子磁动势相对于定子的转速为

$$n + n_2 = n + \frac{60f_2}{p} = n + \frac{60sf_1}{p} = n + \frac{60}{p}\frac{n_1 - n}{n_1}\frac{pn_1}{60} = n + n_1 - n = n_1 \qquad (8-38)$$

由上面的推导可以看出，转子磁动势相对于定子的转速仍然是 n_1，即**转子磁动势相对于定子的转速也与转子是否旋转无关**。

　　根据前面的分析可以看出，在转子旋转时，定子磁动势 $\dot{F}_1$ 和转子磁动势 $\dot{F}_2$ 转向仍然相同，转速也仍然相同，定子磁动势 $\dot{F}_1$ 和转子磁动势 $\dot{F}_2$ 仍然可以直接相加形成励磁磁动势 $\dot{F}_0$。

3. 转子频率的折算

　　在转子旋转时，三相异步电动机定子侧感应电动势和电流的频率都是 f_1，而转子侧感应电动势和电流的频率都是 f_2。由于定子和转子的频率不同，对于不同频率的电量，无法直接列写方程式进行求解，因此必须要将转子侧电量的频率进行折算，使得转子和定子中电量的频率一致。根据前面的分析可知，当转子静止时，定子和转子侧电量的频率都是 f_1，因此可以用一个静止的转子代替旋转的转子，使得转子频率 f_2 变为 f_1。这种**将旋转的转子侧频率转换为静止的转子侧频率的过程称为频率的折算**。频率的折算不应该改变转子磁动势 $\dot{F}_2$ 的大小和相位，也就是要保持转子的电流 $\dot{I}_2$ 不变，那么转子磁动势对于定子主磁场的作用就不会变化，电机原有的电磁关系就可以保持不变。

　　转子旋转时转子电流为

$$\dot{I}_2 = \frac{\dot{E}_{2s}}{R_2 + jX_{2s}} \tag{8-39}$$

　　将式(8-36)和式(8-37)代入式(8-39)，可得

$$\dot{I}_2 = \frac{s\dot{E}_2}{R_2 + jsX_2} = \frac{\dot{E}_2}{\dfrac{R_2}{s} + jX_2} = \frac{\dot{E}_2}{\dfrac{(1-s)R_2}{s} + (R_2 + jX_2)} \tag{8-40}$$

式(8-39)和式(8-40)虽然看上去保持了转子电流没有发生变化，但是两个式子的物理意义已经完全不一样了，式(8-39)中电路的频率为 f_2，而式(8-40)中电路的频率已经变为了 f_1，即已经由旋转的转子方程式转变为了静止的转子方程式。比较两式可以发现，旋转的转子在向静止转子转变的过程中，感应电动势 $\dot{E}_{2s}$ 和电抗 X_{2s} 可以直接变为频率为 f_1 的感应电动势 $\dot{E}_2$ 和电抗 X_2，而电阻由 R_2 转变为了 R_2/s，即电阻增加了 $(1-s)R_2/s$。实际上增加的转子电阻 $(1-s)R_2/s$ 所消耗的电功率代表了三相异步电动机的机械功率。

　　将转子感应电动势 $\dot{E}_2$、转子电流 $\dot{I}_2$ 和转子的阻抗 X_2 折算到定子侧的电量，可以得到转子侧的电压方程式：

$$\dot{E}_2' = \dot{I}_2'\left(\frac{R_2'}{s} + jX_2'\right) \tag{8-41}$$

　　利用折合转子电流，同时考虑转子绕组的相数和匝数的折合，转子磁动势 $\dot{F}_2$ 可以表示为

$$F_2 = \frac{3}{2}\frac{2\sqrt{2}}{\pi}\frac{k_{dp1}N_1}{p}I_2' \tag{8-42}$$

三相异步电动机的励磁磁动势 $\dot{F}_0 = \dot{F}_1 + \dot{F}_2$，则可得定子和转子之间的电流关系式：

$$\dot{I}_1 + \dot{I}_2' = \dot{I}_0 \tag{8-43}$$

4. 转子带载旋转时的基本方程式和相量图

　　经过前面的分析可以发现，转子在带载旋转时的基本方程式除了转子绕组回路的方程

式不同外，其他几个方程式与转子堵转时的方程式是一样的。转子带载旋转时的基本方程为

$$\dot{U}_1 = -\dot{E}_1 + \dot{I}_1(R_1 + jX_1) \tag{8-44}$$

$$-\dot{E}_1 = \dot{I}_0(R_m + jX_m) \tag{8-45}$$

$$\dot{E}_1 = \dot{E}_2' \tag{8-46}$$

$$\dot{E}_2' = \dot{I}_2'\left(\frac{R_2'}{s} + jX_2'\right) \tag{8-47}$$

$$\dot{I}_1 + \dot{I}_2' = \dot{I}_0 \tag{8-48}$$

基于这五个方程式，转子带载旋转时的相量图如图 8-20 所示。制作该相量图的步骤如下：

（1）画主磁通相量 $\dot{\Phi}_1$，并根据铁耗角 α_m 画出主磁动势励磁电流 $\dot{I}_0$，$\dot{I}_0$ 超前于主磁通相量 $\dot{\Phi}_1\alpha_m$ 电角度。

（2）根据定子和转子感应电动势 $\dot{E}_1$ 和 $\dot{E}_2'$ 相等并滞后于主磁通 $\dot{\Phi}_1$ 90°，可以画出 $\dot{E}_1$ 和 $\dot{E}_2'$，相应地可以画出 $-\dot{E}_1$。

（3）根据转子功率因数角 φ_2 滞后于转子感应电动势 $\dot{E}_2'$，可以画出转子折算电流 $\dot{I}_2'$。利用转子折算电流 $\dot{I}_2'$ 可以画出转子部分的相量图。

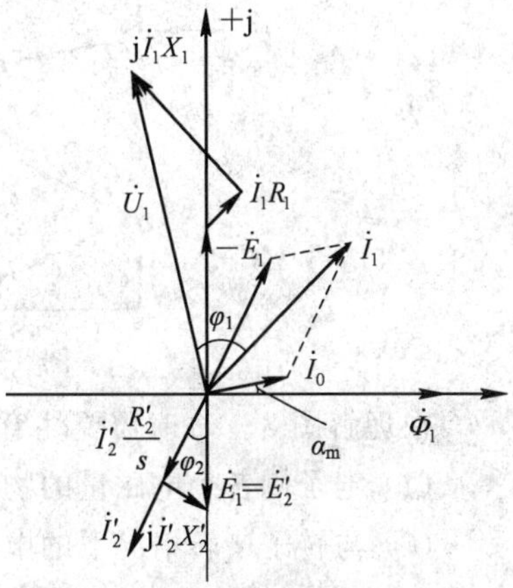

图 8-20　转子带载旋转时的相量图

（4）利用转子折算电流 $\dot{I}_2'$ 和主磁动势励磁电流 $\dot{I}_0$ 可以得到定子电流 $\dot{I}_1$，借助于 $-\dot{E}_1$ 和定子侧的功率因数角 φ_1 可以画出定子部分的相量图。

5. 转子带载旋转时的等效电路和电磁关系图

利用转子带载旋转时的基本方程式，三相异步电动机在带载旋转情况下的一相等效电路图如图 8-21 所示。图 8-21 也称为**三相异步电动机的 T 形等效电路图**。根据图 8-21 可以得出如下五个结论：

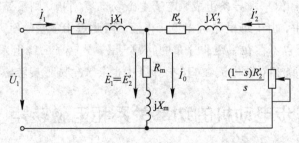

图 8-21　三相异步电动机的 T 形等效电路图

（1）当 $s \to 0$ 时，$R_2'/s \to +\infty$，转子相当于开路（但没有开路，注意与实际开路的区别），转子电流接近于零，定子电流基本上是励磁电流，此时异步电动机运行于空载状态，电机

的功率因数很低。

(2) 当 $s=1$ 时，电机相当于处于堵转状态，起动电流很大，定子侧的功率因数也比较小。

(3) 当三相异步电动机转子带额定负载运行时，$s=0.02\sim0.05$，此时转子回路的总电阻较大，转子电路几乎为纯阻性负载，因此定子侧的功率因数较大，一般在 0.8 以上。

(4) 当 $s<0$ 和 $s>1$ 时，$(1-s)R'_2/s<0$ 表示该电阻没有消耗电功率，而是将机械功率输入电机，即电机处于发电状态。

三相异步电动机一般意义上的电磁关系可以用图 8 - 22 表示。

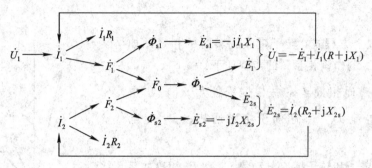

图 8 - 22　三相异步电动机的电磁关系图

在理解图 8 - 22 时需要注意以下三点：

(1) 定子侧各个电磁量的物理关系不因转子的旋转而发生变化。

(2) 与转子堵转情况下的电磁关系相比，转子侧的电量都与转差率 s 相关。

(3) 图中的 $\dot{E}_{s2}$ 代表转子侧漏磁感应电动势，而 $\dot{E}_{2s}$ 代表转子感应电动势。

8.3.6　鼠笼式转子的极数和相数的归算

对于三相绕线式异步电动机，在设计电机的时候通过转子绕组的连接，使其与定子极对数一致。而对于三相鼠笼式异步电动机，鼠笼式转子的极数和相数是与绕线式转子不同的。

鼠笼式转子的导条是均匀分布的，每两根相邻的导条内感应电流相差的电角度与导条在空间相差的电角度是一致的。鼠笼式转子能够适应定子磁场的变化，鼠笼导条内的感应电流能够适应感应它的定子主磁通的变化，并能够产生与主磁通一样的极对数。

假如鼠笼式转子由 Q_2 根导条组成，定子主磁场有 p 对极，则鼠笼式转子的相数 $m_2=Q_2/p$。鼠笼式转子中，由于每根导条相当于半匝，因此每相串联的匝数 $N_2=0.5$。因为每相只有一根导条，所以不存在短距和分布的问题，鼠笼式转子的绕组系数 $k_{dp}=1$。

鼠笼式转子的 m_2 相对称电流在 Q_2 根导条中也会产生圆形旋转磁动势。

8.4　三相异步电动机的功率关系和电磁转矩

三相异步电动机是实现电能到机械能转换的电磁设备，三相异步电动机的功率转换具体是如何实现的呢？中间经历哪些环节呢？电

8 - 8　功率关系和

电磁转矩

动机的出力是以转矩的形式表现出来的，三相异步电动机的电磁转矩具体是如何计算的呢？本节将解决这三个问题。根据获得的三相异步电动机的等效电路，可以得到三相异步电动机的功率关系和电磁转矩的计算公式。

8.4.1 功率关系

三相异步电动机的功率传递过程可以借助于 T 形等效电路，如图 8-23 所示。由于三相异步电动机的等效电路为三个单相电路，经过折算之后三相异步电动机的定子和转子的相数相同，因此三相异步电动机的实际功率关系应该在等效电路的基础上乘以相数 3。在三相异步电动机的功率传递过程中，用大写字母 P 表示传输功率，小写字母 p 表示功率损耗。

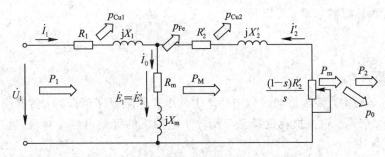

图 8-23 三相异步电动机的功率传递过程

1. 输入功率 P_1

三相异步电动机的输入功率就是由电网供给电动机的电功率，可以表示为

$$P_1 = 3U_1 I_1 \cos\varphi_1 \qquad (8-49)$$

式中，U_1、I_1 和 $\cos\varphi_1$ 分别代表定子侧的相电压、相电流和功率因数。

2. 定子铜耗 p_{Cu1}

三相异步电动机的定子铜耗是指定子电流在定子电阻上的损耗，可以表示为

$$p_{Cu1} = 3I_1^2 R_1 \qquad (8-50)$$

3. 定子铁耗 p_{Fe}

定子铁耗是指主磁通在定子铁芯内产生的涡流损耗和磁滞损耗，可以表示为

$$p_{Fe} = 3I_0^2 R_m \qquad (8-51)$$

在三相异步电动机中，仅计算定子铁耗，而忽略转子铁耗。其原因是**主磁场切割转子的速度很低，转子铁芯中磁通交变的频率很低，通常为 $1 \sim 2.5$ Hz，所以转子铁耗可以忽略不计。**

4. 电磁功率 P_M

三相异步电动机的输入电功率 P_1 扣除定子铜耗 p_{Cu1} 和定子铁耗 p_{Fe} 以后，剩余的部分通过电磁感应由定子穿过气隙传递到转子，这部分功率称为**电磁功率**。与直流电动机一样，三相异步电动机的电磁功率是真正实现电能和机械能相互转换的媒介。电磁功率可以表示为

$$P_{\mathrm{M}} = P_1 - p_{\mathrm{Cu1}} - p_{\mathrm{Fe}} \tag{8-52}$$

电磁功率 P_{M} 也等于三相异步电动机等效电路中转子回路所有电阻上的功率，因此电磁功率 P_{M} 也可以表示为

$$P_{\mathrm{M}} = 3I_2'^2\left(R_2' + \frac{1-s}{s}R_2'\right) = 3I_2'^2\frac{R_2'}{s} \tag{8-53}$$

5. 转子铜耗 p_{Cu2}

转子铜耗为转子折算电流在转子折算电阻上的损耗，可以表示为

$$p_{\mathrm{Cu2}} = 3I_2'^2R_2' \tag{8-54}$$

6. 总机械功率 P_{m}

三相异步电动机的电磁功率 P_{M} 扣除转子铜耗 p_{Cu2}，剩余的部分表示电能所转换成的机械功率，称为**总机械功率**，可以表示为

$$P_{\mathrm{m}} = P_{\mathrm{M}} - p_{\mathrm{Cu2}} = 3I_2'^2\frac{1-s}{s}R_2' \tag{8-55}$$

7. 机械损耗 p_{m}

电动机在运行时，转轴旋转过程中会产生轴承和风阻等摩擦损耗，这些损耗统称为**机械损耗**，用 p_{m} 表示。机械损耗没有在三相异步电动机的等效电路中体现，它由总机械功率承担。

8. 附加损耗 p_{s}

由于三相异步电动机的定子和转子开槽以及电机中存在高次谐波磁场等，因此在电机运行中会产生少量的附加损耗，用 p_{s} 表示。附加损耗 p_{s} 一般不容易进行定量计算，往往根据经验进行估算。在大型三相异步电动机中，附加损耗 p_{s} 约为额定功率的 0.5%；在中、小型三相异步电动机中，附加损耗 p_{s} 可以达到电机额定功率的 $1\% \sim 3\%$ 或者更大，具体数据可以根据实验进行测试。

9. 输出机械功率 P_2

三相异步电动机总机械功率 P_{m} 扣除机械损耗 p_{m} 和附加损耗 p_{s} 以后，剩余的部分就是电动机能够输出的机械功率，用 P_2 表示。输出机械功率 P_2 可以表示为

$$P_2 = P_{\mathrm{m}} - p_{\mathrm{m}} - p_{\mathrm{s}} = P_{\mathrm{m}} - p_0 \tag{8-56}$$

式中，$p_0 = p_{\mathrm{m}} + p_{\mathrm{s}}$ 称为三相异步电动机的**空载损耗**。

三相异步电动机的效率为输出机械功率 P_2 与输入电功率 P_1 之比，可以表示为

$$\eta = \frac{P_2}{P_1} \times 100\% = \left(1 - \frac{\sum p}{P_1}\right) \times 100\% = \left(1 - \frac{\sum p}{P_2 + \sum p}\right) \times 100\% \tag{8-57}$$

式中，$\sum p = p_{\mathrm{Cu1}} + p_{\mathrm{Fe}} + p_{\mathrm{Cu2}} + p_{\mathrm{m}} + p_{\mathrm{s}}$ 表示三相异步电动机的总功率损耗。随着电机制造技术的提升，当前三相异步电动机的运行效率一般都在 80% 以上，电动机的容量越大，效率越高。

【注】 在三相异步电动机中，功率因数与效率是完全不同的两个概念。功率因数是三相异步电动机的电压与相应的电流相位不同导致的，功率因数 $\cos\varphi < 1$；而效率是输出功

率与输入功率之间的差异导致的，$\eta<1$。

综合上面的分析，三相异步电动机的功率流程图如图 8-24 所示。同时有如下的功率关系：

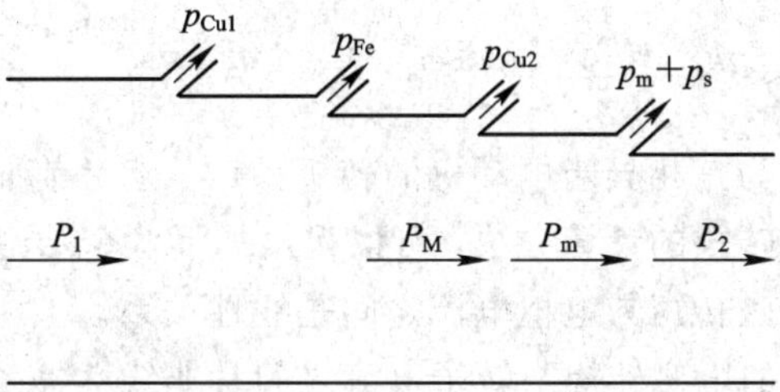

图 8-24　三相异步电动机的功率流程图

$$\frac{P_{\mathrm{m}}}{P_{\mathrm{M}}}=\frac{3I_2'^2\dfrac{1-s}{s}R_2'}{3I_2'^2\dfrac{R_2'}{s}}=1-s \qquad (8-58)$$

$$\frac{p_{\mathrm{Cu2}}}{P_{\mathrm{M}}}=\frac{3I_2'^2R_2'}{3I_2'^2\dfrac{R_2'}{s}}=s \qquad (8-59)$$

根据式(8-58)和式(8-59)可知，在电磁功率 P_{M} 一定的情况下，转差率 s 越大，转子铜耗越大，电机输出机械功率越小。因此，三相异步电动机不能长时间运行于高转差率的情况下。

8.4.2　电磁转矩

由机械动力学可知，三相异步电动机的总机械功率 P_{m} 除以电动机转轴的机械角速度 ω_{m} 就可以得到电机的电磁转矩 T。电磁转矩 T 可以表示为

$$T=\frac{P_{\mathrm{m}}}{\omega_{\mathrm{m}}}=\frac{P_{\mathrm{m}}}{\dfrac{2\pi n}{60}}=\frac{P_{\mathrm{m}}}{\dfrac{2\pi(1-s)n_1}{60}}=\frac{\dfrac{P_{\mathrm{m}}}{1-s}}{\dfrac{2\pi n_1}{60}}=\frac{P_{\mathrm{M}}}{\omega_{\mathrm{m1}}} \qquad (8-60)$$

式中，n 为转轴(或者转子)的转速，n_1 为电机主磁场的转速。由式(8-60)的推导过程可以发现，三相异步电动机的电磁转矩等于总机械功率与转轴的机械角速度的比或者电磁功率与电机主磁场同步机械角速度的比。为了简化计算，电磁转矩计算式为

$$T=9.55\frac{P_{\mathrm{m}}}{n}=9.55\frac{P_{\mathrm{M}}}{n_1} \qquad (8-61)$$

三相异步电动机的电磁转矩 T 要克服空载转矩 T_0 才是有效输出转矩 T_2：

$$T_2=\frac{P_2}{\omega_{\mathrm{m}}}=\frac{P_{\mathrm{m}}}{\omega_{\mathrm{m}}}-\frac{p_0}{\omega_{\mathrm{m}}}=T-T_0 \qquad (8-62)$$

利用转子侧的量，三相异步电动机的电磁功率 P_{M} 也可以表示为

$$P_{\mathrm{M}}=3E_2I_2\cos\varphi_2 \qquad (8-63)$$

利用式(8-63)，三相异步电动机的电磁转矩可以表示为

$$T = \frac{P_{\mathrm{M}}}{\omega_{\mathrm{m1}}} = \frac{3E_2 I_2 \cos\varphi_2}{\frac{2\pi n_1}{60}} = \frac{3(\sqrt{2}\pi k_{\mathrm{dp2}} N_2 f_1 \varPhi_1) I_2 \cos\varphi_2}{\frac{2\pi n_1}{60}}$$

$$= \frac{3}{\sqrt{2}} p k_{\mathrm{dp2}} N_2 \varPhi_1 I_2 \cos\varphi_2 = C_{\mathrm{Tj}} \varPhi_1 I_2 \cos\varphi_2 \qquad (8-64)$$

式中，$C_{\mathrm{Tj}} = 3p k_{\mathrm{dp2}} N_2 / \sqrt{2}$ 为三相异步电动机的转矩系数。参考前面直流电动机的转矩计算公式，对比两种电机电磁转矩的计算方法，可以得出如下两个结论：

(1) 直流电动机的电磁转矩与电枢电流之间是线性关系。

(2) 三相异步电动机的电磁转矩与转子电流之间是非线性关系，式(8-64)中的电磁转矩计算公式中的 $\varPhi_1$、转子电流 I_2 和转子侧的功率因数 $\cos\varphi_2$ 都与定子电流 I_1 有关，即三者是相互耦合的，因此三相异步电动机的转矩控制要比直流电机困难得多。具体三相异步电动机的控制可以参考与矢量控制相关的文献。

例 8.3 已知一台三相绕线式异步电动机，额定数据为：电源额定频率 $f_1 = 50$ Hz，额定电压 $U_{1\mathrm{N}} = 380$ V，额定功率 $P_{\mathrm{N}} = 100$ kW，额定转速 $n_{\mathrm{N}} = 950$ r/min。在额定转速下运行时，电机的机械摩擦损耗 $p_{\mathrm{m}} = 1$ kW，忽略附加损耗。电动机处于额定状态运行时，请计算：

(1) 额定转差率 s_{N}；

(2) 电磁功率 P_{M}；

(3) 转子铜耗 p_{Cu2}；

(4) 电磁转矩 T；

(5) 输出转矩 T_2 和空载转矩 T_0。

解 (1) 额定转差率 s_{N} 的计算。

先计算三相异步电动机的同步转速。由 $n_1 = 60f_1/p$ 可知，当 $p = 3$ 时，$n_1 = 1000$ r/min，符合额定转速 $n_{\mathrm{N}} = 950$ r/min 的情况。额定转差率为

$$s_{\mathrm{N}} = \frac{n_1 - n}{n_1} = \frac{1000 - 950}{1000} = 0.05$$

(2) 电磁功率 P_{M} 的计算。

总机械功率 P_{m}：

$$P_{\mathrm{m}} = P_2 + p_{\mathrm{m}} = 100 + 1 = 101 \text{ kW}$$

由 $P_{\mathrm{m}} = (1-s)P_{\mathrm{M}}$ 可知

$$P_{\mathrm{M}} = \frac{P_{\mathrm{m}}}{1 - s_{\mathrm{N}}} = \frac{101}{0.95} = 106.3 \text{ kW}$$

(3) 转子铜耗 p_{Cu2}：

$$p_{\mathrm{Cu2}} = s_{\mathrm{N}} P_{\mathrm{M}} = 0.05 \times 106.3 = 5.3 \text{ kW}$$

(4) 电磁转矩 T：

$$T = \frac{P_{\mathrm{M}}}{\omega_{\mathrm{m1}}} = 9.55 \times \frac{P_{\mathrm{M}}}{n_1} = 9.55 \times \frac{106.3 \times 1000}{1000} = 1015.2 \text{ N·m}$$

(5) 输出转矩 T_2 和空载转矩 T_0 的计算。

空载转矩 T_0：

$$T_0 = 9.55 \frac{p_m}{n_N} = 9.55 \times \frac{1000}{950} = 10.1 \text{ N} \cdot \text{m}$$

输出转矩 T_2：

$$T_2 = T - T_0 = 1015.2 - 10.1 = 1005.1 \text{ N} \cdot \text{m}$$

8.5　三相异步电动机的参数测定

8-9　参数测定

在分析三相异步电动机等效电路的过程中，用到了三相异步电动机的电机参数，在功率关系分析和电磁转矩的计算过程中也用到了电机参数，这些电机的参数是如何获得的呢？下面给出三相异步电动机电机参数的一般测量方法。三相异步电动机的电机参数测量方法包括短路实验和空载实验。三相异步电动机需要测量的参数包括定子电阻 R_1 和电抗 X_1，转子的折算电阻 R_2' 和电抗 X_2'，励磁电阻 R_m 和励磁电抗 X_m，铁耗 p_{Fe} 和机械损耗 p_m。其中，定子电阻 R_1 可以直接利用电桥测得。

8.5.1　短路实验

短路实验又称为堵转实验。短路实验可以测得定子电抗 X_1、转子的折算电阻 R_2' 和电抗 X_2'。对于三相绕线式异步电动机，需要将转子绕组短路，同时经过机械装置将转子卡住，使转子不能旋转。对于三相鼠笼式异步电动机，只要将转子卡住就可以了，因为鼠笼式转子的导条本身已经短路了。

在进行短路实验时，为了防止定子电流过大，一般需要利用调压器调节三相异步电动机的定子电压（因为转子堵转，所以一般从 $U_{1k} < 0.4 U_N$ 开始向下调节电压），使得定子短路电流由 $1.2 I_N$ 逐渐减少到 $0.3 I_N$，逐点记录定子相电压 U_{1k}、电枢相电流 I_{1k} 和三相输入功率 P_{1k}，并画出三相异步电动机的短路特性曲线 $I_{1k} = f_i(U_{1k})$ 和 $P_{1k} = f_p(U_{1k})$，如图 8-25 所示。

在短路实验中，因为相电压较低，所以铁耗可以忽略不计，在三相异步电动机的 T 形等效电路中，可以认为励磁支路开路，即 $I_0 = 0$，此时三相异步电动机的 T 形等效电路可以简化为图 8-26（对于大型三相异步电动机，由于励磁电流在转子堵转的情况下比较小，因此这种简化是有效的；而对于中、小型异步电动机，由于励磁电流比较大，因此要对参数进行一定的修正，可以参考相关文献）。在转子堵转情况下，$n = 0$，机械损耗 $p_m = 0$，定子的输入功率 P_{1k} 全部消耗在了定子和转子的电阻上。

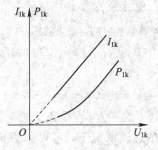

图 8-25　短路特性曲线

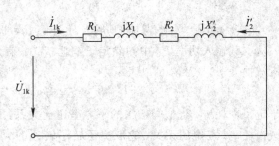

图 8-26　转子堵转时的等效测量电路图

根据短路实验所得数据，可以计算出短路阻抗 Z_k、短路电阻 R_k 和短路电抗 X_k 如下：

$$Z_k = \frac{U_{1k}}{I_{1k}} \tag{8-65}$$

$$R_k = \frac{P_{1k}}{3I_{1k}^2} \tag{8-66}$$

$$X_k = \sqrt{Z_k^2 - R_k^2} \tag{8-67}$$

根据 $R_k = R_1 + R_2'$ 可以得到

$$R_2' = R_k - R_1 \tag{8-68}$$

对于大、中型三相异步电动机，可以认为 $X_1 \approx X_2'$，则可得

$$X_1 \approx X_2' \approx \frac{X_k}{2} \tag{8-69}$$

8.5.2　空载实验

在三相异步电动机空载情况下，可以测得励磁电阻 R_m、励磁电抗 X_m、定子铁耗 p_{Fe} 和机械损耗 p_m。

进行实验时三相异步电动机不带任何负载，电机处于空载状态。定子接到供电频率为电机额定频率的三相对称电源上，通过三相调压器将定子电压调节到额定电压，使得电机运行一段时间，目的是使其机械损耗达到稳定值。用三相调压器调节定子电压，使其从 $(1.1 \sim 1.3)U_N$ 开始下降，直到转子转速发生明显变化为止，记录电压调节过程中 10 个点左右的数据，每次记录电机定子电压 U_1、空载电流 I_0 和空载功率 P_0。利用记录的数据可以绘制出空载特性曲线 $I_0 = f_i(U_1)$ 和 $P_0 = f_p(U_1)$，如图 8-27 所示。

三相异步电动机在空载时的等效电路如图 8-28 所示，转差率 $s \approx 0$，转子回路相当于开路，$(1-s)R_2'/s \to \infty$。空载时的输入功率 P_0 可以分为三部分，即定子铜耗 $p_{Cu1} = 3I_0^2 R_1$、定子铁耗 $p_{Fe} = 3I_0^2 R_m$ 和机械损耗 p_m，可以表示为

$$P_0 = p_{Cu1} + p_{Fe} + p_m \tag{8-70}$$

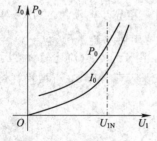

图 8-27　空载特性曲线

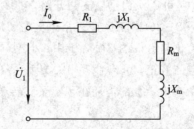

图 8-28　进行空载实验时的等效电路图

从空载输入功率 P_0 中扣除定子铜耗 p_{Cu1}，剩余的部分用 P_0' 表示，即为定子铁耗 p_{Fe} 和机械损耗 p_m 之和，可以表示为

$$P_0' = P_0 - p_{Cu1} = p_{Fe} + p_m \tag{8-71}$$

由于定子铁耗 p_{Fe} 近似与磁密的平方呈正比关系，即与定子电压的平方 U_1^2 呈正比关系，而机械损耗 p_m 与电压无关，它取决于转子转速的大小，因此在空载情况下，可以认为机械损耗 p_m 为常数。根据前面的分析可知，绘制的 $P_0' = f_p(U_1^2)$ 函数图为一条直线，如图 8-

29 所示，延长该直线与纵轴的交点为 O_p 点，过 O_p 点画一条水平线。当定子电压 $U_1 = 0$ 时，$p_{Fe} = 0$，因此水平线以下的部分表示机械损耗 p_m。在横轴 U_{1N}^2 对应的地方，水平线以上即为定子铁耗 p_{Fe}。

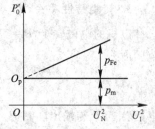

在空载实验所测得的数据中，取 $U_1 = U_N$ 所对应的空载电流 I_0 和输入功率 P_0，则可以计算得到

$$Z_0 = Z_1 + Z_m = \frac{U_N}{I_0} \qquad (8-72)$$

图 8-29　$P_0' = f_p(U_1^2)$ 曲线

$$R_0 = R_1 + R_m = \frac{P_0 - p_m}{3 I_0^2} \qquad (8-73)$$

$$X_0 = X_1 + X_m = \sqrt{Z_0^2 - R_0^2} \qquad (8-74)$$

相应的励磁电阻 R_m 和励磁电抗 X_m 分别为

$$R_m = R_0 - R_1 \qquad (8-75)$$

$$X_m = X_0 - X_1 \qquad (8-76)$$

8.6　三相异步电动机的工作特性和机械特性

三相异步电动机的运行特性主要表现为电动机的**工作特性和机械特性**。三相异步电动机的工作特性是指电动机在接到供电电压为额定电压 U_N、电源频率为额定频率 f_{1N} 的三相对称电源的情况下，电动机的转速 n、定子电流 I_1、电磁转矩 T、定子侧功率因数 $\cos\varphi_1$、效率 η 等与电动机的输出功率 P_2 之间的关系。三相异步电动机的机械特性的定义与直流电动机的机械特性的定义有所区别。**三相异步电动机的机械特性一般是指电动机的电磁转矩 T 与转差率 s（或者转速 n）之间的关系，也称为 $T-s$（或者 $T-n$）曲线。**

8.6.1　三相异步电动机的工作特性

三相异步电动机的工作特性反映的是电动机的主要性能指标和主要参数的变化规律。三相异步电动机的工作特性可以通过等效电路和有关的公式计算得到，也可以通过实验测试得到。

8-10　工作特性

1. 转速特性 $n = f(P_2)$

三相异步电动机空载时，转子转速 n 接近于同步转速 n_1，随着负载的增大，转速 n 下降，转差率 s 增大，这时转子侧感应电动势 E_{2s} 增大，相应的转子电流 I_2 增大，以产生更大的电磁转矩来平衡负载转矩的增大。因此，三相异步电动机随着输出功率 P_2 增大，转子转速 n 将下降，如图 8-30 中的转速曲线 n 所示。

2. 电流特性 $I_1 = f(P_2)$

三相异步电动机的定子电流 $\dot{I}_1 = \dot{I}_0 + (-\dot{I}_2')$。当电机空载时，$\dot{I}_1 = \dot{I}_0$，这时没有功率输出，即 $P_2 = 0$。随着负载的增大，$\dot{I}_2'$ 增大，相应的定子电流 $\dot{I}_1$ 也增大。经过计算或者实验可以发现，$I_1 = f(P_2)$ 是一条不过原点的上翘的曲线，如图 8-30 中的定子电流曲线 I_1 所示。

3. 转矩特性 $T = f(P_2)$

电机的电磁转矩 $T = T_2 + T_0$，而输出功率 $P_2 = T_2 n/9.55$，空载时 $T = T_0$。在正常的范围内

$$T = T_0 + \frac{9.55 P_2}{n} \tag{8-77}$$

电磁转矩 T 与输出功率 P_2 呈线性关系。当超过一定的负载时，转子转速下降加快，电磁转矩增大的速度有所增加，因此转矩特性曲线是一条接近直线并且输出功率增大之后有所上翘的曲线，如图 8-31 中的转矩曲线 T 所示。

4. 功率因数特性 $\cos\varphi_1 = f(P_2)$

功率因数是三相异步电动机的主要性能指标之一。由于三相异步电动机是一个感性负载，它必将从电网吸收感性的无功电能，因此三相异步电动机的功率因数总是小于 1。在三相异步电动机空载的时候，$\dot{I}_2' \approx 0$，$\dot{I}_1 = \dot{I}_0$，定子电流基本上都是励磁电流（无功电流）。因此，空载时三相异步电动机的功率因数很低，约为 0.2。当电动机的负载增大时，转子电流 $\dot{I}_2'$ 增大，输出的机械功率增大，定子电流 $\dot{I}_1$ 中的有功分量增加，因此功率因数 $\cos\varphi_1$ 迅速增大。当电动机的负载增大到一定程度时，随着负载转差率 s 的增大，转子的功率因数 $\cos\varphi_2$ 下降，相应的定子侧功率因数 $\cos\varphi_1$ 也开始下降。也就是说，在三相异步电动机的整个工作范围内，只有在某一负载值时电动机的功率因数才可以达到最大。在三相异步电动机的设计中，通常在额定负载或者略低于额定负载的附近，功率因数 $\cos\varphi_1$ 能够达到最大。三相异步电动机的功率因数特性 $\cos\varphi_1 = f(P_2)$ 如图 8-31 中的 $\cos\varphi_1$ 曲线所示。

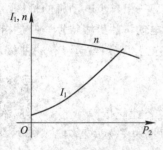

图 8-30　转速和电流特性

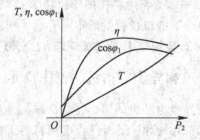

图 8-31　转矩、功率因数和效率特性

5. 效率特性 $\eta = f(P_2)$

三相异步电动机作为机电能量变换的电磁设备，效率也是衡量电机性能的一个重要指标。效率的大小取决于电动机功率损耗的多少。三相异步电动机的功率损耗主要包括两大类：一类是与电动机的负载大小密切相关的损耗，称为**可变损耗**，如定子和转子铜耗，它们的大小与电流的平方呈正比关系；另一类是与电机的负载大小基本无关的损耗，称为**不变损耗**，如定子铁耗和机械损耗。

根据效率的计算公式：

$$\eta = \frac{P_2}{P_1} \times 100\% = \left(1 - \frac{\sum p}{P_2 + \sum p}\right) \times 100\% \tag{8-78}$$

可知在空载时，$P_2 = 0$，$\eta = 0$。随着输出功率 P_2 的增大，效率 η 也会增大，直到某一负载

值时,电动机的可变损耗等于不变损耗,这时电动机的效率达到最大。超过这一负载值时,铜耗将会快速增大,电动机的效率反而下降。在三相异步电动机的设计中,通常使效率的最大点出现在 $(0.7\sim1.0)P_N$ 的范围内。电动机在此负载范围内也具有较好的效率。

在选择三相异步电动机时,为了获得较高的运行效率和功率因数,应避免出现"大马拉小车"或者"小马拉大车"的情况。当"大马拉小车"时,电动机的容量远大于负载的需求,电动机的效率和功率因数都很低,因此会造成较大的电能和投资的浪费。而当"小马拉大车"时,电动机的容量小于负载的要求,由于电动机长期运行在过载状态,电动机效率和功率因数不是最优,同时也会使得电动机的温升超过电机的允许温升,因此会影响电动机的寿命甚至会烧毁电动机。

8.6.2　三相异步电动机的机械特性

三相异步电动机在带负载完成一定的生产任务时,电动机对外所表现的带载能力和转速对于电动机来说是非常重要的两个量,因此理解电机的电磁转矩 T 与转速或者转差率之间的关系,对于理解电动机的运行状况具有非常重要的意义。

8-11　机械特性

1. 机械特性的表达式

依据三相异步电动机的 T 形等效电路的分析,由于励磁阻抗比定子和转子漏阻抗大很多,因此可以认为 T 形等效电路中的励磁支路是开路的。与精确计算相比,这样的简化计算对于转子折算电流影响很小,转子折算电流可以表示为

$$I_2' = \frac{U_1}{\sqrt{\left(R_1 + \dfrac{R_2'}{s}\right)^2 + (X_1 + X_2')^2}} \tag{8-79}$$

则三相异步电动机的电磁转矩可以表示为

$$T = \frac{3I_2'^2 \dfrac{R_2'}{s}}{\dfrac{2\pi n_1}{60}} = \frac{3pU_1^2 \dfrac{R_2'}{s}}{2\pi f_1 \left[\left(R_1 + \dfrac{R_2'}{s}\right)^2 + (X_1 + X_2')^2\right]} \tag{8-80}$$

式(8-80)为电磁转矩的计算表达式,该式亦为三相异步电动机的机械特性表达式。式(8-80)中,在固定电源电压 U_1、电源频率 f_1 和电动机的阻抗参数的情况下,便可以画出三相异步电动机的 T-s 曲线。

2. 固有机械特性

1)三相异步电动机固有机械特性曲线的分析

当三相异步电动机的供电电压 $U_1 = U_N$,电源频率 $f_1 = f_{1N}$ 时,在定子和转子回路中都不串入任何电气元件的条件下的机械特性称为**三相异步电动机的固有(或自然)机械特性**。由于三相异步电动机接入三相交流电源有正相序和负相序,因此可以得到两条固有机械特性曲线。三相异步电动机的 T-s 曲线如图 8-32 所示,其中曲线 1 和 2 分别为正相序和负相序的固有机械特性。

在图 8-32 中的纵轴标注了两个坐标,在纵轴的左边按照转差率 s、在纵轴的右边按

照转速 n 来进行标注。如果选择电磁转矩 T 与转差率 s 之间的关系，则表示 $T-s$ 曲线；如果选择电磁转矩 T 与转速 n 之间的关系，则表示 $T-n$ 曲线。下面选择对 $T-s$ 曲线 1 进行分析，$T-s$ 曲线 2 的分析与曲线 1 的分析是一样的。

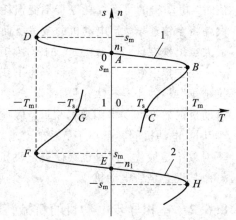

图 8-32　三相异步电动机的固有机械特性

图 8-32 中的 $T-s$ 曲线 1 可以分为三部分：

（1）$0<s\leqslant1$（即 $0<n\leqslant n_1$）部分，电动机的机械特性在第 Ⅰ 象限，电磁转矩 T 和转速 n 都为正值，在该范围内电动机处于正向电动运行状态。

（2）$s\leqslant0$（即 $n>n_1$）部分，电动机的机械特性在第 Ⅱ 象限，电磁转矩 T 为负值，转速 n 为正值，在该范围内电动机处于发电运行状态。

（3）$s>1$（即 $n\leqslant0$）部分，电动机的机械特性在第 Ⅳ 象限，电磁转矩 T 为正值，转速 n 为负值，在该范围内电动机处于电磁制动状态。

在图 8-32 中的 $T-s$ 曲线 1 上有 4 个特殊运行点，需要特别说明。

（1）A 点是正向同步运行点，在 A 点 $s=0$，$n=n_1$，$T=0$，此时电动机处于同步运行状态。

（2）B 点和 D 点分别是电动机的正向和负向临界运行点，在这两个点电动机可以获得最大电磁转矩。在 B 点，$s=s_m$，$T=T_m$；在 D 点，$s=-s_m$，$T=-T_m$。下面利用式（8-80）来计算三相异步电动机所能达到的最大电磁转矩 T_m。

令 $\dfrac{\mathrm{d}T}{\mathrm{d}s}=0$，可以计算出最大电磁转矩对应的**临界转差率** s_m 为

$$s_m=\pm\frac{R_2'}{\sqrt{R_1^2+(X_1+X_2')^2}} \tag{8-81}$$

将式（8-81）中的 s_m 代入式（8-80），可以得到三相异步电动机的**最大电磁转矩** T_m 为

$$T_m=\pm\frac{1}{2}\frac{3pU_1^2}{2\pi f_1[\pm R_1+\sqrt{R_1^2+(X_1+X_2')^2}]} \tag{8-82}$$

式中，"+"对应电动运行状态，"-"对应发电运行状态。

一般情况下，由于 $R_1\ll X_1+X_2'$，因此可以忽略 R_1，式（8-81）式（8-82）可以简化为

$$s_m=\pm\frac{R_2'}{X_1+X_2'} \tag{8-83}$$

$$T_m=\pm\frac{1}{2}\frac{3pU_1^2}{2\pi f_1(X_1+X_2')} \tag{8-84}$$

由式（8-83）和式（8-84）可以得出如下两个结论：

① 最大电磁转矩 T_m 与供电电压 U_1^2 和极对数 p 呈正比关系，与漏电抗 X_1+X_2' 和电源频率的平方 f_1^2 呈反比关系。

② 临界转差率 s_m 与转子侧的折算电阻 R_2' 呈正比关系，与漏电抗 X_1+X_2' 和电源频率

f_1 呈反比关系。

【注】　最大电磁转矩 T_m 与电源频率的平方呈反比关系，临界转差率 s_m 与电源频率呈反比关系，是因为定子和转子的漏电抗都是和频率呈正比关系的，即 $X_1 = 2\pi f_1 L_1$，$X_2' = 2\pi f_1 L_2'$，其中 L_1 为定子漏电感，L_2' 为转子折算到定子侧的漏电感。

在电动机手册中，将最大电磁转矩 T_m 与额定转矩 T_N 的比值称为**最大转矩倍数（或者过载倍数）**，用 λ_m 表示，即

$$\lambda_m = \frac{T_m}{T_N} \tag{8-85}$$

一般三相异步电动机的过载倍数为 $1.6 \sim 2.5$。在工作过程中，绝不能让三相异步电动机长期运行在最大转矩处，这样会导致电动机温升过高，烧毁电机。

（3）C 点为正向起动状态点，在 C 点 $s=1$，$n=0$，$T=T_s$。

将 $s=1$ 代入式（8-80），可以得到三相异步电动机的起动转矩 T_s，即

$$T_s = \frac{3p U_1^2 R_2'}{2\pi f_1 [(R_1 + R_2')^2 + (X_1 + X_2')^2]} \tag{8-86}$$

由式（8-86）可以得出如下结论：

① 起动转矩 T_s 与供电电压的平方 U_1^2、极对数 p 和转子折算电阻 R_2' 呈正比关系。

② 起动转矩 T_s 与定子和转子电抗的和的平方 $(X_1 + X_2')^2$、电源频率的立方 f_1^3 呈反比关系。

在电机手册中，起动转矩与额定转矩的比值称为**起动转矩倍数**，用 λ_s 表示，即

$$\lambda_s = \frac{T_s}{T_N} \tag{8-87}$$

电动机为了顺利起动，一般要求 T_s 大于 $(1.1 \sim 1.2) T_L$。一般异步电动机的转矩起动倍数为 $0.8 \sim 1.2$。

相应地，可以理解 T-s 曲线 2 上有 4 个特殊的运行点 E 点、F 点、G 点和 H 点。

2）三相异步电动机的稳定性分析

由图 8-32 所示的三相异步电动机的固有机械特性可以看出，以临界运行点 B 为界，三相异步电动机的机械特性可以分为两个运行区域，即**稳定运行区域**和**不稳定运行区域**。

（1）$0 < s < s_m$ 区域为稳定运行区域，在该区域内机械特性下倾，无论拖动何种性质的负载，电机拖动系统都是稳定的。

（2）$s_m < s \leqslant 1$ 区域为不稳定运行区域，在该区域内对于恒转矩负载，电机拖动系统是无法稳定的；对于风机和泵类负载，虽然可以满足稳定运行条件，但是由于转速太低，转差率太大，因此也不适合长期运行。

3. 三相异步电动机的人为机械特性

由于在很多三相异步电动机的应用过程中，电动机仅在固有机械特性上运行，很难满足电动机拖动工艺的要求，因此要求对三相异步电动机的各种控制量和电动机的相关参数进行调节，在这种情况下所获得的机械特性称为**三相异步电动机的人为机械特性**。根据三相异步电动机所改变的控制量及电动机的相关参数，三相异步电动机的人为机械特性主要包括如下四种：

（1）调节定子电压 U_1 的人为机械特性；

（2）定子绕组串联三相对称阻抗 Z_s 的人为机械特性；

（3）转子绕组串联三相对称电阻 R_{2s} 的人为机械特性；

（4）保持供电电压 U_1 与频率 f_1 的比值恒定的人为机械特性。

1）调节定子电压 U_1 的人为机械特性

在式（8-80）中，仅调节定子电压 U_1，保持其他变量不变，便可以得到三相异步电动机调压的人为机械特性，如图 8-33 所示。由于三相异步电动机在额定电压之上进行调压，容易导致电机主磁场饱和，因此只能在额定电压下进行调压。在图 8-33 中，曲线 1、2、3 和 4 分别是 100%、80%、70% 和 50% 额定电压 U_N 时的人为机械特性。根据图 8-33 中三相异步电动机调压的人为机械特性，可以得到如下三个结论：

（1）由于三相异步电动机的同步转速 n_1 只与供电电源的频率、极对数有关，与电源电压没有关系，因此调压的人为机械特性都经过相同的同步运行点。

（2）根据式（8-84）和式（8-86）可知，三相异步电动机的最大电磁转矩 T_m 和起动转矩 T_s 与电压的平方 U_1^2 呈正比关系，因此在调节电压时，最大电磁转矩 T_m 和起动转矩 T_s 随着电压平方的变化而变化。

（3）根据式（8-83）可知，三相异步电动机的临界转差率 s_m 与电压无关，因此临界转差率不随着电压的变化而变化。

在图 8-33 中，如果三相异步电动机带恒转矩负载 T_L，则开始时电动机运行在 A 点，当电压下降 50% 之后，电动机运行在 B 点。可见，在改变供电电压的时候电动机的速度变化范围是非常有限的，因此调压调速的应用范围是非常有限的。

当三相异步电动机带的负载很轻并且电机需要的调速范围很小时，降低供电电压可以降低铁耗，节省电能损耗，在这方面调压调速还是有一定的应用价值的。

2）定子绕组串联三相对称阻抗 Z_s 的人为机械特性

在式（8-80）中，仅改变串入定子绕组回路的阻抗，保持其他变量不变，所得的人为机械特性如图 8-34 所示，并可得出如下三个结论：

（1）由于三相异步电动机的同步转速与定子阻抗无关，因此定子绕组串三相对称阻抗 Z_s 不改变同步转速 n_1，定子串阻抗的人为机械特性都经过相同的同步运行点。

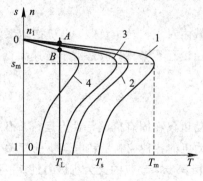

图 8-33　调压的人为机械特性

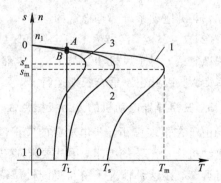

图 8-34　定子串阻抗的人为机械特性

（2）由式（8-84）和式（8-86）可知，当定子三相绕组回路串入阻抗之后，最大电磁转

矩 T_m 和起动转矩 T_s 都将减小。

（3）由式(8-83)可知，当定子三相绕组回路串入阻抗之后，临界转差率 s_m 将减小。

在图 8-34 中，如果三相异步电动机带恒转矩负载 T_L，则开始时电动机运行在 A 点，当定子绕组回路串入阻抗之后运行点变为 B 点。可见，三相异步电动机定子串入三相对称阻抗所能够调速的范围也是非常窄的，因此该种调速方法的应用也非常有限。

3）转子绕组串三相对称电阻 R_{2s} 的人为机械特性

三相鼠笼式异步电动机的转子回路没有外接电路的接口，因此转子绕组串三相对称电阻只适合于三相绕线式异步电动机。在式(8-80)中，仅改变转子绕组的电阻，保持其他变量不变，所得的转子串三相对称电阻的人为机械特性如图 8-35 所示。在图 8-35 中，曲线 1、2、3 和 4 串入的电阻逐级增大。根据图 8-35 中三相绕线式异步电动机转子串电阻的机械特性，可以得到如下三个结论：

（1）由于同步转速 n_1 与转子电阻没有关系，因此转子串电阻不改变同步转速 n_1，转子串电阻的人为机械特性都经过相同的同步运行点。

（2）由式(8-84)和式(8-86)可知，最大电磁转矩 T_m 与转子电阻无关，因此转子串电阻不改变最大电磁转矩 T_m；而起动转矩 T_s 与转子电阻有关，随着转子所串电阻的增大，起动转矩先增大后减小，最大起动转矩为 T_m。

（3）由式(8-83)可知，临界转差率 s_m 与转子电阻呈正比关系，随着转子串入电阻的增大，临界转差率 s_m 将增大。

根据前面的分析可知，当转子绕组串入电阻时，不改变电动机的最大电磁转矩 T_m，对于增大起动转矩 T_s 有一定的好处，但是转子所串电阻并不是越大越好。当外串电阻使得 $s_m=1$ 时，起动转矩将达到最大，如果继续增大串入的电阻，反而使得起动转矩 T_s 下降。

在图 8-35 中，如果三相异步电动机带恒转矩负载 T_L，则开始时电动机运行在 A 点，随着转子串入电阻的值不断增大，转子转速将逐渐下降，转差率 s 也逐渐增大，因此转子串电阻调速虽然具有较大的调速范围，但是调速的效率比较低。因此，这种调速方法的应用范围也特别有限。

4）保持供电电压 U_1 与频率 f_1 的比值恒定的人为机械特性

三相异步电动机在保持供电电压 U_1 与频率 f_1 的比值恒定时的人为机械特性也称为**保持恒压频比的人为机械特性**。对于式(8-80)进行适当的调整，可得电磁转矩 T 为

$$T=\frac{3pU_1^2\dfrac{R_2'}{s}}{2\pi f_1\left[\left(R_1+\dfrac{R_2'}{s}\right)^2+(X_1+X_2')^2\right]}=\frac{3p}{2\pi}\left(\frac{U_1}{f_1}\right)^2\frac{f_1\dfrac{R_2'}{s}}{\left(R_1+\dfrac{R_2'}{s}\right)^2+(X_1+X_2')^2}$$

$$(8-88)$$

最大电磁转矩 T_m 为

$$T_m=\frac{1}{2}\frac{3pU_1^2}{2\pi f_1[R_1+\sqrt{R_1^2+(X_1+X_2')^2}]}=\frac{1}{2}\frac{3p}{2\pi}\left(\frac{U_1}{f_1}\right)^2\frac{f_1}{R_1+\sqrt{R_1^2+(X_1+X_2')^2}}$$

$$(8-89)$$

当频率较高时，定子电阻 R_1 与电抗 X_1+X_2' 相比可以忽略不计，这时最大电磁转矩 T_m 可以表示为

$$T_m \approx \frac{1}{2} \frac{3p}{2\pi} \left(\frac{U_1}{f_1}\right)^2 \frac{1}{2\pi(L_1+L_2')} \tag{8-90}$$

式中，$X_1 = 2\pi f_1 L_1$，$X_2' = 2\pi f_1 L_2'$，L_1 为定子一相的漏电感，L_2' 为转子一相折算到定子侧的漏电感。

起动转矩 T_s 为

$$T_s = \frac{3pU_1^2 R_2'}{2\pi f_1 [(R_1+R_2')^2 + (X_1+X_2')^2]} = \frac{3p}{2\pi} \left(\frac{U_1}{f_1}\right)^2 \frac{f_1 R_2'}{(R_1+R_2')^2 + (X_1+X_2')^2} \tag{8-91}$$

在图 8-36 中，曲线 1、2、3 和 4 分别对应不同的频率时的机械特性，四条机械特性对应的频率逐渐减小。根据保持恒压频比时的人为机械特性可以得到如下三个结论：

(1) 由于三相异步电动机的同步转速 n_1 与电源的频率 f_1 呈正比关系，因此随着频率 f_1 的变化，同步转速 n_1 也相应地发生变化。

(2) 由式(8-90)可知，当电源频率 f_1 较高时，最大电磁转矩 T_m 与频率无关，且变化不大。当频率 f_1 比较低时，定子电阻 R_1 的影响不能忽略，这时最大电磁转矩 T_m 随着频率 f_1 的下降而逐渐减小。

(3) 由式(8-91)可知，当频率 f_1 较高时，最大起动转矩 T_s 的变化也不是很大，当频率 f_1 降低到一定的值之后，起动转矩 T_s 也随着频率 f_1 的下降而减小。

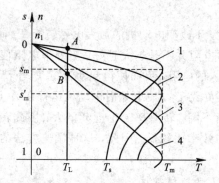

图 8-35　转子串电阻的人为机械特性

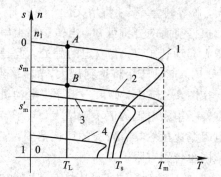

图 8-36　保持恒压频比的人为机械特性

在图 8-36 中，三相异步电动机带恒转矩负载 T_L，开始时电动机运行在 A 点，在降低 f_1 的同时，调节电压 U_1，使得电压 U_1 和频率 f_1 的比值保持恒定，可以发现电动机能在很宽的范围内调节转速，并使得电动机稳定运行。保持恒压频比调速是三相异步电动机最理想的调速方法，将在第 9 章中详细介绍。

【注】　由图 8-35 和图 8-36 可以发现，三相异步电动机转子串电阻的人为机械特性如果只考虑直线部分，则与他励直流电动机的电枢串电阻的人为机械特性具有很大的相似性，而三相异步电动机保持恒压频比的人为机械特性与他励直流电动机的调压的人为机械特性具有很大的相似性。

4. 机械特性的简化计算

三相异步电动机的电磁转矩的计算需要较多的参数，在很多情况下，如果不经过实验，我们就无法知道这些参数。在一些不需要精确计算的场合，对三相异步电动机的简化计算显得很有必要。下面介绍三相异步电动机的简化计算方法。

1) 机械特性的实用表达式

将式(8-80)除以式(8-82)(只考虑正向电动,即只考虑"+"号)可得

$$\frac{T}{T_m}=\frac{2R_2'[R_1+\sqrt{R_1^2+(X_1+X_2')^2}]}{s\left[\left(R_1+\frac{R_2'}{s}\right)^2+(X_1+X_2')^2\right]} \quad (8-92)$$

借助于式(8-81)可得

$$\sqrt{R_1^2+(X_1+X_2')^2}=\frac{R_2'}{s_m} \quad (8-93)$$

将式(8-93)代入式(8-92)可得

$$\frac{T}{T_m}=\frac{2R_2'\left(R_1+\frac{R_2'}{s_m}\right)}{\frac{sR_2'^2}{s_m^2}+\frac{R_2'^2}{s}+2R_1R_2'}=\frac{2\left(1+\frac{R_1}{R_2'}s_m\right)}{\frac{s}{s_m}+\frac{s_m}{s}+\frac{2R_1s_m}{R_2'}}=\frac{2+q}{\frac{s}{s_m}+\frac{s_m}{s}+q} \quad (8-94)$$

式中,$q=2R_1s_m/R_2'\approx2s_m$,一般情况下 s_m 大约在 $0.1\sim0.2$ 范围内。在式(8-94)中,无论 s 为何值都有

$$\frac{s}{s_m}+\frac{s_m}{s}\geqslant2 \quad (8-95)$$

而 $q\ll2$,相对于大于 2 的值,q 可以忽略不计,因此式(8-94)可以简化为

$$T=\frac{2}{\frac{s}{s_m}+\frac{s_m}{s}}T_m \quad (8-96)$$

式(8-96)就是三相异步电动机机械特性的实用表达式。

2) 实用表达式的简化应用

在知道三相异步电动机的过载倍数 λ_m 的情况下,结合额定转矩 T_N 可以获得电动机的最大电磁转矩 $T_m=\lambda_mT_N$,同时利用额定转速 n_N 可以计算电动机的额定转差率 s_N,这时式(8-96)就可以写为

$$\frac{1}{\lambda_m}=\frac{2}{\frac{s_N}{s_m}+\frac{s_m}{s_N}} \quad (8-97)$$

利用式(8-97)便可以解出 s_m 为

$$s_m=s_N(\lambda_m+\sqrt{\lambda_m^2-1}) \quad (8-98)$$

当三相异步电动机在额定负载范围内运行时,电动机的转差率小于额定转差率 s_N($s_N=0.01\sim0.05$),而临界转差率 s_m($s_m=0.1\sim0.2$)相对来说比较大,此时有

$$\frac{s}{s_m}\ll\frac{s_m}{s} \quad (8-99)$$

因此,由式(8-96)可得电磁转矩 T 的简化计算式:

$$T=\frac{2T_m}{s_m}s \quad (8-100)$$

经过上面的计算,三相异步电动机的机械特性已经变成了一条直线,这对于一般的粗略估算是非常有用的。注意式(8-100)的使用条件是 $0<s<s_N$。

例 8.4 一台三相鼠笼式异步电动机，电动机的定子绕组为 Y 形接法，额定电压 $U_N=380$ V，额定转速 $n_N=960$ r/min，电源频率 $f_{1N}=50$ Hz，定子电阻 $R_1=2$ Ω，定子漏电抗 $X_1=4$ Ω，转子电阻的折算值 $R_2'=1.6$ Ω，转子的漏电抗折算值 $X_2'=4$ Ω。请计算：

(1) 额定转差率 s_N；

(2) 额定转矩 T_N；

(3) 最大电磁转矩 T_m 及过载倍数 λ_m；

(4) 临界转差率 s_m；

(5) 起动转矩 T_s 及起动转矩倍数 λ_s。

解 由电动机的额定转速 $n_N=960$ r/min 可知，三相异步电动机的极对数 $p=3$，可以计算出同步转速 n_1 为

$$n_1=\frac{60f_{1N}}{p}=\frac{60\times50}{3}=1000 \text{ r/min}$$

(1) 额定转差率 s_N 为

$$s_N=\frac{n_1-n_N}{n_1}=\frac{1000-960}{1000}=0.04$$

(2) 定子绕组的相电压 U_1 为

$$U_1=\frac{380}{\sqrt{3}}=220 \text{ V}$$

额定转矩 T_N 为

$$T_N=\frac{3pU_1^2\dfrac{R_2'}{s_N}}{2\pi f_{1N}\left[\left(R_1+\dfrac{R_2'}{s_N}\right)^2+(X_1+X_2')^2\right]}=\frac{3\times3\times220^2\times\dfrac{1.6}{0.04}}{2\pi\times50\times\left[\left(2+\dfrac{1.6}{0.04}\right)^2+(4+4)^2\right]}=30.34 \text{ N}\cdot\text{m}$$

(3) 最大转矩 T_m 为

$$T_m=\frac{1}{2}\frac{3pU_1^2}{2\pi f_{1N}[R_1+\sqrt{R_1^2+(X_1+X_2')^2}]}=\frac{1}{2}\times\frac{3\times3\times220^2}{2\pi\times50\times[2+\sqrt{2^2+(4+4)^2}]}=67.66 \text{ N}\cdot\text{m}$$

过载倍数 λ_m 为

$$\lambda_m=\frac{T_m}{T_N}=\frac{67.66}{30.34}=2.23$$

(4) 临界转差率 s_m 为

$$s_m=\frac{R_2'}{\sqrt{R_1^2+(X_1+X_2')^2}}=\frac{1.6}{\sqrt{2^2+(4+4)^2}}=0.19$$

(5) 起动转矩 T_s 为

$$T_s=\frac{3pU_1^2R_2'}{2\pi f_{1N}[(R_1+R_2')^2+(X_1+X_2')^2]}=\frac{3\times3\times220^2\times1.6}{2\pi\times50\times[(2+1.6)^2+(4+4)^2]}=28.83 \text{ N}\cdot\text{m}$$

起动转矩倍数 λ_s 为

$$\lambda_s=\frac{T_s}{T_N}=\frac{28.83}{30.34}=0.95$$

例 8.5 一台三相鼠笼式异步电动机，额定数据为：额定功率 $P_N=7.5$ kW，额定电压

$U_N = 380$ V，额定频率 $f_{1N} = 50$ Hz，额定转速 $n_N = 950$ r/min，过载倍数 $\lambda_m = 2$。请计算：

（1）机械特性的实用表达式；

（2）当 $s = 0.025$ 时的电磁转矩 T。

解　（1）由转速 $n_N = 950$ r/min 可知，电动机的同步转速为 $n_1 = 1000$ r/min，则额定转差率 s_N 为

$$s_N = \frac{n_1 - n_N}{n_1} = \frac{1000 - 950}{1000} = 0.05$$

临界转差率 s_m 为

$$s_m = s_N(\lambda_m + \sqrt{\lambda_m^2 - 1}) = 0.05 \times (2 + \sqrt{3}) = 0.187$$

额定转矩 T_N 为

$$T_N = 9.55\frac{P_N}{n_N} = 9.55 \times \frac{7.5 \times 1000}{950} = 75.4 \text{ N} \cdot \text{m}$$

机械特性的实用表达式为

$$T = \frac{2}{\dfrac{s}{s_m} + \dfrac{s_m}{s}}T_m = \frac{2 \times 2 \times 75.4}{\dfrac{s}{0.187} + \dfrac{0.187}{s}} = \frac{56.4s}{s^2 + 0.035} \text{ N} \cdot \text{m}$$

（2）将 $s = 0.025$ 代入机械特性的实用表达式，可以得到电机的电磁转矩为

$$T = \frac{56.4 \times 0.025}{0.025^2 + 0.035} = 39.58 \text{ N} \cdot \text{m}$$

本 章 小 结

（1）根据电动机转子和定子磁场速度之间的不同关系，交流电动机可以分为两大类：一类是同步电动机，另一类是异步电动机。

（2）三相异步电动机根据转子绕组形式的不同可以分为三相鼠笼式异步电动机和三相绕线式异步电动机。

（3）定子旋转磁场的转速与供电电源的频率和电机的极对数有关，该磁场的转速称为同步转速。

（4）三相异步电动机的工作状态主要包括电动运行、发电运行和电磁制动。

（5）三相异步电动机的等效电路实际上就是三相异步电动机的数学模型。对于三相异步电动机的设计和控制的研究都要借助三相异步电动机的数学模型，因此三相异步电动机的等效电路对于三相异步电动机的学习具有重要的意义。

（6）在三相异步电动机的气隙中会形成圆形旋转磁场，通常定子每极下的同时交链定子和转子的磁通称为主磁通，仅交链定子或者转子的磁通称为漏磁通。漏磁通主要包括槽部漏磁通、端部漏磁通和谐波磁动势产生的谐波漏磁通。

（7）三相异步电动机定子绕组接到三相对称电源上，电机转轴上不带任何机械负载的运行状态称为空载运行。三相异步电动机的空载运行与变压器的空载运行具有相似性，但是也具有很大的区别。三相异步电动机在空载运行情况下，转子是旋转的，但是电机转轴不加任何机械负载，这一点是要与变压器的空载运行相区别的。三相异步电动机转子开路的情况与三相变压器的空载运行是直接对应的两种运行状态。

（8）当三相异步电动机转子绕组闭合且转子堵转时，相当于转子绕组短路，这种情况类似于三相变压器短路。从电路分析的角度来看，三相异步电动机转子绕组短路、转子堵转的情况就等价于三相变压器的短路状态。

（9）在转子堵转的情况下，三相异步电动机内部会形成两个电流通路：一个为定子绕组电流通路，另一个为转子绕组的电流通路。两个电流通路通过主磁通联系起来。在堵转状态下，定子和转子的磁动势都以同步转速逆时针旋转，两个磁动势共同形成电机的励磁磁动势。在堵转状态下，电机内部将产生很大的电流，因此普通三相异步电动机应该避免长时间处于堵转状态。

（10）定子磁动势相对于定子的转速与转子是否旋转是没有关系的。转子磁动势相对于定子的速度也与转子是否旋转无关。

（11）通过短路实验又称为堵转实验。短路实验可以测得定子电抗 X_1、转子的折算电阻 R_2' 和电抗 X_2'。通过空载实验可以测得励磁电阻 R_m、励磁电抗 X_m、定子铁耗 p_{Fe} 和机械损耗 p_m。

（12）三相异步电动机的机械特性一般是指电动机的电磁转矩 T 与转差率 s（或者转速 n）之间的关系，也称为 $T-s$（或者 $T-n$）曲线。

（13）三相异步电动机的功率损耗主要包括两大类：一类是与电动机的负载大小密切相关的损耗，称为可变损耗，如定子和转子的铜耗，它们的大小与电流的平方呈正比关系；另一类与电机的负载大小基本无关的损耗，称为不变损耗，如定子铁耗和机械损耗。

（14）在三相异步电动机的供电电压 $U_1 = U_N$、电源频率 $f_1 = f_{1N}$ 的情况下，定子和转子回路中都不串入任何电气元件的机械特性称为三相异步电动机的固有（或自然）机械特性。

（15）最大电磁转矩 T_m 与额定转矩 T_N 的比值称为最大转矩倍数（或者过载倍数），起动转矩与额定转矩的比值称为起动转矩倍数。

（16）根据三相异步电动机所改变的控制量及电动机的相关参数，三相异步电动机的人为机械特性主要包括四种：① 调节定子电压 U_1 的人为机械特性；② 定子绕组串联三相对称阻抗 Z_s 的人为机械特性；③ 转子绕组串入三相对称电阻 R_{2s} 的人为机械特性；④ 保持供电电压 U_1 与频率 f_1 的比值恒定的人为机械特性。

（17）三相异步电动机转子串电阻的人为机械特性如果只考虑直线部分，则与他励直流电动机的电枢串电阻的人为机械特性具有很大的相似性，而三相异步电动机保持恒压频比的人为机械特性与他励直流电动机的调压的人为机械特性具有很大的相似性。

习　题

一、选择题

1. 当三相绕线式异步电动机的电源频率和端电压不变，仅在转子回路中串入电阻时，最大转矩 T_m 和临界转差率 s_m 将（　　）。

A. T_m 和 s_m 均保持不变　　　B. T_m 减小，s_m 不变　　　C. T_m 不变，s_m 增大

2. 三相异步电动机的机械特性是指（　　）的关系。

A. 转速与转矩　　　　　　B. 转速和定子电压　　　　　C. 转矩和定子电压

3. 一台三相异步电动机运行在 $s=0.02$ 时，定子通过气隙传递给转子的功率中有（　　）。

A. 2% 是电磁功率　　　　　　B. 2% 是机械功率　　　　　　C. 2% 是转子铜耗

4. 一台三相异步电动机拖动额定恒转矩负载运行时，若电源电压下降 10%，这时电动机的电磁转矩（　　）。

A. $T=T_N$　　　　　　　　　B. $T=0.81T_N$　　　　　　　C. $T=0.9T_N$

5. 三相异步电动机处于理想空载状态时，转差率为（　　）。

A. $s=0$　　　　　　　　　　B. $s=1$　　　　　　　　　　C. $0<s<1$

6. 三相异步电动机等效电路中的电阻 $\dfrac{1-s}{s}R'_2$ 上消耗的功率代表（　　）。

A. 电磁功率　　　　　　　　B. 总机械功率　　　　　　　C. 轴上输出的机械功率

7. 三相异步电动机定子电压下降，将引起（　　）。

A. T_m 减小，s_m 减小　　　　B. T_m 不变，s_m 减小　　　　C. T_m 减小，s_m 不变

二、填空题

1. 三相异步电动机等效电路中，电阻 R_m 消耗的功率是_____，而电阻 $(1-s)R'_2/s$ 上消耗的功率是_____。

2. 三相异步电动机的额定转速 $n_N=1470$ r/min，则电机的极对数 $p=$_____，额定转差率 $s_N=$_____。

3. 三相异步电动机电磁转矩 T 与电机相电压 U_1 的关系是_____。

4. 三相异步电动机 $p=4$，供电的额定频率 $f_{1N}=50$ Hz，额定转差率 $s_N=0.02$，则电动机定子磁场的转速为_____r/min，转子的转速为_____r/min，转子磁场的转速为_____r/min，转子电流的额定频率为_____Hz。

5. 三相异步电动机运行时，电磁功率、转子回路铜耗和总机械功率三者之间的关系满足 $P_M : p_{Cu2} : P_m =$_____。

6. 若两对极三相异步电动机的额定频率为 50 Hz，额定转速为 1470 r/min，转子铜耗为 150 W，则电动机的转差率为_____，电磁功率为_____W。

三、简答题

1. 三相异步电动机的结构主要包括哪些部分？各部分分别具有什么作用？

2. 简述三相异步电动机旋转的原理。

3. 三相异步电动机的等效电路包括哪些部分？画出三相异步电动机的 T 形等效电路图。

4. 请画出三相异步电动机的功率流程图。

5. 三相异步电动机的参数测定有哪几种方法？电动机的各个参数分别是通过什么方法测得的？

6. 简述三相异步电动机的四种人为机械特性，并说明各自的特点。

7. 简述三相异步电动机的功率因数与效率的区别。

8. 为什么三相异步电动机空载运行时，转子侧的功率因数 $\cos\varphi_2$ 很高，而定子侧的功率因数 $\cos\varphi_1$ 很低？为什么在额定负载时，转子侧的功率因数 $\cos\varphi_2$ 很低，而定子侧的功率因数 $\cos\varphi_1$ 很高？

9. 当三相异步电动机的负载保持不变时，若供电电压 U_1 降低，这时电动机内部的各

种损耗、转速和功率因数是如何变化的?

10. 三相异步电动机带额定负载运行时,如果电压下降过多,为什么容易导致电机过热甚至烧毁电动机?

四、计算题

1. 一台三相异步电动机,定子绕组接到频率 $f_1=50$ Hz 的三相对称电源上,已知它运行在额定转速 $n_N=970$ r/min。请计算该电动机的极对数 p、额定转差率 s_N 和转子电动势的频率 f_2。

2. 一台三相四极异步电动机,额定数据为:额定功率 $P_N=5.5$ kW,额定频率 $f_{1N}=50$ Hz。带额定负载运行时,电源输入的功率 $P_1=6.32$ kW,定子铜耗 $p_{Cu1}=341$ W,转子铜耗 $p_{Cu2}=237.5$ W,铁耗 $p_{Fe}=167.5$ W,机械损耗 $p_m=45$ W,附加损耗 $p_s=29$ W。请画出该电动机的功率流程图,并标明各部分的功率损耗;在额定情况下,请计算电动机的效率 η、转差率 s、转速 n、电磁转矩 T。

3. 一台三相六极异步电动机,额定数据为:额定功率 $P_N=7.5$ kW,额定电压 $U_N=380$ V,额定频率 $f_{1N}=50$ Hz,额定转速 $n_N=962$ r/min,定子侧额定功率因数 $\cos\varphi_{1N}=0.827$,定子绕组为星形接法。在额定情况下,定子铜损耗 p_{Cu1} 为 470 W,定子铁损 p_{Fe} 为 234 W,空载损耗 p_0 为 125 W。请计算在额定负载时的转差率 s_N、转子电流频率 f_2、转子铜损耗 p_{Cu2}、电机的效率 η 及定子电流 I_N。

4. 一台三相四极异步电动机,额定数据为:额定功率 $P_N=10$ kW,额定电压 $U_N=380$ V,额定频率 $f_{1N}=50$ Hz,额定电流 $I_N=11.6$ A。额定运行时,定子铜耗 $p_{Cu1}=557$ W,转子铜耗 $p_{Cu2}=314$ W,铁耗 $p_{Fe}=276$ W,机械损耗 $p_m=77$ W,附加损耗 $p_s=100$ W。请计算电机的额定转速 n_N、空载转矩 T_0、电磁转矩 T 和输出转矩 T_2。

5. 一台三相八极异步电动机,额定数据为:额定功率 $P_N=260$ kW,额定电压 $U_N=380$ V,额定频率 $f_{1N}=50$ Hz,额定转速 $n_N=722$ r/min。电动机的过载倍数 $\lambda_m=2.2$。请计算电动机的额定转差率 s_N、额定转矩 T_N,并用实用公式计算最大电磁转矩 T_m 和临界转差率 s_m。

6. 一台三相八极异步电动机,额定数据为:额定功率 $P_N=50$ kW,额定电压 $U_N=380$ V,额定频率 $f_{1N}=50$ Hz。电机的过载倍数 $\lambda_m=2$,额定运行时的转差率 $s=0.025$。请用实用公式计算最大电磁转矩 T_m、临界转差率 s_m,并计算此时的电动机速度 n。

第 9 章　三相异步电动机的基本调速原理

[摘要]　本章主要解决三相异步电动机调速方面的三个主要问题：① 三相异步电动机起动应注意哪些问题？起动方法主要包括哪几种？各种方法有什么优劣？② 三相异步电动机运行过程中都有哪些运行状态？各种运行状态分别有什么特点？③ 三相异步电动机包括哪几种调速方法？各种调速方法适用于什么场合？各有什么优劣？

在讲述他励直流电动机的调速原理时，他励直流电动机的起动方法可以直接应用于调速控制，即他励直流电动机的调速方法与起动方法的基础是统一的。而对于三相异步电动机，其调速方法与起动方法之间有很大的不同。三相异步电动机在工业中的应用场合越来越多，学习和掌握三相异步电动机的基本调速原理具有重要的意义。

三相异步电动机的起动主要解决两个方面的问题：① 如何限制三相异步电动机的起动电流，以防止对电动机和机械设备造成太大的冲击；② 如何在有限的电流情况下提升三相异步电动机的起动转矩，使得电动机可以正常起动。

三相异步电动机的调速主要是根据不同拖动设备的工艺要求选择合适的调速方法。三相异步电动机调速的依据就是三相异步电动机的转速计算公式，即

$$n = \frac{60 f_1}{p}(1-s) \tag{9-1}$$

根据式（9-1）可知，三相异步电动机的基本调速方法包括以下三个方面：

（1）改变供电的频率 f_1：包括变压变频。

（2）改变转差率 s：主要包括转子串电阻调速、定子回路串阻抗调速和改变电枢电压调速等。

（3）改变极对数 p：包括改变定子绕组的极对数。

9.1　三相异步电动机的起动

9-1　起动方法

9.1.1　起动条件

根据《电气传动自动化技术手册》可知，电动机起动时应满足下述四个条件：

（1）电动机起动时对电网造成的电压降不能超过规定的数值。具体要求为：对于经常起动的电动机，起动导致的电网电压下降不大于 10%；对于偶尔起动的电动机，起动导致的电网电压下降不大于 15%；在保证生产机械所要求的起动转矩而不致影响其他用电设备正常工作时，相应的电压降允许为 20% 或者更大；由单独变压器供电的电动机，其电压降允许值由传动机械要求的起动转矩来决定。

（2）起动功率不超过供电设备和电网的过载要求。

（3）电动机的起动转矩应大于传动机械静转矩。传动机械的静转矩一般可以根据机械工艺资料计算，或由工艺设计资料提供，或参考一些技术手册。

（4）起动时，应保证电动机及其起动设备的动稳定性和热稳定性。

三相异步电动机的起动方法有如下三种：

（1）直接起动，这种方法适合于 7.5 kW 以下的三相异步电动机；

（2）降压起动；

（3）软起动。

9.1.2　直接起动

与其他类型的交流电动机相比，异步电动机可以直接起动，这是其显著的优点。三相异步电动机在额定电压 U_N 下直接起动，在启动的瞬间，转速 $n=0$，转差率 $s=1$。三相异步电动机的起动电流为

$$I_{1s} \approx I_2' = \frac{U_{1N}}{\sqrt{(R_1+R_2')^2+(X_1+X_2')^2}} \tag{9-2}$$

起动转矩为

$$T_s = \frac{3pU_{1N}^2 R_2'}{2\pi f_1[(R_1+R_2')^2+(X_1+X_2')^2]} \tag{9-3}$$

转子侧功率因数为

$$\cos\varphi_2 = \frac{R_2'}{\sqrt{R_2'^2+X_2'^2}} \tag{9-4}$$

三相异步电动机在起动的瞬间，起动电流 I_{1s} 为额定电流 I_N 的 4～7 倍，起动转矩 T_s 为额定转矩 T_N 的 1～2 倍，转子侧的功率因数为 0.2 左右。因此，在三相异步电动机直接起动时，定子电流很大，而相对于定子电流的倍数来说，电磁转矩并不大，并且转子侧的功率因数也很低。

在三相异步电动机直接起动时，过大的起动电流将对供电电网产生较大的影响。在配电网中，变压器的容量都是按照其供电负载的总容量设置的，在正常运行条件下，变压器由于电流不超过其额定电流，其输出电压比较稳定，电压调整率不会超过允许的范围。三相异步电动机起动时，如果供电变压器的额定容量相对于用电负荷很大，电动机额定功率相对于所在电网的变压器容量很小，那么电动机的短时起动电流不会使得变压器输出电压产生较大的影响，同时直接起动对电机本身的影响也较小，这时可以选择直接起动。若供电变压器的额定容量相对于三相异步电动机的额定功率不是足够大，则电动机的短时起动可能导致变压器输出电压短时下降幅度较大，如 $\Delta U\% > 10\%$ 或者更大。这时三相异步电动机的直接起动会产生如下不良后果：

（1）由于电压下降太多，起动转矩 T_s 与线电压的平方呈正比关系，也减小很多，因此如果三相异步电动机负载比较重，就可能使得电动机无法正常起动。

（2）如果同一台变压器上还接有其他设备，则可能导致这些设备无法工作。

综合上面的分析，三相异步电动机如果要选择直接起动，那么起动时必须满足电动机的四个起动条件。

由式（9-2）可以看出，为了有效降低三相异步电动机的起动电流，可以采取的有效措

施主要包括如下三个方面：

(1) 降低供电电源的电压；

(2) 加大定子侧的电阻或者电抗；

(3) 加大转子侧的电阻或者电抗。

9.1.3　三相鼠笼式异步电动机的起动

降压起动的目的是限制三相异步电动机的起动电流。在三相异步电动机起动时，通过起动设备使得加在电动机上的电压小于额定电压，待电动机的转速上升到一定大小时，再使电动机承受额定电压，保证电动机在额定电压下稳定地工作。降压起动不但降低了电动机的起动电流，也使得电动机的电磁转矩降低，因此降压起动只适合于电动机空载或者轻载的场合。**三相鼠笼式异步电动机的降压起动可以选择的方法主要有四种：① Y-△ 起动 (也称为星-三角起动)；② 自耦变压器降压起动；③ 定子串电抗起动；④ 定子串电阻起动**。在这四种降压起动方法中，由于定子串电抗器起动时电动机的转矩下降比较大，而定子串电阻起动时功耗比较大，因此这两种方法很少被采用。下面主要介绍 Y-△起动和自耦变压器降压起动。

1. Y-△起动

Y-△起动只适合于正常运行时定子绕组为三角形连接的三相鼠笼式异步电动机。Y-△起动的接线图如图 9-1 所示。

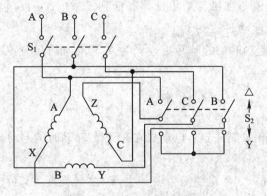

图 9-1　Y-△起动接线图

在图 9-1 中，三相鼠笼式异步电动机的起动过程可以分为两步：

(1) 闭合供电电源开关 S_1，然后将开关 S_2 打到 Y 侧，这时电动机开始以 Y 接的模式进行起动。

(2) 当电动机的转速升高到一定程度后，将开关 S_2 打到△侧，这时电动机以△接的模式运行，Y-△起动完毕，直到电动机进入正常运行状态。

下面分析在 Y-△起动和直接起动中电动机的电流和转矩的不同点。

当电动机选择直接△起动时，如图 9-2(a) 所示。此时，电动机的相电压 $U_1 = U_N$，相电流为 $I_\triangle$，线电流为 I_A，$I_A = \sqrt{3} I_\triangle$。

当电动机选择 Y 起动时，如图 9-2(b) 所示。此时，电动机的相电压 $U'_1 = U_N/\sqrt{3}$，相

电流为 I_Y，线电流为 I'_A，$I'_A = I_Y$。

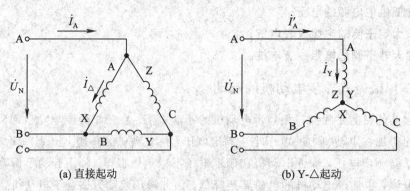

(a) 直接起动　　　　　　　　(b) Y-△起动

图 9-2　Y-△起动的电流对比分析

在 Y 和△两种模式下相电流的比为

$$\frac{I_Y}{I_\triangle} = \frac{U'_1}{U_1} = \frac{U_N/\sqrt{3}}{U_N} = \frac{1}{\sqrt{3}} \tag{9-5}$$

在 Y 和△两种模式下线电流的比为

$$\frac{I'_A}{I_A} = \frac{I_Y}{\sqrt{3}I_\triangle} = \frac{1}{\sqrt{3}}\frac{I_Y}{I_\triangle} = \frac{1}{3} \tag{9-6}$$

由式(9-5)和式(9-6)可以发现，当三相鼠笼式异步电动机采用 Y-△起动时，尽管电动机的相电压和相电流与直接起动相比都降低到原来的 $1/\sqrt{3}$，但是对电网造成冲击的起动电流降低到了直接起动时的 1/3。

假如 T_s 是△直接起动时的起动转矩，T'_s 为 Y 起动时的起动转矩，则两种情况下的起动转矩之比为

$$\frac{T'_s}{T_s} = \left(\frac{U'_1}{U_1}\right)^2 = \left(\frac{1}{\sqrt{3}}\right)^2 = \frac{1}{3} \tag{9-7}$$

同样可以发现，三相鼠笼式异步电动机在采用 Y 起动时的起动转矩是采用△直接起动时的 1/3。

Y-△起动方法简单，起动电路只需要一个 Y-△转换开关，价格便宜，在轻载情况下具有很大的优势。

2. 自耦变压器降压起动

三相鼠笼式异步电动机采用自耦变压器降压起动的电路如图 9-3(a)所示。自耦变压器降压起动过程分为两步：

(1)闭合供电电源开关 S_1，然后将切换开关 S_2 打到起动侧，这时电动机经过自耦变压器降压起动。

(2)当电动机的转速升高到一定程度后，将开关 S_2 打到运行侧，电动机继续升速，直到电动机进入正常运行状态。

自耦变压器降压起动时，一相电路如图 9-3(b)所示。经降压之后的电动机的电压 U'_1 与直接起动时的电压 U_N 的关系为

$$\frac{U'_1}{U_N}=\frac{N_2}{N_1} \qquad (9-8)$$

经自耦变压器降压之后的起动电流 I'_A 与直接起动电流 I_A 的比为

$$\frac{I'_A}{I_A}=\frac{U'_1}{U_N}=\frac{N_2}{N_1} \qquad (9-9)$$

自耦变压器一次侧起动电流 I''_A 与经自耦变压器降压之后的起动电流 I'_A 的比为

$$\frac{I''_A}{I'_A}=\frac{N_2}{N_1} \qquad (9-10)$$

因此,自耦变压器一次侧起动电流 I''_A 与直接起动电流 I_A 的比为

$$\frac{I''_A}{I_A}=\left(\frac{N_2}{N_1}\right)^2 \qquad (9-11)$$

经自耦变压器降压起动时,电动机的起动转矩 T'_s 与直接起动转矩 T_s 的比为

$$\frac{T'_s}{T_s}=\left(\frac{U'_1}{U_N}\right)^2=\left(\frac{N_2}{N_1}\right)^2 \qquad (9-12)$$

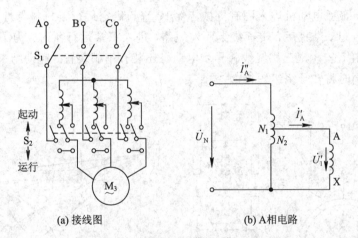

(a) 接线图   (b) A相电路

图 9-3 自耦变压器降压起动接线图

经过上面的分析可以发现,与直接起动相比较,自耦变压器降压起动时电压下降的比例为 N_2/N_1,而起动电流和起动转矩下降的比例为原来的 $(N_2/N_1)^2$。

在实际应用中,自耦变压器有多个抽头可以选择。例如,QJ2 型自耦变压器有 55%(即 $N_2/N_1=55\%$)、64% 和 73% 三种抽头可以选择;QJ3 型自耦变压器有 40%、60% 和 80% 三种抽头可以选择。与 Y-△ 起动相比,自耦变压器降压起动相对比较灵活,通过选择 N_2/N_1 可以拖动较大的负载起动,因此自耦变压器降压起动在较大型三相鼠笼式异步电动机上广泛应用。自耦变压器降压起动的缺点是体积较大,价格相对比较高。

9.1.4 三相绕线式异步电动机的起动

三相鼠笼式异步电动机直接起动会产生很大的起动电流,但起动转矩不大,而降压起动时,虽然可以减小起动电流,但是起动转矩随着电压的平方关系也在下降,因此三相鼠笼式异步电动机只能用于空载或者轻载起动。在需要较大起动转矩的场合,不得不考虑选

择价格相对较高的三相绕线式异步电动机。**三相绕线式异步电动机的最大优点是可以在转子回路中串入电阻、频敏变阻器或者电动势来改善起动和调速的性能**。本节主要讲述三相绕线式异步电动机转子串入电阻和频敏变阻器的情况，转子回路串电动势的情况属于三相绕线式异步电动机串级调速的内容，可参考串级调速的相关文献。

1. 转子串电阻起动

在三相绕线式异步电动机的起动过程中，既要限制电动机的起动电流，又要保证较大的起动转矩，由式(9-2)和式(9-3)可以看出，增大转子的电阻可以有效改善电动机的起动性能。图9-4(a)给出了转子串电阻起动的接线图，图9-4(b)给出了相应的起动过程。在起动开始时，通过集电环和电刷将全部电阻串入转子回路中，此时转子的电阻为 $R_2+R_a+R_b+R_c$，此时电动机处于图9-4(b)中的 A 点，电动机处于静止状态，电动机开始起动，沿着机械特性4转速 n 不断上升，电磁转矩 T 不断减小。当电动机运行到机械特性的 B 点时，将开关 S_a 闭合，此时电动机由机械特性4变为机械特性3，在开关 S_a 闭合的瞬间，电动机的转速 n 来不及变化，电动机的运行点由 B 点过渡到 C 点，电动机沿着机械特性3继续加速，电磁转矩又开始减小。这样电动机一级一级地起动，转子所串电阻也一级一级地被切除，最后电动机进入固有机械特性1，直到稳定运行于机械特性上的 H 点，电动机起动完毕。起动结束后，转子绕组便被短路，进入正常运行状态。为了避免电刷和集电环的摩擦损耗，较大型三相绕线式异步电动机还装有举刷装置，起动结束后电刷和集电环脱离接触，同时将转子绕组短接。

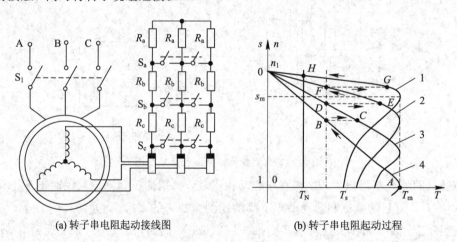

(a) 转子串电阻起动接线图　　　　　　　　(b) 转子串电阻起动过程

图 9-4　转子串电阻起动

在三相绕线式异步电动机中，转子串电阻能增大起动转矩，但并不是串入电阻越大越好。当 $s_m=1$ 时，起动转矩等于最大电磁转矩，并可计算出转子所串电阻：

$$R'_s=X_1+X'_2-R'_2 \tag{9-13}$$

式中，R'_s 为转子所串电阻折算到定子侧的值。

三相绕线式异步电动机串电阻起动具有很大的优势，适合于电动机带重载和频繁起动的场合。

2. 转子串频敏变阻器起动

频敏变阻器是一种无触点变阻器，如图9-5所示，它的电阻值随着转子电流频率的变小而逐渐减小,因此串频敏变阻器不必像串接电阻一样逐级切除电阻。频敏变阻器是一个带铁芯的三相电感线圈,铁芯采用的是较厚的钢板或铁板。当电动机刚刚起动时,转子的电流频率 f_2 等于定子电流的频率 f_1,铁芯中的涡流损耗很大,相当于等效电阻很大。这时较大的电阻不仅可以有效降低电动机的起动电流,也可以增大电动机的起动转矩。电动机在起动之后,随着转子转速的不断上升,转差率 s 逐渐减小,转子电流的频率 $f_2 = sf_1$ 也逐渐减小,频敏变阻器的电阻也逐渐减小。当电动机起动结束时,可以近似认为频敏变阻器的电阻值为零,这时可以通过开关 S 将频敏变阻器切除。

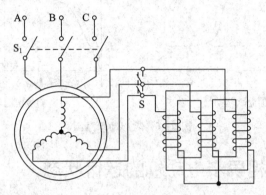

图 9-5　转子串频敏变阻器起动接线图

频敏变阻器由于电感的存在,电动机的起动转矩并不大,因此转子串频敏变阻器起动适合于负载不是很重的情况。

9.1.5　软起动

前述三相异步电动机的几种降压起动方法都对起动电流起到了一定的限制作用,但是起动的平滑性不高,也不能从根本上解决起动电流的冲击问题。三相异步电动机的软起动采用三相反并联功率器件和控制电路,通过控制功率器件的触发导通使得电动机的输入电压按照不同的要求而变化,从而将电动机的起动电流限制在一定的范围内,实现三相异步电动机的无级平滑起动。能够实现三相异步电动机软起动的电力电子电路称为**软起动器**。三相异步电动机的软起动器可以将电动机的起动电流限制为额定电流的 1~4 倍。三相异步步电动机的软起动主要包括两种:① 恒流软起动;② 斜坡恒流软起动。

1. 恒流软起动

恒流软起动如图 9-6(a)所示,在起动过程中保持恒定允许起动电流,直到起动完毕将软起动器在电路中切除。起动电流 I_m 可以限定为额定电流的 1~4 倍。这种起动方法适合于转动惯量或者负载较大的场合。

2. 斜坡恒流软起动

斜坡恒流软起动如图 9-6(b)所示,在电动机起动的初始阶段起动电流逐渐增加,当电流达到预先设定的限流值 I_m 之后保持恒定,直到起动完毕。在起动过程中,电流上升变化的速率可以根据电动机负载进行调整。由于以起动电流为设定值,因此即使电网电压有所波动,仍可以维持原起动电流恒定,不受电网电压波动的影响。这种起动方式应用最多,尤其适用于风机和泵类负载的起动。

软起动器一般采用单片机控制，可以根据负载情况和生产工艺的要求灵活地设定电动机的起动方式和电流变化曲线，从而可以有效地控制起动电流和起动转矩，使得电动机平稳起动，并有效减小起动电流对电网的冲击，同时也可以减小起动损耗。它与传统的降压起动设备相比具有更好的起动性能，因此在无调速要求的三相异步电动机传动系统中的应用越来越多。

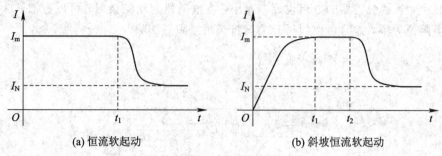

(a) 恒流软起动　　　　　　　　　(b) 斜坡恒流软起动

图 9-6　软起动示意图

9.2　三相异步电动机的运行状态

9-2　运行状态

在三相异步电动机的拖动系统中，当电动机驱动不同的负载时，通过改变三相异步电动机的供电电压、相序和频率，或者改变电动机的电路参数，可以实现三相异步电动机在四个象限的运行。对于在各个象限的运行状态，三相异步电动机的定义方法与直流电动机是一致的。根据三相异步电动机转速 n 和电磁转矩 T 的方向的异同，三相异步电动机在四个象限的运行状态分为如下四种：

（1）第 I 象限：转速 n 和电磁转矩 T 同向，且都为正向。第 I 象限的运行状态为正向电动运行。

（2）第 II 象限：转速 n 和电磁转矩 T 方向相反，转速 n 为正向，电磁转矩 T 为负向，电动机运行在电磁制动或发电状态。第 II 象限的运行状态包括正向回馈制动、反接制动和能耗制动。

（3）第 III 象限：转速 n 和电磁转矩 T 同向，且都为负向。第 III 象限的运行状态为反向电动运行。

（4）第 IV 象限：转速 n 和电磁转矩 T 方向相反，转速 n 为负向，电磁转矩 T 为正向，电动机运行在电磁制动或发电状态。第 IV 象限的运行状态包括反向回馈制动、反接制动、能耗制动和倒拉反转。

9.2.1　电动运行

图 9-7 中给出了三相异步电动机在第 I 和第 III 象限的运行状态。第 I 象限的 A 点处于正向电动运行状态，而第 III 象限的 B 点处于反向电动运行状态。无论是正向电动运行还是反向电动运行，转速 n 与电磁转矩 T 都是同方向的，电磁转矩为拖动性转矩，因此电动机将输入的电功率转变为输出的机械功率，即在第 I 和第 III 象限三相异步电动机是对外做功的。

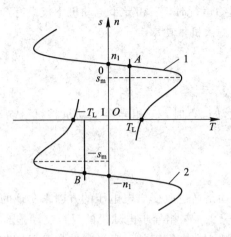

图 9-7　三相异步电动机的电动运行

9.2.2　回馈制动

图 9-8 中给出了三相异步电动机在第 Ⅱ 和第 Ⅳ 象限的回馈制动运行。第 Ⅱ 象限的 BC 段和第 Ⅳ 象限的 EF 段分别为正向回馈制动运行段和反向回馈制动运行段。下面以 BC 段为例进行分析。开始时三相异步电动机带负载运行于第 Ⅰ 象限的 A 点。采用恒压频比调速方法进行调速，在某一时刻按恒比例同时降低电源电压和频率，则电动机的机械特性 1 变为机械特性 2，在降低的瞬间电动机的转速来不及变化，电动机由第 Ⅰ 象限的 A 点过渡到第 Ⅱ 象限的 B 点，此时电动机的转速 $n > n'_1$，电动机处于发电运行状态，电动机沿着线段 BC 运行到 C 点，并继续运行，进入正向电动运行。同样可以分析第 Ⅳ 象限的 EF 段反向回馈制动运行。

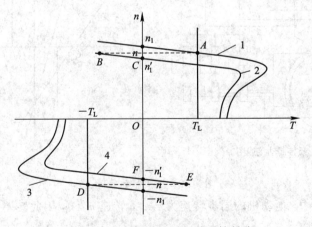

图 9-8　三相异步电动机的回馈制动

在 BC 段，转速 $n > n'_1$，则有

$$s = \frac{n'_1 - n}{n'_1} < 0 \tag{9-14}$$

在 BC 段，三相异步电动机的总机械功率 P_m 为

$$P_m = 3 I'^2_2 \frac{1-s}{s} R'_2 < 0 \tag{9-15}$$

$P_m<0$ 说明在正向回馈制动运行时,三相异步电动机不仅没有产生机械功率,反而是在由高速到低速下降的过程中输入机械功率。

电磁功率 P_M 为

$$P_M = 3I_2'^2 \frac{R_2'}{s} < 0 \qquad (9-16)$$

$P_M<0$ 说明在正向回馈制动运行时,三相异步电动机将机械功率转换成电功率并回馈到电网。

9.2.3 反接制动

直流电动机的反接制动是通过改变供电电压的方向来实现的,而三相异步电动机改变供电电压的方向是没有意义的。三相异步电动机的反接制动是通过改变三相供电电源的相序从而改变定子磁场的旋转方向来实现的。反接制动的接线图如图 9-9(a)所示,当电动机在正向电动运行时,打开开关 S_1,同时闭合开关 S_2,电动机即由正向电动运行开始向反接制动过渡。如图 9-9(b)所示,在反接制动开始的瞬间,电动机由机械特性 1 上的 A 点开始制动,如果反接制动的机械特性为曲线 2,则电动机在经历反接制动过程 DE 之后,电动机会停下来。只要反接制动的机械特性曲线与横轴的交点在 $|T|<T_L$ 内,电动机就能实现反接制动停机。当反接制动的机械特性为曲线 3 时,电动机在经历反接制动过程 BC 之后,并不会停机,会由 C 反向起动并进入反向电动运行。

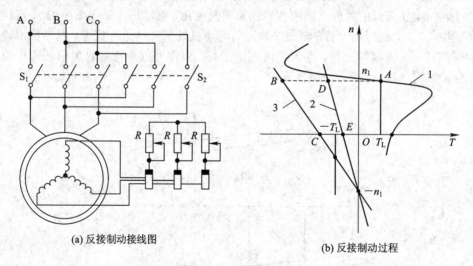

(a) 反接制动接线图   (b) 反接制动过程

图 9-9 反接制动分析

反接制动过程中,电动机的同步转速为 $-n_1$,转速 $n>0$,因此转差率 $s>1$。电动机的总机械功率 P_m 为

$$P_m = 3I_2'^2 \frac{1-s}{s} R_2' < 0 \qquad (9-17)$$

电动机没有机械功率输出,而是输入机械功率并变换成电功率。电磁功率 P_M 为

$$P_M = 3I_2'^2 \frac{R_2'}{s} > 0 \qquad (9-18)$$

即电动机仍然从电网吸收电功率。此时转子铜耗为

$$p_{\text{Cu2}} = 3I_2'^2 R_2' = P_{\text{M}} - P_{\text{m}} = P_{\text{M}} + |P_{\text{m}}| \tag{9-19}$$

由式(9-19)可以看出,转子回路中的电阻不仅将电网吸收的电功率 P_{M} 消耗掉,而且将电动机的总机械功率 P_{m} 也消耗掉了。因此,必须在转子回路中串入较大的电阻,以限制电机的电流,保护电动机不至于过热而烧毁。因此,反接制动更加适合于三相绕线式异步电动机,而不适合于三相鼠笼式异步电动机。

如果三相异步电动机拖动负载较小的反抗性恒转矩负载,则在反接制动结束时应该及时切断三相电源,并采用机械抱闸装置,使得电动机可靠停机,否则电动机会反向起动,进而反向电动运行。

在反接制动过程中转子串入的电阻需要根据制动所要求的最大制动转矩进行计算。为了简化计算,可以认为反接制动瞬间的转差率 $s \approx 2$。

9.2.4 能耗制动

三相异步电动机的能耗制动接线图如图 9-10(a)所示。开始时电动机拖动负载运行于图 9-10(b)中第 Ⅰ 象限的 A 点。在某一时刻将开关 S_1 打开,同时将开关 S_2 闭合,电动机定子侧从三相电源断开,并在任意两相接入直流电压 U_d,则电动机由机械特性曲线 1 的 A 点过渡到机械特性曲线 2 的 B 点,电动机将沿着机械特性曲线 2 进行能耗制动。在三相异步电动机定子两相中接入直流电时,会在电动机中形成一个固定不动的磁场,此时固定的磁场将切割旋转的转子而使转子产生制动转矩并逐渐停下来,这种方法称为**能耗制动**。

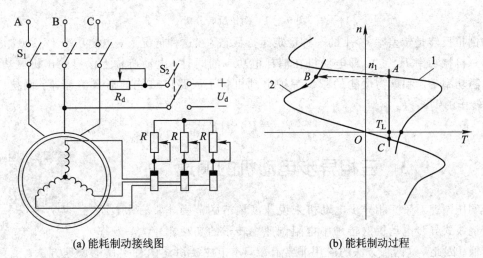

(a) 能耗制动接线图　　　　　　　　(b) 能耗制动过程

图 9-10　能耗制动分析

在能耗制动过程中,可以通过调节串联电阻 R_d 的大小以调节定子磁场的强弱。对于三相绕线式异步电动机,还可以通过调节转子所串电阻的大小对能耗制动机械特性曲线的斜率进行调节。

在能耗制动过程中,如果三相异步电动机带的是反抗性恒转矩负载,则电动机会能耗制动直到零点,并能够停在零点。如果电动机带的是位能性恒转矩负载,则在电动机运行到零点时必须采用机械抱闸装置,否则电动机会反向起动,直到达到 C 点。在 C 点重物拉着电动机反向运行,也就是倒拉反转。

9.2.5　倒拉反转

倒拉反转是指重物拉着电动机反向旋转。在三相异步电动机中，当电动机拖动位能性恒转矩负载时，有两种情况可能导致倒拉反转的发生，如图 9 - 11 所示。

(1) 三相绕线式异步电动机在转子串电阻降速的过程中，如果串入的电阻过大，就有可能导致重物拉着电动机反向起动，形成倒拉反转，如图 9 - 11(a)中 C 点。

(2) 当三相异步电动机在能耗制动时，若在转速等于零时没有进行抱闸处理，则重物也会拉着电动机反向起动，形成倒拉反转，如图 9 - 11(b)中 C 点。

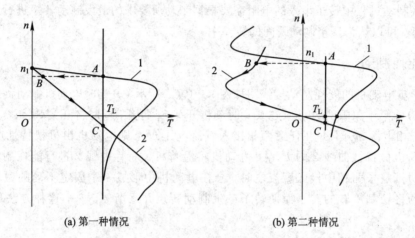

(a) 第一种情况　　　　　　　　　　　(b) 第二种情况

图 9 - 11　倒拉反转分析

倒拉反转是转差率 $s>1$ 的一种稳定运行状态。在这种情况下，电磁功率 $P_M>0$，电动机的总机械功率 $P_m<0$，即电动机在消耗电功率的同时，电动机轴上没有输出机械功率，即电磁功率 P_M 和重物位能的减少都被电动机转子回路以热能的形式消耗掉。倒拉反转时，转子的铜耗为

$$p_{Cu2}=P_M+|P_m| \tag{9-20}$$

9.3　三相异步电动机的调速

调压调速对于三相异步电动机来说速度调节的范围非常有限，而三相绕线式异步电动机的转子串电阻调速中转子的功耗比较大，效率比较低。因此，这两种方法的应用非常有限，本节主要讲述两种实用的调速方法：变频调速和变极对数调速。

9 - 3　调速方法

9.3.1　变频调速

变频调速也称为**变压变频**（Variable Voltage and Variable Frequency，VVVF）调速，通过同时改变供电电源的电压和频率来改变同步转速，实现电动机的调速。这种方法调速范围宽，调速的精度和效率也较高，且能够实现电动机的无级调速。

通常将三相异步电动机的额定频率 f_{1N} 定义为**基频**。根据电动机调速的不同特性可以将调速区域分为两个：基频以下的调速和基频以上的调速。在**基频以下的调速为恒转矩调**

速，在基频以上的调速为恒功率调速。

1. 基频以下的调速

对于三相异步电动机的调速，通常希望保持电动机的主磁通 Φ_1 不变，因为主磁通 Φ_1 增大将引起磁路过饱和，电动机励磁电流急剧增加，可能烧毁电机；而主磁通 Φ_1 减小将使电动机的最大电磁转矩和过载能力下降。基频以下的调速都是保持主磁通 Φ_1 不变。根据三相异步电动机的等效电路，忽略定子漏阻抗时，可以得到

$$U_1 \approx E_1 = 4.44 k_{dp1} f_1 N_1 \Phi_1 \tag{9-21}$$

由式(9-21)可以发现：

$$\frac{U_1}{f_1} \approx \frac{E_1}{f_1} = 4.44 k_{dp1} N_1 \Phi_1 \tag{9-22}$$

为了保持主磁通 Φ_1 不变，可以采用两种方法：即保持定子电压 U_1 与供电频率 f_1 的比值不变，或者保持定子侧感应电动势 E_1 与供电频率 f_1 的比值不变。下面分别针对这两种方法介绍三相异步电动机基频以下的调速。

1) E_1/f_1 等于常数

在保持 E_1/f_1 等于常数的情况下，三相异步电动机的主磁通 Φ_1 保持恒定，这种方式的变频调速属于**恒磁通变频调速**。

为了分析三相异步电动机在恒磁通变频调速下的机械特性，下面首先进一步分析三相异步电动机的电磁转矩 T。三相异步电动机的电磁转矩 T 的计算式为

$$T = \frac{P_M}{\omega_{m1}} = \frac{3 I_2'^2 \dfrac{R_2'}{s}}{\dfrac{2\pi n_1}{60}} = \frac{3p}{2\pi f_1} \left[\frac{E_2'}{\sqrt{\left(\dfrac{R_2'}{s}\right)^2 + X_2'^2}} \right]^2 \frac{R_2'}{s} \tag{9-23}$$

由于 $E_2' = E_1$，因此式(9-23)可以改写为

$$T = \frac{3p}{2\pi f_1} \left[\frac{E_1}{\sqrt{\left(\dfrac{R_2'}{s}\right)^2 + X_2'^2}} \right]^2 \frac{R_2'}{s} = \frac{3p f_1}{2\pi} \left(\frac{E_1}{f_1}\right)^2 \frac{\dfrac{R_2'}{s}}{\left(\dfrac{R_2'}{s}\right)^2 + X_2'^2} \tag{9-24}$$

式(9-24)比较复杂，很难直接看出这时电动机的机械特性的特点。下面根据式(9-24)计算电动机的最大电磁转矩 T_m 和临界转差率 s_m。

电动机的最大电磁转矩 T_m 出现在 $dT/ds = 0$ 处，该处的转差率即为临界转差率 s_m，可得

$$s_m = \frac{R_2'}{X_2'} \tag{9-25}$$

将临界转差率 s_m 代入式(9-24)，则可得到三相异步电动机的最大电磁转矩 T_m，即

$$T_m = \frac{3p f_1}{4\pi} \left(\frac{E_1}{f_1}\right)^2 \frac{1}{X_2'} \tag{9-26}$$

根据电路原理中电感与电抗之间的关系，可知

$$X_2' = \omega_1 L_2' = 2\pi f_1 L_2' \tag{9-27}$$

式中，L_2' 为转子静止时转子一相漏电感折算到定子侧的值。将式(9-27)代入式(9-26)中

可得

$$T_m = \frac{3p}{4\pi}\left(\frac{E_1}{f_1}\right)^2 \frac{f_1}{2\pi f_1 L_2'} = \frac{3p}{4\pi}\left(\frac{E_1}{f_1}\right)^2 \frac{1}{2\pi L_2'} \tag{9-28}$$

由式(9-28)可知,最大电磁转矩 T_m 为常数。三相异步电动机在最大电磁转矩处的转速下降 Δn_m 为

$$\Delta n_m = s_m n_1 = \frac{R_2'}{X_2'}\frac{60 f_1}{p} = \frac{R_2'}{2\pi f_1 L_2'}\frac{60 f_1}{p} = \frac{R_2'}{2\pi L_2'}\frac{60}{p} \tag{9-29}$$

由式(9-29)计算可以看出,Δn_m 也为常数。

根据上述分析,可以画出三相异步电动机在保持 E_1/f_1 等于常数的情况下的机械特性,如图9-12所示。在保持 E_1/f_1 等于常数的情况下的变频调速具有如下特点:

(1)在保持 E_1/f_1 等于常数的情况下,改变供电的频率 f_1,三相异步电动机的最大电磁转矩 T_m 保持不变。

(2)在保持 E_1/f_1 等于常数的情况下,改变供电的频率 f_1,三相异步电动机的最大转速下降 Δn_m 也保持不变。

(3)在保持 E_1/f_1 等于常数的情况下,在变频前后电动机的电磁转矩没有发生变化,这种调速方法属于恒转矩调速。

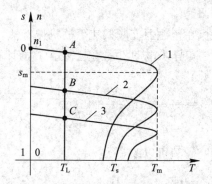

图9-12 保持 E_1/f_1 等于常数时的机械特性

在实际应用中,由于电动机定子感应电动势 E_1 不便于测量,而相电压 U_1 更易于测量,因此在实际变频调速中多采用保持 U_1/f_1 不变的变频调速。

2)U_1/f_1 等于常数

在保持 U_1/f_1 等于常数的情况下,三相异步电动机的主磁通 Φ_1 基本保持恒定。下面仍然根据三相异步电动机的电磁转矩的计算来分析在保持 U_1/f_1 等于常数的情况下电动机的机械特性。三相异步电动机的电磁转矩为

$$T = \frac{3p U_1^2 \dfrac{R_2'}{s}}{2\pi f_1\left[\left(R_1 + \dfrac{R_2'}{s}\right)^2 + (X_1 + X_2')^2\right]} = \frac{3p}{2\pi}\left(\frac{U_1}{f_1}\right)^2 \frac{f_1 \dfrac{R_2'}{s}}{\left(R_1 + \dfrac{R_2'}{s}\right)^2 + (X_1 + X_2')^2} \tag{9-30}$$

电动机的最大电磁转矩 T_m 出现在 $dT/ds = 0$ 处,该处的转差率即为临界转差率 s_m,可得

$$s_m = \frac{R_2'}{\sqrt{R_1^2 + (X_1 + X_2')^2}} \tag{9-31}$$

将临界转差率 s_m 代入式(9-30)，可得到三相异步电动机的最大电磁转矩 T_m 为

$$T_m = \frac{3p}{4\pi}\left(\frac{U_1}{f_1}\right)^2 \frac{f_1}{R_1 + \sqrt{R_1^2 + (X_1 + X_2')^2}}$$

$$= \frac{3p}{4\pi}\left(\frac{U_1}{f_1}\right)^2 \frac{1}{\frac{R_1}{f_1} + \sqrt{\left(\frac{R_1}{f_1}\right)^2 + 4\pi^2(L_1 + L_2')^2}} \qquad (9-32)$$

式中，$X_1 = 2\pi f_1 L_1$，$X_2 = 2\pi f_1 L_2'$。可以发现，当保持 U_1/f_1 等于常数时，电动机的最大电磁转矩 T_m 不是常数，而是随着供电频率 f_1 的下降，最大电磁转矩 T_m 逐渐减小。这是因为当电动机供电频率 f_1 较高时，定子电阻的影响可以忽略不计，而当供电频率比较小时，定子电阻在定子漏阻抗中所占的比例比较大，其影响不可忽略。在保持 U_1/f_1 等于常数时，最大电磁转矩 T_m 所对应的转速下降 Δn_m 为

$$\Delta n_m = s_m n_1 = \frac{R_2'}{\sqrt{R_1^2 + (X_1 + X_2')^2}}\frac{60 f_1}{p} = \frac{R_2'}{\sqrt{\left(\frac{R_1}{f_1}\right)^2 + 4\pi^2(L_1 + L_2')^2}}\frac{60}{p} \qquad (9-33)$$

由式(9-31)和式(9-33)可以看出，当保持 U_1/f_1 等于常数时，最大电磁转矩 T_m 对应的临界转差率 s_m 和转速下降 Δn_m 不是常数，而是随着供电频率的减小而分别增大和减小。

根据前面的分析，可以画出三相异步电动机在保持 U_1/f_1 等于常数情况下的机械特性，如图 9-13 所示。在保持 U_1/f_1 等于常数的情况下，变频调速具有如下特点：

（1）在保持 U_1/f_1 等于常数的情况下，改变供电的频率 f_1，三相异步电动机的最大电磁转矩 T_m 随着供电频率的下降而减小。

（2）在保持 U_1/f_1 等于常数的情况下，改变供电的频率 f_1，三相异步电动机的临界转差率 s_m 随着供电频率的下降而增大，即机械特性随着供电频率的下降而变软。

（3）三相异步电动机保持 U_1/f_1 等于常数的变频调速在供电频率比较小时受定子电阻的影响比较大。

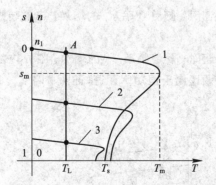

图 9-13　保持 U_1/f_1 等于常数的机械特性

在保持 U_1/f_1 等于常数的情况下，变频调速属于近似恒转矩调速。为了保持电磁转矩恒定，通常在低频时对供电电压进行适当的补偿，具体的补偿方法可参考相关技术文献。

2. 基频以上的调速

三相异步电动机在频率 f_1 高于基频 f_{1N} 时，由于电动机的供电电压不能高于额定电

压 U_N，因此只能保持额定电压 U_N 不变。当频率 f_1 逐渐上升时，主磁通 Φ_1 会逐渐减小，这种情况属于三相异步电动机的弱磁调速。下面分析三相异步电动机在基频以上调速的机械特性。

三相异步电动机的电磁转矩为

$$T = \frac{3pU_N^2 \dfrac{R_2'}{s}}{2\pi f_1 \left[\left(R_1 + \dfrac{R_2'}{s} \right)^2 + (X_1 + X_2')^2 \right]} \tag{9-34}$$

最大电磁转矩 T_m 为

$$T_m = \frac{3pU_N^2}{4\pi f_1 \left[R_1 + \sqrt{R_1^2 + (X_1 + X_2')^2} \right]} \tag{9-35}$$

临界转差率 s_m 为

$$s_m = \frac{R_2'}{\sqrt{R_1^2 + (X_1 + X_2')^2}} \tag{9-36}$$

由于供电频率 $f_1 > f_{1N}$，定子电阻 R_1 远远小于 X_1、X_2' 和 R_2'/s，因此式(9-35)和式(9-36)可以简化为

$$T_m \approx \frac{3pU_N^2}{8\pi^2 f_1^2 (L_1 + L_2')} \propto \frac{1}{f_1^2} \tag{9-37}$$

$$s_m \approx \frac{R_2'}{2\pi f_1 (L_1 + L_2')} \propto \frac{1}{f_1} \tag{9-38}$$

最大电磁转矩对应的转速下降为

$$\Delta n_m = s_m n_1 \approx \frac{R_2'}{2\pi f_1 (L_1 + L_2')} \frac{60 f_1}{p} = \frac{R_2'}{2\pi (L_1 + L_2')} \frac{60}{p} = 常数 \tag{9-39}$$

根据上面的分析，可以画出三相异步电动机在基频以上变频调速的机械特性，如图 9-14 所示。三相异步电动机在基频以上的变频调速具有如下特点：

(1) 在基频以上变频调速时，随着频率 f_1 的增加，电磁转矩的最大值 T_m 与频率的平方呈反比关系。

(2) 在基频以上变频调速时，随着频率 f_1 的增加，临界转差率 s_m 与频率呈反比关系。

(3) 在基频以上的变频调速属于恒功率调速（证明从略）。

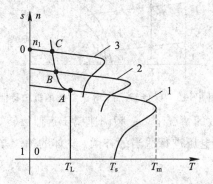

图 9-14 基频以上变频调速的机械特性

由于进行基频以上的调速，电动机的主磁通 Φ_1 减小，电动机带载能力下降，因此电动机不能带额定负载长时间运行。另外，由于电动机轴承和风扇等机械强度的限制，三相异步电动机基频以上弱磁调速时电动机的转速一般不超过电动机额定转速的 1.5 倍。

例 9.1　一台三相四极鼠笼式异步电动机的额定数据为：额定功率 $P_N = 25\ \text{kW}$，额定电压 $U_N = 380\ \text{V}$，额定频率 $f_{1N} = 50\ \text{Hz}$，额定电流 $I_N = 51.3\ \text{A}$，额定转速 $n_N = 1470\ \text{r/min}$。电动机采用保持 U_1/f_1 等于常数的变频调速，电动机拖动恒转矩 $T_L = 0.8T_N$ 的负载。当电动机的转速为 1000 r/min 时，电动机的供电电压 U_1 和频率 f_1 分别为多少？（忽略电动机的空载转矩 T_0）

解　电动机的同步转速 n_1 为

$$n_1 = \frac{60 f_{1N}}{p} = \frac{60 \times 50}{2} = 1500\ \text{r/min}$$

电动机的额定转差率 s_N 为

$$s_N = \frac{n_1 - n}{n_1} = \frac{1500 - 1470}{1500} = 0.02$$

电动机在 $T_L = 0.8T_N$ 时对应的转速下降为

$$\Delta n' = \frac{T_L}{T_N} \Delta n_N = 0.8 \times (1500 - 1470) = 24\ \text{r/min}$$

电动机在 $n' = 1000\ \text{r/min}$ 时的同步转速为

$$n_1' = n' + \Delta n' = 1000 + 24 = 1024\ \text{r/min}$$

供电频率 f_1 为

$$f_1 = \frac{p n_1'}{60} = \frac{2 \times 1024}{60} = 34.13\ \text{Hz}$$

供电电压 U_1 为

$$U_1 = \frac{U_N}{f_{1N}} f_1 = \frac{380}{50} \times 34.13 = 259.39\ \text{V}$$

9.3.2　变极对数调速

根据三相异步电动机转速的计算式(9-1)可知，通过改变电动机的极对数也可以实现电动机的调速。通过调整电动机的极对数，电动机的同步转速会成比例地增加或者减少。因为电动机的转差率 s 很小且变化不大，所以可以认为电动机的转速成倍地增加或者减少。

三相异步电动机的变极对数调速就是通过改变电动机绕组的接线方式，使得电动机的极对数增加或者减少。为了实现三相异步电动机的正常运行，在定子的极对数发生变化之后，转子的极对数也应该相应地发生变化。**鼠笼式转子的极对数能够适应定子的极对数而发生变化，而三相绕线式异步电动机的转子极对数无法按照定子极对数的变化而自动调整，因此变极对数调速只适用于三相鼠笼式异步电动机。**

1. 定子变极对数的原理

定子变极对数的原理是通过三相异步电动机定子绕组接线方式的调整来实现定子极对数的变化。下面以定子四极接线方式与两极接线方式的不同接线方法来分析定子极对数变化的原理。图 9-15 给出了 A 相绕组的两个线圈 A_1X_1 和 A_2X_2 串联的接线方式，根据右手定则可以判断出 A 相绕组在空间能够形成四个磁极。如果将两个线圈 A_1X_1 和 A_2X_2 进行并联连接，如图 9-16 所示，根据右手定则可以判断出 A 相绕组在空间能够形成两个磁极。根据上面的分析可以发现，通过改变定子绕组的接线方式就可以实现三相异步电动机的极对数调整。

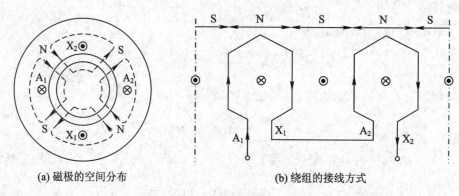

(a) 磁极的空间分布　　　　　　　　(b) 绕组的接线方式

图 9-15　四极空间分布和接线电路

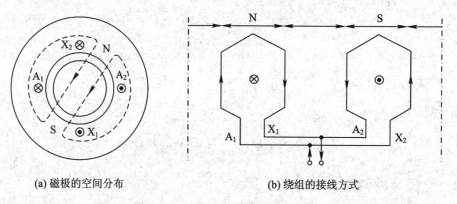

(a) 磁极的空间分布　　　　　　　　(b) 绕组的接线方式

图 9-16　两极空间分布和接线电路

2. 定子变极对数调速的接线方法

图 9-17(a) 中电动机三相绕组的接法为 Y 接法，假如电动机定子的极对数为 $2p$，将图 9-17(a) 中的接法改为图 9-17(b) 中的接法，一相绕组中的电流由串联变为了并联，则有一半的线圈电流方向发生了变化，接线由 Y 变为了 YY 接法，此时定子的极对数减少一半，即极对数由 $2p$ 变为了 p。

图 9-18(a) 中电动机的三相绕组的接法为△接法，与图 9-17 一样，也假定电动机的极对数为 $2p$，如果将 9-18(a) 中的接法改为图 9-18(b) 中的接法，则电动机定子的极对数也会减少一半。

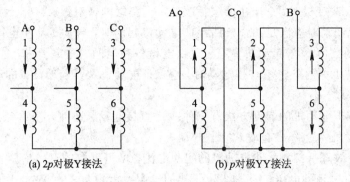

(a) 2p对极Y接法   (b) p对极YY接法

图 9 - 17   Y 接法变极对数的接线方式

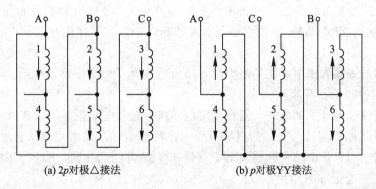

(a) 2p对极△接法   (b) p对极YY接法

图 9 - 18   △接法变极对数的接线方式

在通过改变绕组的接线方式改变电动机的极对数时，必须注意要调整两相电流的相序，否则电动机会反向旋转。其主要原因是：电动机的电角度等于极对数乘以机械角度，当极对数 $p=1$ 时，A、B 和 C 相的相序是 0°、120° 和 240°，而当极对数 $p=2$ 时，相序是 0°、$2 \times 120°$ 和 $2 \times 240°$（实际相序为 0°、240° 和 120°），即电动机极对数改变之后电动机的相序发生了变化，因此为了保证电动机的转向不变，必须调整电动机的相序。

变极对数调速的主要优点是设备简单，成本低，而不足之处是这种调速方法属于有级调速，同时接线也比较复杂，该方法也只能应用于三相鼠笼式异步电动机。因此，这种调速方法的应用也是非常有限的。

除了上面提到的调速方法，**矢量控制**(Vector Control)和**直接转矩控制**(Direct Torque Control)对三相异步电动机的调速都是非常有效的，这两种方法都属于**闭环控制方法**。关于这两种调速方法，可以参考相关技术文献。

本 章 小 结

（1）三相异步电动机的起动主要是解决两个方面的问题：① 如何限制三相异步电动机的起动电流，以防止对电动机和机械设备造成太大的冲击；② 如何在有限的电流情况下提升三相异步电动机的起动转矩，使得电动机可以正常起动。

（2）三相异步电动机的基本调速方法包括三个方面：① 改变供电的频率 f_1：主要包括变压变频；② 改变转差率 s：主要包括转子串电阻调速、定子电路串阻抗调速和改变电枢电压调速等；③ 改变极对数 p：主要包括改变定子绕组的极对数。

（3）电动机起动时应满足四个条件：① 电动机起动时，电动机对于电网造成的电压降不能超过规定的数值；② 起动功率不超过供电设备和电网的过载要求；③ 电动机的起动转矩应大于传动机械的静转矩；④ 起动时，应保证电动机及其起动设备的动稳定性和热稳定性。

（4）三相异步电动机的起动方法有三种：① 直接起动，这种方法适合于 7.5 kW 以下的三相异步电动机；② 降压起动；③ 软起动。

（5）为了有效降低三相异步电动机的起动电流，可以采取的有效措施主要包括三个方面：① 降低供电电源的电压；② 加大定子侧的电阻或者电抗；③ 加大转子侧的电阻或者电抗。

（6）对于三相鼠笼式异步电动机的降压起动，可以选择的方法主要有四种：① Y-△起动(也称为星-三角起动)；② 自耦变压器降压起动；③ 定子串阻抗起动；④ 定子串电阻起动。

（7）三相绕线式异步电动机的最大优点是可以在转子回路中串入电阻、频敏变阻器或者电动势来改善起动和调速性能。

（8）三相异步电动机的软起动器可以将电动机的起动电流限制为额定电流的 1～4 倍。三相异步电动机的软起动主要包括两种：① 恒流软起动；② 斜坡恒流软起动。

（9）根据三相异步电动机转速 n 和电磁转矩 T 的方向的异同，三相异步电动机在四个象限的运行状态分为如下四种：

① 第 Ⅰ 象限：转速 n 和电磁转矩 T 同向，且都为正向。在第 Ⅰ 象限的运行状态为正向电动运行。

② 第 Ⅱ 象限：转速 n 和电磁转矩 T 方向相反，转速 n 为正向，电磁转矩 T 为负向，电动机运行在电磁制动或发电状态。在第 Ⅱ 象限的运行状态包括正向回馈制动、反接制动和能耗制动。

③ 第 Ⅲ 象限：转速 n 和电磁转矩 T 同向，且都为负向。在第 Ⅲ 象限的运行状态为反向电动运行。

④ 第 Ⅳ 象限：转速 n 和电磁转矩 T 方向相反，转速 n 为负向，电磁转矩 T 为正向，电动机运行在电磁制动或发电状态。在第 Ⅳ 象限的运行状态包括反向回馈制动、反接制动、能耗制动和倒拉反转。

（10）变频调速也称为变压变频调速，是指通过同时改变供电电源的电压和频率来改变同步转速，实现电动机的调速。这种方法调速范围宽，调速的精度和效率也较高，且能够实现电动机的无级调速。

（11）根据电动机调速的不同特性可以将调速区域分为两个：基频以下的调速和基频以上的调速。其中，基频以下的调速为恒转矩调速，基频以上的调速为恒功率调速。

（12）三相异步电动机在保持 E_1/f_1 等于常数的情况下的变频调速具有如下特点：

① 在保持 E_1/f_1 等于常数的情况下，改变供电的频率 f_1，三相异步电动机的最大电磁转矩 T_m 保持不变。

② 在保持 E_1/f_1 等于常数的情况下，改变供电的频率 f_1，三相异步电动机的最大转速下降 Δn_m 也保持不变。

③ 在保持 E_1/f_1 等于常数的情况下，在变频前后电动机的电磁转矩没有发生变化，这种调速方法属于恒转矩调速。

(13) 三相异步电动机在保持 U_1/f_1 等于常数的情况下的变频调速具有如下特点：

① 在保持 U_1/f_1 等于常数的情况下，改变供电的频率 f_1，三相异步电动机的最大电磁转矩 T_m 随着供电频率的下降而减小。

② 在保持 U_1/f_1 等于常数的情况下，改变供电的频率 f_1，三相异步电动机的临界转差率 s_m 随着供电频率的下降而增大，即机械特性随着供电频率的下降而变软。

③ 三相异步电动机保持 U_1/f_1 等于常数的变频调速在供电频率比较小时受定子电阻的影响比较大。

(14) 鼠笼式转子的极对数能够适应定子的极对数而变化，而绕线式转子的极对数无法按照定子极对数的变化而自动调整，因此变极对数调速只适用于三相鼠笼式异步电动机。

习　题

一、选择题

1. 三相异步电动机的反向电动运行状态在（　　）。

A. 第一象限　　　　B. 第二象限　　　　C. 第三象限　　　　D. 第四象限

2. 三相异步电动机的能耗制动在第（　　）象限。

A. 第一、三象限　　　　　　　　B. 第一、二象限

C. 第二、三象限　　　　　　　　D. 第二、四象限

3. 在 Y-△起动时，三相异步电动机的起动转矩和电流分别为直接起动的（　　）。

A. $1/3$，$1/\sqrt{3}$　　　B. $1/3$，$1/3$　　　C. $1/\sqrt{3}$，$1/\sqrt{3}$　　　D. $1/\sqrt{3}$，$1/3$

4. 在变频调速中，供电电压 U_1 和频率 f_1 都变为额定值的 50%，则主磁通 Φ_1 变为额定磁通的（　　）。

A. 50%　　　　　B. 接近 100%　　　　C. 25%

5. 一台三相绕线式异步电动机拖动起重机工作，若重物提升到一定的高度需要停在空中，不使用抱闸装置等办法，可以采用的办法是（　　）。

A. 对调定子任意两相　　B. 降低电源电压　　C. 转子串接适当电阻

二、填空题

1. 三相异步电动机采用 Y-△起动时，起动电流为直接起动的＿＿＿＿倍，起动转矩为直接起动的＿＿＿＿倍。

2. 三相异步电动机在变频调速时，为了保持＿＿＿＿不变，U_1/f_1 的值应保持＿＿＿＿。

3. 三相异步电动机的正向回馈制动运行在＿＿＿＿象限，倒拉反转在＿＿＿＿象限，能耗制动在＿＿＿＿象限。

三、简答题

1. 三相异步电动机一般有哪几种调速方法？

2. 三相异步电动机的起动需要解决哪些问题？

3. 一般电动机的起动需要满足哪些条件？

4. 为什么三相异步电动机要采用 Y-△起动，这种方法对于电动机的起动电流和起动转矩有什么影响？

5. 三相绕线式异步电动机转子串电阻调速有哪些特点？

6. 三相异步电动机在每个象限都存在什么样的运行状态？

7. 变频调速的原理是什么，变频调速有哪些优点？

8. 三相异步电动机是如何进行能耗制动的？

四、计算题

1. 一台三相异步电动机，额定功率 $P_N=22$ kW，额定电压 $U_N=380$ V，额定效率 $\eta_N=92\%$，定子侧额定功率因数 $\cos\varphi_{1N}=0.85$。定子绕组采用三角形接法。当电动机在额定负载下直接起动时，测得电网供给电动机的起动电流的最大值是额定电流的 5.5 倍。为了降低电动机的起动电流，现在采用 Y-△起动，电动机起动电流的最大值是多少？

2. 一台三相绕线式异步电动机，额定频率 $f_{1N}=50$ Hz，额定电压 $U_N=380$ V，额定功率 $P_N=100$ kW，额定转速 $n_N=970$ r/min。当电动机带额定负载运行时，采用变压变频调速，使该电机运行于 450 r/min，电动机的电压和频率分别是多少？

第 10 章　单相异步电动机

[摘要]　本章主要解决三个方面的问题：① 单相异步电动机一般情况下是如何进行分类的，它们分别具有哪些用途？② 单相异步电动机的工作原理是怎样的？③ 分相、罩极和串励三种单相异步电动机的原理是怎样的？

单相异步电动机又称为单相感应电动机，在我国一般是指使用 220 V、50 Hz 单相交流电源供电的小功率单相鼠笼式异步电动机。单相异步电动机的功率一般不会大于 3.7 kW。由于单相异步电动机可以在单相电源情况下运行，同时单相异步电动机又具有结构简单、价格低廉、运行可靠、噪声小、振动小和维护方便等一系列优点，因此单相异步电动机的应用非常广泛，在国民经济中发挥着重要的作用。

【注】　单相交流电源在不同的国家或者地区其定义是有区别的。例如，在美国单相交流电是 110 V、60 Hz，在日本是 100 V、60/50 Hz，在德国、英国和法国等欧洲国家大部分是 220 V、50 Hz。

10.1　单相异步电动机的分类和用途

根据交流电机磁场形成原理的分析可知，单相交流电在电动机内部只能形成脉振磁场，而无法形成旋转的磁场，因此单相异步电动机内部不能仅仅是一相绕组，否则电动机是无法起动的。根据单相异步电动机主磁场形成方式的不同，单相异步电动机可以分为以下三种主要类型：

（1）分相单相异步电动机。根据分相方法的不同，分相单相异步电动机可以分为电阻分相、电容分相、电容运行、电容起动与运行四种类型。

（2）单相罩极式异步电动机。根据磁极形状的不同，单相罩极式异步电动机又可以分为凸极式和隐极式两种类型。

（3）单相串励电动机。**单相串励电动机属于交、直流两用的电动机，又称为通用电动机**。单相串励电动机既可以使用交流电源供电，又可以使用直流电源供电。

与三相异步电动机相比，单相异步电动机的体积相对较大，转矩脉动也较大，功率因数和效率相对较低，当电动机功率较大时会导致电网三相电流不平衡，因此单相异步电动机不适合应用于功率比较大、控制性能比较好的场合。在很多家庭以及民用和农用环境中，三相电是不容易得到的，这大大拓展了单相异步电动机的应用领域。由于供电电源的限制，单相异步电动机在很多应用场合是很难被三相异步电动机替代的。

在日常生活中，我们接触最多的交流电机就是单相异步电动机，单相异步电动机为日常生活提供了很多便利。单相异步电动机的应用场合主要包括小型机床、轻工设备、家庭机械、食品加工机械、医疗器械、家用电器、小型农业机械设备等，具体如豆浆机、微波炉、洗衣机、电冰箱、吸尘器、吹风机、风扇、水泵、粉碎机、手电钻和砂轮机等。

10.2　单相异步电动机的工作原理

10.2.1　单相绕组的机械特性

对于异步电动机来说，电动机要能够运行，在电动机内部必须存在旋转的磁场。假如在单相异步电动机中只存在一个绕组，根据第 6 章的分析，单相绕组会形成位置固定而幅值按照正弦规律变化的脉振磁动势 $\dot{F}$。单相绕组形成的脉振磁动势可以分解为两个转向相反、转速和幅值大小相同的旋转磁动势 $\dot{F}_+$ 和 $\dot{F}_-$。电动机转子所受到的电磁转矩为两个旋转磁动势 $\dot{F}_+$ 和 $\dot{F}_-$ 分别在转子绕组所形成的电磁转矩的和，如图 10-1 所示。在图 10-1 中，$T_+=f(n)$ 代表正向磁动势 $\dot{F}_+$ 在转子上形成的电磁转矩，$T_-=f(n)$ 代表反向磁动势 $\dot{F}_-$ 在转子上形成的电磁转矩，$T=f(n)$ 代表磁动势 $\dot{F}$ 在转子上形成的电磁转矩，$T=T_++T_-$。

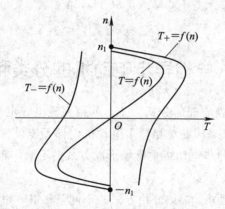

图 10-1　一相绕组时的机械特性

单相异步电动机在一相绕组通电的情况下具有如下五个主要特点：

（1）当电动机的转速为零时，电磁转矩也为零，即单相异步电动机在一相绕组通电的情况下，电动机无法形成起动转矩。

（2）当转速大于零时，电磁转矩大于零，电动机的机械特性在第一象限，而当转速小于零时，电磁转矩也小于零，电动机的机械特性在第三象限。由于单相异步电动机在刚开始起动时是无法确定转向的，因此必须采取措施保证电动机的旋转方向。

（3）单相异步电动机的最高转速小于同步转速 n_1，即单相异步电动机在理想空载情况下也无法达到同步转速。

（4）由于负转矩的存在使得单相异步电动机的效率较低，因此单相异步电动机的效率为同容量三相异步电动机效率的 $75\%\sim90\%$。

（5）单相异步电动机的效率较低，在容量相同的情况下，单相异步电动机的体积为三相异步电动机的体积的 $1.5\sim2.5$ 倍；而在体积相同的情况下，单相异步电动机的容量约为三相异步电动机的容量的 $40\%\sim70\%$。

　　单相异步电动机的最大缺点是在仅单相通电的情况下，电动机无法形成起动转矩，导致电动机无法起动。要解决单相异步电动机的起动问题，必须在电动机中至少存在两个不同相位的电流，使得单相异步电动机的机械特性离开原点，因此单相异步电动机中必须存在两个不同的绕组。

10.2.2　两相绕组的机械特性

　　为了在单相异步电动机中形成两个不同相位的电流，需要在异步电动机中增加一个分相绕组，称为**副绕组**，原来的绕组称为**主绕组**。当主绕组和副绕组通入不同相位的交流电时，一般情况下电动机内部会形成椭圆形磁动势 $\dot{F}$。一个椭圆形旋转磁动势可以分解为两个旋转磁动势：正向旋转磁动势 $\dot{F}_+$ 和反向旋转磁动势 $\dot{F}_-$。正向旋转磁动势会在单相异步电动机的转子上形成正向电磁转矩 $T_+=f(n)$，而反向旋转磁动势 $\dot{F}_-$ 会在转子上形成反向电磁转矩 $T_-=f(n)$，如图 10-2 所示。正向和反向电磁转矩合成的电磁转矩为一条不经过原点的曲线，即单相异步电动机在静止状态下通电时，电动机会形成正向电磁转矩，因此电动机具有了起动的能力。在图 10-2 中，$F_+>F_-$。当 $F_+<F_-$ 时，电动机在起动时具有反向起动能力，可以实现单相异步电动机的反向运行。

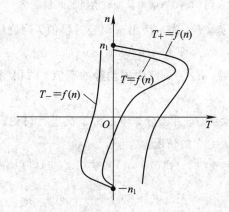

图 10-2　两相绕组时的机械特性

　　如果在主绕组和副绕组中形成的磁动势相位相差 $90°$ 电角度，则在电动机内部会形成圆形旋转磁动势，相应地，$\dot{F}_+=\dot{F}$，$\dot{F}_-=0$，电动机的电磁转矩 $T=T_+$，$T_-=0$，单相异步电动机具有与三相异步电动机一样的机械特性。这样单相异步电动机也具有了较高的效率，因此在主绕组和副绕组形成相位相差 $90°$ 的磁动势是单相异步电动机的设计目标。

　　根据上面的分析可知，单相异步电动机设计的关键问题是起动问题。单相异步电动机起动的两个必要条件是：第一，定子具有两个相位不同的绕组；第二，两个绕组中通入不同相位的交流电。为了确保单相异步电动机主绕组和副绕组中具有不同相位的电流，必须采取措施将两个绕组中的电流相位区分开，这就是单相异步电动机的分相。下面以电容分相为例来介绍两相绕组磁动势的形成原理。

1. 两相绕组的磁动势

图 10-3(a)给出了电容分相单相异步电动机的电路原理图，图 10-3(b)给出了两相绕组电压和电流的相量关系图。由图 10-3(a)可知，副绕组在空间位置上超前于主绕组 90°电角度，副绕组为容性的，副绕组中的电流 $\dot{I}_a$ 超前于电压 $\dot{U}_1$ 的角度为 θ_a 电角度；而主绕组为感性的，主绕组中的电流 $\dot{I}_m$ 滞后于电压 $\dot{U}_1$ 的角度为 θ_m 电角度。两个绕组中电流的相位相差 $\theta_{am}=\theta_a+\theta_m$。主绕组形成的磁动势为

$$f_m=F_m\cos\alpha\cos\omega t \tag{10-1}$$

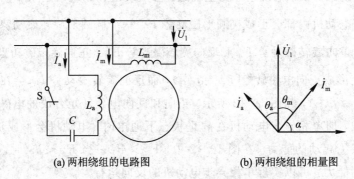

(a) 两相绕组的电路图　　　　　(b) 两相绕组的相量图

图 10-3　单相异步电动机的两相绕组

式中，f_m 为主绕组的磁动势，F_m 为主绕组磁动势的幅值。副绕组形成的磁动势为

$$f_a=F_a\cos(\alpha-90°)\cos(\omega t-\theta_{am}) \tag{10-2}$$

式中，f_a 为副绕组的磁动势，F_a 为副绕组磁动势的幅值。两相绕组合成的总磁动势为

$$f_t=f_a+f_m \tag{10-3}$$

两相绕组合成的总磁动势 f_t 可以分如下三种情况进行讨论。

(1) $F_a=F_m=F_1$，$\theta_{am}=90°$的情况。

当 $F_a=F_m=F_1$，$\theta_{am}=90°$时，式(10-1)和式(10-2)可以分别改写为

$$f_m=\frac{F_1}{2}\cos(\alpha-\omega t)+\frac{F_1}{2}\cos(\alpha+\omega t) \tag{10-4}$$

$$f_a=\frac{F_1}{2}\cos(\alpha-\omega t)-\frac{F_1}{2}\cos(\alpha+\omega t) \tag{10-5}$$

则合成磁动势 f_t 为

$$f_t=f_a+f_m=F_1\cos(\alpha-\omega t) \tag{10-6}$$

此时两相绕组可以形成与三相异步电动机一样的正向旋转圆形磁动势。这种情况也是单相异步电动机控制的理想状态。

(2) $F_a\neq F_m$，$\theta_{am}=90°$的情况。

当 $F_a\neq F_m$，$\theta_{am}=90°$时，一般情况是副绕组的磁动势小于主绕组形成的磁动势，即 $F_a<F_m$。在这种情况下，式(10-1)和式(10-2)可以分别改写为

$$f_{\mathrm{m}} = \frac{F_{\mathrm{m}}}{2}\cos(\alpha - \omega t) + \frac{F_{\mathrm{m}}}{2}\cos(\alpha + \omega t) \tag{10-7}$$

$$f_{\mathrm{a}} = \frac{F_{\mathrm{a}}}{2}\cos(\alpha - \omega t) - \frac{F_{\mathrm{a}}}{2}\cos(\alpha + \omega t) \tag{10-8}$$

则合成磁动势 f_{t} 为

$$f_{\mathrm{t}} = f_{\mathrm{m}} + f_{\mathrm{a}} = \frac{1}{2}(F_{\mathrm{m}} + F_{\mathrm{a}})\cos(\alpha - \omega t) + \frac{1}{2}(F_{\mathrm{m}} - F_{\mathrm{a}})\cos(\alpha + \omega t)$$

$$= F_{+}\cos(\alpha - \omega t) + F_{-}\cos(\alpha + \omega t) \tag{10-9}$$

式中，$F_{+} = (F_{\mathrm{m}} + F_{\mathrm{a}})/2$，$F_{-} = (F_{\mathrm{m}} - F_{\mathrm{a}})/2$。此时电动机内部存在两个圆形旋转磁动势，一个为正向旋转，另一个为反向旋转，合成磁动势为椭圆形旋转磁动势。

（3）$F_{\mathrm{a}} = F_{\mathrm{m}}$，$\theta_{\mathrm{am}} \neq 90°$ 和 $F_{\mathrm{a}} \neq F_{\mathrm{m}}$，$\theta_{\mathrm{am}} \neq 90°$ 的情况。

在 $F_{\mathrm{a}} = F_{\mathrm{m}}$，$\theta_{\mathrm{am}} \neq 90°$ 和 $F_{\mathrm{a}} \neq F_{\mathrm{m}}$，$\theta_{\mathrm{am}} \neq 90°$ 的情况下，单相异步电动机两相绕组只能形成椭圆形旋转磁动势。

2. 转子的磁动势

单相异步电动机的转子为单相绕组时，转子侧形成的是脉振磁动势。转子侧的脉振磁动势可以分解为两个旋转方向相反、幅值大小一样的正向旋转磁动势和反向旋转磁动势。在转子侧虽然存在反向旋转的磁动势，但是单相异步电动机在正常运行时，由于转子绕组对正向旋转磁动势形成的正向旋转磁场的阻尼很小，而对反向旋转磁动势形成的反向旋转磁场的阻尼很大，因此单相异步电动机内部的正向磁通远大于反向磁通。

10.3　分相单相异步电动机的工作原理

单相异步电动机的分相是指采用电阻或者电容将单相电流分解为电动机内部两个相位不同的电流的过程。根据电阻和电容分相方法的不同，分相单相异步电动机可以分为单相电阻分相起动异步电动机、单相电容分相起动异步电动机、单相电容分相运行异步电动机、单相电容分相起动与运行异步电动机。

10.3.1　单相电阻分相起动异步电动机

单相电阻分相起动异步电动机的电路图如图 10-4(a) 所示，副绕组在定子空间位置上超前于主绕组 90°电角度，副绕组的匝数比主绕组少，同时副绕组采用比主绕组截面积更小的导线，这样副绕组的电感比主绕组的小，而电阻要比主绕组的大，这种设计就可以使得副绕组中的电流 $\dot{I}_{\mathrm{a}}$ 超前于主绕组中的电流 $\dot{I}_{\mathrm{m}}$，电流的相位图如图 10-4(b) 所示。采用这种设计方法，就可以在单相异步电动机内部形成不对称的两相电流，相应地电动机内部就可以形成旋转的磁场，使得单相异步电动机能够形成起动转矩。由于辅助绕组具有比主绕组更大的电阻，如果在运行过程中不将辅助绕组切除，辅助绕组会消耗大量的电能，使得电动机的效率非常低，因此通常在电动机的转速达到同步转速的 75%～80% 时，通过离心开关将辅助绕组从电源处断开。

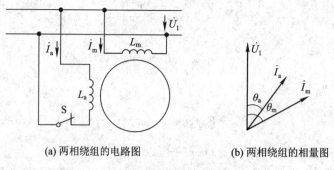

(a) 两相绕组的电路图　　　　　　(b) 两相绕组的相量图

图 10 - 4　单相电阻分相起动异步电动机

单相电阻分相起动异步电动机的起动转矩比较小，而起动电流比较大，电动机的过载能力也比较小，这种电动机适合于小惯量、不经常起动和转速要求基本不变的场合，如小型水泵、风机和家用电器。单相电阻分相起动异步电动机的功率都比较小，一般为 50～500 W。在该功率范围内，电动机可以获得较高的性价比。

10.3.2　单相电容分相起动异步电动机

单相电容分相起动异步电动机的电路图如图 10 - 3(a)所示。与单相电阻分相起动异步电动机相比，单相电容分相起动异步电动机具有如下三个优点：

(1) 如果起动电容选择合理，则可以使得副绕组中的电流 $\dot{I}_a$ 超前于主绕组电流 $\dot{I}_m$ 90°电角度。又由于副绕组在空间上超前于主绕组 90°电角度，因此可以形成接近圆形的旋转磁动势。

(2) 副绕组中的容抗可以抵消部分感抗，副绕组的匝数可以多一些，使副绕组可以产生较大的磁动势。

(3) 电容分相起动具有较小的起动电流，而起动转矩相对比较大。

对于单相电容分相起动异步电动机，当电动机的转速达到同步转速的 75%～80% 时，可以通过离心开关将起动电容从电源处断开。因为电容只用于电动机的起动，所以对起动电容的耐压要求不高。

10.3.3　单相电容分相运行异步电动机

单相电容分相运行异步电动机中的电容在起动和运行过程中都起作用，电容不从电路中切除，该电容有两个作用：第一，使单相异步电动机具有起动转矩；第二，在运行过程中可以保证单相异步电动机具有较高的功率因数、效率和过载倍数。

一般单相电容分相运行异步电动机中的电容量的选配主要考虑的是运行的要求，使电动机在运行过程中能产生接近圆形的旋转磁动势。在确保运行时具有圆形磁动势的情况下，并不能保证电动机在起动时也具有圆形旋转磁动势，因此这种电动机起动时的磁动势为椭圆形，这样会导致电动机的起动转矩较小，起动电流较大，起动性能没有单相电容分相起动异步电动机的起动性能好。

10.3.4　单相电容分相起动与运行异步电动机

单相电容分相起动与运行异步电动机具有两个电容，如图 10-5(a)所示，一个电容用于电动机的起动，另一个电容用于电动机的运行，通过电容的合理选择可以使得电动机在起动和运行时都能够获得圆形的旋转磁动势。最优运行状态所需要的小值电容 C 始终串联在副绕组中，而起动电容 C_s 在起动时与运行电容并联，当电动机达到一定的速度时通过离心开关将起动电容 C_s 切除。

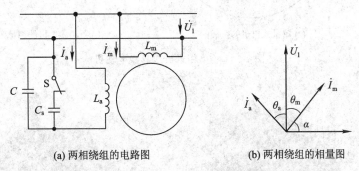

(a) 两相绕组的电路图　　　　　　(b) 两相绕组的相量图

图 10-5　单相电容分相起动与运行异步电动机

同单相电容分相起动异步电动机和单相电容分相运行异步电动机相比，单相电容分相起动与运行异步电动机的起动转矩、功率因数和效率都有所提高，因此单相电容分相起动与运行异步电动机是单相异步电动机中性能最好的。

对于单相电容分相起动异步电动机，500 W 电动机所采用电容的典型值是 300 μF，起动电容一般选择专门为电动机起动而设计的小型交流电解型电容。对于 500 W 的单相异步电动机，运行电容要一直接在电路中运行，通常选择典型值为 40 μF 的交流纸质、箔质或者油型电容。

10.4　单相罩极式异步电动机的工作原理

单相罩极式异步电动机是结构最简单的一种单相异步电动机，虽然这种电机的起动和运行性能比较差，效率和功率因数也比较低，但是由于这种电机具有结构简单、坚固可靠、成本低廉、运行噪声低等优点，因此单相罩极式异步电动机特别适合用于办公设备、仪器仪表、电扇、微波炉和小型排风机等设备中。

1. 单相罩极式异步电动机的结构

单相罩极式异步电动机的转子为普通的鼠笼式转子，其定子由硅钢片叠压而成，根据磁极的形式可以分为凸极式和隐极式两种。具有凸极式结构的单相罩极式异步电动机如图 10-6(a)所示，凸极式绕组为集中式绕组，作为磁极的主绕组，在磁极表面的 1/3～1/2 处开一个小槽，并在小磁极上套上短路环(或者称为罩极式线圈)，这样就可以形成电动机的副绕组。图 10-7 给出了两种不同设计风格的单相罩极式异步电动机。

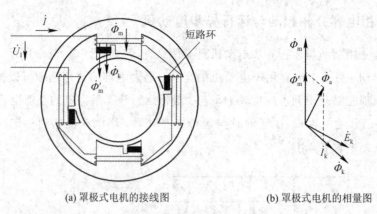

(a) 罩极式电机的接线图　　　　　　(b) 罩极式电机的相量图

图 10 - 6　单相罩极式异步电动机

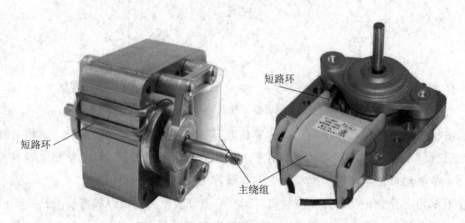

图 10 - 7　两种单相罩极式异步电动机

2. 单相罩极式异步电动机的工作原理

当单相罩极式异步电动机的主绕组中通入交流电后，主绕组会形成脉振磁动势，并在磁极上形成两部分磁通，一部分是不经过短路环的主磁通 $\dot{\Phi}_m$，另一部分是经过短路环的磁通 $\dot{\Phi}'_m$，两个磁通的相位是相同的。当磁通 $\dot{\Phi}'_m$ 经过短路环时，会在短路环内形成感应电动势 $\dot{E}_k$ 和感应电流 $\dot{I}_k$。短路环内的感应电流 $\dot{I}_k$ 又会在短路环内形成磁通 $\dot{\Phi}_k$，这样短路环内就存在两个磁通，即主磁极磁通穿过短路环的部分 $\dot{\Phi}'_m$ 和短路环自己内部形成的磁通 $\dot{\Phi}_k$，两个磁通可以合成为磁通 $\dot{\Phi}_a$，磁通相量图如图 10 - 6(b) 所示。短路环内的感应电动势 $\dot{E}_k$ 相当于由合成磁通 $\dot{\Phi}_a$ 形成，因此感应电动势 $\dot{E}_k$ 滞后于合成磁通 $\dot{\Phi}_a$ 90°电角度，而感应电流 $\dot{I}_k$ 滞后于感应电动势 $\dot{E}_k$ 一个角度。

根据罩极式电机内部磁通的分析可以发现，主磁通 $\dot{\Phi}_m$ 与合成磁通 $\dot{\Phi}_a$ 之间存在一个空间的相位差，同时两个磁通也存在时间上的相位差，因此单相罩极式异步电动机内部可以形成一个椭圆磁场，其转向是由主磁通 $\dot{\Phi}_m$ 的轴线向合成磁通 $\dot{\Phi}_a$ 的轴线旋转。因此，电动机的转子也会由主磁通 $\dot{\Phi}_m$ 的轴线向合成磁通 $\dot{\Phi}_a$ 的轴线旋转，或者说单相罩极式异步电动机的转向是由磁极的未罩部分向被罩部分旋转。

10.5　单相串励电动机的工作原理

单相串励电动机是一种应用比较普遍的单相电动机，这种电动机具有使用简单、调速方便、转速高、体积小、重量轻、起动转矩大和过载能力强等一系列优点，因此单相串励电动机在现实中的应用比较广泛，如日常生活中常用的吸尘器、吹风机、搅拌机、豆浆机以及家用电动工具等均用到了单相串励电动机。图 10-8 给出了两种单相串励电动机。

图 10-8　两种单相串励电动机

单相串励电动机是针对交流供电来说的，实际上将单相串励电动机改为直流供电就变为了直流串励电动机，即**串励电动机既可以利用交流电源，也可以利用直流电源，这是单相串励电动机所独有的一个很大的优点**。

10.5.1　单相串励电动机的结构

单相串励电动机的基本结构与小功率直流电动机相似，包括定子、转子和电刷装置等部件。

1. 定子

单相串励电动机的定子由定子铁芯、绕组、机座、端盖和轴承等部分组成。与直流电动机的磁极形成方式不同，由于单相串励电动机定子绕组内为交流电流，因此定子铁芯中的磁通是交变的。为了减小铁芯的磁滞和涡流损耗，定子铁芯需要采用硅钢片叠成。

2. 转子

单相串励电动机转子由转轴、转子铁芯、电枢绕组和换向器等组成。单相串励电动机的转子的组成结构与串励直流电动机的转子是一样的。

3. 电刷装置

单相串励电动机的电刷装置与直流电动机的也是一样的。

【注】　单相串励电动机与串励直流电动机的主要区别是：单相串励电动机的定子采用薄硅钢片，而直流电动机的定子铁芯和磁轭都采用铸钢制成。单相串励电动机既可以使用交流电源供电，也可以使用直流电源供电。从原理上讲，串励直流电动机也可以直接使用交流电源供电，但是由于其定子铁芯和磁轭由铸钢制成，如果在串励直流电动机中通入交流电流，则会在定子铁芯中产生很大的磁滞和涡流损耗，另外交流电流在串励

直流电动机定子和转子绕组中也会形成较大的阻抗，因此一般串励直流电动机不采用交流电源供电。

10.5.2　单相串励电动机的工作原理

从原理上来说，单相串励电动机和串励直流电动机具有相同的结构，当将串励直流电动机接在交流电源上时，这台串励直流电动机就变成了一台单相串励电动机。如图 10 - 9(a)所示，当电流 i 为正时，电流如图 10 - 9(b)中正半周期所示，计算式为

$$i = I_{\mathrm{m}}\sin\omega t \tag{10 - 10}$$

式中，I_{m} 为供电电流的幅值。电动机的磁通为

$$\Phi = \Phi_{\mathrm{m}}\sin\omega t \tag{10 - 11}$$

式中，Φ_{m} 为磁通的幅值。单相串励电动机的电磁转矩为

$$T = C_{\mathrm{t}}\Phi i = C_{\mathrm{t}}I_{\mathrm{m}}\Phi_{\mathrm{m}}\sin^{2}\omega t \tag{10 - 12}$$

式中，C_{t} 为单相串励电动机的转矩常数。串励电动机的电磁转矩如图 10 - 9(b)中电磁转矩图的阴影部分所示。

当电流改变方向时，供电电压同时也改变方向，如图 10 - 9(c)所示，磁通也会改变方向。由于电磁转矩是磁通和电流的乘积，电动机的电流改变方向之后，电动机的电磁转矩仍然是正转矩，因此串励电动机的电磁转矩不随着电流方向的变化而变化，如图 10 - 9(d)所示。

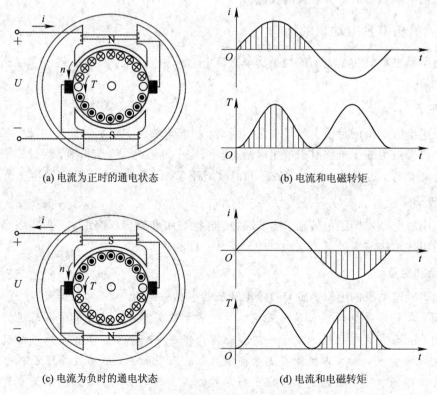

(a) 电流为正时的通电状态　　　　　　　(b) 电流和电磁转矩

(c) 电流为负时的通电状态　　　　　　　(d) 电流和电磁转矩

图 10 - 9　单相串励电动机的分析

根据上面的分析可以看出，单相串励电动机接到单相交流电源之后，虽然电源的极性在实时地变化，但是电动机的电磁转矩方向却保持不变，即单相串励电动机可以始终保持一个方向旋转。

10.5.3　单相串励电动机的工作特性

根据基尔霍夫定律可知，单相异步电动机的电路方程式为

$$\dot{U}=\dot{E}+\dot{I}R+\mathrm{j}\dot{I}X \tag{10-13}$$

单相串励电动机的相量图如图 10-10 所示。

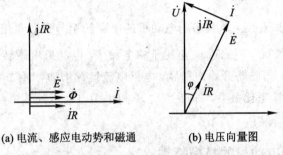

(a) 电流、感应电动势和磁通　　　　　　(b) 电压向量图

图 10-10　单相串励电动机的相量图

由单相串励电动机的相量图可以看出，磁通相量 $\dot{\Phi}$ 和感应电动势相量 $\dot{E}$ 与电动机的电流相量 $\dot{I}$ 同相位。单相串励电动机的感应电动势与磁通的变化是正相关的，即在其他条件不变的情况下，磁通越大，单相串励电动机的感应电动势越大。

1. 转速特性

根据图 10-10(b)可知：

$$U\cos\varphi=E+IR \tag{10-14}$$

电动机的感应电动势为

$$E=\frac{1}{\sqrt{2}}C_{\mathrm{e}}\Phi_{\mathrm{m}}n \tag{10-15}$$

式中，C_{e} 为感应电动势常数。利用式(10-14)和式(10-15)可以得到单相串励电动机的转速特性：

$$n=\frac{\sqrt{2}\,(U\cos\varphi-IR)}{C_{\mathrm{e}}\Phi_{\mathrm{m}}} \tag{10-16}$$

在电源供电电压的幅值不变的情况下，单相串励电动机的励磁电流就是电动机的相电流，因为电枢电阻的分压相对于供电电压要小很多，所以如果忽略电枢电阻，则电动机的转速与相电流呈反比关系。也可以说，电动机的转速与电磁转矩呈反比关系，即 $n=f(I)$ 或者 $n=f(T)$ 是一条双曲线。单相串励电动机的转速特性如图 10-11(a)所示。单相串励电动机所表现的转速特性适合于带动恒功率负载。

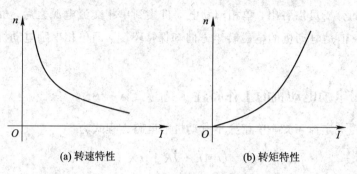

(a) 转速特性   (b) 转矩特性

图 10 - 11　单相串励电动机的特性

2. 转矩特性

由式(10 - 12)可以看出，单相串励电动机的电磁转矩与磁通和相电流的乘积呈正比关系。在磁路未饱和的情况下，磁通 $\dot{\Phi}$ 正比于相电流 $\dot{I}$，电动机电磁转矩与相电流的平方呈正比关系，即 $T \propto I^2$；当磁路开始饱和后，电枢电流继续增加，而磁通变化不大，此时电动机的电磁转矩与电流呈正比关系，即 $T \propto I$。单相串励电动机的转矩特性如图 10 - 11(b)所示。

10.5.4　单相串励电动机的机械特性

利用单相串励电动机的转速和转矩特性可以得到单相串励电动机的机械特性，如图 10 - 12 所示。由图 10 - 12 可以看出，电动机的转速 n 随着转矩 T 的增加而减小，当负载减小时，电磁转矩 T 减小，相应的转速 n 会升高。由于负载转矩的波动对转速的影响比较大，因此单相串励电动机的机械特性属于软机械特性。这种机械特性特别适合应用于电动工具和家用电器中。单相串励电动机的软机械特性可以根据负载的大小自动调节转速的高低，负载增大时，转速减小，而负载减小时，转速增大。这样单相串励电动机就不会因为负载变大而导致电动机烧毁。

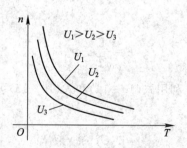

图 10 - 12　单相串励电动机的机械特性

综合前面的分析，单相串励电动机具有如下优点：

(1) 起动性能好：起动转矩大，适合于重载起动的场合。

(2) 转速高：电动机的转速可以达到几万 r/min，非常适合于吸尘器和电动工具。

(3) 调速简单：单相串励电动机可以采用调压调速、串电阻调速和弱磁调速，调速方法相对灵活、简单，调速性能良好。

本 章 小 结

(1) 根据单相异步电动机主磁场形成方式的不同,单相异步电动机可以分为三种:分相单相异步电动机、单相罩极式异步电动机和单相串励电动机。

(2) 单相异步电动机最大的缺点是在仅仅单相通电的情况下,电动机无法形成起动转矩,导致电动机无法起动。要实现单相异步电动机的起动,必须使电动机内部存在两个绕组。

(3) 单相异步电动机的分相是指采用电阻或者电容将单相电流分解为电动机内部两个相位不同的电流的过程。根据电阻和电容分相方法的不同,分相单相异步电动机可以分为电阻分相起动异步电动机、电容分相起动异步电动机、电容分相运行异步电动机、电容分相起动与运行异步电动机。

(4) 单相罩极式异步电动机是结构最简单的一种单相异步电动机。

(5) 单相串励电动机属于交、直流两用电动机,又称为通用电动机。单相串励电动机既可以使用交流电源供电,也可以使用直流电源供电。

习　　题

1. 单相异步电动机主要分为哪几类?
2. 单相异步电动机在一个绕组的情况下为什么没有自起动能力?
3. 请分析单相异步电动机分相的原理。
4. 请分析单相罩极式异步电动机的工作原理。
5. 请分析单相串励电动机的工作原理。
6. 请简单对比单相串励电动机与串励直流电动机的异同。

附　　录

附录 A　部分习题的参考答案

第 2 章

一、1. C；2. C；3. A；4. C；5. B；6. C。

二、1. 右手、左手。

2. 机械、电。

3. 单叠、单波。

4. 相反、相同。

5. 机械、电。

6. 电枢电流、磁通。

三、1. √；2. ×；3. ×；4. √。

五、1. 90.9 A，20 000 W。

2. 170.45 A，548.85 N·m，86 206.9 W。

3. 0.5936。

4. 92 A，1516.55 r/min。

5. 23 A，1465.44 r/min。

6. 113.727 A，147.834 N·m，140.067 N·m，25 020 W，0.879。

第 3 章

一、1. B；2. B；3. A；4. A；5. A。

二、1. ×；2. √；3. √；4. ×；5. √。

四、1. (1) 1496.6 A；(2) 1.075 Ω，(3) 26.46 V。

2. (1) 1.336；(2) 1.362 Ω；(3) 23 408 W。

3. (1) −143.62 A，−186.53 N·m，−239.78 N·m；(2) 989.59 r/min。

4. 0.74 Ω。

5. (1) −1188.67 r/min，223.47 N·m，26 400 W；(2) 1.557 Ω，5605.2 W；

(3) 12.465 Ω，26 400 W，44 874 W。

第 4 章

一、1. B；2. A；3. CA；4. A；5. C；6. B；7. C。

二、1. ×；2. √；3. ×；4. √。

第 5 章

一、1. B；2. C；3. B；4. B；5. C。

二、1. 绕组、铁芯。

2. 连接方式、电压相位。

3. 正弦波、平顶波、基波、高次。

4. 结构、容量。

5. I/I0、I/I6。

6. 六、偶数。

7. 六、奇数。

8. 短路、开路。

四、Y/y8，Y/d7。

第 6 章

一、1. B；2. C；3. C；4. C。

二、1. 20°、20°、3；　2. 2、50；　3. 279.657；　4. 1/5；

5. 圆形、超前相向滞后相、电源频率、极对数。

第 7 章

二、1. (1) 2，28.87 A；(2) 16 kW，12 kvar。

2. (1) 3.125 MW；(2) 375.89 A；(3) 2.718 MW；(4) 43261.5 N·m。

3. 6468.9 kV·A，0.8038，6216.34 kV·A，0.8365，选第二种合适。

4. 531.83 kV·A，0.94(超前性)。

5. 2.99 Mvar。

第 8 章

一、1. C；2. A；3. C；4. B；5. A；6. B；7. C。

二、1. 定子铁耗、总机械功率。

2. 2、0.02。

3. $T \propto U_1^2$。

4. 750、735、15、1。

5. $1 : s : (1-s)$。

6. 0.02、7500。

四、1. 3，0.03，1.5 Hz。

2. 0.87，0.04，1440 r/min，37 N·m。

3. 0.038，1.9 Hz，301.2 W，0.869，15.86 A。

4. 1455 r/min，1.16 N·m，66.8 N·m，65.64 N·m。

5. 0.037，3439.06 N·m，7565.93 N·m，0.154。

6. 1306 N·m，0.0933，680.025 r/min。

第 9 章

一、1. C；2. D；3. B；4. B；5. C。

二、1. 1/3，1/3；　2. Φ_1、不变；　3. 第二，第四，第二、四。

四、1. 78.366 A。

2. 182.4 V，24 Hz。

附录 B　电机学常用符号解释

1. 电流(Current)

电流 I 的单位为安培(A)。

I_N 表示电机的额定电流；I_1 表示变压器一次侧或交流电机定子绕组的电流；I_2 表示变压器二次侧或交流电机转子绕组的电流；I_0 表示空载电流；I_a 在直流电机中表示电枢电流，在交流电机中表示 a 相绕组的电流；I_f 表示励磁电流。

2. 效率(Efficiency)

效率 η 无单位，表示电机输出功率与输入功率的比值。

η_N 表示额定效率。

3. 感应电动势(Electro-Motive Force，EMF)

感应电动势 E 的单位为伏(V)。

E_1 表示变压器一次侧或交流电机定子绕组的感应电动势；E_2 表示变压器二次侧或交流电机转子绕组的感应电动势；E_a 在直流电机中表示电枢绕组的感应电动势，在交流电机中表示 a 相的感应电动势。

4. 磁通(Flux)

磁通 Φ 的单位为韦伯(Wb)，表示电机的每极磁通。

Φ_0 表示空载情况下的每极磁通；Φ_{s1} 表示交流电机的定子漏磁通或者变压器一次侧的漏磁通；Φ_{s2} 表示交流电机的转子漏磁通或者变压器二次侧的漏磁通。

5. 磁链(Flux linkage)

磁链 Ψ 的单位为韦伯(Wb)，表示电机的每极磁链。磁链和磁通的关系为 $\Psi = N\Phi$，其中 N 为线圈的匝数。

Ψ_1 表示变压器一次侧的磁链或者交流电机定子侧的磁链；Ψ_2 表示变压器二次侧的磁链或者交流电机转子侧的磁链。

6. 频率(Frequency)

频率 f 的单位为赫兹(Hz)。

f_N 表示额定频率；f_1 表示交流电机定子侧的电压和电流的频率；f_2 表示交流电机转子侧的电压和电流的频率。

7. 阻抗(Impedance)

阻抗 Z 的单位为电阻(Ω)。

Z_1 表示变压器一次侧或者交流电机定子侧的阻抗；Z_2 表示变压器二次侧或者交流电机转子侧的阻抗；Z_m 表示励磁阻抗；Z_k 表示变压器或交流电机的短路阻抗。

8. 转动惯量(Inertia)

转动惯量 J 的单位为 kg·m^2。

9. 磁感应强度(Magnetic Flux Density)

磁感应强度 B 的单位为特斯拉(T)，表示电机的磁通密度。

b_δ 表示磁感应强度的瞬时值；B_δ 表示磁感应强度的幅值。

10. 磁动势(Magneto-Motive Force，MMF)

磁动势 F 的单位为安培(A)。

F_1 表示变压器一次侧或交流电机定子绕组的磁动势；F_2 表示变压器二次侧或交流电机转子绕组的磁动势；F_0 表示空载磁动势。

11. 极对数(Pole pairs)

极对数 p 的单位为对(Pair)。

12. 功率(Power)

功率 P 的单位为瓦(W)。

P_N 表示电机的额定功率；P_1 表示电机的输入功率；P_2 表示电机的输出功率；P_M 表示电机的电磁功率；P_m 表示电机的机械功率；p_{Cua} 表示电机的铜耗；p_0 表示电机的空载损耗；p_{Fe} 表示电机的铁耗。

13. 功率因数(Power Factor)

功率因数 $\cos\varphi$ 无单位。

$\cos\varphi_N$ 表示电机的额定功率因数，$\cos\varphi_1$ 表示电机定子侧或者变压器一次侧的功率因数，$\cos\varphi_2$ 表示电机转子侧或者变压器二次侧的功率因数。

14. 电阻(Resistance)

电阻 R 的单位为欧姆(Ω)。

R_a 表示直流电机的电枢电阻；R_1 表示变压器一次侧或者交流电机定子侧的电阻；R_2 表示变压器二次侧或者交流电机转子侧的电阻；R_m 表示励磁电阻；R_k 表示变压器或交流电机的短路电阻。

15. 电抗(Reactance)

电抗 X 的单位为欧姆(Ω)。

X_1 表示变压器一次侧或者交流电机定子侧的电抗；X_2 表示变压器二次侧或者交流电机转子侧的电抗；X_m 表示励磁电抗；X_k 表示变压器的短路电抗。

16. 转差率(Slip)

转差率 s 没有单位。

17. 转速(Speed)

(1) 转速 n 的单位为转/分(r/min)。

n_N 表示额定转速；n_0 表示直流电机的理想空载转速；n_1 表示交流电机的定子磁场相对于定子的转速，也表示同步转速；n_2 表示交流电机的转子磁场相对于转子的转速。

(2) 电角速度 ω 的单位为弧度/秒(rad/s)，表示电机电流的角频率。

(3) 机械角速度 ω_m 的单位为弧度/秒(rad/s)。

角速度和转速之间的关系为 $\omega_m = \dfrac{2\pi n}{60}$ 或者 $n = \dfrac{60\omega_m}{2\pi}$。

18. 转矩(Torque)

转矩 T 的单位为牛米(N·m)。

T_N 表示电机的额定转矩；T_1 表示发电机的输入转矩；T_2 表示电动机的输出转矩；T_L 表示负载转矩；T_0 表示电机的空载转矩。

19. 电压(Voltage)

电压 U 的单位为伏(V)。

U_N 表示电机的额定电压；U_1 表示变压器的一次侧电压；U_2 表示变压器的二次侧电压；U_f 表示励磁电压；U_a、U_b 和 U_c 分别表示 a、b 和 c 相的电压。

附录C　与电机学相关的英文关键词和术语

A

Acceleration	加速度
Active Power	有功功率
Air Gap	气隙
Alternating Current	交流电流
Ambient Temperature	环境温度
Ammeter	电流表
Ampere Turns	安匝数
Ampere's Circuital Law	安培电路定律
Angular Acceleration	角加速度
Angular Position	角位置
Angular Speed	角速度
Anti-Clockwise	逆时针
Apparent Power	视在功率
Armature	电枢
Armature Magnetic Motive Force(MMF)	
	电枢磁动势
Armature Reaction	电枢反应
Armature Winding	电枢绕组
Asynchronous	异步
Asynchronous Motor	异步电动机
Autotransformer	自耦变压器
Axis	轴(特指坐标轴)

B

Back Electro-motive Force(EMF)	
	反电动势
Bearings	轴承
Braking torque	制动转矩
Brush	电刷
BrushLess Direct Current Motor(BLDCM)	
	无刷直流电动机

C

Cage Rotor	鼠笼式转子
Capacitor	电容
Carbon Brushes	碳刷
Clockwise	顺时针

Coil	线圈
Commutating Poles	换向极
Commutation	换向
Commutator	换向器
Complex Number	复数
Concentrated Winding	集中绕组
Conductance	电导
Conductor	导体
Coordinate System	坐标系
Copper Losses	铜耗
Core Losses	铁耗
Counter EMF	反电动势
Counterclockwise	逆时针
Current	电流
Current Transformer	电流互感器

D

Damper Winding	阻尼绕组
DC Exciting Current	直流励磁电流
Deceleration	减速度
Demagnetization	消磁、去磁
Distribution Transformer	配电变压器
Double Cage Rotor	双鼠笼式转子
Double-Layer Winding	双层绕组

E

Eddy-Current	涡流(电流)
Eddy-Current Losses	涡流损耗
Effective Value	有效值
Efficiency	效率
Efficiency Curves	效率曲线
Electric Machinery	电机学
Electrical Angle	电角度
Electric Machine	电机
Electromagnetic Torque	电磁转矩
ElectroMotive Force(EMF)	电动势
Equivalent Circuit	等效电路
Exciting coil	励磁线圈

Exciting Current＝Magnetizing Current
　　　　　　　　　励磁电流

F

Faraday's Law of Electromagnetic Induction
　　　　　　　　　法拉第电磁感应定律

Ferromagnetic Materials　铁磁材料

Flux　　　　　　　　磁通

Flux Density　　　　　磁通密度

Flux Distribution　　　磁通分布

Flux Linkage　　　　　磁链

Four-Quadrant Diagram　四象限图

Fourier Series　　　　　傅里叶级数

Fractional-Pitch Coil　　短距线圈

Frequency　　　　　　频率

Friction　　　　　　　摩擦

Full-Pitch Coil　　　　整距线圈

Fundamental Component
　　　　　　　　　基波分量

G

Generating Operation　发电运行

Generator　　　　　　发电机

H

Harmonics　　　　　谐波

Hysteresis Curve　　　磁滞曲线

Hysteresis Loop　　　磁滞回线

Hysteresis Losses　　　磁滞损耗

I

Impedance　　　　　阻抗

Impedance Angle　　　阻抗角

Inactive Power　　　　无功功率

Induced EMF　　　　感应电动势

Induction Motor　　　感应电动机

Inductor　　　　　　电感

Inertia　　　　　　　惯量

Insulation　　　　　绝缘

Insulation Classes　　绝缘等级

Intrinsic T-n Characteristic
　　　　　　　　　固有机械特性

Iron Core　　　　　铁芯

K

Kirchhoff's Current Law　基尔霍夫电流
　　　　　　　　　　定律

Kirchhoff's Voltage Law　基尔霍夫电压
　　　　　　　　　　定律

L

Lagging Load　　　　　电感性负载

Lagging Power Factor　滞后功率因数

Lap Windings　　　　叠绕组

Leading Load　　　　电容性负载

Leading Power Factor　超前功率因数

Leakage Flux　　　　漏磁通

Leakage Impedance　　漏阻抗

Leakage Impedance Drop　漏阻抗压降

Leakage Inductance　　漏电感

Leakage Reactance　　漏电抗

Locked Rotor Test　　堵转实验

M

Machine Winding　　　电机绕组

Magnet　　　　　　磁铁

Magnetic Circuit　　　磁路

Magnetic Field　　　磁场

Magnetic Field Intensity　磁场强度

Magnetic Flux Density　磁通密度

Magnetic Permeability　磁导率

Magnetization Curve　磁化曲线

Magnetizing Branch　励磁支路

Magnetizing Reactance　励磁电抗

Magnetizing Resistance　励磁电阻

Magneto-Motive Force(MMF)
　　　　　　　　　磁动势

Maximum Value　　　最大值

Mechanical Angle　　机械角

Mechanical Energy　　机械能

Mechanical Losses　　机械损耗

Mechanical Power　　机械功率

Model　　　　　　模型

Motor　　　　　　电动机

Motoring Operation　电动运行

Mutual Flux	主磁通	Radius	半径
Mutual Inductance	互感	Rated Value	额定值
N		Reactance	电抗
No-Load Current	空载电流	Reactive Component	无功分量
Number of Phases	相数	Reactive Current	无功电流
Number of Pole Pairs	极对数	Reactor	电抗器
Number of Turns	匝数	Reluctance	磁阻
O		Resistivity	电阻率
Overexcited	过励磁	Resistance	电阻
Overload Capacity	过载能力	Revolutions Per Minute	转/分
P		Rotating Magnetic Field	旋转磁场
Parallel Circuit	并联电路	Rotating Machinery	旋转电机
Per-Unit Impedance	阻抗标幺值	Rotating Transformer	旋转变压器
Per-Unit Notation	标幺值表示	Rotor	转子
Per-Unit Values	标幺值	**S**	
Permanent Magnet	永久磁铁	Saturation	饱和
Permanent Magnet Synchronous Motor		Secondary Coil(Winding)	
(PMSM)	永磁同步电动机		副边(二次)绕组
Permeability	磁导率	Self Inductance	自感
Phase Sequence	相序	Separately Excited Direct Current Motor	
Phase-Wound Machine	绕线电机	(Generator)	他励支路电动机(发电机)
Phase-Wound Rotor	绕线转子	Series Direct Current Motor(Generator)	
Phasor Diagram	相量图		串励直流电动机(发电机)
Pitch	节距	Shaft	轴(特指转轴)
Pitch Factor	节距系数	Shunt Direct Current Motor(Generator)	
Polar Distance	极距		并励直流电动机(发电机)
Pole Shoes	极靴	Simple Lap Winding	单叠绕组
Potential(Voltage) Transformer		Simple Wave Winding	单波绕组
	电压互感器	Sinusoidal Wave	正弦波
Power Factor	功率因数	Skin Effect	集肤(趋肤)效应
Power Factor Angle	功率因数角	Slip	转差
Power Flow Diagram	功率流程图	Slot	槽
Power Station	发电站	Squirrel Cage	鼠笼
Power Transformer	电力变压器	Stator	定子
Primary Coil	主边(一次、	Stator Field	定子磁场
	原边)线圈	Stator Winding	定子绕组
R		Stepper Motor	步进电机
Radians	弧度	Stray Losses	杂散损耗
Radians Per Second	角频率	Synchronous	同步的

Synchronous Machine	同步电机	**V**	
Synchronous Speed	同步速度	Variable Voltage Variable Frequency	
T		(VVVF)	变压变频
Three Phase Windings	三相绕组	Velocity	速度
Torque	转矩	Voltage	电压
Transformer	变压器	**W**	
U		Wave Winding	波绕组
Under-Excited	欠励磁	Winding	绕组
Uniform Rotating Magnetic Field		**Y**	
	圆形旋转磁场	Yoke	磁轭

参 考 文 献

[1] 海老原大树. 电动机技术实用手册. 王益全，刘军，秦晓平，等译. 北京：科学出版社，2006.

[2] FITZGERALD A E，KINGSLEY C，JR. UMANS S D. Electric Machinery. 6th. McGraw-Hill Companies，Inc.，2003.

[3] 顾绳谷. 电机及拖动基础：上、下册. 4 版. 北京：机械工业出版社，2007.

[4] 李发海，王岩. 电机与拖动基础. 4 版. 北京：清华大学出版社，2012.

[5] 刘锦波，张承慧. 电机与拖动. 北京：清华大学出版社，2006.

[6] 《钢铁企业电力设计手册》编委会. 钢铁企业电力设计手册. 北京：冶金工业出版社，1996.

[7] BOSE B K. 现代电力电子学与交流传动. 王聪，赵金，于广庆，等译. 北京：机械工业出版社，2013.

[8] 野口昌介. 漫画电机原理. 王益全，王笑平，译. 北京：科学出版社，2008.

[9] CHAPMAN S J. Electric Machinery Fundamentals. 5th. McGraw-Hill Education，2012.

[10] 李永东. 交流电机数字控制系统. 北京：机械工业出版社，2002.

[11] 吕宗枢. 电机学. 北京：高等教育出版社，2013.

[12] 胡敏强，黄学良，黄允凯，等. 电机学. 北京：中国电力出版社，2014.

[13] 天津电气传动设计研究所. 电气传动自动化技术手册. 3 版. 北京：机械工业出版社，2012.

[14] 胡岩，武建文，李德成，等. 小型电动机现代实用设计技术. 北京：机械工业出版社，2008.

[15] 李发海，朱东起. 电机学. 5 版. 北京：科学出版社，2016.

[16] 戴庆忠. 电机史话. 北京：清华大学出版社，2016.